Das Spiel

Brennpunkt Geschäftsprozesse – IT und Betrieb in einer Mannschaft

Alexander Ockl

ADDISON-WESLEY

Ein Imprint von Pearson Education

München • Boston • San Francisco • Harlow, England
Don Mills, Ontario • Sydney • Mexico City
Madrid • Amsterdam

Bibliografische Information der Deutschen Nationalbibliothek
Die Deutsche Nationalbibliothek verzeichnet diese Publikation in der Deutschen Nationalbibliografie; detaillierte bibliografische Daten sind im Internet über http://dnb.d-nb.de abrufbar.

10 9 8 7 6 5 4 3 2 1

12 11 10

ISBN 978-3-8273-2906-6

ein Imprint der PEARSON EDUCATION DEUTSCHLAND GmbH,
Martin-Kollar-Str. 10-12, 81829 München/Germany

Lektorat: Sylvia Hasselbach, shasselbach@pearson.de
Korrektorat: Sandra Gottmann, sandra.gottmann@t-online.de
Herstellung: Claudia Bäurle, cbaeurle@pearson.de
Satz: Ulrich Borstelmann, Dortmund (www.borstelmann.de)
Einbandgestaltung: Marco Lindenbeck, webwo GmbH, mlindenbeck@webwo.de
Druck und Verarbeitung: Kösel, Krugzell (www.KoeselBuch.de)
Printed in Germany

Für Elli. In Liebe.

Danke ...

Alleine hätte ich es natürlich nicht geschafft, dieses Buch zu Ihnen zu bringen. Deshalb möchte ich mich vor allem ganz herzlich bedanken bei ...

... meiner Frau Elke, die mich immer unterstützt, mir ständig den Rücken frei hält, den notwendigen Freiraum gibt und viel zu häufig ihre Wünsche hinten anstellt, damit ich so etwas, wie dieses Buch verwirklichen kann. Die in ihrer ehrlichen und direkten Art als fachfremder Bücherwurm und ehemalige Fußballerin für mich ein Gradmesser gewesen ist, ob ich meinen Inhalt vernünftig erklären und unterhaltend vermitteln kann.

... meinen Schwiegereltern Renate und Karl-Heinz Hermann, sowie bei meiner Schwägerin Ute Hermann für die Unterstützung und die vielen Ratschläge (besonders bei den „ersten Gehversuchen" meines ersten Buches).

... meinem Verlag und besonders bei meiner Lektorin Sylvia Hasselbach, für ihren Mut und ihre unermüdliche Unterstützung, dieses „etwas andere" Buchprojekt mit einem Neuling zu realisieren. Das war sicherlich aufwendiger als ein „herkömmliches Standardwerk" zu betreuen.

... Philip Huefnagels für die zahlreichen Ratschläge, bei Sandra Gottmann für die Bekämpfung des Fehlerteufels, sowie bei Claudia Bäurle, Ulrich Borstelmann und Marco Lindenbeck für die einmalige Gestaltung.

... Athanasios Papakarmesis für die Korrektur und die vielen langen Gespräche und Diskussionen, die wir heute leider viel zu selten haben. Der hoffentlich weiß, wie viel ich ihm zu verdanken habe!

... Michael Strathmann für die vielen langen, interessanten Gesprächen und seine ehrliche und direkte Art.

... der Firma persolog® und besonders Renate Wittmann für die tolle Unterstützung und ihren unermüdlichen Einsatz bis in die späten Abendstunden abseits jeden Feierabends. Vielen Dank für die schönen Abbildungen und die Genehmigung, die geschützten Verfahren in dieser Art vorstellen zu dürfen.

... den vielen Kollegen vieler namenhafter IT-Firmen (insbesondere aus dem BITKOM-Arbeitskreis SOA-Technologies und BPM) für die vielen Erfahrungen, die ich zusammen mit meinen in diesem Buch verarbeitet habe.

... Herrn Stephan Ziegler (BITKOM) und Herrn Friedrich Vollmar (IBM Deutschland GmbH, damaliger Leiter des zuvor genannten Arbeitskreises), die mir im BITKOM-Verband und vor allem im ersten BITKOM-Forum die Plattform für die ersten Vorträge boten, die letztendlich zu diesem Buch geführt haben.

... dem Hanser Verlag, Prof. Hermann J. Schmelzer und Wolfgang Sesselmann für die freundliche Genehmigung, ihre Prozessreifegradmodelle verwenden dürfen zu können.

... Christian Marx und Alireza Taghizadegan für ihre Unterstützung bei der Korrektur bzw. für die vielen fruchtbaren Diskussionen.

Der Autor

Alexander Ockl hilft seit vielen Jahren Unternehmen, Probleme, Krisen und Veränderungen zu bewältigen. Zu seinen Kunden zählen namenhafte DAX-Konzerne.

Als unabhängiger Unternehmensberater und Führungsexperte geht der diplomierte Informatiker gerne dahin, „wo es wehtut". Sein Schwerpunkt ist vor allem die machbare Einführung bzw. Veränderung von IT- und Betriebsabläufen.

Ursprünglich selbst als Programmierer tätig gewesen, hat er während seiner Laufbahn die unterschiedlichsten Rollen ausgeführt. Dabei hat er u.a. Business Analysten selbst ausgebildet.

Deshalb kann er sich heute in die Menschen hineinversetzen, die sich immer schneller verändern sollen und damit Probleme haben. Er kennt die Herausforderungen, die jeder Einzelne in der Welt globaler Zusammenarbeit, zunehmender Richtlinien und virtueller bzw. räumlich getrennter Teams bewältigen muß.

Seit seiner Jugend ist er sportbegeistert und Fan seiner Borussia aus Dortmund. Als Westdeutscher Meister seiner Altersklasse im Marathon (2009) betreibt er außerdem selbst Leistungssport. Nur zu gut kennt er die Situation, wenn ein Rennen nicht nach Plan läuft und wie man dabei trotzdem erfolgreich ins Ziel kommen kann.

Auf www.ockl.de haben Sie die Möglichkeit, mit ihm Kontakt aufzunehmen.

Inhaltsverzeichnis

Teil 2: Die erste Halbzeit

Kapitel 5: Abstimmungsprobleme – 0:1 durch ein Eigentor 73

Kapitel 6: Einer spielt falsch 106

Kapitel 7: Unklare Laufwege, Gegentor, Abpfiff ... 146

Teil 3: Halbzeitpause

Teil 4: Die zweite Halbzeit

Teil 5: Spielanalyse

Spielplan

„Das größte Problem beim Fußball sind die Spieler.
Wenn wir die abschaffen könnten, wäre alles gut.“
(Helmut Schulte, ehem. Trainer FC St. Pauli)

Einleitung

Schwarz-Gelb oder Königsblau? Das ist bei uns im Ruhrgebiet eine Glaubensfrage! Deshalb haben wir zwei Feiertage mehr als der restliche Teil Deutschlands. Fiebern wir doch das ganze Jahr den zwei Revierderbys entgegen!

Stellen Sie sich vor – neulich habe ich mich für die Essener Läufergemeinde um ein paar Straßenmarkierungen gekümmert. Hat mir doch ein städtischer Mitarbeiter liebevoll angedroht, die Straße königsblau zu markieren! Selbst die Stadt ist also schon von Schalkern „infiltriert“! Es ist wohl zu offensichtlich gewesen, dass ich einer aus „Lüdenscheid Nord“ bin. So nennen uns nämlich die Jungs aus „Herne-West“ in ihrer großen Zuneigung. Vielleicht wollen sie uns damit ärgern, weil das von Dortmund ca. 30 km entfernte Lüdenscheid bereits im Sauerland liegt und damit nicht mehr zum Ruhrgebiet gehört.

Sie sehen also, wir pflegen unsere Rivalität! Sie ist das Salz in der Suppe! Worüber aber beiden Seiten schweigen – was würden wir ohne die anderen machen? Langweilen!

Jetzt fragen Sie sich sicherlich, was das mit den Problemen zwischen Fachbereich und IT zu hat!

Als Fan des westfälischen Traditionsvereins macht man so einiges durch. Unsere Vereinsgeschichte ist eine einzige Achterbahnfahrt! Ende der 80er-Jahre wären wir beinahe abgestiegen. Kurz danach sind wir Meister geworden und haben Ende der 90er die Champions League und den Weltpokal gewonnen. Anfang 2000 folgten dann der Börsengang und der Beinahe-Ruin. Wir „Borussen“ bewegen uns also ständig zwischen Euphorie und Katerstimmung. Träumen wir doch vom perfekten Spielsystem – attraktiver Traumfußball mit tollen Spielzügen.

Sind wir da in der IT so anders? Überlegen wir uns nicht auch ständig eine „neue Taktik“, wie wir die betrieblichen Abläufe des Fachbereichs günstiger und zuverlässiger machen können? Wären diese dann nicht attraktiver für die Kunden des Fachbereichs?

Sind die Spielzüge nicht auf der anderen Seite die Geschäftsprozesse des Fußballs? Versuchen hier nicht auch die Medien, mit prozentualem Ballbesitz oder der Fehlpassquote den sportlichen Erfolg an Kennzahlen auszumachen?

Es gibt also viel mehr Gemeinsamkeiten, als wir auf den ersten Blick vermuten. Gerade von kriselnden Fußballklubs wissen wir, wie emotional die Krisenbewältigung sein kann. Ein Verein zerfällt in Grüppchen, und die Beteiligten verhalten sich irrational. Wie wichtig ist dabei das Spielsystem? Oder muss sich der Verein mehr den Spielern widmen? Wie kommt es überhaupt zu diesen Konflikten? Und welche Rolle spielt dabei der Faktor Mensch? Warum kann ein neuer Trainer manchmal in wenigen Tagen eine Mannschaft wieder zum Erfolg führen?

All das sind Fragen, die uns in der IT heute auch begegnen. Warum scheitern so viele IT-Projekte? Warum ist die IT für einige Fachbereiche zum Angstgegner geworden? Warum wirkt die IT gelegentlich wie ein Fremdkörper im Unternehmen? Welche Rolle spielen dabei die „Spielzüge“ des Fachbereichs?

Was müssen wir machen, damit wir das Projekt direkt nach dem Anpfiff erfolgreich gestalten können? Was müssen wir tun, um „das Spiel“ mit dem Abpfiff siegreich zu verlassen?

Diese Fragen stelle ich mir schon seit einiger Zeit. Besonders „der Hype“ um serviceorientierte Architekturen (SOA) hat mich sehr nachdenklich gemacht. In der IT diskutieren wir sehr viel über das richtige Spielsystem. Vorgehen oder Methodik nennen wir das. Laut einer Standish-Group-Studie sind aber nur 20% aller fehlgeschlagenen Projekte daran gescheitert.

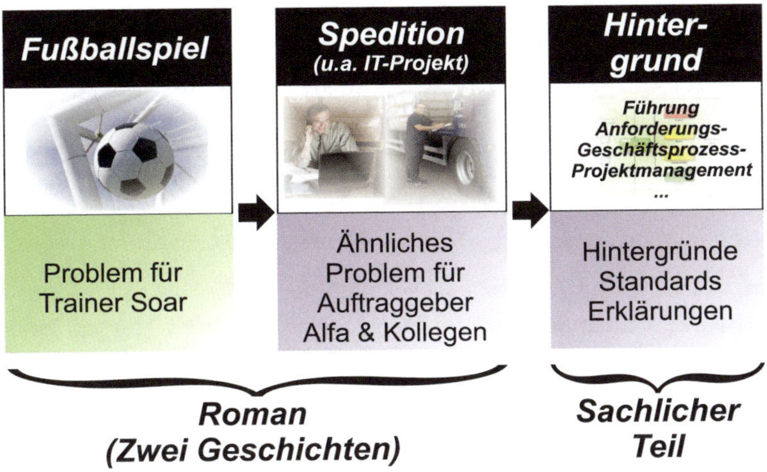

Abbildung 0.1: *Sie können den komplexen Hintergrund der Probleme zwischen Betrieb und IT an Beispielen und Parallelen aus dem Fußball erleben und dabei unterhalten werden.*

Deshalb ist dieses Buch anders! Mit diesem Buch möchte ich Ihnen die Möglichkeit geben, die Probleme einmal aus einem ganz anderen Blickwinkel zu betrachten. Sie sollen die Menschen beim Fußball spielen und bei ihrer Arbeit beobachten können. Das Buch ist also kein „reines Sachbuch". Wo Menschen sind, gibt es auch Emotionen! Wir sind ja schließlich keine Maschinen! Nach einem möglicherweise stressigen Arbeitstag möchte ich Ihnen unterhaltsam einen Blick für das Ganze vermitteln. Sie sollen nachvollziehen können, wie die Bereichsleiter bis hin zum Entwickler „das Spielfeld" wahrnehmen, sich dabei fühlen und in diesem Umfeld reagieren.

Bis auf wenige Ausnahmen beginnt deswegen jedes neue Kapitel mit zwei Geschichten, die sich durch das ganze Buch fortsetzen. Zuerst konfrontiere ich Sie mit einer Situation aus dem Fußball. Als Ganzes handelt die Geschichte von Jürgen Soar. Der Trainer hat gerade das Ruder beim krisengeschüttelten FC Lüdenscheid Nord übernommen. Um seine Person herum ist eine Euphorie entstanden. Während Fans und Vereinsführung zum Saisonauftakt von einer neuen Zeit träumen, muss er sich mit seiner Mannschaft im Derby dem Angstgegner stellen. Das Spiel gegen Herne-West verläuft alles andere als geplant.

Keine Angst! Sie müssen kein Fußballexperte sein. Aber vielleicht kann ich Sie ein bisschen (mehr) für die Jagd nach dem runden Leder begeistern! Wenn Sie die Situation verstanden haben (vor dem Spiel bzw. im Spiel), erleben Sie die Parallele im IT-Umfeld einer Spedition. Fachbereichsmitarbeiter Manfred Alfa und seine Kollegen aus IT und Fachbereich dürfen sich ähnlichen Schwierigkeiten stellen. Während Alfas Chef Grossmann von seinen Kennzahlen und neuen Kunden träumt, kämpft Alfa mit seinen Kollegen gegen die Probleme im wichtigsten IT-Projekt seit Jahren. Es gibt viele Konflikte. Schnell geraten die Probleme auf die persönliche Schiene, und das Projekt droht zu scheitern. Dabei liegen die Ursachen größtenteils woanders.

Anhand der beobachteten Szene sind wir in der Lage, diese „Spielsituation" zu analysieren. Wir können die Situation jeder Person nachvollziehen und das angesprochene Problem in einem oder mehreren Hintergrundabschnitten vertiefen bzw. hinterfragen.

Daraus ergibt sich, worauf wir im Projektmanagement, in der Führung und im Anforderungs- bzw. Geschäftsprozessmanagement achten müssen, damit die IT nicht zum Angstgegner des Fachbereichs wird. Natürlich gibt es nicht immer die eine, die richtige Antwort. Schließlich sind jede Umgebung, die beteiligten Menschen, jedes Unternehmen und jedes Projekt anders. Der gewonnene Hintergrund soll Ihnen aber dabei helfen, die Probleme zu erkennen, zu bewerten und das erworbene Wissen anwenden zu können, damit Sie mit Ihrer Mannschaft als Sieger vom Platz gehen!

Zu einem runden Gesamtbild gehören natürlich auch die vielen Fachbegriffe, Ansätze und Standards wie DISG/persolog®, PRINCE2, CMMI oder ARIS EPKs, UML und BPMN. Die lernen Sie dann in diesem Zusammenhang ebenfalls kennen. Sie müssen dazu kein Vorwissen haben. Ziel ist es, Ihnen ein Gefühl zu geben, worum es sich handelt, wie der jeweilige Ansatz helfen und was man damit machen kann. Alles natürlich am Beispiel unserer Geschichten! Es handelt sich dabei natürlich nur um Einführungen. Ansonsten müsste ich Ihnen den Schrank zu einem mehrteiligen Kompendium direkt mitliefern. Außerdem gibt es zu jedem Thema meistens schon hervorragende Bücher. Falls Sie mehr wissen wollen, empfehle ich Ihnen im Abschnitt Lesenswertes, wo Sie weiterlesen können und was Sie dabei erwartet.

Wenn Ihnen am Ende die Eselsbrücken wie Spielzüge, Spielsystem, das „82-Millionen-Bundestrainersyndrom", unklare Laufwege oder eine Doppelpassstrategie in Erinnerung bleiben, hätte ich viel erreicht.

Abschließend möchte ich noch ein paar Worte über meinen Schreibstil verlieren. Ihnen ist sicherlich schon aufgefallen, dass ich Sie gelegentlich direkt anspreche. Ich spreche auch hin und wieder von „Wir". Das hat einen Grund. Sie halten dieses Buch in der Hand, weil Sie sich für das Problemfeld „Fachbereich/IT", die Ursachen und die Lösungsmöglichkeiten interessieren. Aus diesem Grund wollen Sie an meinen Erfahrungen und meinen Quellen teilhaben. Deshalb möchte ich Sie mit einbeziehen. Sie werden sehen, dass ich öfter schreibe: „Sie fragen sich vielleicht …" Deshalb stelle ich mir vor, welche Fragen Sie möglicherweise haben. Als guter Berater vermittele ich Ihnen dann (hoffentlich) einen guten Hintergrund (Ursache, Konsequenzen, Lösungsmöglichkeiten etc.) und einen Standpunkt. Selbst wenn Sie dann nicht meiner Argumentation bzw. meinem

Ratschlag folgen, habe ich etwas erreicht. Sie haben für sich eine Schlussfolgerung gezogen und haben etwas mitgenommen!

Jetzt geht's los

Nach so viel Einleitung ist es Zeit zu starten.

Die Vorberichterstattung (Teil 1) versorgt Sie zuerst mit allem, was Sie vor dem Anpfiff (Projektstart) wissen müssen. Hier lernen Sie die Ausgangssituation vor dem Spiel bzw. dem Projekt und die wichtigsten Personen in kurzen Abschnitten kennen.

Ich denke, es ist keine Überraschung, dass es im Spiel zu einigen Problemen kommen wird. Die werden Sie vor allem in der ersten Halbzeit (Teil 2) erleben.

In der Halbzeitpause (Teil 3) versuchen die Beteiligten, die Probleme zu erkennen und erste Maßnahmen zu ergreifen.

Die Auswirkungen der Veränderungen und wie das Spiel ausgeht, erleben Sie dann in der zweiten Halbzeit (Teil 4).

Natürlich darf eine kurze Spielanalyse als Zusammenfassung (Teil 5) nicht fehlen.

Damit wir keine Zeit verlieren, schalten wir jetzt zur Vorberichtserstattung des Spiels FC Lüdenscheid Nord gegen Herne-West! Viel Spaß dabei!

Hinweis

Auch wenn die Geschichten auf wahren Begebenheiten unterschiedlicher Quellen beruhen – Figuren, Firmen und Handlungen sind frei erfunden. Ähnlichkeiten mit lebenden oder verstorbenen Personen sind nicht beabsichtigt und wären rein zufällig.

Teil 1:
Vor dem Anpfiff

„Die Null muss stehen!“
(Huub Stevens)

Kapitel 1

Der Traum vom perfekten Spielsystem

Samstagnachmittag – 15:30 – Bundesligazeit! Jetzt beginnt die schönste Zeit der Woche: Die Spiele der Fußballbundesliga werden angepfiffen. Josef Richter und sein Übertragungsteam haben zu dieser Zeit schon ihr erstes Hemd durchgeschwitzt. Jetzt muss alles funktionieren! Routiniert blickt der Moderator in die Kamera. Als das rote Licht in Kamera zwei aufleuchtet, beginnt er die Übertragung:

„Guten Tag allerseits. Die lange Zeit des Wartens ist vorbei. Endlich rollt in wenigen Minuten auch im Ruhrgebiet wieder der Ball. Die neue Saison kann beginnen! Und sie startet direkt mit einem Kracher! Gleich pfeift der Schiedsrichter das Ruhrgebietsderby FC Lüdenscheid Nord gegen Herne-West an.“

In diesem Moment wechselt das Bild in eine größere Einstellung. Zwei weitere Personen werden für den Zuschauer links neben Richter sichtbar.

„Mit uns fiebert das Lüdenscheider Urgestein: der erfolgreichste deutsche Fußballer aller Zeiten. Ich begrüße unseren Fußballexperten Aki Müller. Hallo Aki!“

Josef Richter und Aki Müller kennen sich schon seit langer Zeit. Gemeinsam haben sie zahlreiche Spiele kommentiert. Das hätte in der Redaktion anfangs niemand für möglich gehalten. Müller ist zwar „der Mittelfeldregisseur der Siebzigerjahre" und Topstar Europas gewesen. Er ist aber alles andere als der telegene Prototyp der modernen Fußballunterhaltung. Trotz seiner Errungenschaften ist der Mittfünfziger mit seiner zurückhaltenden Art immer bodenständig geblieben und eher unauffällig. Vielleicht ist es seine ehrliche und authentische Art, mit der sich nicht nur viele Anhänger des FCL identifizieren können. „Er ist einer von uns", hat es einmal ein Fan auf den Punkt gebracht. „Ein echter Kumpel!"

Dabei sind die kritischen Analysen des Fußballexperten durchaus gefürchtet. Seine präzise und sachliche, nüchterne Art sowie das hohe Niveau seiner Analysen machen es schwer, ihm zu widersprechen. Deshalb ist seine Meinung auch unter Kollegen und Kritikern sehr geschätzt. Erst letztes Jahr ist das TV-Duo für die Berichterstattung ausgezeichnet worden. Dem Veteranen gelingt es wie keinem anderen, einerseits den eingefleischten Fußballfan mit interessanten Analysen zu fesseln. Andererseits erklärt er aber die Hintergründe so einfach, dass sie selbst Fußballneulinge gut verstehen können.

Mit einem „Guten Tag, Herr Richter!" beginnt auch für Müller der Fußballabend. Zuerst wendet sich Richter jedoch seinem zweiten Gast zu.

Abbildung 1.1: *„Fußballexperten bei der Arbeit" – Jürgen Klopp und Johannes B. Kerner analysieren die WM 2006*

„Ich begrüße außerdem den Geschäftsführer des FC Lüdenscheid. Vielen Dank, dass Sie sich so kurz vor dem Anpfiff noch Zeit für ein Interview mit uns nehmen. Herzlich willkommen, Herr Schmitt."

„Ich grüße Sie, Herr Richter", erwidert der groß gewachsene Mann. In seinem Nadelstreifenanzug wirkt der Geschäftsmann elegant, weltmännisch und kompetent. Um nicht zu abgehoben zu wirken und die Nähe zu seinem Arbeiterklub zu demonstrieren, hat er es sich nicht nehmen lassen, seinen Vereinsschal umzuhängen.

„Sie haben nicht viel Zeit", steigt Richter ziemlich direkt in das Gespräch ein. „Deshalb will ich sofort zum Punkt kommen. Ihr Verein steht vor einer sehr schwierigen Saison. Trotz jahrelanger, teurer Spielertransfers hat der FC in den vergangenen Jahren sportlich ziemlich enttäuscht. Sie wollten in die Champions League einziehen, sind aber dem Abstieg nur ganz knapp entgangen. Die Millionen aus dem internationalen Wettbewerb fehlen jetzt dem Verein. Dazu kommt die Finanzkrise. Geld für Neueinkäufe haben Sie nicht. Sie übernehmen einen Verein, der sportlich am Boden liegt. Was hat Sie dazu bewegt?"

Ohne zu überlegen, antwortet Schmitt in seiner ruhigen, aber sehr bestimmten Art: „Wer mich kennt, weiß, wie sehr ich mit diesem Verein verbunden bin. Ich bin praktisch mit dem FC Lüdenscheid groß geworden. Ich glaube an das Potenzial, das in dem Traditionsklub steckt. Wir haben allerdings jahrelang über unsere Verhältnissen gelebt! Unsere Transferpolitik ist nicht gut gewesen. Wenn wir den Verein retten wollen, müssen wir ihn erst einmal wieder auf gesunde Beine stellen."

„Wie wollen Sie das erreichen?"

„Wir werden den Gürtel erheblich enger schnallen müssen! Sie haben es schon angesprochen: Neben den Einnahmen aus dem internationalen Geschäft fehlen uns in der Krise auch Sponsorengelder. Wir können nicht mehr ausgeben, als wir einnehmen. Deshalb mussten wir den Spieleretat um 30% senken."

Mit dieser direkten Antwort hat Richter nicht gerechnet. Die Chance ergreifen wollend hakt er nach: „Begeben Sie sich da nicht in einen Teufelskreis, Herr Schmitt?"

Doch auch mit dieser Frage scheint Schmitt gerechnet zu haben. „Ich weiß, worauf Sie hinauswollen", fährt er fort, um genau das loszuwerden, was er von Anfang an geplant hatte. „Unsere Spielweise war nicht gerade ansehnlich. Zurzeit gewinnen Handball und Eishockey in unserer Region sehr an Beliebtheit. Wir müssen aufpassen, dass der FC Lüdenscheid nicht an Attraktivität verliert und die Zuschauer abwandern. Deshalb wollen wir zufriedene Zuschauer, eine positive Bilanz und sportlichen Erfolg."

Erneut sieht Richter seine Chance, den Hebel anzusetzen:

„Wie wollen Sie denn sportlich erfolgreicher sein als zuletzt und dabei beim Spielerpersonal sparen? Zwei Leistungsträger haben den Verein schon verlassen. Sie haben keine neuen Spieler verpflichtet!"

Ohne viel zu sagen, entgegnet der Geschäftsführer eloquent: „Ihre Frage ist berechtigt, Herr Schmitt. Wir müssen einfach mehr aus unseren Möglichkeiten machen."

Richter ist erfahren genug zu merken, dass er an dieser Stelle nicht weiter kommt. Deshalb wendet er sich der neuen Trainerverpflichtung zu:

„Mit Ihrem Antritt ist es Ihnen gelungen, Jürgen Soar zu verpflichten. Bevor wir fortfahren, haben wir einen kurzen Beitrag für unsere Zuschauer vorbereitet."

In diesem Moment beginnt ein kurzer Spot über Jürgen Soar. Im Hintergrund ist eine der ersten Trainingseinheiten des FC Lüdenscheids unter Soar zu sehen. Eine angenehme Sprecherstimme stellt den Trainerstar vor:

„Jürgen Soar – Mitte 30 und schon eine Trainerlegende! Mit seinem Spielsystem hat er den deutschen Fußball revolutioniert. Aus einem kompakten Stellungsspiel heraus lässt er schnell und direkt in die Spitzen spielen. Das macht sein Spiel attraktiv. Damit hat er mit vermeintlich unterlegenen Mannschaften schon manches Starensemble alt aussehen lassen. Trotz seiner kompromisslosen Art ist der Fußballprofessor dafür bekannt, dass er sein Umfeld begeistern und seine Spieler extrem motivieren kann. Obwohl ihm zahlreiche Anfragen von Spitzenvereinen vorlagen, hat er sich für den FC Lüdenscheid entschieden. "

Diese nicht ganz zufällige Vorlage greift der Moderator auf und fragt: „Wie ist es Ihnen eigentlich gelungen, Jürgen Soar für den FC Lüdenscheid in dieser Situation zu verpflichten?"

„Wir sind sehr glücklich, dass wir Herrn Soar verpflichten konnten. Jürgen liebt die Herausforderung. Auch er sieht das Potenzial in unserem Verein. Hier hat er die Gelegenheit, etwas ganz Großes aufzubauen. Er ist ein ausgewiesener Experte und wird ja nicht umsonst von Ihnen Fußballprofessor genannt. Viel wichtiger ist es aber, dass er begeistern kann. Die ersten Ergebnisse sieht man ja. Seitdem er zu uns gekommen ist, ist eine regelrechte Euphorie ausgebrochen. Wir hatten sehr enttäuschende Jahre. Darum brauchen wir jetzt dringend eine Aufbruchstimmung!"

Den Gesprächsfaden in der Hand fährt Schmitt ohne eine weitere Frage zu ermöglichen in seine geplante Richtung fort.

„Wir wollen mit Jürgen Soar allerdings aus den Fehlern unserer Vergangenheit lernen. Es ist Zeit, unseren Verein neu zu strukturieren: Jürgen Soar hat das klare Ziel, den internationalen Wettbewerb zu erreichen. Daran wird er gemessen. Wie er das macht, liegt in seiner Verantwortung. Wir geben ihm dazu alle Freiheiten. Wir werden nicht den Fehler machen, ihm in seine Arbeit hineinzureden. Mit dem Spieleretat hat er einen klaren Rahmen."

In diesem Moment bekommt Richter über seinen Kopfhörer das Zeichen, das Interview zu beenden.

„Herr Schmitt, Sie wollen noch zu Ihrer Mannschaft in die Kabine. Ich danke Ihnen für die klaren Worte und wünsche Ihnen und Ihrem Verein alles Gute!"

Nachdem der Geschäftsführer des FCL das Interview beendet hat, wendet sich Richter seinem Fußballexperten zu:

„Interessante Aussagen, die Herr Schmitt über die Zukunft Ihres alten Vereins gemacht hat. Was meinen Sie dazu?"

„Ich stelle ein paar Aussagen infrage, weil sie nicht richtig zusammenpassen", antwortet Aki Müller so, wie es sich Richter erhofft hat.

„Muss Jürgen Soar wirklich nur Platz 5 für einen Platz im internationalen Wettbewerb erreichen? Einerseits behauptet Schmitt wörtlich: Es ist Jürgen Soar überlassen, wie er das Ziel erreicht. Andererseits setzt er auf die Aufbruchstimmung und die Attraktivität von Soars Spielsystem. Wo Euphorie herrscht, kann auch schnell eine tiefe Ernüchterung folgen. Was ist, wenn Soar auf eine weniger attraktive Spielweise umschwenken muss, um den fünften Platz zu erreichen? Was passiert, wenn dann schwer enttäuschte Zuschauer abwandern und die Sponsoren unzufrieden werden?

Die wirtschaftlichen Ziele und die Zufriedenheit der Zuschauer hängen doch direkt mit Soars Arbeit zusammen. Wenn diese Ziele in Gefahr sind, bin ich gespannt, ob sich die Vereinsführung inkl. Horst Schmitt aus der Arbeit von Jürgen Soar heraushält.

Die von der Euphorie erzeugte Erwartungshaltung ist jedenfalls nicht gerade klein. Ich möchte Sie daran erinnern, dass in Lüdenscheid schon Trainer entlassen worden sind, die auf dem zweiten Tabellenplatz standen."

*

Ulrich Grossmann sitzt in seinem Büro beim Logistikkonzern Schnell + Zuverlässig, kurz S+Z Logistics. Den strahlenden Panoramablick aus seinem Eckbüro des voll verglasten Firmengebäudes kann der Bereichsleiter der Auslieferung Nord trotz Sonnenscheins nicht richtig genießen. Unruhig wippt er auf seinem Bürostuhl hin und her. „Wo bleibt Alfa nur? Der Kerl ist schon wieder überfällig!"

Eigentlich darf er nicht überrascht sein. Manfred Alfa kommt immer zu spät. Erneut schaut Grossmann auf seine Uhr. „Dabei wartet schon der nächste Termin auf mich", denkt er und merkt nicht, dass er einmal mehr zu knapp geplant hat.

Die Ruhe wird jäh unterbrochen, als Manfred Alfa völlig außer Atem in das Zimmer hereinpoltert.

„Da bist du ja endlich! Mensch – du veranstaltest ja ein Spektakel! Ich hoffe, meine Sekretärin hat bei deiner Landung keinen Herzinfarkt erlitten. Was hat denn dieses Mal gebrannt?"

„Wir hatten wieder einen Ausfall in der Dispo!", antwortet Alfa sichtlich nach Luft ringend.

„Jetzt setz dich erst einmal. Wenn ich dich nicht bremse, wer macht es dann? Darf ich dir was zu trinken anbieten? Einen Latte macchiato – wie immer?"

„Du kannst Wünsche von den Augen lesen, Uli."

Während die Jura Impressa Z5 im Hintergrund ächzend die Kaffeebohnen malt, zündet sich Grossmann eine Lucky Strike an. „Du hast doch nichts dagegen?", fragt er, ohne wirklich eine Antwort zu erwarten. Nach einem tiefen Zug wendet er sich Alfa zu.

„Wie lange arbeiten wir schon zusammen?" Alfa denkt kurz nach und antwortet mit einem Schmunzeln: „Die silberne Hochzeit haben wir wohl schon hinter uns! Zum Glück ist meine Frau nicht eifersüchtig. Sie glaubt, du kennst mich manchmal besser als sie mich."

Grossmann lacht etwas aufgesetzt.

„Deine IT-Welt werde ich zumindest nie verstehen! Das sind nur böhmische Dörfer für mich", wechselt Alfas Vorgesetzter schnell das Thema und beendet damit den Plausch, bevor er richtig begonnen hat. Small Talk ist noch nie seine Stärke gewesen. Irgendwie mag er den oberflächlichen Schwatz auch gar nicht.

Manfred Alfa ist da ganz anders. Grossmanns Kollege ist sehr gesellig. Gerne tauscht er sich mit anderen Menschen aus und lernt neue kennen. Das ist aber nicht das Einzige, was das ungleiche Duo voneinander unterscheidet.

Grossmann ist schon immer der Manager gewesen. Sind die Vorgaben und Ziele erst einmal festgelegt, interessiert er sich selten für die konkrete Umsetzung. Die verfolgt er dann allerdings konsequent. Trotz seiner geringen Größe hat sich der ein Meter sechzig große Mann mit seiner Willensstärke, seiner Bestimmtheit und seiner Hartnäckigkeit sehr viel Respekt verschafft.

Für die „hässlichen Details" hat die Führungspersönlichkeit immer Alfa gehabt. Als „Feuerwehrmann" hat er sich um Grossmanns Tagesgeschäft gekümmert. Damit hat er in dessen Schlepptau Karriere gemacht. Grossmann hat sich aber nie gefragt, wie er das gemacht hat. Er hat es auch nie wichtig gefunden, das zu verstehen. In Wirklichkeit hat Alfa hinter der Kulisse das Team zusammengehalten, die Wogen geglättet und die Defizite in der Teamführung des Bereichsleiters ausgeglichen. Deshalb ist er im Gegensatz zu seinem Chef sehr beliebt. Seinen Ruf als Feuerwehrmann hat er sich durch sein Improvisationstalent bei der Lösung der akuten Probleme verdient.

„Der wievielte Ausfall war das eigentlich, Manni?"

„Ich habe aufgehört zu zählen, Uli", antwortet Alfa mit einem leicht resignierten Unterton. Unruhig zieht Grossmann an seiner Zigarette. Etwas unbeholfen sucht er einen Aschenbecher.

„Das verstehe ich nicht", antwortet er Alfa mit einem unzufriedenen Unterton. Dabei wird nicht klar, ob er sich mehr über den Systemausfall oder sein Aschenbecherproblem ärgert. Schließlich gibt Alfas Kollege auf. Ärgerlich seufzend ascht Grossmann in seine halb leere Tasse mit kaltem Kaffee vom Vortag. Ein ekelhafter Anblick! Bestimmt zeigt er mit seiner halb gerauchten Lucky auf Alfa, als ob er ihm die Schuld dafür geben will.

„Wir geben Jahr für Jahr mehr Geld für unsere IT aus! Stattdessen dauert die Entwicklung immer länger, und die Qualität unserer Software wird immer schlechter!"

Ohne Luft zu holen, fährt Grossmann fort: „Das passt ja zu dem, was mir gestern ein Fahrer erzählt hat. Der Betrieb funktioniere am besten, wenn die Systeme ausfallen und wir im Notbetrieb arbeiten! Ich habe diese Meinung auch noch von einer zweiten und dritten Person gehört. Da habe ich nachgeforscht. Und siehe da: Wir haben unwesentlich weniger Verspätungen! Wir transportieren in etwa dasselbe Transportvolumen!"

Grossmann steht auf und wandert nervös auf und ab. Das ist komisch, denkt Alfa, die Systemausfälle sind doch nichts Neues für ihn. Sonst wird er deswegen doch auch nicht so nervös!

Lange muss Alfa nicht warten, bis ihm sein langjähriger Weggenosse den eigentlichen Grund offenbart: „Ich bekomme momentan großen Druck aus dem Vorstand. Aufgrund der Finanzkrise muss ich die Kosten um 30% senken!"

Nach einem weiteren Zug an seiner fast aufgerauchten Zigarette ergänzt er: „Momentan werden neue Osteuropäer auf unserem Markt aktiv. Da können wir nur mit Qualität bestehen! Heißt also: Durchsatz und Verspätungen dürfen nicht schlechter werden. Heißt weiter: Wir müssen also Kosten einsparen. Wir müssen die Wünsche unserer Kunden erfüllen. Und wir müssen die Qualität halten! Wie soll das bitte gehen?"

„Der Ton macht die Musik", denkt Alfa. Ohne es direkt einordnen zu können, fragt er vorsichtig:

„Aber das deine Chefs haben doch schon oft … " Weiter kommt Alfa nicht. Sichtlich erregt unterbricht in Grossmann: „Die haben mir die neuen Kennzahlen knallhart in die Zielvereinbarung geschrieben."

Als Feuerwehrmann seines Bereichs hat Manfred Alfa eines gelernt: Alles hat einen Grund. Man sieht ihn nur nicht immer sofort. Das Verhalten seines Weggefährten hat ihn stutzig gemacht. Normalerweise lässt sich Grossmann auch in schwierigen Situationen nicht aus der Ruhe bringen. Es ist doch nichts Neues, dass der Vorstand Kosten senken will und die gleiche Qualität erwartet. Neugierig bohrt er weiter:

„Wie willst du denn deine Ziele erreichen? An der Qualität kannst du nicht sparen, sonst laufen uns die Kunden weg. Willst du jetzt die IT-Kosten senken?“, fragt Alfa den Bereichsleiter vorsichtig.

„Wenn ich das könnte!“. Erregt fügt Grossmann hinzu: „Der Vorstand hat beschlossen, das Potenzial liegt in der Modernisierung unserer Disposition. Wir bekommen ein neues Dispositionssystem. Mit dem soll alles besser werden!“

„Aber wir haben doch schon häufig neue Systeme bekommen. Was regst du dich dann so auf, Uli?“

„Rate mal, wer die Entwicklung des neuen Systems bezahlen darf: meine Kostenstelle! Der Projekterfolg steht in meiner Zielvereinbarung! Kosten bei gleichbleibender Qualität zu senken ist schon eine Herausforderung an sich. Aber noch so einen Kostenfresser ans Bein gebunden zu bekommen, das übertrifft wirklich alles! Das „Wie“ liegt eigentlich in meinem Entscheidungsbereich. Aber wie so oft mischt sich die Führung einfach ein.“

So erregt hat Alfa seinen Kollegen schon lange nicht mehr gesehen. Halbherzig fragt er ihn: „Hast du dich denn mit dem Projekt schon auseinandergesetzt? Vielleicht hilft es Dir ja wirklich. Wie sieht denn der Business Case aus? Rechnet sich?“

Business Case – der finanzielle Nutzen von Software

Wenn Sie sich privat etwas anschaffen, überlegen Sie sich gut, welchen Nutzen Ihnen Ihre Investition bringen wird. Privat muss das nicht immer ein finanzieller Nutzen sein. In Unternehmen ist das nicht anders. Die Entwicklung oder die Anschaffung und die Einführung der Software kosten Geld. Wir reden also auch hier über eine Investition. Die Investition in Software soll über einen gewissen Zeitraum einen Nutzen bringen und den Kunden zufriedener machen. Das wird in einem Geschäftsszenario kalkuliert. Im Vordergrund steht dabei in der Regel der finanzielle Vorteil: Um wie viel lassen sich mit der Software Einnahmen steigern bzw. Kosten senken. Der sogenannte Business Case vergleicht diesen finanziellen Nutzen mit einer herkömmlichen Geldanlage. Wir oder das Unternehmen hätten das Geld ja stattdessen zur Bank bringen und dafür Zinsen kassieren können. In vielen Fällen wird auch der nichtfinanzielle Nutzen betrachtet. Ein Beispiel hierfür sind die Verbesserung der Qualität und die damit verbundene Kundenzufriedenheit.

Weiter kommt Alfa nicht. Diese Frage reizt Grossmann noch mehr: „Sei doch nicht so naiv, Manni! Hast du jemals bei uns gesehen, dass ein Business Case Realität geworden ist? Du kennst doch unsere Kosten-Nutzen-Kalkulationen.“

„Kannst du ihn denn nicht einfordern?", hakt Alfa nach.

„Dafür interessiert sich hinterher doch keiner mehr!", entgegnet ihm der Bereichsleiter ärgerlich. „Wenn das Projekt alle in den Wahnsinn getrieben hat und einige bunte Bildchen blinken, interessiert sich keiner mehr für den Mehrwert. Die Tatsache, dass das Projekt über meinen Kopf hinweg initiiert worden ist, sagt doch alles! Das hat unser IT-Leiter wirklich geschickt eingefädelt."

Oje. Da haben wir den wirklichen Grund, denkt Alfa. Ein Machtspielchen mit Dr. Grotemann! Im Unternehmen ist seit einiger Zeit bekannt, dass der Vorstandsvorsitzende Prof. Dr. Lagermann in naher Zukunft in den Ruhestand gehen wird. In der langjährigen Firmenkultur ist es bis jetzt Usus gewesen, wichtige Positionen aus den eigenen Reihen zu besetzen. Es ist kein Geheimnis, dass sowohl der Bereichsleiter der Auslieferung Nord und der junge, aufstrebende Grotemann auf diesen Posten schielen.

Weiter kann Alfa gar nicht denken, als Grossmann im Vertrauen fortfährt: „Mit fünf Millionen Euro ist das ein großer Teil meines Budgets. Die IT hat damit gerechnet, dass ich an ihren Kosten sparen würde. Also haben sie sich das Budget über den Vorstand gesichert! Durch die Zusatzkosten sind mir die Hände noch mehr gebunden!"

„Was willst du dann machen?", fragt Alfa.

In diesem Moment hellt Grossmanns Mine auf, und sein Ärger ist wie verschwunden. Kämpferisch und entschlossen erklärt er Alfa: „Wir machen aus der Not eine Tugend! Mein Hauptziel: mit weniger mehr erreichen. Das ist eine echte Herausforderung. Die Gefahr: Alle schauen nur auf die größte Investition – unser IT-Projekt.

Deshalb müssen wir in der Lage sein, im Einzelfall zu zeigen: Wie haben sich Kosten, Qualität und Kundenzufriedenheit durch welche Maßnahmen verbessert. Wenn wir das könnten – davon träumt der Vorstand schon seit Jahren. Dann könnten wir zeigen, welchen Einfluss das IT-Projekt wirklich hat. Dann wird endlich einmal deutlich, wie viel Geld wir mit unserer Technik verbrennen! Ansonsten werde ich wohl keine Wahl haben und die Personalkosten senken müssen.

Mir wird es sehr schwerfallen, einigen Jungs im Betrieb zu sagen: Vielen Dank – ihr habt einen guten Job gemacht. Leider dürft ihr euch die Papiere abholen. Wir versenken das Geld lieber in IT-Projekten, die seit Jahren aus dem Ruder laufen!"

„Die Null muss stehen" – mit Kennzahlen zum Erfolg

„Die Null muss stehen!" – Jeder Fußballfan kennt heute diesen Satz. Beim bekanntesten deutschen Fußballstammtisch (DSF „Doppelpass") darf man für diese abgedroschene Phrase mit Sicherheit drei Euro ins Phrasenschwein werfen.

Können Sie sich noch erinnern, wer diesen Satz berühmt gemacht hat? Richtig – es war kein Geringerer als Huub Stevens. 1997 führte er Schalke mit dieser Devise zum Gewinn des UEFA Cups. Das Besondere: Er wusste ganz genau, dass Schalke nicht die spielstarke und offensive Mannschaft ist. Taktik, Kampf und Disziplin brachten den Erfolg. So einfach es klingen mag: Der Sieger hat immer mindestens ein Tor mehr geschossen. Im Extremfall heißt das: „Die Null muss stehen!"

Neben dem seltenen Gewinn des Pokals gibt es zwei gute Gründe, warum dieser Spruch unter vielen so viel Aufmerksamkeit erregt hat:

1. Schalke ist ein „Arbeiterklub". Um die „Null zu verteidigen", muss eine spielerisch unterlegene Mannschaft Einsatz und Kampfgeist zeigen. Das sind die Werte der Schalker Vereinskultur. Damit identifiziert sich der „einfache Arbeiter": ein Kumpel wie du und ich. Deshalb muss sich ein Schalker „den Arsch aufreißen". Dann ist er beliebt. So ist z. B. Marc Wilmots aus der 97er Mannschaft als „Willi, das Kampfschwein" in die Schalker Annalen eingegangen. Deshalb werden ihn die Schalker niemals vergessen!
2. Einsatz und Kampf sind auch die „deutschen Tugenden". Davor fürchten sich viele Teams im Ausland. Das sind unsere Stärken! Die „stehende Null" symbolisiert also im erweiterten Sinne auch die deutsche Tugend.

Sind Sie nicht dieser Meinung? Darüber kann man sicherlich diskutieren. Und genau das ist es, was eine Kennzahl ausmacht! In unserem Beispiel geht es um die Anzahl der geschossenen Tore – die der eigenen Mannschaft und die des Gegners. Es macht beide Mannschaften auf einfachste Weise vergleichbar. Die Kennzahl misst den Erfolg.

Haben Sie gemerkt, wie viel eine Kennzahl darstellen kann? Das ist es, warum die Chefs davon träumen. Auf einfachste und übersichtlichste Weise können sie schnell sehen, „ob das Schiff auf Erfolgskurs ist".

Borussia Dortmund		FC Schalke 04
3	*TORE*	3
18	*TORSCHÜSSE*	9
57,8%	*BALLBESITZ*	42,2%
365	*PÄSSE*	265
5	*ECKEN*	0
19%	*FEHLPASS-QUOTE*	24%
42	*ZWEIKÄMPFE*	48

***Quelle**: bundesliga.de*

Abbildung 1.2: *So sehen die „Kennzahlen" zum Spiel Borussia Dortmund gegen Schalke 04 aus der Saison 2008/2009 aus.*

Vergleichen wir z. B. Kennzahlen aus dem Spiel Borussia Dortmund gegen Schalke 04 vom 13.09.2008: Mit 27 Torschüssen muss das Spiel sehr viele Torraumszenen gehabt haben. Es war bestimmt attraktiv! Das belegt auch die geringe Fehlpassquote beider Seiten. Außerdem sprechen sechs Tore eine eigene Sprache. Der BVB hat das Spiel mit fast 58% Ballbesitz kontrolliert. 100 mehr gespielte Pässe sind ein Indiz für ein Kurzpassspiel. Bei 9:18 Torschüssen und gleich vielen Toren hat Schalke wesentlich effektiver gespielt. Eine mögliche Verbesserungsmaßnahme für den BVB wäre Torschusstraining!

Aus Sicht der Dortmunder kennen wir jetzt also den sportlichen Erfolg aus dem Spiel: Ein Unentschieden bedeutet einen Punkt in der Tabelle. Laut kicker.de war das Spiel mit 80.552 Zuschauern ausverkauft. Den finanziellen Erfolg dieses Spiels kennt nur der Verein selbst.

Welchen Beitrag hatte das Spiel für die ganze Saison? Für das Saisonziel „internationaler Wettbewerb" war dieser Punkt vielleicht zu wenig. Den erhofften fünften Platz hat der BVB nicht erreicht, sondern nur Platz sechs. Zwei Punkte Rückstand – hätten die Westfalen gegen Schalke gewonnen, hätten sie die dann punktgleichen Hamburger durch das bessere Torverhältnis (+23 statt +2) verdrängt. Finanziell war das Jahr nach eigenen Angaben (Ad-hoc-Mitteilung) ebenfalls nicht so erfolgreich wie erhofft. Am Ende erwirtschaftete der Verein über 11 Millionen Euro weniger Gewinn und einen Verlust von 100.000 Euro. Obwohl mehr Zuschauer den Weg ins Stadion gefunden haben (durchschnittlich 74.851/+2.331), sind die Ticketerlöse (22,4 Mio. €/–3,6 Mio. €) zurückgegangen.

Walter Jakobs – der Vater aller Kennzahlen im Fußball

Wissen Sie, wer die Zahlen im Fußball hoffähig gemacht hat? Christoph Biermann ist dieser Frage in seinem Werk „Die Fußball-Matrix" nachgegangen. Es war ein gewisser Walter Jakobs. Wie viele Kinder sammelte er Ergebnisse und Tabellen. Wer erinnert sich nicht noch gerne an sein „Panini-Sammelalbum". Der eingefleischte Fan freut sich heute schon auf die Jahresausgabe vom Kicker oder von ähnlichen Zeitschriften, in denen die Saison „aufgearbeitet" wird.

Allerdings hat Jakobs diese „Besessenheit" niemals abgelegt. Er war der Erste, der Zahlen sammelte und Werte berechnete, z. B. die „Chancen des Torwarts beim Elfmeter" oder die statistische Auswirkung des Heimvorteils. Er war auch der Erste, der diese Werte „auf eigene Faust" veröffentlichte. Am Anfang wurde er belächelt, bis Arminia Bielefeld sein Wissen nutzte und damit sehr erfolgreich wurde.

In Deutschland ist inzwischen daraus eine Wissenschaft entstanden. So entstand Anfang der 90er-Jahre die erste kommerzielle „ran-Datenbank" für die gleichnamige Fußballsendung mit gesammelten Fußballstatistiken. Heute wird an immer neuen Methoden zur Erfassung von Spieldaten gefeilt. Der Fußballprofi ist inzwischen gläsern geworden.

Schauen wir abschließend, was ein „typischer Angestellter" des BVB zum sportlichen Erfolg beigetragen hat. Laut bundesliga.de hat der Verteidiger Neven Subotic 57% seiner Zweikämpfe gewonnen. Das entspricht dem Durchschnitt des Spiels. Seine Passquote lag mit 80% ebenfalls im Bereich seiner Mitspieler. Von 365 Pässen kamen 54 von ihm (also ca. 15%). Er hat eine von 18 Torschüssen vorbereitet. Das ist nicht viel. Als Verteidiger hatte er vielleicht andere Aufgaben. Dafür hat er aber ein wichtiges Tor erzielt.

Auch diese Statistik kann man auf die Saison ausdehnen. Sie untermauern, wie viel ein Spieler zum Erfolg beigetragen hat.

Von der Spielstatistik zu Unternehmenskennzahlen …

Wie können wir diese Zahlen auf Unternehmen übertragen?

Die Kennzahlen aus dem einzelnen Spiel entsprechen Kennzahlen zu Abläufen aus unserem Logistikunternehmen. Die Anzahl der Pässe während des Derbys entsprechen der Anzahl transportierter Güter von einem Lager zum anderen an einem bestimmten Tag. Die Fehlpassquote misst dann die Anzahl der Güter, die nicht im richtigen Lager oder zu spät angekommen sind.

Die Zahlen zur „Spielstatistik“ werden im Unternehmen meistens „operative Kennzahlen“ genannt. Die betrieblichen Eckdaten können Unternehmen wie S+Z Logistics z. B. für einen Monat oder ein Jahr messen. Dazu kommen die „Kundenkennzahlen“. Sie sind vergleichbar mit den Zuschauerkennzahlen. Kommen viele „Kunden (= Zuschauer)“ und ist der „operative Erfolg“ (= der sportliche Erfolg) vorhanden, stellt sich auch der finanzielle Erfolg ein.

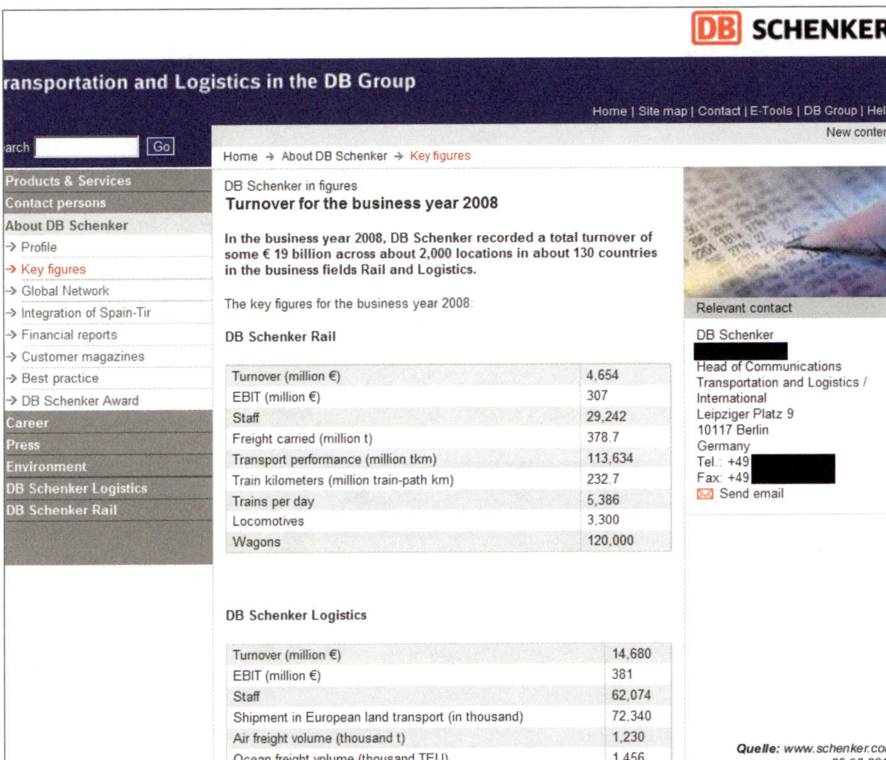
DB SCHENKER

ransportation and Logistics in the DB Group

Home | Site map | Contact | E-Tools | DB Group | Help

New content

arch Go

Home → About DB Schenker → Key figures

Products & Services
Contact persons
About DB Schenker
→ Profile
→ Key figures
→ Global Network
→ Integration of Spain-Tir
→ Financial reports
→ Customer magazines
→ Best practice
→ DB Schenker Award
Career
Press
Environment
DB Schenker Logistics
DB Schenker Rail

DB Schenker in figures

Turnover for the business year 2008

In the business year 2008, DB Schenker recorded a total turnover of some € 19 billion across about 2,000 locations in about 130 countries in the business fields Rail and Logistics.

The key figures for the business year 2008:

DB Schenker Rail

Turnover (million €)	4,654
EBIT (million €)	307
Staff	29,242
Freight carried (million t)	378.7
Transport performance (million tkm)	113,634
Train kilometers (million train-path km)	232.7
Trains per day	5,386
Locomotives	3,300
Wagons	120,000

DB Schenker Logistics

Turnover (million €)	14,680
EBIT (million €)	381
Staff	62,074
Shipment in European land transport (in thousand)	72,340
Air freight volume (thousand t)	1,230
Ocean freight volume (thousand TEU)	1,456

Relevant contact

DB Schenker
[redacted]
Head of Communications
Transportation and Logistics /
International
Leipziger Platz 9
10117 Berlin
Germany
Tel.: +49 [redacted]
Fax: +49 [redacted]
Send email

Quelle: www.schenker.com am 25.03.2010

Abbildung 1.3: *Mit diesen Kennzahlen präsentiert sich eine der größten deutschen Speditionen am 25.03.2010 im Internet.*

Hauptziel eines Unternehmens ist die Rendite. Deshalb interessieren sich viele Chefs wie der Vorstand von S+Z Logistics hauptsächlich für die finanziellen Kennzahlen. Operative und Kundenkennzahlen liefern das Potenzial für die Zukunft. Unzufriedene Kunden werden möglicherweise abwandern und damit Umsatz und Gewinn gefährden. Sie sind unzufrieden, wenn die Qualität nicht stimmt, also ihr Gut zu spät oder falsch transportiert wird.

Wir können diese Kennzahlen also nicht trennen. In der Regel geschieht das in den Köpfen der Chefs auch nicht. Sie erwarten mindestens eine gleichbleibende Qualität und die Zufriedenheit der Kunden bei Absenkung der Kosten. Das ist für sie selbstverständlich!

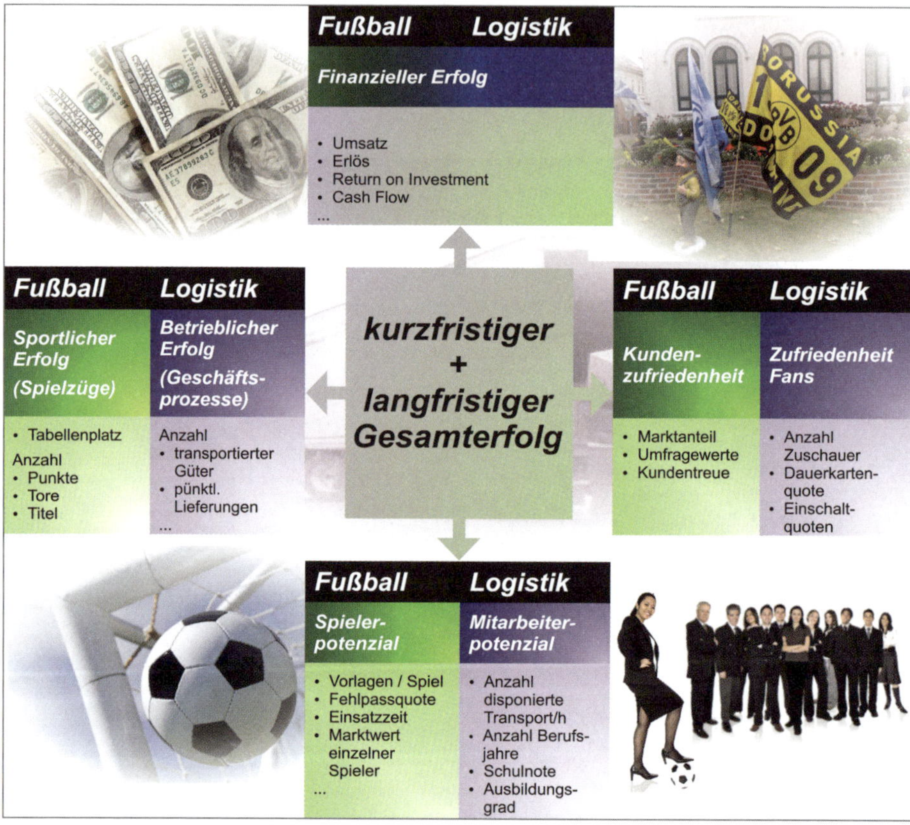

Abbildung 1.4: *Wer dauerhaft „oben mitspielen will", muss in allen vier Bereichen erfolgreich sein.*

Unser Fußballexperte hat das in seiner Analyse erkannt. Aki weist zu Recht darauf hin, dass der Vereinsvorstand attraktives Spiel und wirtschaftlichen Erfolg durch die Arbeit von Jürgen Soar erwartet. Bei unseren Logistikern hat das der Bereichsleiter Grossmann ebenfalls erkannt. Er macht sich bereits Gedanken, wie er das schaffen soll. Er beschwert sich, dass sich der Vorstand durch das IT-Projekt in seine „Umsetzung" einmischt. Dem Bereichsleiter kommt es so vor, als ob „der Vereinsvorstand" ihm „eine gewisse Spielweise" oder den „Einsatz gewisser Spieler" vorschreibt. Er hat aber etwas ganz anderes vor. Dabei muss er auf Spieler oder Spielelemente verzichten, mit denen er Erfolg haben will („seine Jungs aus dem Betrieb").

Ein weiteres Beispiel aus der Welt des rollenden Balles ist das Scheitern von Jürgen Klinsmann beim FC Bayern in der Saison 2008/2009. Nach seinem Erfolg bei der WM 2006 hatte man ihm „alle Freiheiten gelassen" und „großzügig Geld bereitgestellt". Er sollte den FC Bayern in einem „langfristigen Projekt" verändern (vgl. Zeit Online im Artikel vom 27.04.2009, „Wieso Klinsmann gescheitert ist"). Als die Verantwortlichen des FC Bayerns nicht mehr von Klinsmann überzeugt gewesen sind, griffen sie immer mehr in die Freiheiten von Klinsmann ein. Der gelernte Bäcker durfte z. B. nicht mehr seine Wunschspieler verpflichten (z.B. Landon Donovan). Die Gefahr wurde zur Realität: „Er verlor an Autorität bei der Mannschaft." Kurze Zeit später entließ der Rekordmeister den Schwaben.

Die vierte Dimension: Führen nach Kennzahlen

Kennzahlen sind bei den „Chefs" auch deshalb so beliebt, da sie ihre eigenen Ziele durch Zielvorgaben an Mitarbeiter weitergeben können. Das nennt man „Führen nach Kennzahlen". Der Erfolg kann gemessen werden (ist die Kennzahl erreicht?). Erreicht der Mitarbeiter die Kennzahl, erhält er einen „Bonus" zu seinem Gehalt. Für Neven Subotic wären z. B. „Bonuszahlungen" in Form einer Meisterprämie oder konkrete Punkt- oder Torprämien denkbar.

Mitarbeiterkennzahlen lassen möglicherweise auf Personalebene auch Rückschlüsse zu, was die Stärken und die Schwächen eines Mitarbeiters sind. Deshalb kann der unvorsichtige Vergleich von Personen und Teams unter Umständen den Betriebsfrieden stark gefährden. Aus diesem Grund ist die Messung von „Spielerdaten" in Unternehmen ein sensibles Thema. Sie führt nicht selten zu Konflikten mit dem Betriebsrat.

Damit wird deutlich: Die Leistung und die Leistungsfähigkeit („Mitarbeiterpotenzial") der Mitarbeiter ist der vierte (messbare) Erfolgsfaktor für ein Unternehmen (neben Kundenzufriedenheit, operativem und finanziellem Erfolg).

So kann ein Unternehmen erfolgreich organisiert werden. Wir sehen an den Beispielen Klinsmann, Grossmann und Soar, wie schwierig es ist:

- die richtigen Ziele zu formulieren
- die Verantwortung zu delegieren
- die Verantwortlichen nur an den Ergebnissen zu messen

Je weiter wir in der Hierarchie bzw. der Befehlskette in einem Unternehmen „nach unten" wandern, desto wichtiger werden die operativen und Kundenkennzahlen. Die Vorgaben werden immer detaillierter. Das ist verständlich. Es geht um die Umsetzung bzw. die Ausführung des Tagesgeschäfts.

„Grau is alle Theorie, maßgebend is auf'm Platz."
(Adi Preißler)

Kapitel 2

Angstgegner IT

Die ewige Suche nach dem optimalen Spielsystem

Richter ist sichtlich zufrieden über den Verlauf des Gesprächs mit seinem Experten. Lassen wir das Beziehungsverhältnis zwischen Soar und Schmitt mit den Fragezeichen so stehen, denkt der Moderator. Eine bessere Vorlage für unsere spätere Talkrunde kann ich gar nicht bekommen.

Gekonnt lenkt er Aki in eine andere Richtung: „Das ganze Umfeld schwärmt von Jürgen Soars modernem Spielsystem. Glauben Sie, dass er damit ähnlich erfolgreich sein wird wie bei seinen früheren Trainerstationen?"

„Ich bin skeptisch, Herr Richter! Mit einem funktionierenden Spielsystem alleine gewinnen Sie keine Spiele!"

„Wie meinen Sie das, Aki?“, setzt Richter mit einem fragenden Blick nach. „Vor ein paar Wochen haben uns die Spanier bei der Europameisterschaft gezeigt, wie man mit einem perfekten Spielsystem die Gegner beherrschen kann.“

Etwas lehrerhaft setzt das Urgestein seine Ausführung fort: „War es wirklich nur das Spielsystem? Die Diskussion um das richtige Spielsystem hat es schon zu meiner Zeit gegeben. Immer wieder gibt es Trends. War das 4-1-4-1 der Spanier im Endspiel der letzten EM besser als das deutsche 4-2-3-1? Spielt man besser mit zwei defensiven Sechsern? Verteilt man den Spielaufbau auf die ganze Mannschaft? Oder lenkt besser ein zentraler Spielmacher als klassische 10 den Spielaufbau? Oft waren die Experten schon der Meinung, das perfekte System gefunden zu haben. Das Spielsystem ist wichtig, aber nicht das Allheilmittel. Können Sie sich noch an die Europameisterschaft 2004 erinnern?“, fragt Müller Schmitt rhetorisch.

„Ja – wieso?“, tut ihm Schmitt den Gefallen und lässt ihn fortfahren.

„Wie haben wir während der EM vom perfekten Spiel der Portugiesen, Niederländer und Tschechen geschwärmt. Am Ende hat der „alte Otto“ mit seinen Griechen den Titel geholt. Bis zum Finale haben wir sein antiquiertes Spielsystem belächelt. Besonders als er gelegentlich mit einem Libero gespielt hat.“

„Ich verstehe. Was ziehen Sie daraus für Schlüsse für das heutige Spiel, Aki?“, will Schmitt interessiert wissen.

„Das Spielsystem muss zur Mannschaft passen! Der FCL hat Leistungsträger abgeben müssen und keine neuen verpflichtet. Es sind also immer noch die gleichen Spieler aus der Vorsaison. Bei der jetzigen Euphorie hat Herr Soar keine leichte Aufgabe.“

Müller greift zu einem Wasserglas, das auf dem Hochglanzpult vor dem Interview für ihn hingestellt worden ist. Richter lässt nicht locker: „Aber Herr Soar hat auch nichts getan, um die Euphorie zu bremsen.“

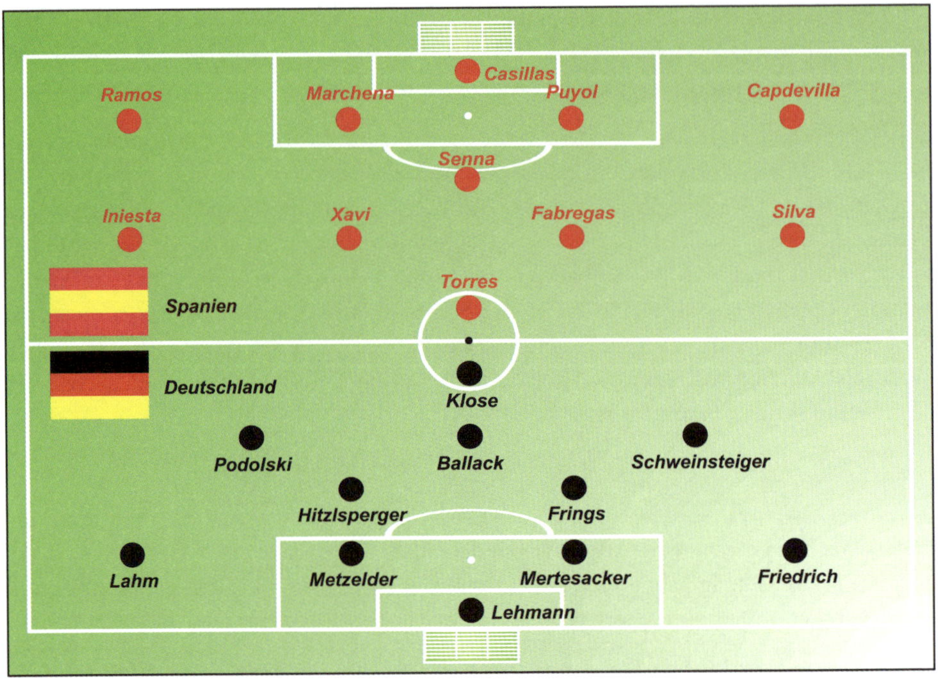

Abbildung 2.1: *War Spaniens 4-1-4-1 im Europa-Meisterschaftsfinale 2008 ausschlaggebend?*

Respektvoll erwidert ihm Müller: „Herr Soar ist ein sehr cleverer Trainer. Er kennt die Gesetze des Profifußballs. Durch seine Vorgänger weiß er, wie wichtig es ist, beim FCL die Fans hinter sich zu haben."

In seiner typischen Art nimmt Richter die Vorlage dankbar entgegen: „Sie spielen auf die wenig attraktive Spielweise unter Trainer Rudi Mauer an. Für die Entlassung ist die Vereinsführung stark kritisiert worden."

„Denken Sie an die Hintergründe, Herr Richter! Der FC war damals wie heute finanziell angeschlagen. Die Vereinsführung hatte Angst, dass die Zuschauer abwandern. Sie hat Mauer lange den Rücken gestärkt, bevor sie ihn entlassen hat. Aber wie in der Wirtschaft kann man nicht lange mit unzufriedenen Kunden leben. Der Vorstand hatte also keine andere Wahl."

Schmitt merkt, dass Müller an einem zentralen Punkt angekommen ist. „Was muss Herr Soar dann verändern, um erfolgreich zu sein?", fragt er seinen Interviewpartner, der nach einem kurzen Schluck eine seiner geschätzten Schlussfolgerungen zieht:

„Kurzfristig muss er mit dem Spielsystem spielen, das am besten zur Mannschaft passt. Langfristig muss die Mannschaft über die Transferpolitik für das optimale Spielsystem zusammengestellt bzw. verändert werden. Jürgen Soar steckt also in einem Dilemma! Veränderungen brauchen Zeit. Er muss aber kurzfristig erfolgreich sein! Allerdings ist das Umfeld von seiner Philosophie vom neuen Spielsystem begeistert. Das setzt positive Kräfte frei!"

*

„Hast du dich denn schon einmal mit dem neuen IT-Bereichsleiter getroffen und über das Projekt gesprochen?", fragt Alfa Grossmann. Sein Chef reicht ihm einen weiteren Latte macchiato. Dann zündet er sich eine neue Zigarette an.

PowerPoint Karaoke – Man muss nicht immer singen

Beamer und die Präsentationssoftware PowerPoint haben die alten Overheadprojektoren in Rente geschickt. Eine gute Präsentation ist eine Kunst, die nicht jeder beherrscht. Mit den vielen neuen Präsentationsmöglichkeiten kann nicht jeder Vortragende gut umgehen. „Bunte Bildchen" und „hüpfende Buchstaben" sind inzwischen Mode geworden. Hinter aufwendigen Folien stecken häufig „heiße Luft" oder „Banalitäten". Das hat die Software und die Präsentationen inzwischen in Verruf gebracht. Die Zuhörer – meist gestresste Entscheider – wollen sich nicht blenden lassen.

Das hat eine Gruppe von Künstlern und Journalisten (die „Zentrale Intelligenz Agentur") auf eine Idee gebracht: Statt zu singen, muss der Vortragende bei PowerPoint Karaoke eine ihm völlig unbekannte Präsentation aus dem Internet präsentieren. Obwohl diese Idee ein gutes Präsentationstraining sein kann, wird PowerPoint Karaoke gerne in Kneipen organisiert. Manchmal sind Präsentationen so schlecht, dass sie wieder komisch sind. Das hat zusammen mit manch unbeholfenem Vortragstalent gelegentlich einen nicht zu unterschätzenden Unterhaltungswert.

(Quelle: PowerPoint Karaoke – Maulwurfpellets für Verwaltungsnerds; Spiegel Online am 01.02.2006)

„Wenn es nicht so traurig wäre, wäre es ein nettes Döneken", sagt er noch, während er an seiner zweiten Lucky zieht. „Bitte lach nicht, wenn ich ein paar Begriffe durcheinanderwerfe. Aber ich habe die reinste PowerPoint Karaoke erlebt.

Die IT hätte jetzt eine neue Servicestrategie. Mit SOA, ‚Reuseable Services' und einer entsprechenden Governance würden sie in Zukunft alles im Griff haben. Auf die Frage, was ich davon hätte, bekam ich die Antwort ‚Cost Containment', ‚IT-Alignment', Transparenz und Qualität durch ‚Business Process Management' bzw. ‚Business Process Monitoring'. Das Business würde durch eine neue Methodik stärker eingebunden.

Nach ein paar Versuchen, dieses Kauderwelsch zu verstehen, habe ich dann aufgegeben. Ich habe einfach abgewunken und gesagt: Wie ihr es macht, ist mir egal! Ich brauche mein Dispositionssystem. So gut, günstig und schnell wie möglich."

Alfa runzelt die Stirn: „Da haben sich unsere Kommunikationsweltmeister wieder einmal selbst übertroffen und sich selbst ein Bein gestellt."

In diesem Moment piept Grossmanns Blackberry. Er scheint eine neue E-Mail bekommen zu haben. „Ich höre dir zu. Sprich weiter!", sagt er und dreht fleißig an einem Rädchen, um an das Ende der Nachricht zu kommen.

Alfa kennt seinen Chef schon zu lange, um von solchen Aktionen überrascht zu sein. Früher hat er sich über diese Unhöflichkeit mächtig geärgert. „Nutze die Gelegenheit, solange du das Wort hast", denkt er und setzt seine Entschuldigung der IT fort:

„Ich glaube, ich weiß, worum es geht. Neulich haben mir ein paar Kollegen aus dem IT-Stab ein neues Vorgehen vorgestellt. Selbstkritisch hätte die IT vor allem ein Ziel: nicht mehr an uns – dem Kunden – vorbei zu entwickeln. Dazu passt die IT ihre Projektierung an. PRINCE2 nennen sie das. Wir übernehmen als Auftraggeber die Steuerung des IT-Projekts im Lenkungsausschuss. Neben der Kontrolle über Budget und Mehrwert des Projektes haben wir als Auftraggeber den Vorsitz des Lenkungsausschusses und damit das letzte Wort. Die Projektleitung selbst bleibt bei der IT.

PRINCE2 – eine Kurzerklärung zur Schaffung beherrschbarer Projekte

Wir werden PRINCE2 im Verlauf dieses Buches noch besser kennenlernen. PRINCE2 ist eine Methode, Projekte erfolgreich durchzuführen. Hauptansatzpunkt: Die Schaffung einer kontrollierbaren und beherrschbaren Projektumgebung. Das steckt schon in der Abkürzung: **PR**ojects **IN C**ontrolled **E**nvironments. Dazu müssen die Beteiligten klare Rahmenbedingungen für das Vorhaben schaffen. Das sind z. B. ein klarer Endtermin und ein definierter Nutzen („Business Case"). Als strukturierte Projektmanagementmethode stammt sie aus der britischen Behördenwelt, nachdem dort in den Achtziger- und Neunzigerjahren viele Projekte gescheitert sind. Heute ist sie hier Standard.

PRINCE2 wird heute auch in vielen Unternehmen eingesetzt, weil es eine Sammlung bewährter Methoden („Best Practices") und damit sehr pragmatisch ist. Wesentliche Merkmale von PRINCE2-Projekten sind:

1. eine „kontrollierbare Umgebung" mit klaren Rahmenbedingungen (s.o.)
2. Abgrenzung von der täglichen Arbeit: Das Projekt ist ein einmaliges Vorhaben, während die Alltagsarbeit (in der Linie) kontinuierlich und wiederkehrend ist.

3. Einbindung aller Verantwortlichen, insbesondere des Kunden, in die Projektorganisation über klar definierte Rollen:

   Richtungsweisende Entscheidungen werden in einem Lenkungsausschuss getroffen.

   Der Kunde bzw. Auftraggeber hat meistens als Vorsitzender das letzte Wort. Er ist dafür zuständig, die Wirtschaftlichkeit zu sichern.

   Der Benutzervertreter ist dafür verantwortlich, dass alles den Bedürfnissen der Benutzer entspricht (im Projektrahmen).

   Der Lieferantenvertreter wahrt die Interessen derjenigen, die die Ergebnisse erzeugen, also z. B. die Software entwickeln.

4. Aufteilung in steuerbare, beherrschbare und ergebnisorientierte Projektphasen:

   Start einer Projektphase nur mit klar definierten Vorgaben, z. B. Start der Vorbereitungsphase nur mit einem vorhandenen Projektmandat (unterschriebener Projektauftrag)

   Ende einer Projektphase nur mit definierten und fertigen Endergebnissen („Phasenprodukte"), z. B. Ende der Vorbereitungsphase nur mit fertigem Projektleitdokument („Projektaufbau und Projektziel").

Außerdem will die IT die Software zukünftig vollständig anhand analysierter Geschäftsprozesse entwickeln. Damit werde sichergestellt, dass die Software genau dem entspricht, was wir als Kunden benötigen. Sie hätten ein Verfahren entwickelt, mit dem die IT prozessorientiert einzelne Komponenten, sogenannte „Services", ableitet."

„Uli", setzt Alfa in seiner typisch überzeugenden Art mit einem begeisterten Unterton an. „Eigentlich haben wir uns das immer gewünscht! Du kannst dich um deine Kennzahlen kümmern! Du kannst vorgeben. Unser Bereich kümmert sich um die Umsetzung und die Anpassung deiner Verfahren. Die IT entwickelt die Software dazu."

Dann ändert er seinen Ton. „Die IT ist halt ein Völkchen für sich", versucht er zu vermitteln. „Wenn sie es so erzählt hätten, wärst du auch überzeugt. Ist das nicht eine Chance wert?"

Jetzt hätte Alfa eine Antwort erwartet. Sein Chef ist jedoch mit seinem Blackberry zu beschäftigt, um ihm diesen Gefallen zu tun. Vorsichtig hakt Alfa nach: „Uli?" Etwas unsicher blickt Grossmann seinen Duzfreund an. Hat sein Chef die letzten Worte überhaupt wahrgenommen?

In diesem Moment bekommt der Bereichsleiter wieder die Kurve. „Fängst du nicht gerade an, dein Haus zu bauen, Manni?“

Sichtlich überrascht fragt Alfa: „Ja, aber was hat das damit zu tun?“

„Hast du beim Hausbau schon einmal erlebt, dass dir dein Bauunternehmer erklärt, mit welcher Methode er deine Wünsche und Vorstellungen vom Haus entgegennimmt und umsetzt? Und dass er dieses Verfahren beim Bau deines Hauses einführt?“ Einlenkend klopft Grossmann Alfa auf die Schulter. „Du bist und bleibst der ewige Optimist! Das schätze ich an so dir!“

Alfa kennt Grossmann nur zu gut. Zu oft hat Alfa versucht, seinen Chef mit seiner Art zu überzeugen. „Zum Glück hat er sich erst einmal beruhigt“, denkt Alfa erleichtert.

Nachdem Grossmann bereits seine zweite Zigarette zu Ende geraucht hat, wendet sich der Kettenraucher wieder seinem Problem zu. „Wenn ich nur nicht die blöde Zielvereinbarung hätte!“, seufzt er. „Irgendwie habe ich das alles schon einmal gehört. Wahrscheinlich treibt die IT wieder nur eine neue Sau durchs Dorf.“

Alfa merkt, dass es keinen Sinn hat, erneut zu diskutieren. Ulis Blickwinkel ist schwer zu widerlegen, überlegt er und versucht, auf ihn einzugehen.

„Na ja – in gewisser Weise hast du schon recht. Zu unserer gemeinsamen Bankzeit in den 80ern hat uns die IT mit der zentralen Datenhaltung und dem Unternehmensdatenmodell die Lösung aller Probleme versprochen“, holt er einmal mehr sehr detailliert aus. „Nach dem Scheitern der zentralisierten Ansätze sind in den 90ern Objektorientierung und Dezentralisierung der Heilige Gral gewesen. Mit Frameworks sollte alles wiederverwendbar, kleiner und handhabbarer werden. Dabei hat die IT irgendwann vergessen, Software für uns zu entwickeln, bis wir die IT-Budgets selbst gesteuert haben.“

Zufrieden fühlt sich der Bereichsleiter verstanden und nickt ironisch: „Du verstehst also. Es ist wie jedes Mal! Wieder einmal hat die IT den perfekten Weg gefunden, Software für uns entwickeln! Einmal mehr kommt sie mit der universellen Lösung, wenn wir unter Druck stehen und dringend ein funktionierendes System brauchen.“

„Ich verstehe dich, Uli. Aber dieses Mal sind sie selbstkritisch und wollen sich an uns ausrichten“, gibt Alfa nicht auf.

Aber Grossmann beharrt auf seiner Meinung: „Das glaube ich erst, wenn ich es sehe, Manni. Immerhin sind es immer noch dieselben Menschen. Ich hatte zumindest nicht das Gefühl, dass sie bei der Präsentation auf mich eingegangen sind.“

„Veränderungen brauchen Zeit! Die solltest du ihnen geben.“

In diesem Moment lenkt sein Chef seufzend ein. „Anderes Personal bekomme ich nicht. Gegen das Projekt kann ich mich nicht wehren. Was bleibt mir schon anderes übrig? Wenn ich meine Zielvereinbarung sehe, brauche ich nicht die langfristige Strategie, sondern den kurzfristigen Erfolg!“

Spielsystem & Spielzüge – Geschäftsprozesse im Fußball

Das Spielsystem muss zur Mannschaft passen. Was heißt das eigentlich? Ein Spielsystem ist die taktische Aufstellung (die Organisation) einer Fußballmannschaft und das damit verbundene taktische Verhalten.

Das Spielsystem hat dabei zwei Ziele:

1. Die Mannschaft ist optimal organisiert, um erfolgreiche Spielzüge des Gegners zu verhindern (Verteidigung).
2. Die Mannschaft ist optimal organisiert, um mit eigenen Spielzügen erfolgreich zu sein (Angriff mit Torabschluss).

Klingt einfach. Wie wir gesehen haben, ist es eine Glaubensfrage ohne allgemeingültige Antwort. Was ist wichtiger? Die Defensive oder die Offensive? Wie schalten wir am schnellsten von der Defensive in die Offensive? Wie passen wir uns am besten unserem Gegner an?

Abbildung 2.2: *Spielsysteme und Spielzüge sind das Geschäftsprozessmanagement und die Geschäftsprozesse im Fußball.*

Die Spielzüge sind dabei die Abläufe auf dem Spielfeld. Sie werden in der Regel aus der Sicht des Angreifers gesehen. Greifen sie die eigene Mannschaft an, ist es das Ziel, ein Tor zu schießen und im anderen Fall den Ball zu erobern. Trainer und Fußballexperten sprechen in diesem Zusammenhang auch gerne von Automatismen, weil die Spieler die Spielzüge im Schlaf kennen sollten. Sie sollten die Laufwege ihrer Mitspieler und ihre eigenen kennen. Ballstafetten werden dazu im Training einstudiert.

In welcher Beziehung stehen Spielzüge und das Spielsystem zu Geschäftsprozessen? Spielzüge sind sozusagen die betrieblichen Abläufe, also die Geschäftsprozesse des Fußballs. Betrachten wir dazu einen Angriff als Logistikkette:

Beim Angriff wollen die Spieler den Ball in das gegnerische Tor „transportieren". Jeder Pass, jedes Dribbling, jede Bewegung ohne Ball etc. der beteiligten „Mitarbeiter" sind „betriebliche" oder „operative" Schritte innerhalb des Spielzug. Alle Schritte zusammen – also der Spielzug – sind nichts anderes als die Ausführung eines betrieblichen Ablaufs, der Geschäftsprozess. Während des Spielzugs kann viel passieren. Deshalb gehört zu einem guten Spielzug auch die Berücksichtigung aller eventuellen Ablaufvarianten. Bei jedem Schritt übernehmen die jeweiligen „Spieler" Rollen. Sie werden z. B. zu Passgebern, Spielmachern u. v. m.

Wer legt aber die Spielzüge fest? Wer passt die Spielzüge auf dem Platz den Gegebenheiten an? Diesen Rahmen – also das Spielsystem – müssen sowohl der Verein als auch das Unternehmen im Spiel (das Projekt) und im Unternehmen (Verein) organisieren, um die betrieblichen Abläufe (Spielzüge) im Griff zu haben. In der Unternehmenswelt nennen wir das Geschäftsprozessmanagement mit der entsprechenden Organisation der Verantwortlichkeiten, den Weisungsbefugnissen und Zuständigkeiten. Damit bekommt die Mannschaft eine Hierarchie! Aber der werden wir uns noch im Verlaufe dieses Buches widmen …

„Jeder kann sagen, was ich will."
(Otto Rehhagel)

Kapitel 3

Der dominante Chef – wenn Details nicht interessieren

Hätte Manfred Alfa die Reaktionen seines Chefs vorhersehen können? Musste Grossmann auf die missglückte Präsentation der IT so reagieren („Ich habe dann aufgegeben, einfach abgewunken und gesagt: Wie ihr es macht, ist mir egal!")? Wäre die Reaktion von Grossmann anders gewesen, wenn die IT Neuerungen verständlicher und detaillierter erklärt hätte?

Wieso überfordern Experten oder Führungskräfte aus dem unteren Management immer wieder ihre Chefs mit unzähligen Details? Ist es wirklich nur ein Zeitmangel der Chefs? Was wäre, wenn jeder Chef unbegrenzt Zeit hätte?

Die Fragen machen eines deutlich: Wenn wir uns fragen, „wie verhält sich ein Mensch?" oder „wie gehe ich mit ihm besser um?", handelt es sich um:

1. zwischenmenschliches Verhalten
2. Kommunikation
3. die damit verbundenen Probleme

Dazu fehlt uns ein fundierter Ansatz oder ein Werkzeug, mit dem wir das menschliche Verhalten erklären, analysieren und strukturieren können: Persönlichkeitsmodelle erklären und systematisieren das menschliche Verhalten. Die oft im negativen Sinne genannte „Profilierung" ist nicht neu. Schon Hippokrates hat sich 460–377 vor Christus mit der Persönlichkeitsforschung beschäftigt.

Es würde den Rahmen des Buches sprengen, alle Modelle und Ansätze vorzustellen, zu vergleichen und zu erklären. Deshalb

1. führt Sie der nächste Abschnitt in die Welt der Persönlichkeitsmodelle ein,
2. stellt Ihnen das Buch den „Marktführer" – das persolog®-Persönlichkeitsmodell – vor.

Ebenfalls ist nicht das Ziel, Ihnen das Modell bis ins letzte Detail zu erklären. Dazu gibt es bereits gute Bücher, die Sie in der Literaturliste finden können.

Ziel ist es, ein Hilfsmittel zu haben, mit dem wir im weiteren Verlauf das konkrete Verhalten bzw. die Probleme fundiert analysieren und erklären können. Deswegen stellt das Buch neben der Einführung nur das vor, was wir konkret benötigen.

Menschliches Verhalten erklärt – Persönlichkeitsmodelle

Persönlichkeitsmodelle erklären und systematisieren menschliches Verhalten. Wie bereits erwähnt, gibt es inzwischen viele Ansätze. Dabei bestimmt ein Persönlichkeitsmodell Charakter- bzw. Verhaltenseigenschaften einer Person.

Das klingt zunächst ziemlich trocken und langweilig. Ich wette allerdings, dass Sie diese Modelle bestimmt aus Ihrer Freizeit kennen! Sicher haben Sie schon einmal in bunten Illustrierten Fragen zu Ihrer Person beantwortet. Dabei müssen Sie sich zwischen verschiedenen vorgegebenen Antworten entscheiden. Am Ende ermitteln Sie anhand einer Tabelle eine Punktzahl. Je nachdem, wie viele Punkte sSie erreicht haben, sind Sie z. B. eher der schüchterne Typ. Dann gibt Ihnen die Zeitschrift Ratschläge, wie Sie als schüchterner Typ z. B. besser neue Freunde kennenlernen können.

Ein anderes Beispiel sind Tests in sogenannten „Assessment-Center". Hier versuchen große Konzerne, aus einer großen Bewerberzahl den geeigneten Kandidaten zu finden. Der größte Irrtum ist dabei allerdings, dass bei den Tests die Leistung entscheidet. Die Übungen und Aufgaben haben bei richtiger Verwendung einen anderen Zweck:

1. Aus den Testergebnissen erstellen die „Personaler" über Sie ein Verhaltens- bzw. Charakterprofil.

2. Die „Personaler“ vergleichen dann Ihre Eigenschaften mit dem Idealprofil der ausgeschriebenen Stelle. So hat die Personalabteilung eine sachliche Bewertungsgrundlage.

Verhaltensmodelle eignen sich nicht nur für die optimale Besetzung ausgeschriebener Stellen. Sie helfen Ihnen:

- Ihre persönlichen Stärken und möglichen Schwächen zu erkennen
- das Verhalten und die Möglichkeiten anderer wahrzunehmen und besser zu verstehen
- Ihr Handeln Ihrem Gegenüber besser anzupassen
- Mitarbeiter gezielter einzusetzen und zu fördern
- die Zusammenarbeit zwischen Ihnen und anderen Persönlichkeiten zu verbessern
- mögliche Konflikte (Konfliktpotenzial) besser zu erkennen und ggf. zu vermeiden
- entstandene Konflikte besser zu verstehen und gezielter aufzulösen

Sie werden jetzt vielleicht sagen: Ich bin ein guter Menschenkenner! Ich kann mein Gegenüber gut einschätzen. Keine Angst – Sie werden Ihr gutes Bauchgefühl weiterhin benötigen. Persönlichkeitsmodelle helfen Ihnen nur, die Einschätzung zu strukturieren und zu systematisieren. Durch die Beantwortung von Fragen muss die „Zielperson“ immer noch eingeschätzt werden. Entweder macht das die Zielperson selbst („Selbsttest“), dann überprüfen und hinterfragen Sie ggf. die Antworten. Oder Sie schätzen die Zielperson selbst ein („Fremdprofilierung“). Eine gewisse Subjektivität bleibt also immer bestehen. Hier liegen auch die Grenzen der Persönlichkeitsmodelle.

Eine Tatsache ist jedoch zu beachten: Es gibt keine bessere oder schlechtere Charaktereigenschaft. Besser oder schlechter wird ein Verhaltensmerkmal erst, wenn die Person in eine Umgebung gerät, in der diese Eigenschaft für sie positiv oder negativ ist. Hier kommt es dann z. B. zu Konflikten.

Ein Beispiel: Was ist Ihre beste Eigenschaft? Nehmen wir an, eine Ihrer herausragenden Eigenschaften ist es, willensstark zu sein. Das ist sehr positiv, wenn Sie z. B. Veränderungen gegen Widerstände in kürzester Zeit durchsetzen müssen. Willensstärke zeichnet Sie bei der Umsetzung von Zielen aus, wenn ihre Kollegen unentschlossen sind bzw. immer wieder vom Kurs abweichen wollen.

Stellen Sie sich dagegen vor, Ihnen wird ein Ziel vorgegeben. Dieses Ziel widerstrebt Ihnen. Sie sind überzeugt, es ist falsch. Sie müssen sich diesem Ziel unterordnen. Ihre Willensstärke kann in diesem „Umfeld“ zu Ihrer Achillesferse werden. Sie könnten als „stur“ bezeichnet werden. Wenn dem so ist und Ihnen das bewusst ist, können Sie daraus Schlüsse ziehen. In einem straff geführten Konzern müssten Sie sich wahrscheinlich häufig fremdem Willen beugen. Das könnte sehr frustrierend für Sie sein. Sie könnten sich häufiger in einem Konflikt wieder finden. In kleineren Unternehmen wird meistens mehr Eigenständigkeit gefordert. Hier könnten Sie mit Ihrer Willenstärke ggf. ein optimales Umfeld für sich finden.

Damit wird deutlich: „Viele Wege führen nach Rom." Um eine Aufgabe zu erledigen oder ein Ziel zu erreichen, arbeiten Sie vielleicht am liebsten eigenständig und „ziehen das Ding durch". Sie möchten ungern auf andere angewiesen sein. Wenn Sie zu einem anderen „Schlag Mensch" gehören, suchen Sie vielleicht lieber Gleichgesinnte und erreichen das Ziel gemeinsam.

Beide Vorgehen können gut oder schlecht sein. Es hängt ganz vom Umfeld ab!

Felix Magath – der Mann für gewisse Aufgaben

Was ist an Felix Magath so besonders? Wie kommt es, dass ihm Zeitungen wie das Managermagazin („Man braucht Macht") oder Die Zeit („Quälix war gestern") spezielle Artikel widmen? Warum zieht die Presse Felix Magath für wirtschaftliche Vergleiche heran? Warum beschäftigen wir uns an dieser Stelle mit ihm?

Am Erfolg alleine kann es nicht liegen. Gut – er hat mit dem FC Bayern München mehrfach das Double geholt. Da waren seine Vorgänger aber erfolgreicher, z. B. Ottmar Hitzfeld. Seine Aufbauarbeit beim VFB Stuttgart? Das haben andere z. B. Ralf Rangnick auch geschafft. Sein Erfolg mit dem VFL Wolfsburg? Auch da gab es schon Spektakuläreres, z. B. die Meisterschaft des FC Kaiserslautern in den Neunzigern direkt nach Wiederaufstieg.

Abbildung 3.1: *Erfolgreich verändern – Krisen meistern: der „Change Manager" Felix Magath*

Es hängt mit seiner Person zusammen. Felix Magath ist eine markante Persönlichkeit und polarisiert. Während andere Vereine ihr Management erweitern und die Kompetenzen verteilen, setzt er auf alleinige Macht. Magath will alle Fäden in der Hand halten. Magath formuliert ganz klare Ziele. Er hat eine unglaubliche Willensstärke und will unbedingt siegen. Dem und seiner Person hat sich alles unterzuordnen. Einmal hat er seinen Spielern gezeigt, was Willensstärke bewegen kann. Ohne spezielles Training ist er den Hansaplast Marathon gelaufen. Wer sich beim Laufen auskennt, weiß, wie hart (und unvernünftig) so ein Wettkampf ohne Training ist.

Glaubt man den Interviews und seinem Auftreten, besitzt Magath typisch dominante Eigenschaften. Als dominanter Mensch kann er seine Fähigkeiten bzw. Stärken nur ausspielen, wenn er alle Fäden in der Hand hält. Er weiß genau, dass er als Trainer sowieso für den Erfolg geradestehen muss – ob mit oder ohne Kompetenzen. Das hat er erkannt. Im Laufe der Zeit hat er ebenfalls erkannt, welches Umfeld er benötigt, um erfolgreich zu sein.

Beim FC Bayern München hatte er seine Probleme, weil er hier die Kompetenzen mit Leuten wie Rummenigge, Hoeneß und Beckenbauer teilen musste. Der VFL Wolfsburg hatte das notwendige Geld für den Erfolg. Dem Klub fehlte aber der Name, sodass weder renommierte Spieler noch Trainer zu diesem Klub kommen wollten. Die Situation hat Magath genutzt und konnte seine Forderungen durchsetzen. Auf der anderen Seite hatte er den Vorteil, dass er mit Professor Winterkorn auf einen erfahrenen Wirtschaftsboss in der Führung traf. Der kannte aus seinem Volkswagenkonzern die Schwierigkeiten bei großen Veränderungen. In der Wirtschaft wird für so ein Vorhaben typischerweise ein „Change Manager" eingesetzt, der als Person nicht zum Unternehmen gehört. Er ist damit freier und nicht in persönliche bzw. betriebliche Beziehungen verstrickt. Mit einem klaren Ziel ausgestattet, verändert der „Change Manager" das Unternehmen auch gegen Widerstände und Konflikte. Nach der erfolgreichen Veränderung verlässt er das Unternehmen. Ähnliches hat Felix Magath beim VFL Wolfsburg erreicht. Deshalb ist er nach dem Meistertitel zurückgetreten.

Eine Besetzung durch eine „externe Person" hat einen weiteren Vorzug für ein Unternehmen. Als möglicherweise „verbrannte Person" nimmt er gegebenenfalls Konflikte mit, sodass er ein neues, verändertes Unternehmen ohne Altlasten hinterlässt.

Beim FC Schalke 04 soll Magath ebenfalls den Verein verändern. Hier ist interessant, dass die Vereinsführung um Tönnies erkannt hat, dass sie das Umfeld verändern muss. An diesem Umfeld sind vorher schon viele Trainer gescheitert. Das Schalker Management weiß, dass sie einen „Change Manager" brauchen – einen wie Felix Magath.

Mit seiner Erfolgsgeschichte ist es nicht überraschend, dass Magath sich die notwendigen Kompetenzen sichern konnte (Vorstandsmitglied). Er hat sich im positiven Sinne „so profiliert", dass man weiß, dass er nur dann solch eine Aufgabe übernimmt, wenn er das Umfeld bestimmen bzw. entsprechend gestalten kann. Interessant ist eine Aussage von ihm in einem Interview: „Wolfsburg hatte Geld. Da habe ich den Verein umgebaut und die Meisterschaft geholt. Jetzt will ich zeigen, dass es auch mit wenig Geld geht."

Werfen wir einen Blick auf die Wirtschaft. Die Unternehmen müssen sich momentan stark verändern. Finanzkrise – Globalisierung – Konkurrenz aus China. In der IT sieht es ähnlich aus: Kostensenkungen – Dienstleistungskonzepte – Fokussierung auf die Geschäftsprozesse bzw. Kennzahlen. Das ist genau das, was Grotemann angekündigt hat. Speziell Konzerne sind schwerfällig. Veränderungen sind schwer und langsam. Felix Magath hat es beim VFL Wolfsburg gezeigt, wie es geht. Einfach, schnell und unkompliziert. Genau das, was jetzt alle Beteiligten von Jürgen Soar und dem FC Lüdenscheid erwarten.

Magaths Engagement beim VFL Wolfsburg und die Nähe zum Konzern haben Vergleiche praktisch „angezogen". Dieses und andere Bücher zeigen, dass Fußball und Wirtschaft und damit auch das Phänomen „Felix Magath" durchaus vergleichbar sind. Die Vergleiche sind deshalb so beliebt, weil Fußball Volkssport ist. Jeder ist Bundestrainer und kennt die Details. Der Fußball ist greifbarer. Deshalb sind Zusammenhänge leichter zu verstehen.

Das persolog®-Persönlichkeitsmodell

Das persolog®-Persönlichkeitsmodell geht ursprünglich auf Prof. John G. Geier zurück. Er erforschte ein Verhaltensmodell mit den dominanten, initiativen, stetigen und gewissenhaften Verhaltensdimensionen. Als Forschungsauftrag der Universität von Minnesota entwickelte er das Modell als Instrument für die Personalentwicklung der medizinischen Fakultät. Danach entwickelte und erforschte er das Modell fortlaufend weiter. Seit 1990 vertreibt Friedbert Gay das Modell in Deutschland. 2008 wurde es wegen besonders in China anzutreffenden, teils veralteten bzw. gefälschten Produkten in das persolog®-Persönlichkeitsmodell umbenannt.

Das Modell unterscheidet vier grundlegende Verhaltensstile: den dominanten, initiativen, stetigen und gewissenhaften Stil.

Rund um dieses Modell bietet die gleichnamige Firma Dienstleistungen und Werkzeuge an. Trainer und Coaches können sich bei der Firma persolog® weiterbilden und offiziell zertifizieren lassen. In Unternehmen ist das persolog®-Persönlichkeitsmodell heute sehr erfolgreich. Nach eigenen Angaben ist es seit 1958 40 Millionen Mal eingesetzt worden, 600000 Mal davon in Deutschland. Die Referenzliste liest sich wie das „Who is who" der Wirtschaft. Zu den 12.000 Unternehmen gehören u.a. Daimler Benz, EnBW, American Express, die Allianz, die Dresdner Bank, Microsoft, die Deutsche Telekom, Vodafone, die Deutsche Post, Novartis, Coca Cola, Mac Donalds u. v. m.

Damit ist das persolog®-Persönlichkeitsmodell eines der am weitesten verbreiteten Persönlichkeitsmodelle.

Persolog® – Umfeld wahrnehmen + Reaktion auf vier Arten

Der Mensch ist Teil seiner Umwelt. Wir nehmen die Umgebung wahr und reagieren auf sie. Dabei haben wir zwei Möglichkeiten, wie wir unsere Umwelt insbesondere in Stresssituationen empfinden:

1. Wir empfinden unsere Umgebung tendenziell anstrengend (stressig).
2. Wir empfinden unsere Umgebung grundsätzlich als angenehm (nicht stressig).

Dabei reagieren wir auf unser Umfeld entweder, indem wir:

1. aktiv handeln, um das Umfeld zu bestimmen,
2. eher zurückhaltend auf das Umfeld reagieren.

Daraus ergeben sich vier Kombinationsmöglichkeiten. Sie sind die vier grundlegenden Verhaltensweisen.

Abbildung 3.2: *Die vier grundlegenden Verhaltensstile des persolog®-Persönlichkeitsmodells*

„Bitte bis gestern und keine Details" – der dominante Grossmann …

Der dominante Mensch fürchtet sich am meisten davor, „bezwungen zu werden" (Grundangst). Er definiert sich deswegen über das Erreichen seiner Ziele und sieht sich in ständigem Wettbewerb mit seinen „Herausforderern". Der „Wettkampf" ist für ihn anstrengend, aber positiv. Als zielstrebiger Minimalist will der Dominante seine Ziele so schnell wie möglich erreichen. Er analysiert schnell. Wesentliches erkennt er immer vor dem Hintergrund seiner Ziele. Die hat er ständig vor Augen.

Der dominante Typ ist ein „kritischer Macher". Er stellt bestehende Zustände infrage. Probleme packt der Dominante geradewegs an. Weil er sein Ziel „so schnell wie möglich" abhaken und damit „Erster" sein möchte, ist er ungeduldig. Fragt man ihn, wann etwas (für sein Ziel) fertig sein soll, ist die typische Antwort: „Am besten gestern". „Nein" antwortet er, wenn eine Bitte nicht zu seinem persönlichen Ziel passt. Widerstände überwindet der dominante Mensch mit seiner Willenskraft, seiner Durchsetzungsfähigkeit in seiner energischen, selbstsicheren und entschlossenen Art. Deshalb dominiert er oft Gespräche. Dabei hört er häufig nicht zu und interessiert sich nicht für Belange, die nicht sein Ziel betreffen. Fällt ihm etwas Wichtiges ein, unterbricht er andere gerne.

Wenn er die Bedürfnisse seiner Mitstreiter nicht wahrnimmt, überfordert er sie leicht mit seinen Ansprüchen. Vor allem wenn diese seinem Tempo nicht gewachsen sind. Details interessieren ihn selten. Daher denkt er Dinge manchmal nicht zu Ende. Der Dominante unterschätzt Risiken und Aufwände. Häufig will er sie auch gar nicht hören oder nimmt sie nicht auf (wenn er nicht zuhört). Dadurch ist er häufiger planlos und unstrukturiert.

Wir haben uns eingangs die Frage gestellt, ob Manfred Alfa die Reaktion seines Chefs hätte vorhersehen können. Ja! Anhand einiger Indizien kann er sehen, dass Grossmann der typisch dominante Typ ist:

Dominante Eigenschaft	Daran kann Alfa Grossmann „erkennen"
Zielorientierung / Zielstrebiger Minimalist	• Grossmann erwähnt wiederholt seine Zielvereinbarung • Grossmann setzt im Gespräch alles in Relation zu seinen Zielen • Grossmann sucht schnelle Lösungen zu seinen Zielen (Dispositionssystem, Personalkosten)
Ergebnisorientierter Wettkampftyp	• Grossmann misst die IT nur an Ergebnissen • Machtkampf mit Grotemann um Vorstandsposten • Positive Herausforderung: Er kann und will sich an schwierigen Zielen beweisen
Selbstbewusstsein / Selbstsicherheit/Kritischer Macher	• Grossmann stellt die vorgegebenen Ziele des Vorstands infrage • Grossmann stellt die Kompetenz der IT infrage • Grossmann stellt seine Fähigkeiten zu keiner Zeit infrage. Glaubt, dass er es besser kann.
Bestimmtheit, Entschlossenheit, Durchsetzungsfähigkeit und Willenskraft	• Grossmann stellt zu keiner Zeit infrage, die Ziele nicht erreichen zu wollen • sein „Abwinken" bei der IT-Präsentation und Durchsetzung seiner Ziele durch klare Zielvorgaben, ohne den Hintergrund verstanden zu haben
Entscheidungsfreude	• Schnelle Entscheidung bei der IT ohne Hintergrund (s.o.)
Mangelndes Interesse an detaillierten Ausführungen, die ihn aus seiner Sicht nicht betreffen	• Entscheidung bei der IT, ohne den Hintergrund (die „Details") verstanden zu haben (s.o.) • Alfa muss sich ständig um die „hässlichen Details" seines Chefs kümmern • Grossmann interessiert sich nicht für „Alfas IT-Welt" • Grossmann hört Alfa nicht zu bzw. geht nicht auf Alfa ein, als dieser detailliert die IT-Projektierung erklärt
Dominierende Gesprächsführung	• Grossmann unterbricht Alfa mehrfach • Grossmann geht nur begrenzt auf Alfas Äußerungen ein („Monologcharakter")
Ungeduld und Unruhe	• Grossmanns Rauchverhalten und sein Aschenbecherproblem • Grossmann steht mitten im Gespräch auf und wandert nervös auf und ab • Grossmanns Gesprächstempo und seine Unterbrechungen Alfas

Immer wieder erzählt Grossmann Alfa von seiner Zielvereinbarung. „Knallhart" hätte der Vorstand die Kennzahlen in die Zielvereinbarung geschrieben. Der Projekterfolg stehe in seiner Zielvereinbarung. Wenn er „nur nicht die blöde Zielvereinbarung hätte". Ganz gleich, über was Alfa mit ihm diskutiert: Sein Chef bringt es in Relation zu seinen Zielen.

Und er will die Ziele so einfach und schnell wie möglich erreichen. Alfa könnte das daran erkennen, dass die IT das Dispositionssystem so gut, günstig und schnell wie möglich entwickeln soll (Grossmanns Ziele). Seine Kennzahlen will der Bereichsleiter ebenfalls schnellstens erreichen. Sofort überlegt er sich im Dialog mit Alfa eine Lösungsmöglichkeit. Und er glaubt sie mit der Senkung der Personalkosten gefunden zu haben.

Grossmann ist ein Wettkampftyp und will sich über Ergebnisse beweisen. Alfa erkennt selbst, dass sein Chef mit Dr. Grotemann um den frei werdenden Vorstandsposten wetteifert. Das Projekt sei von Grotemann über den Vorstand „geschickt über seinen Kopf hinweg eingefädelt worden". Unter der Leitung von Grotemann hätte die IT „damit gerechnet, dass er an ihren Kosten sparen würde". Um seine Ergebnisse zu erreichen (Wettbewerb!), seien ihm „durch die Zusatzkosten die Hände noch mehr gebunden". Außerdem will Grossmann den Beitrag des IT-Projekts (nicht sein Baby) und den Beitrag seiner Maßnahmen getrennt voneinander sichtbar machen. Er will zeigen, dass seine Maßnahmen deutlich mehr bewirken als das IT-Projekt. Das Projekt wird schließlich mit seinem Kontrahenten, Dr. Grotemann, in Verbindung gebracht. Anstatt den „Kopf in den Sand zu stecken", gibt sich der Bereichsleiter kämpferisch. Es sieht die Herausforderung zweckoptimistisch und will aus der Not eine Tugend machen.

Grossmann wirkt im Gespräch auf Alfa selbstsicher und selbstbewusst. Ein weiteres Anzeichen. Grossmann stellt die Kompetenz des Vorstands und der IT infrage. Er sieht das IT-Projekt als Fehlinvestition („Kostenfresser"), die Kennzahlen skeptisch („Wie soll das gehen?") und das Vorstandsverhalten fehlerhaft (Einmischung). Seine Einstellung zur IT an vielen Stellen klar. Beispielsweise fragt er, wann jemals „ein Business Case Realität geworden ist". Außerdem treibe die IT wieder einmal eine „neue Sau durchs Dorf". Die IT sei immer noch auf der Suche nach dem „richtigen Ansatz, Software zu entwickeln" und lasse den Kunden im Stich, wenn er „ein funktionierendes System brauche". Seine Fähigkeiten stellt er im Gespräch nicht infrage. Im Gegenteil – er glaubt, er kann es besser. Als „kritischer Macher" würde er es anders machen und keine „Kostenfresser" initiieren. Besser wäre es, an den IT-Kosten statt an seinen Maßnahmen und den Personalkosten zu sparen.

Er hinterfragt in dem Gespräch zu keinem Zeitpunkt, ob seine Vorgesetzten vielleicht nicht doch im Recht sein könnten. Das größte Indiz für sein Selbstbewusstsein und seine Selbstsicherheit ist sein Auftreten bei der IT. Als er der IT-Präsentation nicht folgen kann, macht er sich im Gespräch über die Begriffe wie „Cost Containment" lustig. „PowerPoint Karaoke" nennt er das. Der IT bietet er die Stirn und geht selbstbewusst und selbstsicher einfach über die Punkte hinweg. Er erzählt Alfa, er habe einfach „abgewunken", und gibt der IT klare Ziele vor.

In diesem Moment kann Alfa Grossmanns entschlossenes, bestimmtes und willensstarkes Auftreten bzw. seine Durchsetzungsfähigkeit erkennen. Er will seine Ziele unbedingt erreichen. Auch zu keinem anderen Zeitpunkt lässt Grossmann im Gespräch Zweifel daran, dass er die Ziele nicht umsetzen will.

Grossmann beweist damit Alfa außerdem, dass er schnelle Entscheidungen treffen kann. Er steht vor dem Problem, dass er nicht versteht, was die IT will. Anstatt hin und her zu überlegen, trifft er spontan die Entscheidung, einfach die Ziele vorzugeben.

Für Alfa sollte außerdem klar sein, dass sich sein Chef nicht für Details interessiert. Neben der Situation bei der IT-Präsentation darf er sich immer um die „hässlichen Details" seines Chefs kümmern. Grossmann sagt am Anfang selbst, dass er „Alfas IT-Welt nie verstehen wird". Er interessiert sich nicht dafür und sieht sie auch nicht als wichtig an. Nur so ist zu erklären, dass er Alfa die Steuerung für das IT-Projekt abtritt, damit er sich um die „wichtigen" Maßnahmen kümmern kann. Alfa darf dann in der Regel im Hintergrund die Wogen glätten, wenn sein Chef wieder etwas nicht berücksichtigt hat. Mangelndes Detailinteresse ist zwar auch eine initiative Eigenschaft (lernen wir im nächsten Abschnitt kennen). Sein Chef widmet sich aber lieber seinem Blackberry, als Alfa ihm die IT-Projektierung im Detail erklären will. Grossmann nimmt Alfas Worte gar nicht auf. Das scheint öfter der Fall zu sein, da er aufgehört hat, sich darüber „mächtig" zu ärgern.

Ein weiteres Anzeichen sollte für Alfa sein, dass Grossmann das Gespräch dominiert. Sein Kollege unterbricht ihn mehrfach. Er geht dabei nur sehr begrenzt auf Äußerungen Alfas ein. Das Gespräch hat eher Monologcharakter. Alfa hat lediglich die Möglichkeit, durch Fragen ein paar Details aus seinem Chef „herauszukitzeln". Versucht er sich einzubringen, wird er entweder unterbrochen, oder sein Chef hört nicht zu.

Abbildung 3.3: *Dominante, initiative, stetige und gewissenhafte Stärken …*

Grossmann unterbricht Alfa häufig, wenn er etwas Wichtiges mitteilen will. Er will es schnell mitteilen. Das Gesprächstempo zeigt seinem Kollegen, wie ungeduldig er ist. Grossmanns Unruhe kann Alfa auch an anderen „Kleinigkeiten" erkennen. Grossmann steht z. B. mitten im Gespräch auf und wandert nervös auf und ab. Seine Zigaretten raucht er schnell hintereinander. Dabei hat er außerdem sein Aschenbecherproblem, das in seiner Hektik ekelhaft in einer Kaffeetasse endet.

Kommen wir zurück zu unseren Fragen, die wir uns am Anfang des Kapitels gestellt haben: Hätte Manfred Alfa die Reaktionen seines Chefs vorhersehen können?

Ja – wir haben gesehen, dass Grossmanns Verhalten eine Frage des Charakters ist. Er ist eine dominante Persönlichkeit mit den typischen Verhaltensmustern (bestimmt, trifft schnelle Entscheidungen, hört schlecht zu …).

Wäre die Reaktion von Grossmann anders gewesen, wenn die IT Neuerungen verständlicher und detaillierter erklärt hätte?

Nein – es hätte vermutlich nichts bewirkt. Als dominanter Typ interessiert sich Grossmann nicht für ausschweifende Erklärungen. Vielleicht hätte er sich in diesem Moment seinem Blackberry gewidmet (ähnlich wie bei Alfas Ausführungen).

Weiter haben wir uns gefragt:

- Wieso überfordern Experten oder Führungskräfte aus dem unteren Management immer wieder ihre Chefs mit unzähligen Details, und
- ist es wirklich nur ein Zeitmangel der Chefs?
- Was wäre, wenn jeder Chef unbegrenzt Zeit hätte?

Je größer die Verantwortung, desto mehr geht es um Einfluss und Macht. Hier setzen sich mehrheitlich aktiv handelnde Persönlichkeiten durch bzw. wollen sich auch durchsetzen. Das sind in unserem Fall dominante und initiative Persönlichkeiten. Beide interessieren sich nicht für Details.

Abbildung 3.4: *Mögliche Schwächen bei dominantem, initiativem, stetigem oder gewissenhaftem Verhalten*

Damit ist es also keine Frage der Zeit. Selbst wenn Grossmann unbegrenzt Zeit hätte, würde er sich nicht für die Details interessieren. Den Zeitdruck erzeugt Alfas Chef als dominanter Typ zum großen Teil selbst. Dominante Chefs nehmen sich zu viel vor. Sie unterschätzen gerne den Aufwand wegen mangelnder Sorgfalt bzw. fehlendem Interesse für Details.

Um die Frage zu beantworten, warum speziell Experten oder Führungskräfte aus dem unteren Management immer wieder ihre Chefs mit unzähligen Details überfordern, müssen wir die drei anderen Grundtypen des persolog®-Persönlichkeitsmodells betrachten:

Der initiative Alfa überzeugt und begeistert …

Manfred Alfa ist ganz anders als Ulrich Grossmann. Als initiativer Mensch versucht auch Alfa aktiv zu handeln, um sein Umfeld zu bestimmen. Im Gegensatz zum dominanten Grossmann will er es aber beeinflussen und nicht kontrollieren. Initiativen Menschen wie Alfa behagt es nicht, Leute zu etwas zu zwingen. Hartnäckig wollen sie andere Mitstreiter überzeugen und Allianzen schmieden. Sie sollen sich dabei für die Ziele des Initiativen begeistern und arbeiten dann aus freien Stücken für seine Ziele. Der initiative Mensch knüpft dazu in seiner positiven Art gerne Kontakte. Das kann er nur, weil er den Umgang mit Menschen liebt. Er will sie verstehen und kann sich hervorragend an sie anpassen. Erinnern wir uns an das Gespräch. Anhand des Dialoges und des Verhaltens ist Alfas Persönlichkeit sicherlich nicht eindeutig zu erkennen. Eines wird allerdings offensichtlich. Er versucht, das Verhalten seines Chefs zu verstehen. Schließlich sieht er, dass es seinem Kollegen um den Kampf mit Grotemann geht. Grossmann wäre das als dominantem Menschen möglicherweise nicht aufgefallen. Was würde dieser antworten, wenn man ihn fragt: „Wie hat Alfa Ihre Äußerungen aufgenommen? Was hat er möglicherweise dabei empfunden?“ Vermutlich würde er entweder ausweichend entgegnen. Dann hat er nicht zugehört. Oder er antwortet nur oberflächlich.

Initiative Leute sind in der Regel extrovertiert. In ihrer offenen Art können sie das Eis zwischen Menschen brechen. Sie reden sehr viel. Dabei drücken sie sich sehr gut und klar aus. Sie teilen ihre Gefühle offen mit. Deswegen können sie sehr wichtig sein. Mit den richtigen Zielen schaffen sie genau die Teams, die ein Unternehmen benötigt. Dabei erzeugen sie durch ihre positiv lebhafte, spontane und emotionale Art eine sehr motivierende Atmosphäre. Ihre Stärke kann aber gleichzeitig auch ihre Schwäche sein. Initiative Menschen lassen sich gerne für Dinge begeistern und dadurch von ihren Zielen ablenken. Neue Dinge sind interessant, alte sind langweilig. Daher fällt es ihnen sehr schwer, zu priorisieren und Termine zu setzen. Sie interessieren sich in der Regel auch nicht für die Ausarbeitung von Details. Es fehlt es ihnen häufig an der notwendigen Disziplin. Das erklärt, warum sie sich schnell verzetteln.

Darüber hinaus treffen sie gegebenenfalls Entscheidungen subjektiv oder zu impulsiv. Durch ihre positive Einstellung schätzen sie manches gerne zu optimistisch ein. Das kann dazu führen, dass sich Menschen wie Alfa zu viel vornehmen.

Jetzt wissen wir, warum Alfa zu seinem Spitznamen „Feuerwehrmann" gekommen ist. Das „Feuer" ist durchs Grossmanns „Nachlässigkeiten" entstanden. Ohne dass es Grossmann bemerkt, hält er das Team zusammen. Wahrscheinlich wird sein Team die „hässlichen Details" erledigen. Dazu motiviert Alfa „seine Truppen". Dabei ist auch sein initiatives Improvisationstalent wichtig. Mit ihm kann er idealerweise genau das Problem lösen, das gerade akut ist.

Eine Frage andere drängt sich natürlich auf. Warum treten so häufig Probleme auf? Eine mögliche Antwort: Wenn das nächste Feuer brennt, ist die noch rauchende Löschstelle für den initiativen Feuerlöscher uninteressant. Doch es kann erneut ausbrechen. Dann vielleicht in einer anderen Form!

Der stetige Stabilisator als Vermittler

Eine gute Ergänzung zu initiativen Menschen kann der stetige Typ sein. Er will ein berechenbares Umfeld schaffen und ist damit ein stabilisierendes Element in jedem Team. Er ist verlässlich, kooperativ und schafft gerne Ergebnisse mit anderen. Als „treue Soldaten" sind Stetige sehr loyal und erwarten das auch von ihren Kollegen. Sie sind pflichtgetreu und lieben akzeptierte Arbeitsabläufe. Im Gegensatz zur dominanten und initiativen Persönlichkeit reagiert der stetige Mensch zurückhaltend auf sein Umfeld. Er wartet lieber ab, was passiert. Deshalb will er z. B. Teams nicht leiten und ist gerne Teammitglied. Lieber konzentriert er sich auf eine Aufgabe. Anders als die Grossmanns und Alfas schenken Stetige Details Aufmerksamkeit. „In der Ruhe liegt ihre Kraft." Geduldig und entgegenkommend vermitteln sie und beruhigen aufgeregte Leute. Sie können sehr gut zuhören. Stetige Typen sind sehr harmoniebedürftig. Sie brauchen ständig starken Zuspruch und Anerkennung für ihre Leistungen. Um optimal arbeiten zu können, brauchen sie eine entspannte und freundliche Atmosphäre, die z. B. initiative Persönlichkeiten schaffen können. Dann bringen die Stetigen ihr spezialisiertes Können optimal ein. Das fällt leider oft nicht auf. Zu oft stellen sie ihre Wünsche hinten an und verkaufen sich sehr schlecht. Sie weichen Konfrontationen zu schnell aus, besonders wenn sie zu nachsichtig und tolerant sind. Haben Sie schon einmal zu jemandem gesagt: „Du bist zu gut für diese Welt?" Hier treffen Sie wahrscheinlich einen stetigen Menschen (und sind vermutlich selbst keiner).

Stetige Menschen mögen keine Veränderungen. Sie suchen Stabilität. Um keine Überraschung zu erleben, planen sie sehr gerne und außerordentlich gut.

Ist in Ihrer Umgebung ein Kollege schon einmal „Sicherheitsdenker" genannt worden? Vielleicht reden Sie dann über einen stetigen Kollegen. Als loyaler und pflichtbewusster Mensch übernimmt die stetige Persönlichkeit selbst unter Druck Verantwortung. Durch ihr Harmoniebedürfnis hat sie allerdings Probleme damit, zu große Verantwortung abzulehnen. Dann kann es sein, dass sie Dinge lange vor sich herschiebt. „Diplomat" wäre ein anderer Ausdruck für ein stetiges Verhaltensmuster. In Konfliktsituationen versucht der stetige „Vermittler", den bestmöglichen Kompromiss für beide Seiten zu erreichen.

Der gewissenhafte Aki Müller

Als letzten Grundtypen widmen wir uns dem gewissenhaften Menschen. Er ist der gründliche Mitarbeiter, den sich jeder wünscht. Der Gewissenhafte arbeitet sehr präzise, genau, sorgfältig und diszipliniert. Haben Sie sich schon einmal über einen „Perfektionisten" aufgeregt? Dann haben Sie wahrscheinlichen einen Menschen diesen Typs getroffen. Er hat sich dabei dann möglicherweise in Details und Einzelheiten verloren. Allerdings liefert er qualitativ sehr hochwertige Ergebnisse.

Es wäre unseriös, Aki Müller nur nach seinem Auftreten im Interview zu beurteilen. Wir können aber an ihm typisch gewissenhafte Tendenzen ausmachen. Aki ist im Gegensatz zum stetigen Typen sachlich statt menschenorientiert. Für seine „präzisen Analysen" ist er „hinlänglich bekannt". Bis ins letzte Detail versteht er die Hintergründe und ist dabei sehr kritisch. Er lässt sich z. B. nicht durch die überlegten Äußerungen des Geschäftsführers des FC Lüdenscheid Nords „aufs Glatteis führen". Er beleuchtet die Hintergründe, analysiert die Fakten und deckt das „Nichtausgesprochene" auf. Weil er durch seine Aussage seine Kritik sachlich äußert, greift er aber nicht persönlich an. Im Gegenteil: „Seine kritischen Analysen sind gefürchtet" und von „hohem Niveau". So hoch, dass es schwerfällt, ihm sachlich zu widersprechen. Und trotzdem ist er „bodenständig, unauffällig, ehrlich und authentisch".

Insgeheim wollen Menschen wie Aki es „anderen recht machen". Sie glauben, dass sich „gute Arbeit auch auszahlt". Im Gegensatz zum initiativen Typen sind sie nicht spontan. Gewissenhafte bevorzugen ein Umfeld mit klar definierten Erwartungen. Deshalb schätzen sie Standards und wachen über Regeln. Haben Sie sich schon einmal über einen „Erbsenzähler" geärgert? Dann ärgern Sie sich wahrscheinlich über eine gewissenhafte Persönlichkeit (und sind selbst vermutlich keine). Menschen wie Aki können allerdings sehr nützlich sein. Sie wollen „Ordnung in das Chaos bringen".

Trotz kritischer Äußerungen an der Sache sind gewissenhafte Menschen aber möglicherweise bei persönlicher Kritik sehr empfindsam. Sie entscheiden erst nach analytischer Auswertung aller Fakten. Dabei sind sie allerdings oft zu vorsichtig und pessimistisch. Es fällt ihnen ggf. schwer, Dinge zu delegieren. Vielleicht auch deshalb, weil sie sehr große Angst vor Fehlern haben. Das erklärt auch, warum sie (im Gegensatz zu

Typen wie Grossmann) unter Druck sehr vorsichtig werden. In ihrer sachlichen Art lassen sie sich aber durch gute Argumente vom Gegenteil überzeugen.

Individuelles Verhalten – gemischte Verhaltenstendenzen

Ich vermute, es liegt Ihnen schon auf der Zunge: „Jeder Mensch ist anders! Jeder Mensch ist individuell!“ Das ist richtig. Wir versuchen, Menschen einzuordnen. Dazu sind die vier grundlegenden Verhaltenstendenzen ein wenig zu grob.

Das individuelle Persönlichkeitsprofil eines Menschen ergibt sich im persolog®-Persönlichkeitsmodell daraus:

1. Welches Grundverhalten dominiert sein Handeln und seine Wahrnehmung?
2. Wie sehr dominiert dieses Grundverhalten die anderen Verhaltenstendenzen?
3. Aus welchen Verhaltenstendenzen setzt sich das Gesamtprofil zusammen?

In anderen Worten: Es gibt viele Menschen mit dominanten, initiativen, stetigen und gewissenhaften Verhaltenstendenzen. Oftmals dominieren ein oder zwei Richtungen. Daraus leitet das Modell die in der Abbildung gezeigten Persönlichkeiten ab.

Kommen wir zurück zu der Frage, die wir immer noch nicht beantwortet haben. Wieso überfordern Experten oder Führungskräfte aus dem unteren Management immer wieder ihre Chefs mit unzähligen Details?

Wie bereits gesehen haben Chefs in höheren Etagen dominante bzw. initiative Verhaltenstendenzen. Beide Persönlichkeiten interessieren sich nicht für die einzelnen Details.

Experten bzw. Spezialisten müssen und wollen sich um Details kümmern. Das ist ihre Aufgabe. Das tun sie gerne. Aus ihrer Sicht sind die Details wichtig. Deshalb präsentieren sie diese der „Führung“ auch so. Die „Chefs“ wollen sich aber nicht damit beschäftigen. Selbst wenn die Spezialisten gut erklären, bauen die Chefs häufig aus dem genannten Grund das Detailverständnis nicht auf. Wir haben bereits erlebt, dass ein Abwinken à la Grossmann eine typische Reaktion sein kann.

Probleme treten vor allen Dingen zwischen gewissenhaften und dominanten bzw. initiativ geprägten Menschen auf. Der Grund: Der gewissenhafte Mensch ist fest davon überzeugt, dass sich „gute Arbeit auszahlt“. Er übt detaillierte und sachliche Kritik. Damit will er es den „Chefs“ recht machen. Der stetige Mensch ist da zurückhaltender. Er ist menschenorientierter. Deshalb gerät er seltener in diese Situation.

Persönlickkeitstypen					
Grundverhalten	***D***	***I***	***S***	***G***	***Typ***
D	1				*Pionier*
I		1			*Entertainer*
S			1		*Stabilisator*
G				1	*Perfektionist*
DI	1	2			*Vorreiter*
DS	1		2		*Schrittmacher*
DG	1			2	*Erfinder*
ID	2	1			*Überzeuger*
IS		1	2		*Harmonisierer*
IG		1		2	*Stratege*
SD	2		1		*Spezialist*
SI		2	1		*Helfer*
SG			1	2	*Gralshüter*
GD	2			1	*Experimentierer*
GI		2		1	*Gutachter*
GS			2	1	*Kritischer Denker*
DIS	1	2	3		*Administrator*
DIG	1	2		3	*Vermittler*
DSG	1		2	3	*Designer*
ISG		1	2	3	*Praktiker*

Abbildung 3.5: *Die 20 verschiedenen Verhaltensmuster des persolog®-Persönlichkeitsmodells durch kombiniertes Grundverhalten*

„Ob Felix Magath die Titanic gerettet hätte, weiß ich nicht – aber die Überlebenden wären topfit gewesen.“
(Jan-Aage Fjörtoft)

Kapitel 4

Euphorie vor dem Spiel

Zwei Männer in gleicher Mission

„Habe ich Sie richtig verstanden, Aki?“, fasst der Moderator noch einmal zusammen. „Jürgen Soar muss kurzfristig mit dem FCL wieder erfolgreich sein. Er kann aber die Mannschaft nicht so schnell auf seine moderne Spielweise einstellen. Das braucht Zeit. Sie erwarten also, dass Jürgen Soar Abstriche in seinem Spielsystem machen muss. Nur langfristig kann er sein Spielsystem etablieren. Was aber, wenn nicht alle Spieler zu dieser Veränderung fähig sind? Dann muss er Spieler ersetzen. Für Spielertransfers fehlen dem FCL aber die Mittel. Glauben Sie, dass Jürgen Soar diese schwierige Aufgabe bewältigen kann, Aki“, fragt Richter skeptisch. „Hat er da nicht schon verloren, bevor er begonnen hat?“

„Ja – Soar kann es!“, antwortet Richter überzeugend. „Er verkörpert nämlich nicht nur eine moderne Spielweise. Wie kaum ein anderer versteht er die Mechanismen in einem Verein. Er ist durchsetzungsfähig und eine Autorität. Und trotzdem kann er auf die Spieler eingehen und sie entwickeln.“

Richter runzelt die Stirn. „Was macht Sie dann so skeptisch, Aki?“

„Das Umfeld!“, sagt Müller mit voller Überzeugung. „Der FC Lüdenscheid ist nicht für seine Geduld bekannt!“

In diesem Moment bekommt Richter das Zeichen, das Interview zum Ende zu bringen. Routiniert rückt er das Spiel wieder in den Mittelpunkt des Gespräches. „Welche Bedeutung hat dann dieses Derby?“

„Jetzt muss ich meinen sachlichen, neutralen Blickwinkel als Experte zur Seite legen!“, schmunzelt Aki mit einem schwarz-gelben Unterton. „Egal wie die Saison für uns Lüdenscheider läuft – Hauptsache wir stehen am Ende vor den Königsblauen und haben die beiden Derbys gewonnen. Es erwarten heute alle einen überragenden Sieg! Ich wäre allerdings schon mit einem knappen Ergebnis zu unseren Gunsten zufrieden!“

„Und das, obwohl Lüdenscheid fünf der letzten sieben Partien verloren hat?“, will Richter seinen Kollegen so nicht entlassen. „Man könnte Herne-West auch als Angstgegner bezeichnen, Aki. Eigentlich kann Jürgen Soar nur verlieren!“ Jetzt hat auch Aki die Regieanweisung über seinen Knopf im Ohr gehört und kommt deshalb zum Punkt: „Als Schwarz-Gelber will ich mir das gar nicht vorstellen!“

Nach einem „Vielen Dank, Aki, für die aufschlussreiche Analyse“ dreht sich Richter zu Kamera 2 und ist in Nahaufnahme zu sehen. „Die Mannschaften laufen ein! Gleich geht es los! Wir sind gespannt, wie sich Jürgen Soar mit Ihrem FCL präsentieren wird!“

*

Alfa ist sichtlich erleichtert, dass sein Chef eingelenkt hat. „Alles andere wird sich finden“, hofft er innerlich. „Wie immer!“ Zufrieden schlürft er den letzten Schluck seines Latte macchiatos. Ein weiteres inneres Gefühl verrät ihm jedoch, dass dies nicht alles gewesen ist. Er setzt neu an und fragt Grossmann direkt: „Jetzt haben wir so viel über dich geredet. Ich kenne dich schon zu lange. Wozu brauchst du mich eigentlich in diesem Spiel, Uli?“

Grossmann drückt seine Lucky aus, lächelt zum ersten Mal und guckt Alfa tief in die Augen. „Du bist der Einzige bei uns, der das Projekt optimal lenken kann.“ Nach einer kurzen Atempause setzt er sein Plädoyer fort: „Du bist die IT-Kompetenz bei uns. Du hast das größte technische Wissen in unserem Bereich. Du weißt, was wir benötigen. Du kennst mich wie kein anderer. Du sprichst meine und unsere Sprache. Du kannst gut mit unseren Mitarbeitern umgehen. Aber noch wichtiger ist: Auch wenn ich nicht von diesem Projekt begeistert bin – es ist das wichtigste Projekt seit Jahren! Ich brauche jemanden, dem ich vollständig vertrauen kann!

Deshalb möchte ich, dass du das Projekt übernimmst. Kontrolliere das Budget für mich und übernimm den Vorsitz vom Lenkungsausschuss. Wir setzen uns in regelmäßigen Abständen zusammen und stimmen die wichtigsten Entscheidungen ab.

Wenn ich mich nicht um das IT-Projekt kümmern muss, kann ich mich ganz auf meine Ziele im Betrieb konzentrieren. Auch wenn es durch die zusätzlichen Kosten schwieriger wird. Die Zielvorgaben werde ICH erreichen. Wir haben schon Schwierigeres geschafft! Wir müssen nur darauf achten, dass wir hinterher zeigen können, welche Verbesserungen die Veränderungen im Betrieb gebracht haben!

Nur die Zielvereinbarungen kannst du mit den Mitarbeitern nicht treffen. Das muss und werde ich schon aus disziplinarischen Gründen tun. Ich weiß, dieses Projekt ist eine Herausforderung. Die IT zu steuern ist nicht leicht. Du wirst mehr Verantwortung tragen! Ist das o.k. für dich?“

„Habe ich denn eine andere Wahl, Uli?“, entgegnet Alfa seinem Chef laut lachend. „Im Ernst – mich reizt diese neue Aufgabe. Ich glaube, dass wir mit diesem Projekt vieles positiv verändern können. Aber das weist du ja!“

Euphorie vor dem Anpfiff

Essen-Rüttenscheid – kurz vor dem Anpfiff. Wie jeden Samstag sitzt Manfred Alfa in der „Elf Freunde Bar“. Gemeinsam mit Herbie, Pit, Paul und Wolli freuen sich die Fußballkumpel auf das Derby. Fußball ist schon immer ihr Leben gewesen und der FCL das Zentrum davon. Der Sommer ohne Fußball war wieder einmal viel zu lang.

Als endlich die Runde Stauder Pils auf dem rustikalen Rundtisch steht, stimmt Alfa die Diskussion mit etwas Bierschaum vor dem Mund an: „Was glaubt ihr? Putzen wir die Herner heute?“

„Putz dich erst einmal selbst ab, Manni. Du hast wohl über den Sommer hinweg das Trinken verlernt!“, lacht Pit.

„Klar hauen wir die Herner weg. Unsere neue Mannschaft ist bärenstark“, begeistert sich Paul.

Abbildung 4.1: *Selbst die Insulaner auf Borkum (Nordsee) freuen sich auf Derbys im „Ruhrpott".*

„Neu ist gut, Paule. Das sind doch immer noch dieselben Rumpelkicker aus der letzten Saison", widerspricht Wolli in seiner typisch mürrischen Art. „Was soll denn da anders sein?"

„Der Soar hat einen ganz neuen Wind in unsere Truppe hineingebracht. Ihr hättet sie sehen sollen! Das ist Fußball von einem anderen Stern! Die können jetzt kombinieren. Das sieht harmonisch aus. Die Spielzüge sind einstudiert. Einfach schön!"

„Übertreibse nicht ein wenig, Paule?", fragt Pit in seinem typischen Ruhrpottslang. „Wo hasse datt denn her?"

„Ich habe es selbst gesehen, Jungs!", begeistert sich Paul. „Ich war bei einigen Trainings dabei und ich habe das Testspiel gegen die Velberter gesehen. Der Kombinationsfußball war wirklich toll. Unsere Jungs sind so flexibel im Spielaufbau gewesen. Das Spiel in die Spitze ging so schnell. Das ist ein ganz anderer Fußball als letzte Saison. Das ist der neue FCL! Endlich kommen wir Fans auch auf unsere Kosten. Die Zeit des Leidens ist vorbei. Die Herner werden dieses Mal keine Schnitte bekommen."

„Boah Paule, et war nur ein Fünftligist!“, widerspricht ihm Pit. „Meinse nich, datte übertreibs? Die vonne SG Velbert sind nua mit ne Bettnässatruppe vonne U23 aufjelaufen.“

In diesem Moment hebt Herbie sein Glas. „Egal ist 88, Mädels! Die Mannschaften laufen auf den Platz. Ich freu mich auf die neue Saison! Prost!“

*

Am Tag vor dem Derby – Konferenzraum ITK1 – Der Leiter des Bereichs IT und Kommunikation, Dr. Grotemann, steht selbstsicher vor dem Rednerpult. Er ist sichtlich zufrieden mit der Vorbereitung der Kick-off-Veranstaltung. Es ist genau so, wie er sich seine Präsentation vorgestellt hat.

Schließlich hat seine Abteilung viel Geld in die Modernisierung des Raumes investiert. Und der Raum kann sich wirklich sehen lassen. In dem lang gezogenen und großen Raum hat die IT auf viele Einrichtungsgegenstände verzichtet. Edles Zebrano-Parkett ersetzt das alte PVC. Im Kontrast zu den schlichten weißen Wänden gibt es dem Raum die notwendige Wärme. Prunkstück des Raumes ist zweifellos der überaus großzügige, ovale, antike Nussbaumtisch. Den repräsentativen Eindruck unterstützen das noble Rednerpult aus demselben Holz und die selbstverdunkelnden Tripelglasscheiben. Sie verkörpern den letzten Stand der Technik und verdunkeln sich automatisch, sobald einer der zwei Beamer benutzt wird. Einmal eingestellt dämmen die ultramodernen Scheiben das Licht – natürlich nur, soweit es das Außenlicht erfordert.

So auch jetzt – in Grotemanns Rücken präsentieren beide Beamer den Grund der Veranstaltung: den Beginn des neuen Dispositionsprojektes.

Grotemann hatte es sich nicht nehmen lassen, selbst zu diesem „Kick-off“ einzuladen. Natürlich hatte er gehofft, dass Ulrich Grossmann persönlich erscheinen würde. Er war schon etwas überrascht, dass Manfred Alfa den Kunden als Auftraggeber im größten IT-Projekt seit Jahren vertreten wird. Selbst Grotemanns Einladung zur Auftaktveranstaltung hatte Grossmann ausgeschlagen. Er müsse zu einem Großkunden, um den neuen Vertrag als Exklusivpartner auszuhandeln. Das ist sicherlich ein guter Grund. Mit etwas Geschick hätte man den Termin auch anders legen können. Wenigstens steigert sich dann das Transportvolumen der Auslieferung Nord, denkt er und schaut in die Besprechungsrunde.

Abbildung 4.2: *Auftaktveranstaltung der IT zum Start des neuen Projektes*

Wieder einmal fehlt Manfred Alfa. Grotemann ist nicht wirklich überrascht. So kennt man den quirligen Kerl halt. Und trotzdem ist er beliebt. Wie oft hat die IT gemeinsam mit ihm in letzter Sekunde eine Lösung gefunden. Er ist eine wahre Bereicherung!

Der Fachbereichsmitarbeiter aus dem Betrieb

In großen Konzernen ist die IT in der Regel ein eigener Bereich. Damit soll organisatorisch deutlich werden, dass die IT der Dienstleister des Betriebs ist. Folglich gehören die „internen" Kunden bzw. der Betrieb zu anderen Bereichen – den Fachbereichen. Deswegen nennt die IT den Mitarbeiter aus dem Betrieb auch gerne Fachbereichsmitarbeiter.

Bitte verwechseln Sie „den Betrieb" nicht mit dem IT-Betrieb. Der IT-Betrieb ist in der IT dafür verantwortlich, Systeme zu betreiben. Damit hält er die Rechenknechte also „auf gut Deutsch am Laufen".

Mit Betrieb ist in diesem Buch immer der Fachbereich (der Kunde) gemeint.

Regionalbereiche wie die „Auslieferung Nord" sind zwar für den Transport vom und zum Kunden in der festgelegten Region zuständig. In den meisten Fällen sind die Transporte allerdings überregional und führen über Zwischenlager, die vom Bereich Gabi Staplers verwaltet werden. In dieser zentralen Funktion ist der Bereich natürlich sehr wichtig. Durch die regionale Ausrichtung hat die Lagerhaltung als einziger Unternehmensteil den Überblick über den Gesamtablauf bzw. den Transport als Ganzen.

Die Leitung hat seit vielen Jahren der alteingesessene S+Zler Patrick Altgeld. In seinen jungen Jahren hat er von Anfang an das Potenzial der IT erkannt. Mit der zentralen „Lagerhaltungsdatenbank“ hat er Anfang der 80er-Jahre das Unternehmen „revolutioniert“. Natürlich gab es da noch keinen IT-Bereich. Durch die strategische Positionierung seines Bereichs und als Ziehkind des Vorstandsvorsitzenden Prof. Dr. Lagermann hat er gute Beziehungen. Dadurch ist es ihm bis heute gelungen, immer noch seine „Systeme selbst pflegen“ zu dürfen. Weil die restliche IT inzwischen zu Grotemanns ITK gehört, ist das dem Bereichsleiter der ITK verständlicherweise ein Dorn im Auge.

Abbildung 4.3: *Der organisatorische Aufbau von S+Z Logistics*

Ohne die Lagerhaltungsdatenbank funktioniert praktisch gar nichts bei S+Z Logistics. Die starke Abhängigkeit zur Lagerhaltung erklärt, warum Manfred Alfa auf Gabi Stapler bestanden hat. Sie ist die Systemverantwortliche.

Wie so oft begleitet sie Archi Tektor. Tektor ist „externer Mitarbeiter". Er ist einer der Urväter der letzten großen Neuentwicklung der Lagerhaltungsdatenbank. Die liegt allerdings auch schon 15 Jahre zurück. So lange arbeitet er bereits im Auftrag des Unternehmens. Dass er noch nicht der Scheinselbstständigkeit überführt worden ist, grenzt an ein Wunder. Mit der Zeit ist sein technischer Einfluss immer größer geworden. Das liegt daran, dass inzwischen keiner der direkten Fachbereichsmitarbeiter den notwendigen technischen Hintergrund hat. Mit den Jahren hat sich um Tektor herum ein kleines Team technischer Spezialisten mit zwei weiteren externen Mitarbeitern gebildet. Sie entwickeln die Software und versorgen die Mitarbeiter des Fachbereichs mit dem notwendigen Know-how, um z. B. das System rund um die Uhr zu betreiben. Dafür hat Tektor den Titel „Architekt Lagerhaltungssysteme" erhalten. In dieser Funktion kümmert er sich inzwischen um alle Systeme und Softwareentwicklungen im Bereich.

Sein Pendant auf der Seite der ITK ist Marcel Hacker. Auch Hacker ist ein „Veteran". Als Entwickler des alten Dispositionssystems genießt er großes Ansehen. Ohne ihn hätte Alfa schon das eine oder andere Mal „alt ausgesehen". Wie oft hat er es geschafft, Probleme in der Tourenplanung mit einem neuen Modul kurzfristig zu lösen. Das hat ihm den Spitznamen „Schweizer Messer" beschert. Hacker ist allerdings auch für sein gelegentlich hitziges, aber sehr geradliniges Auftreten bekannt. Gerade wenn es um „sein Baby" geht, kann er sehr emotional und laut werden.

Wer, wie, was – der kleine Sprachführer

Können Sie nichts mit dem Begriff Business Process Management anfangen? Oder Cost Containment? Nicht verzweifeln – hier werden Sie geholfen. Und Sie sind nicht allein. Von uns gibt es viele. Es will nur keiner zugeben!

Hier ein paar Übersetzungen:

Begriff	**Erklärung**
Business	das Geschäft, mit dem das Unternehmen Geld verdient. Wird oft auch das betriebliche, operative oder auch fachliche Geschäft genannt.
Business Needs/Business Requirements	die geschäftlichen Bedürfnisse bzw. Anforderungen des Unternehmens.
Business Process	der Geschäftsprozess bzw. der betriebliche Ablauf.

Business Process Management	im betriebswirtschaftlichen Sinne: das Geschäftsprozessmanagement, also das Spielsystem, in dem die Spielzüge gespielt werden. Schnelle Anpassung an die Kundenanforderungen oder den Wettbewerb („der Gegner") ermöglicht nur eine gute taktische Ordnung („die Organisation") und eine gute Taktik („Strategie").
Business Process Monitoring	Überwachung der betrieblichen Abläufe.
Business-IT-Alignment	die Verzahnung und Abstimmung der IT-Unterstützung des Geschäfts. Während der Fachbereich oder der „Betrieb" in Geschäftsprozessen denkt, ist die IT von der Produktsicht bzw. Systemsicht geprägt (die Software).
Cost Containment	die Kosten im Griff behalten. Heißt meistens „Kosten senken".
Projekt	nach DIN 69901: „Ein Vorhaben, bei dem innerhalb einer definierten Zeitspanne ein definiertes Ziel erreicht werden soll und das sich dadurch auszeichnet, dass es im Wesentlichen ein einmaliges Vorhaben ist." In der IT-Projektierung ist das definierte Ziel in der Regel der definierte Nutzen der Software (→ Business Case). Die Zeitspanne gehört zu den festgelegten Rahmenbedingungen (u.a. Anfangs- und Endtermin).
Projekt-Kick-off	die Auftaktveranstaltung zu Projektbeginn
Service Delivery	die Erbringung einer Dienstleistung.
SOA/serviceorientierte Architekturen	statt in großen Systemen zu denken, wird die Software in viele kleine Systeme zerlegt und in Betrieb genommen. Sogenannte Dienste („Services") lassen sich leichter standardisieren, qualitätssichern und warten. Sie kommunizieren miteinander und lassen sich damit schnell zu größeren Diensten zusammensetzen. Das geschieht so lange, bis man ein System hat. Verglichen mit einem Auto, denken wir nicht in diesem Ganzen, sondern z. B. in standardisierten Schrauben, Bremsklötzen etc. Der Vergleich hinkt etwas. Ein standardisierter Bremsklotz wird mehrfach produziert, wenn man ihn in unterschiedlichen Autos verwenden will. Übertragen auf SOA will man mit demselben Bremsklotz zwei oder mehrere Autos bremsen. Es ist also z. B. das Ziel, dass ein laufender Dienst „Auftrag erzeugen" von mehreren anderen Diensten (z. B. einem System) verwendet wird. So weit die Theorie – eine eindeutige Festlegung für den Begriff gibt es nicht. Wie bei jedem Hype wird er mit allem und jedem in Verbindung gebracht. Schnell wird er auch mit geschäftsnahem Denken und Kundenorientierung der IT in Verbindung gebracht. Deshalb hat sich die IT-Industrie in Deutschland unter dem Dach des BITKOM-Verbandes zusammengesetzt und einen Leitfaden herausgegeben (www.soa-know-how.de).

Wertschöpfungsprozess, Wertschöpfungskette (englisch Value Chain	stammt aus der Industrieproduktion. Ein Unternehmen verdient sein Geld mit der Fertigung eines neuen Produktes aus Rohstoffen oder vorgefertigten Teilen. Das Erzeugnis ist nach der Fertigung (hoffentlich) „mehr wert" als die Summe der Einzelteile. Mit dem Verkauf erzielt das Unternehmen seinen Gewinn. Alle dazu notwendigen Schritte gehören zur Wertschöpfungskette. Der Fertigungsprozess mit allen dazu notwendigen Schritten ist der Wertschöpfungsprozess. Bei komplexen Produkten sind typischerweise mehrere Unternehmen an der gesamten Wertschöpfungskette beteiligt. Beispiel Automobilindustrie: Automobilzulieferer produzieren kleine Teile. Der nächste Zulieferer setzt diese Teile zu größeren, wertvolleren Teilen zusammen. Am Ende dieser „Wertschöpfungskette" verkauft der Automobilkonzern ein Auto.

Bei diesem Spezialwissen und seinen legendären Rettungsaktionen ist es kein Wunder, dass Herbie Hacker grenzenlos vertraut. Herbie verdankt seinen Aufstieg zum Systemverantwortlichen für die Dispositionssoftware der Auslieferung Nord maßgeblich seinem Fußballkumpel Alfa. Dieser hat seine Fähigkeiten entdeckt, als er noch Disponent gewesen ist. Alfa hat Herbies direkte und ehrliche Art immer geschätzt. Herbie mag diese direkte Art. Bloß nicht um den heißen Brei herumreden. „Lieber einmal mehr fetzen und dafür hinterher eine ordentliche Lösung haben", ist sein Motto. Sehr gerne zitiert er „die raue, ehrliche Atmosphäre von der Straße" aus seiner Vergangenheit als Fahrer.

Unter so vielen Veteranen wirken die beiden Neulinge Paul Leiter und Dominik Weiss fast wie Fremde. Für beide ist S+Z Logistics die erste Station in ihrer Karriere. Sie sind vor drei Jahren fast zur selben Zeit zu den Spediteuren gekommen. Anders als Herbie haben sie sich nicht „hochgedient". Mit guten Hochschulreferenzen gelten sie als Mitarbeiter mit dem größten Potenzial (oder neudeutsch „High Potentials"). Während Leiter die Managementkarriere eingeschlagen hat, will sich Weiss als Business Analyst beweisen.

In diesem Moment stürmt Alfa zur Tür herein. Fünf Minuten zu spät. Wirklich überrascht ist niemand.

„Dann können wir ja anfangen", beginnt Grotemann die Präsentation mit einem Grinsen. „Ich möchte alle Beteiligten ganz herzlich zum Projekt-Kick-off unseres Projekts DispoNG begrüßen."

Nach kurzem Klicken erscheint auf Beamer zwei eine kurze Gliederung für seine Rede. Routiniert und freundlich fährt Grotemann fort:

„Wir sind sehr glücklich, dass sich der Vorstand für unser neues Projekt entschieden hat. Er hat auch gute Gründe dazu. Der Wettbewerb wird für unser Business immer härter. Immer mehr ausländische Konkurrenten drängen auf unserem Home Market. Value-Chain-Optimierung und immer kürzer werdende Time-to-Market-Zyklen stellen unser Unternehmen und vor allem die IT vor große Herausforderungen. Unser Business muss sich immer schneller anpassen. Ohne den bereits bestehenden IT-Support unserer Prozesse hätten wir wahrscheinlich schon heute keine Chance mehr, uns zu behaupten.

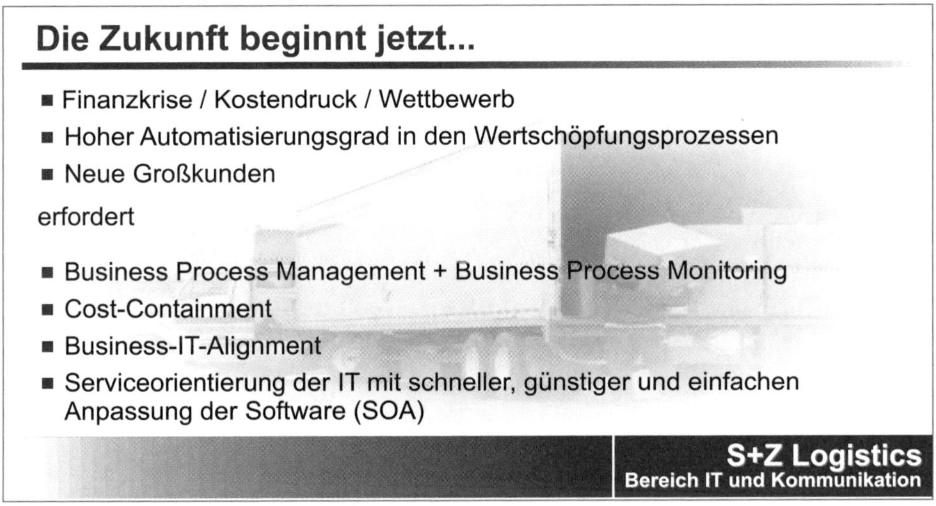

Abbildung 4.4: *Grotemanns neuer Weg, das „Business" besser zu unterstützen*

Uns bleibt auch in Zukunft nur die Chance, den Automatisierungsgrad unserer Business-Prozesse erhöhen! Außerdem müssen wir mit einem verbesserten Business Process Monitoring die Qualität verbessern! Das erfordert schnellere Anpassungen der Software.

Dazu haben wir ein gutes Beispiel. Während wir heute das Kick-off feiern, verhandelt Ulrich Grossmann mit einem neuen Großkunden. Gewinnen wird den Kunden als Exklusivpartner, müssen wir die Workflows auf den Kunden abstimmen, das Volumen verkraften und ggf. die Systeme des Kunden anbinden. Das muss uns auch in Zukunft – nach der Entwicklung – einfach und gut gelingen. Wir brauchen eine entsprechende Architektur, die flexibel, schnell anpassbar und günstig ist.

Deshalb werden wir neue Wege gehen! Ab heute beginnt bei S+Z Logistics ein neues Zeitalter. Wir verstehen uns ab sofort als Dienstleister des Fachbereichs und ordnen uns als IT vollständig den Business Needs unter. Wir liefern Services! Deshalb führen wir mit diesem Projekt eine serviceorientierte Architektur, kurz eine SOA, ein.

Prozesse, Services und die entsprechende Governance stehen ab sofort im Vordergrund. Wir werden uns mit dem Fachbereich noch enger verzahnen müssen. Sonst können wir nicht den schnell wechselnden Business Requirements und damit unserem Kunden – dem Fachbereich – gerecht werden. Mit unserer neuen Projektierung nach PRINCE2 haben wir einen ersten Schritt in Richtung Business-IT-Alignment gemacht.

Mir ist klar, dass einige Kollegen Vorbehalte gegen SOA und standardisierte Komponenten haben. Deshalb kann ich es nicht oft genug betonen. Wir betreiben immer noch eine individuelle Softwareentwicklung! Wir sitzen alle im gleichen Boot! Wir entwickeln für Sie, unseren Fachbereich und unsere Kunden! Deshalb haben wir ihnen mit dem Projektmandat die Steuerung über den Lenkungsausschuss als Auftraggeber gegeben.

Abbildung 4.5: *Kommunikation ist alles …*

Es ist eminent wichtig, dass wir erfolgreich sind. Durch unser erfolgreiches SOA-Pilotprojekt sind wir bereits in aller Munde. Die Kollegen aus dem Fachbereich sind begeistert gewesen. Die Bereiche schauen auf uns. Wir sind bereits jetzt ein Leuchtturmprojekt. Wir müssen diese positive Stimmung nutzen! Deshalb wünsche ich uns allen viel Erfolg!"

In diesem Moment beginnt die ganze Runde zu klatschen. Gleichzeitig steht Manfred Alfa auf und geht zum Rednerpult. Geschickt dreht er sich so, dass er sowohl Grotemann als auch die Anwesenden im Blick hat. Als er dem Bereichsleiter der ITK die

Hand gibt, sagt er begeistert: „Im Namen der Auslieferung Nord möchte ich mich bei Ihnen ganz herzlich bedanken. Als Ihr Kunde freue ich mich, dass wir die Veränderungen gemeinsam angehen werden. Es wird bestimmt eine spannende und erfolgreiche Zeit!"

Als ob es eingespielt wäre, entgegnet ihm Grotemann. „Dafür brauchen wir Kraft, Herr Alfa. Deshalb möchten wir Sie zu ein paar Schnittchen und Sekt einladen." Lachend fügt er hinzu: „Den Schampus gibt es, wenn die Software in Betrieb genommen wird. Als IT müssen wir schließlich auf die Kosten achten. Nach der Pause stellen wir dann noch einmal Rollen und Beteiligte vor."

Wenn etwas schnell geht, dann ist es der Sturm auf das kalte Buffet. Nach kurzer Zeit haben sich die üblichen Grüppchen an den Stehtischen gebildet. Hacker und Herbie beobachten Stapler und Tektor am Nebentisch. Stapler scheint sich zu amüsieren.

Mit halb vollem Mund wendet sich Hacker Herbie zu: „Kein Kommentar über unsere Turteltäubchen. Weißt du eigentlich, wer der begeisterte Fachbereich in unserer Pilotierung gewesen ist?" Herbie zuckt mit den Schultern. „Nein?"

„Gabi Stapler." Erstaunt schaut Herbie Hacker an. „Stapler? Die hat doch gar keine Ahnung von der Technik. Die ist doch mehr oder weniger das Sprachrohr von Tektor. Noch weniger verstehe ich dann eure Zustimmung. Tektor gehört nicht zu euch. Er ist der Lagerhaltung direkt unterstellt. Ihr seid seine Konkurrenz. Wieso will er euch unterstützen?"

„Tektor ist nicht dumm. Veränderungen sind sein Geschäft. Auch die Lagerhaltung disponiert. Stell dir vor, er könnte dazu Dienste anbieten. Dann hätte er nicht nur die Lagerhaltung, sondern auch die Lieferbereiche als Kunden. Warum das Rad neu erfinden, wenn es Dienste aus der Lagerhaltungsdatenbank gibt. Er sitzt wie eine Spinne im Netz!"

Herbie runzelt die Stirn. „Aber glaubst du, dass die IT das zulässt?"

„Ach Herbie!", antwortet Hacker etwas überheblich. „Glaubst du, dass es unsere oberen Zehntausend interessiert, welcher Dienst von wem angebunden wird? Die dreschen hier ein paar Phrasen. Weißt du, warum der Grotemann die IT dem Fachbereich unterordnen will?"

Herbie grinst, will aber Hacker den Spaß nicht verderben: „Du wirst es mir bestimmt gleich sagen."

„Grotemann will die IT schon unterordnen, um sie als neuer Vorstand im Griff zu haben. Wenn er so weitermacht, wird er Lagermann beerben, wenn dieser demnächst in Rente geht."

Teil 2:
Die erste Halbzeit

„Bei manchen Spielern fehlt etwas, deshalb spielen sie auch bei mir und nicht in Barcelona.“
(Aleksandar Ristic, ehem. Trainer Fortuna Düsseldorf)

Kapitel 5

Abstimmungsprobleme – 0:1 durch ein Eigentor

Das Ziel

In der Kabine des FC Lüdenscheid Nord steht Jürgen Soar vor seinen Spielern. Nicht umsonst ist er für seine motivierenden Ansprachen zumindest in Spielerkreisen bekannt.

„Heute ist es so weit, Jungs!“, beginnt er euphorisch animierend. „Ihr habt im Training hart dafür gearbeitet! Heute habt ihr die Möglichkeit, es allen zu zeigen! Die letzte Saison ist vorbei. Vergesst, was gewesen ist. Ihr seid der neue FC Lüdenscheid. Das ist alles Mumpitz, was über euch geschrieben worden ist. Ihr könnt mehr. Beweist es unseren Fans. Hört ihr das?“ Er unterbricht seine Kabinenansprache, damit die Spieler die Fangesänge hören können. „Achtzigtausend werden gleich wie eine Wand hinter euch stehen. Die Herner haben jetzt schon die Hosen voll. Sie können nur verlieren! Zeigt ihnen, wer Herr im Hause ist! Ihr könnt als Mannschaft jeden schlagen!“

Jürgen Soar hat immer sehr viel Wert auf den Teamgedanken gelegt. Deshalb hat er mit seinen Spielern zu Beginn seiner sportlichen Leitung ein Überlebenstraining in der Wildnis organisiert. Auf der anderen Seite legt er Wert auf Wettbewerb und Leistungsgedanken. Sein etatmäßiger Spielgestalter muss sich nach langer Verletzungspause erst wieder ins Team zurückkämpfen. Noch ist Bet Riebler nicht hundertprozentig fit. Darum schenkt Soar im Spielaufbau gegen die Herner Aygün Süner als eigentliche Nummer zwei das Vertrauen.

„Denkt daran – kompakt stehen, schnelles Umschalten in den Angriff und direktes Spiel. Dann sind wir Herr im Pott. Wenn ihr das heute schafft, werden Euch die Fans auf Händen tragen. Und jetzt geht raus. Jagt die Penner aus unserem Stadion!"

*

Es ist nicht einfach gewesen, alle Beteiligten wieder im Konferenzraum der ITK zu versammeln. Statt des ITK-Bereichsleiters steht Paul Leiter sichtlich nervös am Rednerpult. Schließlich ist es sein erstes Großprojekt für die ITK. Als sich alle Beteiligten gesetzt haben und sich das Getuschel etwas gelegt hat, beginnt er seine Präsentation.

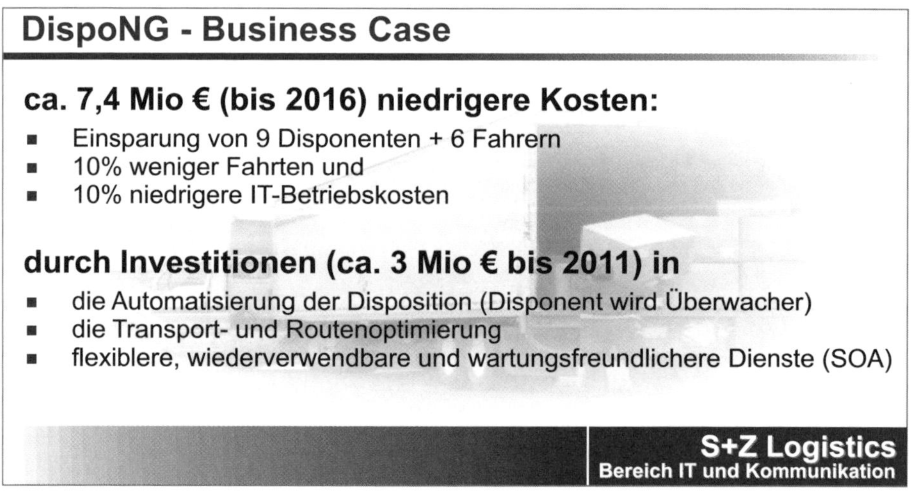

Abbildung 5.1: *Die Projektziele in Worten …*

„Auch ich möchte alle ganz herzlich begrüßen. Ich denke, wir müssen uns nicht mehr persönlich vorstellen. Wir kennen uns ja bereits aus den PRINCE2 Workshops.

Bevor sich alle wundern: Manfred Alfa musste uns kurzfristig verlassen. Er hat einen Anruf von seinem Chef bekommen. Herr Grossmann benötigt Herrn Alfa dringend bei den Verhandlungen mit unserem möglichen, neuen Großkunden. Alfa wird voraussichtlich ein paar Tage abwesend sein. Er entschuldigt sich vielmals."

Nach einer kurzen Pause setzt Leiter erneut an:

„Trotzdem möchte ich den zweiten Teil unserer Auftaktveranstaltung noch einmal nutzen, um

1. den Business Case,
2. die Projektorganisation,
3. den Meilensteinplan und
4. das Ziel der ersten Projektphase vorzustellen."

„Beginnen wir mit dem Business Case", fährt Leiter fort.

In diesem Moment erscheinen auf den hochmodernen Beamern zwei Folien. Eine Folie fasst die Ziele in Worte zusammen, die andere präsentiert die Zahlen noch einmal grafisch:

„Wir investieren in diesem Projekt bis 2011 ca. 3 Millionen Euro. Unser Ziel ist die Automatisierung der Disposition. Disponenten sollen zukünftig die Transporte nicht mehr manuell zuweisen und optimieren müssen. Das muss die Software leisten. Bedeutet: Die Disponenten werden damit zu Überwachern. Damit will der Vorstand den Personalaufwand um neun Personen reduzieren."

Die Software muss außerdem Transporte und Routen besser optimieren. Ziel ist es, mit 10% weniger Fahrten dasselbe Transportvolumen zu bewältigen. Dadurch sollte die Auslieferung Nord mit sechs Fahrern weniger auskommen."

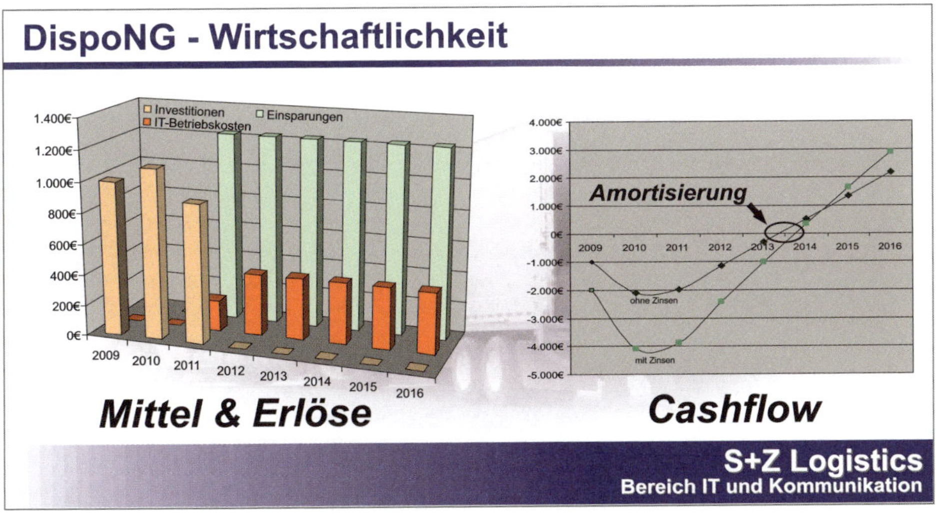

Abbildung 5.2: *Der geplante wirtschaftliche Nutzen des neuen Dispositionssystems*

Paul Leiter muss seine Ausführung kurz unterbrechen. Er nimmt einen Schluck Wasser, um das durch die trockene, klimatisierte Luft hervorgerufene Kratzen im Hals zu beseitigen. Er merkt, wie mucksmäuschenstill es in diesem Moment im Raum ist. Er beendet die fast schon peinliche Stille und fährt mit den technischen Zielen fort.

„DispoNG soll außerdem die neue SOA-Architektur verwenden, die zeitgleich eingeführt wird. Damit sollen Prozesse schneller und passgenauer an unsere Kunden angepasst werden können. Kundensysteme müssen zukünftig schneller angebunden und bestehende Komponenten nach dem Lego-Prinzip wiederverwendet bzw. integriert werden. Wir wollen das Rad also nicht neu erfinden. Mit der neuen Architektur wollen wir als ITK für sie die IT-Betriebskosten um zehn Prozent senken.

Insgesamt will das Unternehmen mit diesen Maßnahmen die Kosten bis 2016 um 7,4 Millionen Euro reduzieren. Rechnet man den Betrieb der Software dazu, soll sich die Investition bis Ende 2014 amortisieren."

Wirtschaftlichkeit – wie Geldausgeben und Nutzen geplant werden …

Wie ist die ITK bzw. wie bin ich als Autor auf die Zahlen gekommen? Wie habe ich die Zahlen berechnet? Wie hängen die Zahlen mit einem Business Case zusammen?

Was ein Business Case ist, haben wir bereits im ersten Kapitel gelernt. Wir planen damit den finanziellen Nutzen des Projektes und die damit verbundenen Investitionen. Schließlich soll unser Geld besser angelegt sein, als wenn wir es „zur Bank bringen".

Zur Investitionsplanung eignet sich die „Cashflow-Analyse". Aus dem Neudeutschen übersetzt ist der Cashflow der „Zahlungs- bzw. Geldfluss". Wir betrachten bei dieser Analyse, wann wir was ausgeben (Kosten bzw. Investitionen) und einnehmen (Erlöse).

Dabei dürfen wir den Begriff Einnahmen nicht wörtlich nehmen. Einnahmen können hier auch Einsparungen, also z. B. Kostenreduzierungen, sein. Ein Beispiel:

Jahr	2009 (heute)	2010 1	2011 2	2012 3	2013 4	2014 5	2015 6	2016 7
Investitionen								
Solaranlagenkauf	**-7.000€**	0€	0€	0€	0€	0€	0€	0€
Ausgaben								
Betriebskosten (Wartung etc.)	0€	-200€	-200€	-200€	-200€	-200€	-200€	-200€
Einnahmen / Erlöse								
Heizkostenreduzierung	750€	1.500€	1.500€	1.500€	1.500€	1.500€	1.500€	1.500€
Geldfluss (ohne Zinsen)								
Geldfluss (Cashflow)	**-6.250€**	1.300€	1.300€	1.300€	1.300€	1.300€	1.300€	1.300€
Cashflow (zusammen)	**-6.250€**	**-4.950€**	**-3.650€**	**-2.350€**	**-1.050€**	250€	1.550€	2.850€
Geldfluss (mit Zinsen)								
Abzinsfaktor (10%)	1,0000	0,9091	0,8264	0,7513	0,6830	0,6209	0,5645	0,5132
Abgezinster Geldfluss	**-6.250€**	1.182€	1.074€	977€	888€	807€	734€	667€
Abgezinster Geldfluss (zusammen)	**-6.250€**	**-5.068€**	**-3.994€**	**-3.017€**	**-2.129€**	**-1.322€**	-588€	79€

Abbildung 5.3: *So könnten Sie die Investition in eine Solaranlage planen.*

Wenn Sie z. B. Hausbesitzer sind, überlegen Sie vielleicht gerade, ob Sie Geld in eine Solaranlage investieren wollen. Nehmen wir an, Sie müssten dazu 7.000 € aufbringen.

Die Investition soll sich für Sie „auszahlen". Sie erwarten dabei keine Einnahmen, sondern den Rückgang der Heizkosten. Nehmen wir weiter an, Ihre Heizkosten senken sich nach der „Inbetriebnahme" in den folgenden Jahren um 1.500 €. In diesem Jahr sparen Sie 750 €, da Sie die Anlage erst ab Jahresmitte benutzen können.

Sie überlegen natürlich sofort: Wann hat sich die Investition gerechnet?

Wir müssen dabei natürlich auch die Betriebskosten (Wartung etc.) der Solaranlage z. B. mit 200 € (ab dem zweiten Jahr) berücksichtigen.

Betrachten wir den Geldfluss (Cashflow): Im ersten Jahr geben Sie 7.000 € aus und reduzieren Ihre Kosten um 750 €. Sie haben also am Ende des Jahres 6.250 € weniger im Portemonnaie (verglichen damit, wenn Sie nicht investieren würden). In den Folgejahren reduzieren sich Ihre Heizkosten. Abzüglich der Wartungskosten hätten Sie 1.300 € pro Jahr mehr auf dem Konto, falls Sie investieren würden. Nach 4,8 Jahren hätte sich Ihre Investition gerechnet.

Wer, wie, was – der kleine Sprachführer (Wirtschaftlichkeit)

Begriff	Erklärung
Abzinsfaktor/Barwert	Der momentane „bare Wert" geplanter Einnahmen bzw. Ausgaben. Wenn wir nächstes Jahr 1000 € einnehmen werden, ist das bei einem Zinssatz von 10% dieses Jahr 909 € wert. Die müssten wir nämlich nur ein Jahr bei der Bank abgeben, um nächstes Jahr 1000 € zurückzubekommen. Da wir Zinsen „abziehen", sprechen wir von einem Abzinsfaktor. Das gilt übrigens auch für den Fall, wenn wir uns Geld leihen.
Betriebskosten	Wir müssen regelmäßig Geld ausgeben, damit wir beispielsweise unsere Software oder unsere Heizung benutzen können. Darunter fallen z. B. Geldausgaben für die Instandhaltung oder Wartung.
Cashflow/Cashflow-Analyse	Der Geldfluss. Dabei betrachten wir, wann welcher Geldbetrag zu welchem Zweck in „unser Portemonnaie" fließt bzw. dieses wieder verlässt. Wir betrachten demnach die Veränderung unserer flüssigen (liquiden) Mittel. Wenn wir kein Geld mehr ausgeben können, sind wir also „nicht mehr flüssig".
Investition	Wir geben Geld aus, um später einen Nutzen davon zu haben.

Eines haben wir dabei allerdings vernachlässigt: Sie hätten Ihr Geld zur Bank bringen können und Zinsen erhalten. Oder Sie müssten sich das Geld für die Investition von der Bank leihen und dafür Zinsen zahlen. Eingespartes Geld können Sie ebenfalls zur Bank tragen und dafür Zinsen „kassieren". Für die Kreditaufnahme gilt dasselbe.

Der Zeitpunkt ist entscheidend – Abzinsung

Nehmen wir an, Sie benötigen dieses Jahr 1.000 €. Dann müssten Sie logischerweise 1.000 € in Ihrem Geldbeutel haben. Was ist aber, wenn Sie das Geld erst in einem Jahr benötigen und 10% Zinsen bekommen würden? Sie müssten nur rund 909 € anlegen. Nächstes Jahr hätten Sie dann 1000 € durch die erhaltenen Zinsen. Benötigen Sie das Geld erst ein Jahr später, müssten Sie heute nur rund 826 € anlegen (Zinseszins beachten!) usw.

Genauso verhalten sich Ihre Einsparungen bzw. Einnahmen. Dabei müssen wir beachten, dass wir heute planen (Bezugspunkt). Wenn Sie dieses Jahr 1.000 € einsparen, haben Sie heute auch 1.000 € auf dem Konto. Wenn Sie die 1.000 € erst nächstes Jahr einsparen, wäre das heute mit rund 909 € vergleichbar (s.o.). Die würden Sie stattdessen anlegen und hätten dasselbe Geld im nächsten Jahr zu Verfügung.

In Folgejahren eingesparte Kosten sind also „weniger wert" als heute eingesparte Ausgaben. Wegen des abnehmenden Wertes nennt man die 10% auch „Abzinsfaktor". Der „abgezinste" Wert des Geldes wird „Barwert" genannt.

Nach dieser realistischeren, aber nicht ganz einfachen Rechnung hätte sich Ihre Solaranlage erst zwei Jahre später amortisiert!

Viele Einflüsse auf die Wirtschaftlichkeit bei IT-Projekten

Auf die gleiche Art untersuchen viele Firmen wie S+Z Logistics, ob sich ein Projekt wirtschaftlich lohnt. Besonders schwierig in Softwareprojekten ist die Schätzung der einzelnen Investitionen und Erlöse. Meist muss ein langfristiger Zeitraum betrachtet werden. In diesem Zeitraum verändert sich das Geschäft und damit die Planungsgrundlage (z. B. Einflüsse auf die Disposition). Außerdem ist die Softwareentwicklung nicht trivial. Neue Technologien, Abhängigkeiten zu anderen Projekten usw. machen eine Planung sehr schwer. Man kann natürlich versuchen, Risiken ebenfalls finanziell zu bewerten. Aber auch diese Schätzungen unterliegen einer Wahrscheinlichkeit bzw. Unsicherheit. Deshalb ist es für uns umso wichtiger, in langläufigen Projekten den Business Case immer wieder neu und ernsthaft durchzurechnen. Projektführung nach PRINCE2 sieht das explizit vor (nach jeder Projektphase).

DispoNG geplant

Wie kommt S+Z nun auf die Investitionsausgaben unseres Projektes? Das angesprochene Vorprojekt hat das Unternehmen 500 T€[1] gekostet. Manfred Alfa hat durchgesetzt, dass Stapler und Tektor von der Lagerhaltung zur Unterstützung abgestellt werden. Er weiß, wie viele Abhängigkeiten es zwischen Lagerhaltung und Auslieferung Nord gibt. Die Unterstützung kostet Geld. Außerdem muss der Logistikkonzern die Lagerhaltungssysteme wahrscheinlich bei der Anbindung der neuen Dispositionssoftware ebenfalls anpassen. Das trifft auch für andere Systeme zu, die mit der neuen Software verbunden sind oder sein sollen. Die Entwicklungskosten der Dispositionssoftware enthalten alle Mittel, die für die Erstellung bis zur Bereitstellung (Inbetriebnahme) notwendig sind. Auch die Geschäftsprozessanalyse gehört zum berechneten Aufwand. Die Einführung der Software im Betrieb hat S+Z getrennt gerechnet.

1 T€ bedeutet tausend Euro.

Jahr	***2009 (heute)***	***2010 1***	***2011 2***	***2012 3***	***2013 4***	***2014 5***	***2015 6***	***2016 7***
Investitionen	*-1.000€*	*-1.100€*	*-900€*	*0€*	*0€*	*0€*	*0€*	*0€*
Vorprojekt/Pilotierung	**-500€**							
Anpassung Unterstützung Lagerhaltung	**-100€**	**-200€**	**-100€**					
Entwicklung Dispositionssoftware	**-400€**	**-800€**	**-400€**					
Anbindung angrenzender Systeme		**-100€**	**-100€**					
Softwareeinführung		**0€**	**-300€**					
Ausgaben	*0€*	*0€*	*-200€*	*-400€*	*-400€*	*-400€*	*-400€*	*-400€*
Softwarebetriebskosten (Wartung + Anpassung)			-200€	-400€	-400€	-400€	-400€	-400€
Einnahmen / Erlöse	*0€*	*0€*	*1.230€*	*1.230€*	*1.230€*	*1.230€*	*1.230€*	*1.230€*
MA-Einsparung 3x3 Disponenten			450€	450€	450€	450€	450€	450€
MA-Einsparung 6 Fahrer			240€	240€	240€	240€	240€	240€
Reduzierung der Fahrten um 10% (Fahrtkosten ohne Fahrer)			500€	500€	500€	500€	500€	500€
Einsparung Softwarebetriebskosten (Wartung + Anpassung) zu heute (10%)			40€	40€	40€	40€	40€	40€
Geldfluss (ohne Zinsen)								
Geldfluss (Cashflow)	**-1.000€**	**-1.100€**	**130€**	**830€**	**830€**	**830€**	**830€**	**830€**
Cashflow (zusammen)	**-1.000€**	**-2.100€**	**-1.970€**	**-1.140€**	**-310€**	520€	1.350€	2.180€
Geldfluss (mit Zinsen)								
Abzinsfaktor (10%)	1,0000	0,9091	0,8264	0,7513	0,6830	0,6209	0,5645	0,5132
Abgezinster Geldfluss	**-1.000€**	-1.000€	107€	624€	567€	515€	469€	426€
Abgezinster Geldfluss (zusammen)	**-1.000€**	**-2.000€**	**-1.893€**	**-1.269€**	**-702€**	**-187€**	282€	708€

Abbildung 5.4: *So rechnet sich DispoNG im Jahre 2014/15.*

Danach muss die Software betrieben werden. Als kritisches System fallen Kosten für Überwachung, Wartung etc. an. Im Laufe der Zeit wird S+Z immer wieder kleinere Anpassungen vornehmen müssen. Deshalb kalkuliert das Unternehmen diese Kosten in die Wartungskosten direkt „ein". Je länger sie die Software benutzen, desto wichtiger wird für sie die Reduzierung dieser Kosten.

Die Einnahmen hat Paul Leiter bereits erklärt. 3 x 3 Disponenten (drei Disponenten im Dreischichtbetrieb) sind neun Disponenten.

Die Mannschaftsaufstellung

Nach einem kurzen Werbespot für die lokale Bierbrauerei blendet die Regie in die Totale über. Der Zuschauer sieht beide Hälften des Spielfeldes. Auf der linken Rasenhälfte ist das schwarz-gelbe Vereinswappen der Lüdenscheider zu sehen, als ob es der Veranstalter auf den Rasen gemalt hätte. Was heute mit der modernen Medientechnik alles möglich ist! Ganz nach der vermuteten Taktik des Revierklubs erscheinen die Namen der aufgestellten Spieler genau dort, wo sie in wenigen Augenblicken ihre Position einnehmen werden.

Dann ertönt das Gitarrensolo von Alan Parsons Sportlerhymne Sirius. Wo der Zuschauer kurz vorher die Spielernamen sehen konnte, explodieren spektakulär Feuerwerkskörper. Mitten im Rauch schwenken drei kräftige Männer überdimensionale Fahnen mit den Vereinswappen der wichtigsten Lüdenscheider Fanklubs. Dann entzünden sich kleine Phosphorvulkane auf dem Boden. Sie lassen den Weg vom Kabinengang auf das Spielfeld wie eine Startbahn auf einem Flughafen erscheinen.

Mit einer tiefen Stimme ertönt die Stimme des Stadionsprechers: „Liebe Lüdenscheider! Genau 65 Tage mussten wir warten. Das ist jetzt endlich vorbei." Nach einer kurzen rhetorischen Pause überschlägt sich fast die Stimme des ehemaligen Spielers mit Redetalent. „Wir begrüßen unsere Mannschaft!"

In diesem Moment läuft der erste Spieler über die „Startbahn" auf den Rasen und winkt in Richtung Südtribüne. Hier sitzt der harte Kern der Fans. „Das Dribbeln ist ihm in die Wiege gelegt worden. Er ist der Albtraum jeden Gegners. Wir begrüßen mit der Nummer 20 unseren Spielmacher Aygün ..." Hier stoppt der Sprecher. Tausende euphorische Fans brüllen: „Süner!"

Obwohl Aygün Süner nicht der etatmäßige Spielmacher der Lüdenscheider ist, lieben ihn die Fans. Aus der eigenen Jugend kommend, ist er ein Lüdenscheider Eigengewächs. Deshalb ist es kein Wunder, dass Süner als Erstes auflaufen darf.

Kurz danach läuft auch Lüdenscheids Stürmerstar Derent Wüklür auf. Wie alle anderen wird auch er frenetisch mit dem Pingpong-Namensspiel zwischen Sprecher und Fans begrüßt.

Als Letztes schallt es durch die Lautsprecher: „Ganz Europa wollte ihn verpflichten. Aber er hat sich für uns entschieden. Wir heißen unseren neuen Trainer ganz herzlich willkommen. Wir begrüßen Jüüüürrrrggggeeeennnn Sooooaaaarrrr!"

Nach der Begrüßung des Trainers erlischt das perfekt geplante Feuerwerk. Auf der Anzeigewand sieht man den Trainer der Westfalen im Großformat. Wie der Vereinsvorstand trägt er einen Nadelstreifenanzug. Seine schwarz-gelbe Krawatte ist nicht zu übersehen. Dieses Outfit war eine Idee der Marketingabteilung, um die etwas vernachlässigten Geschäftsleute anzusprechen. Die Krawatte ist ein neues Produkt, das morgen sicherlich ausverkauft sein wird. Soar winkt einmal zur Südtribüne und setzt sich auf seinen Trainerstuhl.

*

„Auch wenn wir uns alle kennen, möchte ich noch einmal kurz auf die Rollenbesetzung eingehen", fährt Paul seine Präsentation fort. Die Rollen haben wir ja in den Workshops bereits detailliert besprochen.

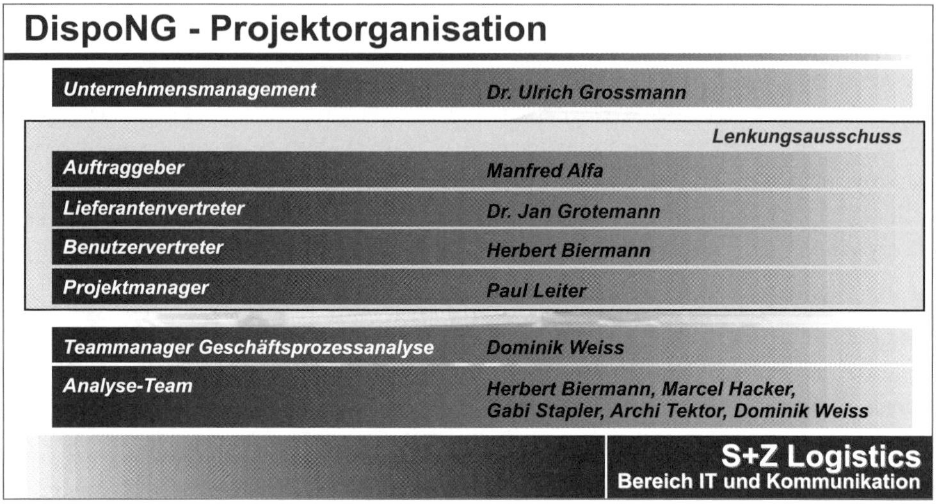

Abbildung 5.5: *So hat die ITK ihr Projekt nach PRINCE2 organisiert.*

„Da wäre zunächst der Lenkungsausschuss. Mit PRINCE2 ist es uns als IT wichtig, dass der Fachbereich das Projekt lenkt. Er gibt schließlich das Geld aus. Deshalb ist bei uns der Auftraggeber auch der Vorsitzende des Lenkungsausschusses. Das letzte Wort gehört damit Manfred Alfa. Er hat vom Bereichsleiter Dr. Grossmann das Projektmandat erhalten und ist insbesondere für die Wirtschaftlichkeit verantwortlich. Aus meiner Sicht ist das eine sehr gute Wahl. Wir haben ja mit Manfred in der Vergangenheit viel zusammen erreicht. Er kommt mit beiden Welten sehr gut zurecht und kann die notwendige Brücke ins Unternehmensmanagement schlagen."

Nach einem weiteren Schluck Wasser schaut Leiter auf Dr. Grotemann. „Wir als IT sind ihr Dienstleister. Unsere Interessen werden im Lenkungsausschuss von unserem Chef persönlich vertreten. Dr. Grotemann hat darauf sehr viel Wert gelegt. Für uns ist es das richtungsweisende Projekt in den nächsten Jahren. Deshalb hat er den Erfolg zur Chefsache gemacht."

Dann schaut Leiter zu Herbie. „Fehlt noch unser Vertreter für die Interessen der Benutzer. Ich kenne in der Auslieferung Nord keine Person, die den Betrieb besser kennt als Herbie.

Der Lenkungsausschuss hat mir die Verantwortung für die tägliche Steuerung übertragen. Für diesen Vertrauensvorschuss möchte ich mich als neuer Projektmanager noch einmal bedanken. Mit eurer Mithilfe bin ich verantwortlich für die Planung, Verteilung und Kontrolle der Arbeitspakete mit den entsprechenden Ergebnissen. Zur Planung gehören auch Budgetkontrolle und Überwachung der Risiken. Außerdem muss ich den Lenkungsausschuss über den Fortschritt informieren. Bei Problemen muss ich ihn zu notwendigen Entscheidungen zusammenbringen.

Ab morgen geht es dann endlich los! Wir starten mit unserer ersten produktiven Phase. Ich habe Dominik Weiss das Arbeitspaket übergeben, die notwendigen Geschäftsprozesse mit seinem Analyseteam zu definieren. Wir freuen uns, dass wir alle wichtigen Kompetenzen zusammenbringen können.

Dazu möchten wir uns als Erstes bei der Lagerhaltung bedanken. Wie wir alle wissen, gibt es viele Abhängigkeiten zwischen der Lagerhaltung und der Auslieferung Nord. Aus dem Fachbereich der Lagerhaltung wird uns Gabi Stapler als Systemverantwortliche des Lagerhaltungssystems unterstützen. Zusätzlich wird uns Archi Tektor bei der Analyse helfen. Als Architekt kennt keiner das Lagerhaltungssystem besser als er.

Dazu kommt Herbie aus dem Fachbereich der Auslieferung Nord. Ich habe ihn ja bereits vorgestellt. Im Analyseteam ist er besonders als Systemverantwortlicher des alten Dispositionssystems wichtig.

Als Letztes darf natürlich unser Marcel Hacker nicht fehlen. Was wären wir ohne ihn? Er ist der Vater unseres alten Dispositionssystems. Er wird auch das neue System entwickeln. Wie oft hat er mit seiner Vielseitigkeit und seinen berühmten Modulen unsere Probleme in der Tourenplanung kurzfristig gelöst! Ohne unser ‚Schweizer Messer' wäre das Projekt gar nicht denkbar. Marcel – immer wieder hast du gesagt: ‚Wenn ich einmal Zeit für grundlegende Änderungen hätte, dann ...' Jetzt nehmen wir dich beim Wort!“

Projektorganisation – „Das Spiel“ auf Linie gebracht ...

Wir haben im letzten Abschnitt einige Rollen kennengelernt. Da kann man schnell den Überblick verlieren. Ist Dr. Grotemann Bereichsleiter der IT oder ist er Lieferantenvertreter? Wieso hat er zwei Rollen? Wie hängen diese beiden Rollen miteinander zusammen?

Deshalb ist es wichtig, dass wir uns über folgende Fragen im Klaren sind:

1. Was unterscheidet die Projektarbeit von der täglichen Arbeit?
2. Was ist der Unterschied zwischen der Projekt- und Unternehmensorganisation?
3. Was ist eine Linienorganisation?
4. Worin liegt der Unterschied zwischen Projekt und Produkt? Wie hängt die Linienorganisation mit Produkt und Projekt zusammen?

Abbildung 5.6: *Projekt- bzw. Unternehmensorganisation im Vergleich zu Vereins- und Spielstruktur im Fußball*

Auch hier lohnt sich der Vergleich mit dem runden Leder. „Das Spiel“ gegen Herne-West ist ein einmaliges Vorhaben. Genau wie unser Projekt! In diesem Spiel hat jeder Spieler eine Aufgabe. Aygün Süner soll z. B. das Spiel gestalten. Das kann im nächsten Spiel anders sein. Schließlich „schart“ das etatmäßige Mittelfeldass Bet Riebler schon „mit den Hufen“ und will zurück in die Mannschaft. Dann müsste Süner wahrscheinlich wieder auf die Flügel ausweichen und Flanken für Derent Wüklür schlagen. Das wäre eine ganz andere Aufgabe. Die Aufgaben im Spiel unterscheiden sich von den täglichen Aufgaben im Verein. Hier müssen alle Spieler täglich trainieren, der Platzwart kümmert sich ebenso regelmäßig um den Rasen, wie der Pressesprecher den Kontakt zu den Medien pflegt.

Bei S+Z ist das ähnlich: Die Auslieferung Nord hat nur einmal vor, ihr Dispositionssystem zu erneuern. Das ist viel Arbeit, aber (hoffentlich) einmalig. Ist die Software erst einmal fertig und eingeführt, disponieren Herbie & Co. mit ihr kontinuierlich jeden Tag.

Damit kennen wir den Unterschied zwischen der täglichen, wiederkehrenden Arbeit und der Projektarbeit. Manch einer nennt das auch eine „willkommene Abwechslung".

Rollen im Spiel (Projekt) und Verein (Unternehmen) – die Unterschiede

Je mehr Menschen an der Arbeit beteiligt sind, desto wichtiger ist die Organisation der Arbeit. Wir haben uns gefragt, was der Unterschied zwischen der Projekt- und der Unternehmensorganisation ist.

Zunächst einmal übernimmt jeder Mensch mit seiner Aufgabe auch eine Rolle. Wenn Süner das Spiel gestalten soll, ist er der „Spielmacher". Soll er über die Flügel flitzen und Flanken schlagen, war das früher die Aufgabe des „Läufers". Heute übernimmt diese Aufgabe der linke und rechte offensive „Mittelfeldspieler". Diese Rolle bezeichnet die Aufgabe des Spielers im Spiel.

Damit haben wir auch die Verbindung zum Verein. Sportler wie Süner haben in einem professionellen Fußballklub einen Vertrag als Spieler. Damit kann der Spieler auf beliebigen Positionen in einem Spiel eingesetzt werden kann (= beliebige Rolle im Spiel). Ansonsten könnte Jürgen Soar in seiner Rolle als Trainer das Spiel nicht immer optimal „besetzen". Ein Vereinsmitglied bzw. Angestellter hat also immer mindestens zwei Rollen: eine Rolle, die seine tägliche, kontinuierliche Aufgabe widerspiegelt („Spieler"), und eine Rolle im Spiel („Spielgestalter", „Stürmer", „Vorstopper" ...).

In unserem Logistikunternehmen ist das nicht anders. Im täglichen Unternehmensalltag ist Dr. Grotemann Bereichsleiter. Im Projekt ist er Lieferantenvertreter. Das sind zwei völlig verschiedene Aufgaben. Während der Spieler einen Vertrag als Spieler besitzt, haben Angestellte wie Dr. Grotemann einen Vertrag, der typischerweise an eine Stellenbeschreibung geknüpft ist.

Der Unterschied zwischen Fußball und Unternehmen ist dabei, dass Mitarbeiter im Unternehmen in der Regel ihre tägliche Arbeit einschränken oder aussetzen müssen, um für ein Projekt arbeiten zu können. Deshalb sprechen wir oft von einer „Abstellung eines Mitarbeiter für das Projekt".

Noch deutlicher wird der Unterschied zwischen Projekt- und Unternehmensorganisation, wenn wir die Hierarchie betrachten. Ohne funktionierende Hierarchie würden kein Unternehmen und kein Verein funktionieren. Wer die Gesamtverantwortung trägt, hängt von der Organisationsform ab. Bei S+Z ist das der Vorstandsvorsitzende Prof. Dr. Lagermann.

Er kann natürlich nicht alles alleine regeln. Deshalb vergibt er Verantwortung für Teile seiner Aufgaben an Mitarbeiter „unter ihm": Er delegiert. Damit seine (ihm unterstellten) Mitarbeiter der Verantwortung auch gerecht werden können, stattet er sie mit den notwendigen Weisungsbefugnissen aus. Sonst wären Grotemann, Grossmann und Co. nicht handlungsfähig.

Auch für die Grotemanns ist das noch viel zu viel, um die Arbeit „alleine stemmen" zu können. Deshalb teilen sie ihre Verantwortung und Weisungsbefugnis ebenso auf weitere Mitarbeiter auf.

Mit „Befehlsketten" zur Linienorganisation

So entsteht eine „Befehlskette" vom Vorstandsvorsitzenden bis zum Mitarbeiter, der am „Ende der Befehlskette" hängt. In diesem einfachen Modell nimmt jeder Mitarbeiter nur von einem Vorgesetzten Weisungen entgegen. In die andere Richtung entsteht eine eindeutige Linie bis zum Vorstandsvorsitzenden. Deshalb wird diese Organisationsform auch „Linienorganisation" genannt.

Die Linienorganisation orientiert sich auch bei S+Z an der täglichen, kontinuierlichen Arbeit. Sie unterscheidet sich von der Projektorganisation (Organisation des „einmaligen Vorhabens"). In PRINCE2 hat der Vorsitzende des Lenkungsausschusses das letzte Wort, gefolgt vom Lenkungsausschuss, dem Projektleiter, Teamleiter bis hin zum Teammitglied. Der Unterschied wird an einem möglicherweise sehr theoretischen Beispiel deutlich:

Es wäre z. B. möglich, dass Prof. Dr. Lagermann sich entschließt, in einem Projekt als einfaches Teammitglied mitzuarbeiten, um die Arbeit „an der Basis" bei S+Z kennenzulernen. In diesem Fall müsste er sich für die Projektarbeit den Weisungen des Teamleiters unterordnen. Diese Hierarchie gilt aber nur für die „Projektsteuerung".

Verankerung des Projekts „in der Linie"

Ohne eine Bindung zur täglichen, kontinuierlichen Arbeit macht ein Projekt keinen Sinn. Das Projekt ist ja dazu da, um die Ergebnisse der täglichen Arbeit zu verbessern! Herbie ist z. B. für das Dispositionssystem auf Fachbereichsseite verantwortlich. Wenn das Dispositionssystem nicht seinen Anforderungen entspricht, kann er nicht die Verantwortung für den täglichen Einsatz übernehmen.

Aus diesem Grund hat er die Rolle des Benutzervertreters im Projekt. Er muss dafür sorgen, dass die Anforderungen an die Software den Bedürfnissen im täglichen Einsatz entsprechen.

PRINCE2 unterscheidet also mehrere Arten der Verantwortungen und Handlungsbefugnisse. Es trennt die Verantwortung für die Steuerung von der Verantwortung für die Anforderungen der Benutzer, des Lieferanten usw.

Damit wird das Projekt in der „Unternehmensorganisation" verankert, die auf die tägliche Arbeit ausgerichtet ist. Deshalb ist es umso wichtiger, dass die richtigen Rollen in der Unternehmensorganisation (z. B. Systemverantwortlicher) mit den Rollen im Projekt verankert werden (z. B. Benutzervertreter).

Ein Projekt bietet damit auch eine Chance, die bestehenden Hierarchien für ein einmaliges Vorhaben kurzfristig aufzulösen. Das Beispiel mit Prof. Dr. Lagermann als Teammitglied ist vielleicht etwas extrem, aber zeigt, was möglich wäre.

Der Unterschied zwischen Projekt und Produkt

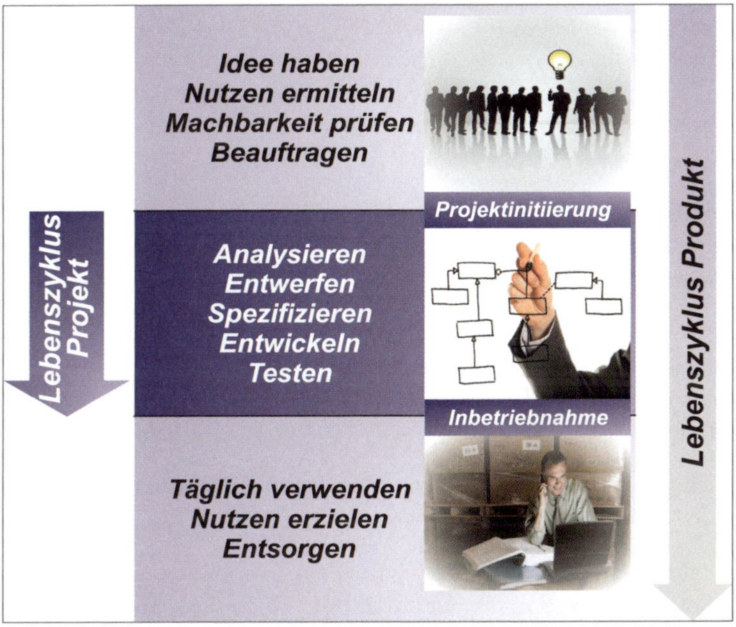

Abbildung 5.7: *Produkt (z. B. eine neue Software) und Projekt unterscheiden sich vor allem durch den Lebenszyklus und Kontinuität.*

Damit ergeben sich auch die Unterscheidung bzw. die Zusammenhänge zwischen Projekt, Produkt und Projekt- bzw. Linienorganisation:

Das Produkt ist ein Ergebnis eines Projektes. Im Fußball ist das z. B. der Sieg. DispoNG möchte eine neue Dispositionssoftware erstellen. Es muss aber nicht immer Software sein. Projektergebnis könnte auch ein neuer Geschäftsprozess sein.

Die Produkterstellung (also das Projekt) beginnt immer mit dem Anpfiff „des Spiels". Jeder Spieler nimmt seine Rolle in der „Projektorganisation" ein. Ab hier versuchen unsere Lüdenscheider, bis zum Ende des Spiels mindestens ein Tor mehr zu schießen, um zu gewinnen. Läuft „das Projekt" gut, pfeift der Schiedsrichter „das Spiel" mit einem Sieg für den FCL ab. Das Projekt hätte in diesem Fall die Dispositionssoftware erfolgreich erstellt und eingefühAb hier beginnt die tägliche Arbeit mit dem erstellten Ergebnis. Das Projekt ist zu Ende. Ansonsten wäre das Projekt kein einmaliges Vorhaben. An- und Abpfiff sind der klar definierte Projektanfang bzw. das Projektende. Wie ein Spiel kann auch ein Projekt abgebrochen bzw. mit einer Niederlage eingestellt werden.

Eigentor durch mangelnde Abstimmung

Anpfiff! Jürgen Soar atmet tief durch. Jetzt zählt es! Natürlich weiß er, wie wichtig dieses Derby ist. Der Ausgang dieses Spiels wird die Stimmung im Umfeld prägen. Bei einem Sieg über die Herner verzeihen die FCL-Fans viel. Eine positive Stimmung zum Start würde Kräfte bei seinen Spielern freisetzen. Sie würde dem Team das notwendige Selbstvertrauen und Sicherheit geben. Kurzum: Es ist ein richtungsweisendes Spiel!

Er weiß natürlich auch, dass die Herner gegen den FC Lüdenscheid besonders motiviert sind. Was würde er als Trainer der Herner machen? Er würde versuchen, seinen Jungs von Anfang an den Schneid abzukaufen.

Jürgen Soar liegt mit seiner Vermutung absolut richtig. Direkt nach Anpfiff üben die Herner Druck auf die Lüdenscheider aus. Geschickt stellen die Reviernachbarn die Räume zu. Durch Verschieben der einzelnen Positionen gelingt es ihnen, den ballführenden Spieler der Dortmunder mit mindestens zwei Spielern zu attackieren.

„Eigentlich genau das, was wir vorhatten!", beobachtet Soar sehr nachdenklich. „Da hilft nur direktes Passspiel."

Endlich gelingt den Lüdenscheidern eine Ballstafette über drei Stationen. Aber sofort grätscht ein Herner unfair dazwischen. „Buuuuuuuuhhhh", tönt es aus dem Publikum. Es hat den Publikumsliebling Süner erwischt. Nach der obligatorischen Schmerzeinlage steht der überraschend wieder Genesene auf und passt den Ball zu seinem Nachbarn.

Dieses Bild wiederholt sich drei, vier weitere Male. Soars Mannschaft wirkt alles andere als sicher. Wieder einmal sieht Soar, wie der Ball zu Süner kommt. Jetzt müsste er den Ball schnell in die Spitze weiterleiten. So war es abgesprochen. Doch Süner stoppt den Ball, dribbelt ein paar Meter und schiebt den Ball quer zu seinem Mitspieler. Wie schon zuvor haben sich die Herner in dieser Zeit positioniert und den Ball durch Überzahl im Raum erobert. Oder sie grätschen einfach dazwischen.

Soar kann sich erinnern, wie häufig er mit Süner darüber diskutiert hat. Sein Spielmacher wollte es aber schon im Training nicht einsehen. Jetzt scheint er „auf stur" gestellt zu haben. Ob Süner ihm zeigen will, dass er doch im Recht ist?

„Auf jeden Fall verunsichert er die Mannschaft durch seine Spielweise und die vielen Ballverluste", analysiert der Startrainer. „Und jedes Mal sind wir in der Vorwärtsbewegung. Damit haben die Herner leichtes Spiel und Raum zum Kontern."

Auch innerhalb des Teams geht es hoch her. Alle schreien Süner an. Süner motzt zurück, und nach kurzer Zeit brüllen sich die Spieler gegenseitig an.

Dann wird ein Lüdenscheider Spieler direkt vor Soars Coaching-Zone gefoult. Der Schiedsrichter ist mit dem Gefoulten beschäftigt, der sein Leid am Boden deutlich demonstriert. Diese Gelegenheit will Soar nutzen und zieht seinen Spielgestalter beiseite. „Aygün Süner – jetzt reiß dich verdammt noch mal zusammen. Wie oft habe ich dir gesagt, dass du direkt in die Spitze spielen sollst. Merkst du denn nicht, wie wir durch deine Dribblings unter Druck geraten? Schalte endlich deinen Dickkopf aus. Du machst die ganze Arbeit unserer Vorbereitung zunichte."

Doch Süner würdigt seinen Trainer keines Blickes und legt sich den Ball für den Freistoß zurecht.

Gerade als Zehntausende auf der Südtribüne dem Ritual folgen und die Vereinshymne grölen, verliert Süner einmal mehr den Ball durch langsames Spiel und ein missratenes Dribbling.

Sein Trainer tobt an der Außenlinie. Er sieht, wie die Herner den Ball direkt in die Spitze spielen. Mit vollem Einsatz rennt Süner zurück, um auszuhelfen. Ein Herner legt den Ball quer. Die Defensive hätte richtig gestanden. In diesem Moment grätscht Süner dazwischen und fälscht den Ball sehr unglücklich ab. Der Ball kullert unhaltbar am Lüdenscheider Goalie in Zeitlupe ins Netz.

0:1 für Herne-West. Schlechter hätte das Spiel nicht beginnen können. Die Fans und Jürgen Soar sind schockiert!

*

Grotemann hat die Stille bemerkt und unterbricht Leiter. Er geht zum Rednerpult und fragt noch auf dem Weg dorthin: „Entschuldigen Sie, Paul! Ich könnte mir vorstellen, dass unsere Kollegen einige Fragen haben."

Herbie erhebt sich sofort und stellt die Frage, die allen auf der Zunge liegt:

„Dr. Grotemann – ich hätte zwei Fragen: Erstens ist mir neu, dass wir Mitarbeiter abbauen sollen. Als Fachbereichsmitarbeiter sollte ich das eigentlich wissen. Ich bin Mitglied der Gruppe Betrieb&Verfahren, in der wir Ziele für die Geschäftsentwicklung besprechen. Hier wäre auch der Mitarbeiterabbau Thema gewesen. Deshalb bin ich – vorsichtig gesagt – überrascht!

Außerdem würde ich gerne wissen, wie Sie zu diesen Zahlen gekommen sind? Wenn wir schon beim Stellenabbau sind: Was geschieht mit meinen Kollegen, die von der ‚Reduzierung' betroffen sind?"

In diesem Moment richten sich alle Augen gespannt auf den ITK-Bereichsleiter. Grotemann ist etwas überrascht. Er überlegt einen kurzen Augenblick. Ohne direkt auf die Ursache des Kommunikationsproblems einzugehen, antwortet er nüchtern:

„Wir haben mit Ihrem Bereich über den Business Case gesprochen. Ich kann Ihnen leider nicht sagen, warum Sie nicht in Kenntnis gesetzt worden sind. Die Zahlen zu diesem Projekt haben wir aus Voranalysen gewonnen. Wir haben vor allem Daten aus dem alten Dispositionssystem ausgewertet. Daraus haben wir Rückschlüsse auf das Optimierungspotenzial gezogen. Natürlich haben wir auch vor Ort Gespräche geführt, um die Annahmen zu überprüfen.

Mir ist wichtig, dass zur möglichen Personaleinsparung kein Missverständnis entsteht: S+Z strebt nicht an, Mitarbeiter zu entlassen. Einige Mitarbeiter gehen in diesem Zeitraum in den verdienten Ruhestand. Allen übrigen bietet S+Z Möglichkeiten in anderen Bereichen an. Hier besteht durch die Zukäufe großer Bedarf.

Ich bitte Sie, diese Informationen diskret zu behandeln und mit Ihrer Leitung zu besprechen. Ich denke, ich muss nicht betonen, wie sensibel dieses Thema ist."

Herbie muss sich beherrschen. Er weiß, er ist Grotemann ohne die Gegenwart von Alfa oder Grossmann nicht gewachsen. Selbst Alfa hätte wahrscheinlich seine Mühe. Während er sich hinsetzt, murmelt er für alle hörbar: „Voranalysen! Aha!" Dabei wirft er einen ärgerlichen Blick in Richtung Grotemann.

Grotemann bemerkt Herbies Unmut und versucht, die Situation zu entschärfen. „Ich kann Sie verstehen. Wahrscheinlich wäre ich genauso verärgert. Aber vielleicht beruhigt Sie Folgendes: In unserem Projekt ist nichts in Stein gemeißelt. Wir werden mit einer Business Analyse beginnen. Wenn ich richtig im Bilde bin, sind Sie daran beteiligt. Falls deutlich wird, dass unsere Annahmen falsch sind, werden wir die Ziele korrigieren. Wenn sich die Maßnahmen für Sie nicht rechnen, wird das Projekt eingestellt." Grotemann stoppt einen kurzen Moment und versucht, die Situation aufzulockern: „Herr Alfa würde wahrscheinlich sagen: Der Drops ist also noch nicht gelutscht."

Dann wird Grotemann wieder ernst. Geschickt fährt er fort, um Herbie und allen anderen von Anfang an den Wind aus den Segeln zu nehmen:

„Bitte verstehen Sie. Es ist IHR Projekt. Sie sitzen persönlich als Senior User im Steering Committee[2]. Das letzte Wort und die wirtschaftliche Verantwortung für das ganze

2 deutscher Begriff: Lenkungsausschuss (LA)

Projekt hat Ihr Fachbereich. Herr Alfa ist schließlich Vorsitzender des LA und Auftraggeber. Er bestimmt!"

„Auf die Analysen bin ich gespannt!", denkt sich Herbie in seiner trotzigen Art und kann sich beherrschen.

Erfahren genug erkennt Grotemann, dass er in dieser Situation die Besprechung besser beendet. Eine Vorstellung des Meilensteinplans hätte wahrscheinlich weitere Diskussionen hervorgerufen. Die Atmosphäre wäre vielleicht noch giftiger geworden, als sie es jetzt schon ist.

Als ob er die Planung übersehen hat, überspringt er diesen Punkt einfach. Nachdem keine weiteren Fragen mehr gestellt worden sind, bedankt er sich und wünscht allen Beteiligten viel Erfolg bei diesem Projekt.

Paul Leiter bleibt wie ein begossener Pudel am Rednerpult stehen. Als alle den Raum verlassen hatten, klopft Grotemann seinem Schützling auf die Schulter. „Kopf hoch! Wir hatten schon häufiger Startschwierigkeiten. Wenn wir erst einmal mit der Projektarbeit begonnen haben, legt sich alles wieder. Ich vermute, Grossmann hat wieder einmal Informationen nicht weitergegeben. Das ist schon häufiger der Fall gewesen. Warum das so ist, weiß ich nicht.

Ich kann verstehen, wie Sie sich fühlen. Und ja: Es ist unser wichtigstes Projekt. Aber gemeinsam werden wir es schaffen. Ich würde vorschlagen, dass wir uns wöchentlich zu einem Jour fixe[3] treffen. Meine Sekretärin wird einen Termin koordinieren."

Grotemann schaut seinem Mitarbeiter tief in die Augen und fragt: „Alles okay, Leiter?" Leiter nickt. Dann gibt ihm Grotemann die Hand, um sich zu verabschieden. „Und wenn Sie etwas auf dem Herzen haben: Meine Tür ist immer offen für Sie! Jederzeit!"

Als auch Grotemann den Raum verlassen hat, schluckt Leiter den dicken Kloß im Hals herunter. Viel hat nicht gefehlt. Dann hätte er heulen können. So hat er sich sein erstes großes Projekt nicht vorgestellt.

Nur zu gut kann er sich an die Besprechung erinnern, in dem Grotemann Grossmann das neue Projekt vorgestellt hat. Er kann sich noch genau an die Worte Grossmanns erinnern:

„Wie ihr es macht, ist mir egal! Ich brauche mein Dispositionssystem. So gut, günstig und schnell wie möglich."

---

3 in der „Projektsprache" nichts anderes als eine regelmäßige Besprechung zu einer festgelegten Zeit (z. B. jeden Donnerstag). Die Besprechung ist überwiegend zur regelmäßigen Abstimmung gedacht. Interessant: „Jour Fixe" ist eine deutsche Bezeichnung, die es im französischen nicht gibt. Ähnlich wie das „Handy", das im Englischen „Mobile" heißt.

Ob Grossmann die Präsentation überhaupt wahrgenommen hat? Berühmt ist Grotemann mit der Präsentation jedenfalls nicht geworden. Zu offensichtlich war, dass der Bereichsleiter der Auslieferung Nord irgendwann abgeschaltet hatte.

„Das kann man ihm nicht einmal übel nehmen. Der Business Case und die Zahlen waren auf einer der viel zu zahlreichen Folien abgebildet. Irgendwann hätte ich als Kunde vielleicht auch abgeschaltet. Sicher – die Folien sind danach verschickt worden. Aber wie sooft gilt nur das gesprochene Wort. Eine Entscheidung ist nicht schriftlich dokumentiert worden."

Seufzend fährt er sein Notebook herunter und denkt niedergeschlagen:

Wieder einmal haben wir nichts in der Hand. Wieder einmal hat jeder eine andere Auffassung vom Projektziel. Am Ende sind wir als IT sowieso wieder schuld. Um das zu erkennen, brauch ich nicht einmal ein Projekt geleitet zu haben. Und so wollen wir mit unserem neuen Ansatz Kunden gewinnen. Was für ein Eigentor!

Das Spielsystem ist nicht alles – Menschen und Methoden

Können Sie sich noch an die Aussage von Aki Müller aus dem ersten Kapitel erinnern? Er hat gesagt: „Mit einem funktionierenden Spielsystem alleine gewinnen Sie keine Spiele." Grossmann hat interessanterweise eine ähnliche Aussage getroffen. In seinem Dialog mit Alfa sagt der Bereichsleiter: „Es ist wie jedes Mal. Wieder einmal hat die IT den perfekten Weg gefunden, Software für uns zu entwickeln." Aus seiner Sicht hat die IT mit dem „SOA-Ansatz" die Herangehensweise (= Methode) an die Softwareentwicklung neu organisiert. Kurze Zeit später macht er Alfa darauf aufmerksam, dass „dieselben Menschen immer noch nicht auf ihn eingehen". Damit kann er aus seiner Sicht noch keine „Veränderungen" entdecken.

Es gibt noch weitere Parallelen. Während Jürgen Soar mit den Lüdenscheidern „neue Geschäftsprozesse" trainiert hat, haben unsere Logistiker vor dem „Anpfiff" „Spielzüge" in gemeinsamen Workshops trainiert. Die Mitarbeiter haben gelernt, wie ein Projekt nach PRINCE2 abläuft und welche Aufgaben sie dabei haben. Sie sollten jetzt außerdem wissen, wie Geschäftsprozesse analysiert werden.

Nur motivierte und selbstbewusste Spieler gewinnen

Und trotzdem gibt es einen Unterschied zwischen unseren Logistikern und unseren Fußballern: Jürgen Soar versucht, seine Mannschaft kurz vor dem Anpfiff zu motivieren. Er weiß, dass sie das Spiel auch im Kopf gewinnen müssen. Selbstbewusstsein und hundertprozentiger Leistungswille – ohne diese Eigenschaften kann eine Mannschaft kein Fußballspiel für sich entscheiden. Nicht umsonst versucht er, seine Spieler positiv zu beeinflussen. Dabei unterbricht Soar sogar seine Ansprache, damit die Spieler die Fangesänge hören. Er will seine Spieler emotional erreichen und so zu Höchstleistungen treiben. „Heute habt ihr die Möglichkeit, es allen zu zeigen.“, „Achtzigtausend werden gleich wie eine Wand hinter euch stehen.“ und „Ihr könnt als Mannschaft jeden schlagen.“ sind klare Ansagen.

Einige Trainer versuchen, ihren Mitspielern zu verdeutlichen, was alles mit der richtigen Einstellung möglich ist. Dazu greifen die Fußballlehrer gelegentlich zu unorthodoxen Methoden. Felix Magaths Marathon ohne vorheriges Training haben wir ja schon im ersten Teil kennengelernt. Aber es gibt auch andere prominente Beispiele: Christoph Daum hat z. B. einmal Spieler über glühende Kohlen laufen lassen. Mit dem richtigen Glauben spüren sie keinen Schmerz.

Auf der anderen Seite werden Fußballtrainer häufig entlassen, wenn sie die Spieler nicht mehr richtig motivieren können. Wie oft haben wir schon in der Zeitung folgende Aussagen der Vereinsleitung gelesen: „Wir zweifeln nicht an seinen Erfolgen. Aber er hat die Mannschaft einfach nicht mehr erreicht!“

Warum neue Trainer so schnell erfolgreich sein können ...

In vielen Fällen rechtfertigt der neue Trainer die vorangegangene Entlassung mit einer ganz anders auftretenden Mannschaft und einem Sieg im folgenden Spiel. Das Spielsystem kann er nicht in wenigen Tagen komplett umstellen. Die Motivation schon! Ein neuer Trainer muss beispielsweise die Spieler beobachten und kennenlernen. Da gilt es für die Etablierten, ihre Stammplätze zu verteidigen, bzw. für die „Herausforderer“, die Chance zu ergreifen.

Im Fußball benötigt man beides. Es sind nur die Berichterstattung oder die kurzfristigen Maßnahmen eines Trainers, die das eine oder das andere in den Fokus rücken. Ein neuer Trainer kann nur mit der „alten Mannschaft“ erfolgreich sein, weil die Profis in der Regel taktisch und in den Spielabläufen gut geschult sind. Wären die Kicker das nicht, würden sie wie ein bunter Hühnerhaufen durch die Gegend laufen. Der Gegner hätte ein leichtes Spiel. Nur so konnte Franz Beckenbauer im Finalspiel 1990 gegen die Argentinier vor dem Spiel sagen: „Geht‘s raus und spielt‘s Fußball!“ und Weltmeister werden. Ihm war klar, dass seine Mannschaft spielerisch so überlegen sein würde. Der erfahrene Fußballer wusste: Die Psyche entscheidet, ob wir gewinnen. Seine zukünftigen Champions konnten sich im Kopf nur selbst schlagen!

Unser IT-Projekt hat keinen Kaiser Franz. In seinem kleinen Disput schafft es Grotemann nicht, Herbie persönlich zu erreichen. Er sieht nicht, dass die Methodik an dieser Stelle völlig unwichtig ist. Herbie interessiert es in diesem Moment nicht, aus welchem Grund er den geplanten Stellenabbau nicht kennt. Der ehemalige Fahrer fühlt sich „übergangen“ und hätte gerne bei der Entscheidung beratend zur Seite gestanden. Schließlich handelt es sich nicht um irgendeine Maßnahme. Eigentlich hätte der Fachbereich die IT über diese Maßnahme informieren müssen. Stattdessen wird er von der IT über den Sachverhalt in Kenntnis gesetzt. Er scheint also ziemlich unwichtig zu sein.

Wie soll sich Herbie unter diesen Umständen für eine Mitarbeit motivieren? Wie soll er das entsprechende Selbstbewusstsein entwickeln, wenn seine Meinung sowieso nicht gefragt ist und er übergangen wird? Warum soll er für so ein Vorhaben 110% Prozent Einsatz zeigen? Er kann doch gar nichts bewegen!

Grotemann bemerkt zwar Herbies Unmut. Statt auf Herbies persönliche Probleme einzugehen und diesen zu motivieren, möchte er Herbie von seinem „Spielsystem“ PRINCE2 überzeugen. Nichts wäre „in Stein gemeißelt“. In seiner Rolle als „Senior User“ würde er die Benutzer im Lenkungsausschuss vertreten. Er kann Ziele und Ergebnisse aus IT-Sicht bestimmen und verändern. Wenn Grotemann dieses Problem mit vielen „Spielern hätte“ und so vorginge, würde er im Fußball wie zuvor beschrieben „entlassen werden“.

Die „Erfolgsprämie“ motiviert nicht immer ...

Schließlich wäre er persönlich betroffen, wenn DispoNG scheitern würde. Grossmann hat bereits angekündigt, dass er die Mitarbeitergespräche zu den Zielvereinbarungen führen würde.

Im ersten Teil (Führung nach Kennzahlen) haben wir kennengelernt, dass die Bonuszahlungen den Erfolgsprämien im Fußball entsprechen. Es gibt heute fast keinen Profifußballer mehr, der keine Prämie für geschossene Tore, Einsätze, Titel und andere messbare, sportliche Erfolge erhält. Und trotzdem sehen wir häufig „demotivierte“ Kicker. „Scheiß Millionäre“, tönt es dann aus dem Fanblock.

Woran könnte das liegen? Am Ehrgeiz sicherlich nicht. Ansonsten hätten es die Spieler nicht so weit gebracht. Außerdem lässt sich bestimmt kein Spieler gerne beschimpfen. Liegt es vielleicht daran, dass sie sowieso schon genug Geld haben? In den meisten Fällen vermutlich auch nicht. Sonst hätten die Geldstrafen in den Vereinen keine Wirkung mehr.

Vielleicht sind die Spieler manchmal so frustriert, dass sie einfach resignieren. Dann agieren sie wie Herbie. Was kann er aus seiner Sicht schon an der Situation ändern?

Ein anderer Grund ist, dass Geld nur eine Motivationsmöglichkeit ist. Manchen Personen ist die Entwicklung der Karriere, Selbstverwirklichung, eine gute Teamatmosphäre oder Ähnliches wichtiger. Das belegen Umfragen zu der Frage: Was ist Ihnen bei Ihrer Arbeit wichtig? Wir dürfen nicht vergessen, dass die Menschen die meiste Zeit ihres Alltags bei der Arbeit verbringen.

In meinen Einsätzen als Berater habe ich bislang nur ganz selten Kollegen erlebt, denen „ihre Arbeit egal" gewesen ist. Aber ich habe besonders in Krisensituationen sehr häufig mit frustrierten oder demotivierten Menschen gesprochen. Einige haben resigniert und sich zurückgezogen; eine stetige oder gewissenhafte Verhaltenstendenz.

Abschließend sind Zielvereinbarungen nicht immer direkt mit dem Ergebnis eines Mitarbeiters verbunden. Ich habe Fälle erlebt, in denen Bonuszahlungen zu einem „hohen Prozentsatz" garantiert gewesen sind. Außerdem habe ich einige Umgebungen kennengelernt, in denen die Zielvereinbarungen besonders von Chefseite nicht ernst genommen worden sind. Im Endeffekt „muss man diese Vereinbarung halt treffen, weil es das Unternehmen so will". Das Ergebnis waren „aufgeschriebene Lippenbekenntnisse", die keinen Einfluss auf den Alltag hatten.

Abbildung 5.8: *Erst wenn etwas persönlich berührt, ist man motiviert …*

„Modernes Spielsystem" oder „agiler Spieler" – was ist wichtiger?

Grotemanns Reaktion auf den Disput mit Herbie ist kein Einzelfall. Im Fußball allerdings auch nicht. Hier sind nur die Zusammenhänge offensichtlicher. Die Aussagen und Erfahrungen von Grossmann sind durchaus repräsentativ. Es gibt viele Fachbereichsmitarbeiter, die wie er denken, dass die IT einmal mehr „den perfekten Weg gefunden hat, Software zu entwickeln". Die IT hat sich aus ihrer Sicht wieder einmal mit dem „Spielsystem" beschäftigt, anstatt die wesentlichen Probleme (z. B. die fehlende Motivation) zu beseitigen. Oder wie es Aki sagt: „Die Diskussion um das richtige Spielsystem hat es schon zu meiner Zeit gegeben."

„Geld schießt doch Tore" – zumindest langfristig

Es stellt sich für uns die Frage: Was ist wichtiger – das Spielsystem oder der Mensch? Nehmen wir an, dass das Spielsystem das Wichtigste ist. Müsste es dann nicht für einen Klub mit „zweitklassigen Spielern" möglich sein, z. B. die Champions League zu gewinnen?

Lassen Sie uns einen Blick darauf werfen, welche Vereine in den letzten zehn Jahren (1999–2009) in Europa am erfolgreichsten gewesen sind. Legen wir die Erfolge in der Champions League zugrunde, ist der AC Mailand „Europas Champion" in dieser Zeit. Knapp dahinter folgen die Katalanen und die drei Klubs von der Insel.

Erfolgreichste Vereine		Erfolge Champions-League (1999-2009)	Anzahl Bestverdiener (Top 10 - 08/09)	Anzahl Fußballer des Jahres (UEFA 1999-2009)
1.	AC Mailand (ITA)	2x Sieger 1x Finalist 1x Halbfinalist	3 Spieler: Beckham (1) Ronaldinho (2) Kaka (4)	2 Spieler Kaka (2007) Shevchenko (2004)
2.	FC Barcelona (ESP)	2x Sieger 2x Halbfinalist	2 Spieler: Henry (3) Messi (6)	2 Spieler: Ronaldinho (2006) Figo (2000)
3.	Manchester United (GBR)	1x Sieger 1x Finalist 2x Halbfinalist	2 Spieler: C. Ronaldo (5) Rooney (8)	1 Spieler: C. Ronaldo (2008)
4.	FC Liverpool (GBR)	1x Sieger 1x Finalist 1x Halbfinalist	1 Spieler: Gerrard (10)	1 Spieler: Owen (2001)
5.	FC Chelsea (GBR)	1x Finalist 4x Halbfinalist	2 Spieler: Lampard (7) Terry (9)	kein Spieler

Quellen:

Forbes, Top 20 Highest-Earning Soccer Players, Christina Settimi, 04.08.2009
UEFA Website - Champions League Geschichte, www.uefa.com am 15.11.2009

Abbildung 5.9: *Nur mit den besten Spielern kann man auf Dauer unter Europas Top 5 mitspielen …*

Sie könnten einwenden: „Die haben auch das größte Portemonnaie!" Das stimmt. Aber ein gutes Spielsystem kostet kein Geld. Teuer ist das Personal! Das Interessante: Selbst wenn wir die Anzahl der bestverdienenden Spieler (nur Top 10 betrachtet) oder die Anzahl der Fußballer des Jahres zugrunde legen, ergibt sich die gleiche Reihenfolge (lediglich bei der Anzahl der Bestverdienern würden die „Reds" aus Liverpool und die „Blues" aus Chelsea die Plätze tauschen).

Nur wer das beste Personal beschäftigt, kann also über einen gewissen Zeitraum ganz oben mitwirken.

Warum ist das so? Ohne ins Detail zu gehen, beherrschen die besten Spieler natürlich auch die Spielsysteme. In einem funktionierenden System „machen sie allerdings den Unterschied". Das ist der Grund, warum ein durchschnittlicher Bundesligaverein selbst mit einem perfekt abgestimmten Spielsystem auf Dauer nicht in der „Beletage" mithalten kann. Das haben ausländische Vereine wie Ajax Amsterdam und zahlreiche französische Klubs erkannt. Sie machen Jagd auf die Talente von morgen. Sie sind im

Vergleich zu den etablierten Spielern „günstig“ zu verpflichten, können aber dieselbe Klasse entwickeln.

Kommen wir zurück zum Spielsystem. Nur wenn es funktioniert und die einzelnen Spieler als Mannschaft auftreten, ist das Team erfolgreich. Wir haben allerdings bereits gesehen, dass die besten Spieler auch die Spielsysteme beherrschen. Auf höchstem Niveau spielen deshalb die Motivation und die Teamhierarchie deshalb so eine große Rolle. Hier kann der Trainer am meisten verbessern. Ob gerade das Spielsystem, die Spielermotivation oder die Qualifikation einzelner Spieler gerade diskutiert werden, hängt stark von den Problemen des Vereins und der öffentlichen Meinung ab.

Agile Ansätze – wie viel Spielsystem benötigt die IT?

Interessanterweise führen wir Informationstechniker diese Diskussion bereits seit einiger Zeit. Seit der Jahrtausendwende beschäftigen wir uns mit den Fragen „wie viel ‚Spielsystem' benötigt eine erfolgreiche Mannschaft in einem Spiel“ bzw. „wie viel Prozess und Werkzeuge benötigt ein erfolgreiches Projekt“.

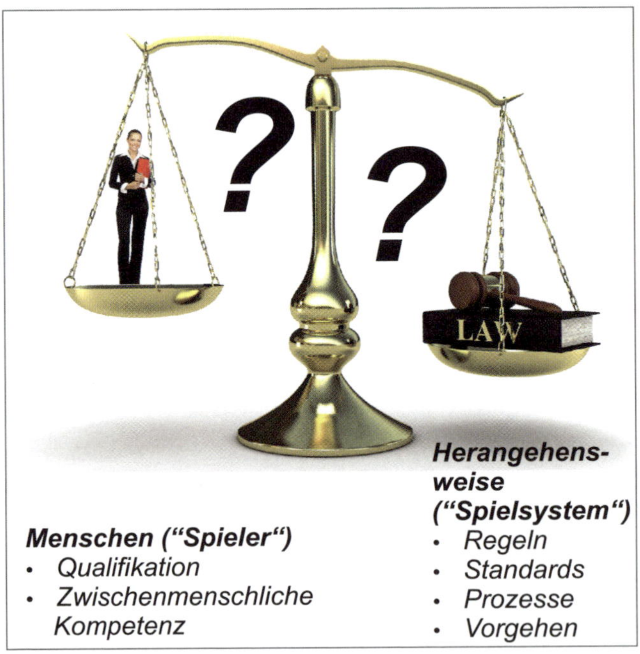

Abbildung 5.10: *Was ist wichtiger – Menschen (Spieler) oder Methoden (Spielsystem)?*

Das haben wir vor allem der Bewegung um die sogenannten „agilen Methoden" zu verdanken. Sie will die Entwicklung neuer Applikationen „entbürokratisieren" und die menschlichen Aspekte wieder stärker berücksichtigen. Mit einfachen Prinzipien und Werten statt dickem Regelwerk stellt sie u.a im sogenannten „agilen Manifest" den Menschen über alles andere:

Das agile Manifest im Originalwortlaut:

„We are uncovering better ways of developing software by doing it and helping others do it. Through this work we have come to value:

Individuals and interactions over processes and tools
Working software over comprehensive documentation
Customer collaboration over contract negotiation
Responding to change over following a plan

That is, while there is value in the items on the right, we value the items on the left more."

Unterzeichnet von: Kent Beck, Mike Beedle, Arie van Bennekum, Alistair Cockburn, Ward Cunningham, Martin Fowler, James Grenning, Jim Highsmith, Andrew Hunt, Ron Jeffries, Jon Kern, Brian Marick"

Quelle: http://agilemanifesto.org/

Der motivierte Mensch, funktionierende Kommunikation bzw. die zwischenmenschlichen Beziehungen sind wichtiger als Vorgehensweise, Abläufe und Werkzeuge. Außerdem sind stetige und erfolgreiche Zusammenarbeit mit dem Kunden wichtiger als Vertragsinhalte. Ein zufriedener Kunde wird vermutlich nicht klagen. Einen unzufriedenen Kunden kann man aber trotz eingehaltenem Vertrag verlieren.

Änderungen gehören zum Alltag. Das Verständnis des Problemfelds ändert sich. Schließlich lernt der Mensch. Deshalb ist es für die Beteiligten wichtiger, Änderungen mutig und offen gegenüberzustehen, als „stur einem Plan zu folgen". Es gibt noch weitere Aspekte. Diese sind aber in diesem Zusammenhang nicht so wichtig.

Man mag über viele neue „Spielsysteme" diskutieren, die daraus entstanden sind. Sie haben sicherlich auch die klassischen Herangehensweisen beeinflusst. Aber die relativ hohe Erfolgsquote dieser Methoden unterstreicht eines: Vielleicht konzentrieren wir uns als IT manchmal zu sehr auf „das Spielsystem". Auch wenn es anderswo genauso ist: Möglicherweise fehlt uns gelegentlich das notwendige Verständnis für den Menschen und die Motivation. Irgendetwas muss ja „dran sein“ an den Vorurteilen über uns Informationstechniker. Es muss ja Gründe geben, dass wir für den einen oder anderen Fachbereich „zum Angstgegner werden“.

Ich habe zu diesem Thema meiner Frau die Frage gestellt: „Du hast doch früher über mich als Informatiker gelästert. Wie würdest du die Vorurteile beschreiben?“ Ihre Antwort bringt es aus meiner Sicht auf den Punkt: „Ich habe einen Informatiker als Mann, und jeder weiß, was ich meine!“

Es gibt auch noch andere Beispiele. Kennen Sie die Aussage: „Ich will doch nur eine kleine Änderung in der Software. Warum ist das so aufwendig und kompliziert?“ Bei einem Vortrag habe ich einmal eine interessante Antwort von einem Schiffsbauer bekommen: „Meine IT sagt das nicht mehr! Sie hat argumentiert: Softwareentwicklung ist so kompliziert! Da habe ich geantwortet, dass wir Schiffe aus Milliarden Teilen und mit Tausenden Subunternehmern pünktlich liefern können. So kompliziert kann eure Technik gar nicht sein.“

Auch Grossmann verhält sich in diese Richtung. Nur weil er die komplizierte Herangehensweise nicht versteht, ist seine Antwort nachvollziehbar („Ich habe dann aufgegeben, einfach abgewunken und gesagt: Wie ihr es macht, ist mir egal! Ich brauche mein Dispositionssystem. So gut, günstig und schnell wie möglich.“).

Neben unserem „komplizierten Spielsystem“ wird uns als IT häufig die auch damit verbundene Bürokratie vorgeworfen. Dadurch sind wir langsam. Statt „agil“ auf die Wünsche unserer Kunden einzugehen, haben wir in vielen Fällen übertrieben und „Verfahrensmonster“ geschaffen. Aus der Persönlichkeitsanalyse heraus könnte man argumentieren: „Wir sind sehr gewissenhaft. Dabei wollen wir jedes „Fitzelchen“ sicherstellen und klären. So verlieren uns in den Details.“

Allerdings scheinen uns bei der Diskussion die Zusammenhänge und die Abgrenzung zwischen Herangehensweise (das Spielsystem), zwischenmenschlichen Beziehungen bzw. dem Menschen selbst (der motivierte, qualifizierte Spieler) nicht immer klar zu sein.

Das Spielsystem muss zur Mannschaft passen

Nur so ist zu erklären, dass ein „Spielsystem“ wie PRINCE2 explizit im Taschenbuch ausführlich darauf hinweist: Die „sozialen und kommunikativen Fähigkeiten“ werden nicht berücksichtigt werden. Bei der Beschreibung eines 4-4-2-Systems oder einer Abseitsfalle würde niemand einen Absatz zu schreiben: „Soziale und kommunikative Fähigkeiten braucht der Mensch immer“ – nicht nur im Projekt (das Spiel), sondern auch in der Linienorganisation (im Verein). PRINCE2 (das Spielsystem) „erkennt, dass diese Fähigkeiten für das Management von Projekten essenziell sind“. Projektmanagement (die sportliche Verantwortung) sei schließlich „Menschenarbeit“ und sei sehr stark „personen-„ und „situationsbedingt". Unternehmen (der Verein) sollen die Herangehensweise mit „gesundem Menschenverstand" kombinieren.

Mit dieser Forderung ist PRINCE2 nicht allein. Fast alle „Vorgehensmodelle" klammern die sozialen und technischen Fertigkeiten (Qualifikation) aus. Das ist auch der Grund, warum diese „Spielsysteme" auf ein Unternehmen und ein Projekt „als Spiel zugeschnitten" werden müssen. Im Fußball muss das Spielsystem ja auch zur Mannschaft passen.

„Elf Freunde müsst ihr sein" – warum gerade das „Spielfeld" (Projektumgebung) zum Brennpunkt wird ...

Warum treten diese Probleme so häufig im Spiel, also im Projekt auf? Müssten die Probleme nicht eher in der täglichen Arbeit auftreten? Die tägliche Arbeit ist doch viel umfangreicher. Im Vergleich dazu werden Projekte viel seltener initiiert.

Genau hier liegt die Ursache. Die tägliche Arbeit im Unternehmen erledigen in der Regel eingespielte Teams. Für die Auswahl und die Zusammensetzung geben sich Personalabteilung und die leitenden Angestellten viel Mühe. Sie legen sehr viel Wert darauf, dass der Mitarbeiter zum Team passt. Mit der Zeit bilden sich funktionierende Einheiten. Ausnahmen bestätigen natürlich die Regel.

Projektteams werden häufig schnell und unter Zeitdruck zusammengestellt. Die menschliche Seite wird dabei häufig vernachlässigt. Meist zählen nur die technische oder fachliche Qualifikation und das Wissen. Die soziale Seite ist zwar wichtig, aber nicht entscheidend. Die Personen „müssen ja nur einmalig zusammenarbeiten". Deshalb ist die Personalabteilung bei der Zusammenstellung nur teilweise oder gar nicht eingebunden (z. B. bei der Besetzung mit externen Mitarbeitern). Vielfach gibt es gerade zu Projektbeginn Probleme. Die zukünftigen Kollegen kennen sich oft nur flüchtig oder gar nicht. Beziehungen müssen sich erst einmal bilden. Da sind Konflikte „normal" – vor allem wenn die Charaktere nicht aufeinander abgestimmt sind.

Was dann passieren kann, haben wir ja bereits gesehen. Im Gegensatz zu unserem Logistikunternehmen legt unser Lüdenscheider Fußballlehrer sehr viel Wert auf den Teamgedanken. „Ihr könnt als Mannschaft jeden schlagen." Mit diesem Satz zeigt er, wie wichtig für ihn der Teamgeist ist. Er ist das alles Entscheidende! „11 Freunde müsst ihr sein!", hat die Trainerlegende Sepp Herberger es vor gut einem halben Jahrhundert auf den Punkt gebracht. Passen Persönlichkeiten in einer Mannschaft nicht zusammen, kann das Spielsystem noch so gut sein. Das Team kann niemals erfolgreich sein.

Damit sich jeder Lüdenscheider Spieler dem Teamgedanken unterordnet und für seine Mannschaft „den Arsch aufreißt", hat Soar sogar ein Überlebenstraining in der Wildnis organisiert. Das macht deutlich, dass er nichts dem Zufall überlassen will.

Auch im Fußballspiel gibt es viele negative Beispiele. „Geld schießt keine Tore" – dieser Spruch wird gerne mit Mannschaften wie Real Madrid oder FC Bayern München in Verbindung gebracht. Oft sind die Spieler dieser Mannschaften ein Vielfaches mehr wert als ihr Gegner. Und trotzdem verlieren die „galaktischen Spanier" z. B. in der dritten Runde des spanischen Pokals 0:4 gegen den Drittligisten und Madrider Vorortklub „AD Alcorcón". Solche Pokalschlappen sind sicher kein Einzelfall. Sie liegen sicherlich auch nicht am falschen Spielsystem.

Für so einen Drittligisten ist es das Spiel des Jahrhunderts. Die Spieler wissen genau, dass sie einzeln überhaupt keine Chance gegen den Gegenspieler haben. Die „vermeidlich Chancenlosen" wissen aber, dass sie als Kollektiv eine Chance haben. Sie sind bis in die Haarspitzen motiviert. Jeder rennt für den anderen. So gleicht das Team seine Defizite aus und ist „mehr als die Summe der Einzelnen". Im Hinterkopf hofft der eine oder andere, „auf sich aufmerksam machen zu können". „Verlieren und sich blamieren" können nur die Stars.

Wenn nur das gesprochene Wort zählt …

Leiter hat eine wichtige Ursache für die auftretenden Probleme zwischen Fachbereich und IT bemerkt. Er ist der Meinung, Grossmann habe die Präsentation zwar gesehen, aber den Business Case durch einen schlechten Vortrag nicht wahrgenommen. Dadurch sind dem Fachbereich die Konsequenzen nicht bewusst. Großmann hat sie scheinbar nicht weiter kommuniziert. Wieso auch, wenn er sie nicht bewusst wahrgenommen hat.

„Aber wie so oft gilt nur das gesprochene Wort. Eine Entscheidung ist nicht schriftlich dokumentiert worden." Und die IT hat für ihre Arbeit „wieder einmal nichts in der Hand". Sie wird am Ende „wieder einmal Schuld sein".

Kommt Ihnen das bekannt vor? Ich habe diese Diskussion schon häufiger geführt, als mir lieb ist. Besonders wenn es um Verhandlungen geht, erleben wir häufig, dass Verantwortliche sich für vieles einsetzen. Haben Sie schon einmal erlebt, was passiert, wenn man Verantwortlichen ein Ergebnis oder eine Entscheidungsvorlage zur Unterschrift vorlegt? Viele reagieren ziemlich empfindlich darauf. Es besteht sogar das Risiko, das Vertrauen aufs Spiel zu setzen. Eine beliebte Frage ist deshalb: „Vertraust Du mir nicht?" Für einen externen Mitarbeiter kann das sogar im schlimmsten Fall bedeuten, den Auftrag zu riskieren.

Warum tun wir uns damit so schwer, etwas schriftlich festzuhalten? Was hat das mit Vertrauen zu tun? Warum entstehen durch den Verzicht auf das Schriftliche so häufig Konflikte? Wären alle Probleme damit gelöst, wenn wir nur noch schriftlich miteinander kommunizieren?

Der Unterschied zwischen mündlichen und schriftlichen Vereinbarungen

Wenn wir etwas mündlich vereinbaren, wissen das zunächst nur die anwesenden Personen als „Zeugen". Später kann man nur uns oder die Zeugen dazu befragen, was wir vereinbart haben. Wir haben im ersten Teil die unterschiedlichsten Persönlichkeiten kennengelernt. Dabei haben wir kennengelernt, dass jeder Charakter sein Umfeld anders wahrnimmt.

Ein Ulrich Grossmann interessiert sich als dominanter Mensch nicht für Details. Er wird sie in einer mündlichen Diskussion wahrscheinlich nicht wahrnehmen. Ein gewissenhafter Mitarbeiter legt auf sehr viel Wert auf Details und präzise Vereinbarung. Stellen Sie sich vor, diese beiden Typen treffen eine mündliche Vereinbarung. In einem Konflikt würde der gewissenhafte S+Zler sicherlich auf die vereinbarten Details verweisen. An die kann sich Grossmann später vermutlich nicht mehr erinnern. Ein Konflikt wäre vorprogrammiert.

Darüber hinaus gibt es unterschiedliche Auffassungen über die Verbindlichkeit einer mündlichen Vereinbarung. Möglicherweise können Sie sich noch an unseren alten Bundeskanzler Adenauer erinnern. Er ist mit seinem Satz „Was kümmert mich mein Geschwätz von gestern?" berühmt geworden.

Dabei hat er mit ein bisschen Humor deutlich gemacht, dass er seine Meinung inzwischen geändert hat. Sicherlich hatte er dazu gute Gründe. Wahrscheinlich hat sich irgendetwas verändert, weshalb er die Dinge jetzt anders sieht.

Bei einer schriftlichen Vereinbarung hätte er sich schwerer getan. Woran liegt das? Was wir schriftlich festhalten, können nicht nur Anwesende nachvollziehen. Jeder Leser kann lange Zeit später noch genau das nachlesen, was wir gemeinsam vereinbart haben. Sie müssen keine Zeugen „aus zweiter Hand" befragen. Wenn wir die Vereinbarung gut formuliert haben, wird der Interpretationsspielraum viel kleiner. Etwas Geschriebenes können wir uns in Ruhe noch einmal ansehen, nachdenken und korrigieren. Wir müssen wesentlich weniger spontan agieren. Die Gesprächsführung ist wesentlich weniger wichtig, wenn wir nicht gerade „sofort unterschrieben" haben. Wir müssen bei der Kommunikation nicht darauf achten, mit welchem Ton, Tempo oder Ausdruck unser Gegenüber gesprochen hat.

Etwas „Geschriebenes" hat für viele von uns deshalb Vertragscharakter. In jedem Fall ist das geschriebene Wort verbindlicher.

Wenn keiner den Ball haben will – warum eine positive Entscheidungskultur ein Wandel ist

Damit ist klar, warum wir uns mit schriftlichen Vereinbarungen schwerer tun. Wir haben Angst vor Fehlern! Das ist so wie bei einer verunsicherten Mannschaft. Haben Sie schon einmal ein verunsichertes Fußballteam beobachtet? Warum tun sich etablierte Teams so schwer, wenn sie in den Abstieg geraten? Weil die Spieler mit der Situation nicht vertraut sind! Spieler eines VFL Bochums sind es gewöhnt, möglicherweise abzusteigen. Es ist ihr Alltag (bitte nicht böse sein, liebe Bochum-Fans). Spieler von Bayer Leverkusen hätten da wesentlich mehr Probleme! Häufig kann man das daran erkennen, dass kein Spieler Verantwortung übernehmen will. „Sie wollen erst gar nicht den Ball“ und erst recht „keinen Fehler riskieren“. In diesem Moment zeigt sich, wer Führungsspieler ist und wer nicht.

Den gleichen Moment erleben Verantwortliche, wenn sie unterschreiben sollen. Ihnen wird bewusst, was die Konsequenzen sein könnten. Vorher waren es nur ein paar Diskussionen und ein bisschen Papier!

Weshalb ist die Angst bei manchen Entscheidungen manchmal größer oder weniger groß? In der Regel kennen wir nur die möglichen Konsequenzen. Das Ergebnis ist unsicher. Wir müssen unter Risiko entscheiden. Je nachdem, wie wichtig die Entscheidung und/oder wie groß das Risiko ist, haben wir möglicherweise mehr oder weniger Angst.

Die Folgen ohne Entscheidung sind uns aber auch bekannt. Sind Entscheidungen unverbindlich oder interpretierbar, steuern Teams, Gruppen oder sogar ein ganzes Unternehmen mehr oder weniger gesteuert in eine Richtung. Es entstehen „politische Umgebungen“. Wer traut sich, eine klare Entscheidung auf Basis einer „schwammigen, unverbindlichen Vorgabe“ zu treffen? Wir vermuten, was unser Vorgesetzter erreichen will, und geben seine Unverbindlichkeit noch unverbindlicher an unsere Mitarbeiter weiter.

Dabei müssen wir unsere Arbeit aber auf Entscheidungen aufbauen. Stellen Sie sich vor, wir müssten ein Hochhaus bauen, und es gäbe keine genauen Vorgaben bzw. keine genormten Teile. Unser Haus würde zusammenstürzen, keine Wand an die andere grenzen oder nichts zusammenpassen.

Deshalb benötigt ein Unternehmen eine positive Entscheidungskultur. Was heißt das?

„Besser eine falsche Entscheidung als keine Entscheidung!“ Fehler müssen erlaubt sein. Wir sind Menschen, und jeder von uns macht Fehler. Auch „in den oberen Etagen“. Dieser Mut und der richtige Umgang mit Änderungen und Fehlern zeigen die wahre Qualität eines Entscheiders. Diesen Mut und diese Kultur zu entwickeln benötigt in vielen Fällen Zeit und Veränderungen in den Köpfen der Menschen. Ein Wandel dieser Kultur kann Wunder bewirken.

Entscheidungen werden verbindlich und so wenig wie möglich interpretierbar. Eindeutige Richtungen werden sichtbar, bzw. jeder weiß, wonach er sich richten muss. Politische Konflikte nehmen ab, und die Konflikte untereinander und mit dem Entscheider werden weniger. In dieser Atmosphäre macht es mehr Spaß zu arbeiten. Die Beteiligten sind produktiver und verschwenden weniger Zeit mit sinnlosen Diskussionen, was gemeint und in welche Richtung gearbeitet werden muss.

„Vielleicht liegt das Geheimnis unseres Erfolges darin, dass mich meine Spieler nicht verstehen."
(Bernd Krauss, ehem. Trainer von San Sebastian)

Kapitel 6
Einer spielt falsch

Probleme beim Spielaufbau und erste Pfiffe

Auch das Gegentor hat Soars Lüdenscheider nicht wach gerüttelt. Unruhig kauert er auf seinem Trainerstuhl. Das, was seine Mannen abliefern, ist mehr als ein Fehlstart. Es ist eine Katastrophe!

Er sieht, wie Süners Mitspieler versuchen, dem Spielmacher zu helfen. Immer wieder lässt sich ein Stürmer zurückfallen, um den Ball selbst in die Spitze zu tragen. In diesen Fällen fehlt er aber dem Mittelfeldregisseur als Anspielstation in der Offensive. Dann ist die Überzahl der Herner Verteidiger einfach zu groß, um gefährlich zu werden. Auch die „Hilfeversuche" der Verteidiger schlagen fehl. Sie versuchen, das Mittelfeld und ihren Spielmacher mit langen Bällen zu überbrücken, um so direkt in die Spitze zu spielen.

„So kann das Spielsystem nicht funktionieren!", resümiert Soar und sieht besorgt, wie seine Mannschaft immer seltener für Entlastung sorgen kann. „Immer wieder ist es derselbe Mist!", denkt er. Dabei sieht er, wie Süner erneut den Ball verliert. Und wieder tut der Ballverlust weh. Wieder kontern die Herner.

Hinter seinem Trainerstuhl bemerkt Soar, wie die ersten Fans ihrem Unmut mit Pfiffen Luft verschaffen. Dabei ist das Spiel erst zwanzig Minuten alt! Als eine Ecke der Herner auf sich warten lässt, dreht er sich um. Er bemerkt, dass gerade ältere Fans pfeifen.

Soar ist nicht überrascht. Mit seinem Engagement soll der FC Lüdenscheid an die glorreichen alten Zeiten anknüpfen. Daran können sich gerade die Älteren erinnern. Damals war natürlich alles besser! Sie erwarten eine erfolgreiche und attraktive Spielkultur von ihm und seiner Truppe.

*

Hacker wartet vor dem kleinen Besprechungsraum der ITK. Gleich beginnt die erste Analyse. Obwohl Hacker erst Anfang dreißig ist, gehört er zum „alten Entwicklerschlag."

„Was für ein Brimborium", denkt er seufzend. „Jetzt verschwende ich hier meine Zeit! Wie schnell sind wir damals zu Ergebnissen gekommen. Heute ist alles viel zu kompliziert. Ein, zwei Kaffees und ein paar ‚Pläuschken' in der Raucherecke – schon hatten wir die Details geklärt."

„Na, Hacki – alles klar?", holt ihn Herbies Stimme zurück in die Gegenwart. „Wovon träumst Du denn gerade?"

„Von den guten, alten Zeiten!", antwortet Hacker flapsig und betritt mit mürrischer Miene den kleinen Besprechungsraum. Etwas lustlos schlurft Herbie hinterher. Man merkt dem ehemaligen Fahrer der Auslieferung Nord die fehlende Motivation deutlich an. Kurz danach betritt auch Gabi Stapler den Raum. Herbie und Hacker sind nicht erstaunt, dass sie Archi Tektor im Schlepptau begleitet. Das Pärchen ist einfach zu schön. Als Hacker anfängt zu grinsen, muss Herbie wegschauen. Er hätte sonst laut loslachen müssen.

Als Letzter betritt Dominik Weiss den Raum.

Verwundert blicken alle Anwesenden auf, als Paulus Caesar durch die Tür in den Raum tritt. Paulus Caesar ist der Konzernarchitekt von S+Z Logistics und eigentlich nicht für das Analyseteam vorgesehen. Mit einem „Moin zusammen!" und seinem unverwechselbaren Akzent begrüßt der gebürtige Hamburger die ganze Runde und nimmt direkt neben Weiss Platz.

Inzwischen hat Dominik Weiss sein Notebook an den Beamer angeschlossen. Er hat es anscheinend sehr eilig. Noch bevor der Beamer an der Wand seine volle Leuchtkraft entfalten kann, erscheint schon die Titelfolie der Präsentation: „Analyse-Kick-off, S+Z Logistics, Dominik Weiss."

Die Präsentation passt gut zum Äußeren des hochgewachsenen Business Analysten. Der feine Nadelstreifenanzug und die edle Krawatte heben ihn deutlich von den anderen Besprechungsteilnehmern ab. Im Gegensatz zu vielen anderen Unternehmen ist die lockere Kleidung bei S+Z Firmenkultur. Das Gleiche gilt für die Anrede mit dem Vornamen. Häufig kennen sich die Kollegen schon seit Jahren aus der gemeinsamen Arbeit im operativen Betrieb. In dem ist ohnehin ein lockerer und direkter Umgang üblich. Deswegen ist das „betriebliche Du" fast schon Pflicht.

„Guten Morgen zusammen!", beginnt Weiss die Besprechung mit sehr viel Selbstbewusstsein in seiner Stimme. „Ich habe zu dieser Besprechung eingeladen."

„Wie ihr sicherlich alle wisst, hat mir Paul als Projektmanager die Geschäftsprozessanalyse übertragen", betont er, als ob er noch einmal klarstellen will, wer der Steuermann ist. „In vier Wochen will ich Paul den ersten Dispositionsprozess der Auslieferung Nord übergeben! Das ist nicht viel Zeit. Aber ich denke, das schaffen wir. Wie wir Geschäftsprozesse analysieren, haben wir ja bereits in den Workshops gelernt."

Herbie kann sich an die gemeinsamen Workshops nur zu gut erinnern. Schon damals war ihm der arrogante Schnösel unsympathisch gewesen. Normalerweise interessiert sich der fußballbegeisterte Betriebler nicht für das, was über andere Menschen gesagt wird. Aber Weiss hat es schon in früheren Analysen in Rekordzeit geschafft, seinen schlechten Ruf zu bestätigen.

„Wie soll ich das nur mit diesem Kerl vier Wochen aushalten?", fragt sich der erfahrene Fachbereichsmitarbeiter. „Sein Name ist anscheinend Programm! Immer ‚weiß' er alles besser. Dabei hat der Kerl nicht einen Tag im Betrieb gearbeitet. Typisch Akademiker!" Einmal Weiss durch den Betrieb schleifen! Das wäre Herbies Traum. Dann würde er vermutlich anders auftreten.

„Du wirst uns gleich sicherlich darüber aufklären, wie UNSER Betrieb zu laufen hat", wirft Herbie mit einer spitzen Bemerkung den Handschuh. „Was passiert eigentlich nach der Analyse mit unseren Geschäftsprozessen? Wie werden sie umgesetzt? Wie kommen wir dann zu unserer Software? Vielleicht kannst du uns das erklären. Dann wissen wir, worauf wir achten müssen!"

„Dazu kann uns Paulus Caesar etwas erzählen", erwidert der Analyst der ITK kurz angebunden und blickt zu Caesar. Innerlich ist Weiss genervt. Es könnte alles so schnell gehen. Die Lösung liegt doch schon auf dem Tisch. Herbie steht ja nicht in der Verantwortung. Er wird nicht in die Pflicht genommen, wenn es zu Terminschwierigkeiten kommt. Dabei ist der junge Analyst ein wenig selbst schuld, dass er in diese Situation geraten ist. Leiter hatte ihn gefragt, wie viel Zeit er für die Analysen benötigen würde. Weiss hatte drei Wochen gefordert. Leiter hatte ihn auf sechs Wochen „hoch gehandelt". Ungewöhnlich – sonst laufen diese Diskussionen andersherum! Leiter scheint seinen Schützling aus vorangegangenen Projekten zu kennen.

Aber auch Weiss hat dazugelernt. Er hat Herbies Frage vorhergesehen und wollte einer möglichen Verzögerung entgegenwirken. Darauf gewappnet fährt er fort: „Ich habe ihn eingeladen, damit er uns das Grundlegende erklärt. Er ist als Konzernarchitekt inhaltlicher Ansprechpartner für unseren neuen Ansatz."

In diesem Moment schnappt sich Caesar seinen Laptop. Kein Vortrag ohne Folien! Es dauert einen Moment, bis Weiss seinen Rechenknecht vom Beamerkabel getrennt hat. Eine merkwürdige, fast schon peinliche Stille liegt über dem Raum. Keiner der Beteiligten sagt etwas. Haben die Anwesenden gemerkt, wie überflüssig Weiss diese Frage empfindet? Weiss scheint damit kein Problem zu haben! Während sich Caesar vorbereitet, klickt sich der ITK-Mitarbeiter durch seine E-Mails. Tief versunken scheint er nichts um sich wahrzunehmen. Keine angenehme Situation für Caesar, um in die Besprechung einzusteigen.

„Ich will euch gar nicht lange mit Einleitungen quälen", beginnt er seine Ausführung vorsichtig. „Wenn ihr mir einen Moment gebt, überspringe ich den Anfang und komme direkt zum Punkt." Nachdem er schnell einige „Marketingfolien" übersprungen hat, erscheint eine Folie mit dem Titel „Business Process Alignment".

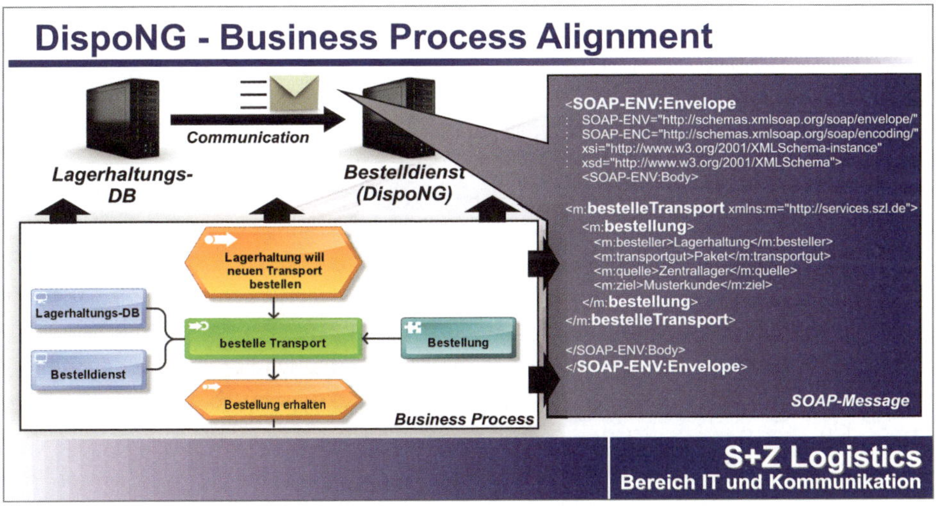

Abbildung 6.1: *Paulus Caesar zeigt, wie ein automatisierter Prozessschritt technisch umgesetzt wird.*

Stolz blickt er in die Augen seiner Zuhörer. Die versuchen angestrengt, die zahlreichen Details auf der Folie zu „entschlüsseln". Bevor Caesar loslegen kann, platzt es aus Herbie heraus:

„Mensch Jungs! Könnt ihr nicht einmal etwas einfach darstellen, damit ein einfacher Fahrer wie ich euch verstehen kann. Dauernd werft ihr mit englischen Begriffen um euch." Mit einem starken, zynischen Unterton macht er etwas verärgert seinem Unmut weiter Luft. „Es gibt auch weniger ‚Studierte' unter uns. Das müsst ihr mir nicht noch aufs Brot streichen."

Au Backe, denkt Caesar, da hat sich aber einiges aufgestaut. „Es tut mir leid, Herbie", entschuldigt er sich vorsichtig. „Das war überhaupt nicht meine Absicht! Deine Kritik ist absolut berechtigt. Man kann Dinge auch kompliziert machen", hofft er den Fachbereichsmitarbeiter zu beruhigen. „Die Folien kann ich jetzt nicht mehr ändern. Aber ich werde mir bei meinen Erklärungen Mühe geben. Bitte unterbrich mich, falls dir etwas unklar ist. Du sollst den Ansatz verstehen! Das ist mir sehr wichtig. Ihr sollt verstehen, wie wir eure Vorgaben eins zu eins umsetzen und nichts anderes. Jeder Pfeil in euren Abläufen bestimmt, was technisch passiert! Nicht umgekehrt – das ist neu!"

Caesar schaut Herbie an und ist sich nicht sicher, ob der Fachbereichsmitarbeiter das verstanden hat. Deshalb bringt er es auf den Punkt: „Was ihr vorgebt, wird auch so realisiert! Eigentlich selbstverständlich, aber wir kennen ja alle die Vergangenheit! Dazu musst du ihr und mir eine Chance geben. Alles okay?"

„Tut mir leid, wenn ich etwas rau gewesen bin", antwortet Herbie etwas beruhigt. „Du kannst ja nichts dafür. Bitte versteh mich. Seitdem das Projekt begonnen hat, werde ich ständig bevormundet und für blöd verkauft. Aber das gehört jetzt hier nicht hin. Schieß los!"

Caesar ist erleichtert. Also hatte ihm Leiter doch nichts Falsches aus dem „Kick-off" erzählt. „Der Stachel scheint bei Herbie ziemlich tief zu sitzen", hat der Projektleiter dem Konzernarchitekten mit auf den Weg gegeben. Aber dass der ehemalige Fahrer schon aufgrund einer nicht ganz gelungenen Folie an die Decke geht, hätte Caesar nicht gedacht. Da ist es umso wichtiger, bei seinen Erklärungen aufzupassen und sich ganz auf den Fachbereichsmitarbeiter zu konzentrieren. Schließlich besetzt er als Benutzervertreter eine Schlüsselposition. Die ganze neue Architektur ist nichts wert, wenn er als Kunde den Mehrwert nicht sieht.

„Unten links seht ihr einen Ausschnitt aus dem betrieblichen Ablauf, dem Geschäftsprozess. Bitte seid nicht überrascht. Ich habe einen Ausschnitt aus dem neuen Sollprozess gewählt. Den hat Dominik in den Voranalysen erstellt. In diesem Schritt bestellt die Lagerhaltung bei der Auslieferung Nord einen Transport. Beteiligt sind zwei Systeme und keine Person. Das bedeutet: Der Prozessschritt ist automatisiert.

Lasst Euch nicht von dem Wort Bestelldienst irritieren. Stellt ihn euch einfach als eine Komponente oder ein Teilsystem des neuen Dispositionssystems vor. Wenn es euch leichter fällt, könnt ihr Bestelldienst auch durch Dispositionssystem ersetzen.

Ich hatte euch versprochen: Wir setzen alles so um, wie ihr es vorgebt, und nicht anders. Die technische Umsetzung seht ihr oberhalb vom Ausschnitt aus eurem Ablauf. Es findet eine Systemkommunikation statt. Das Lagerhaltungssystem schickt eine Nachricht an das Dispositionssystem. Es „bestellt damit den Transport".

Stellt euch vor, zwei Menschen tauschen eine Nachricht über einen Brief aus. Jeder Brief hat dabei einen Briefumschlag mit einem Absender und dem Empfänger. Die Post bringt dann den Briefumschlag zum Empfänger. So funktioniert das auch bei uns. Der Absender ist die „Lagerhaltung", die Netzwerkleitung ist der „Briefträger", und das Dispositionssystem bzw. der Dienst ist der Empfänger. Der Briefumschlag enthält unsere Bestellung.

Rechts seht ihr unsere Bestellung als Nachricht. Sie ist nicht vereinfacht. Genau diese Nachricht fließt über die Leitung! Hier könnt ihr eure Vorgaben wieder erkennen. Ihr müsst die Technik nicht im Einzelnen verstehen. Der Briefumschlag heißt auf Englisch ‚envelope'. Die gleichnamigen Textstellen schließen den Inhalt wie ein Briefumschlag ein. Im übertragenen Sinne ist der Inhalt also unser Brief.

Auch hier könnt ihr eure Vorgaben entdecken: Im Ablauf soll ein Transport bestellt werden. Grundlage dafür ist die Bestellung aus unserer Prozessbeschreibung.

Unser Dispositionssystem nimmt den Brief aus dem Briefumschlag, indem es ein Kommando mit dem Namen ‚bestelle Transport' aufruft. Das Kommando enthält die Attribute Besteller, Transportgut, Quelle und Ziel. Aus Platzgründen habe ich die Attribute auf der Folie nicht detailliert."

Caesar stoppt kurz und blickt in die interessierten Augen seiner Zuhörer. Um sicherzugehen, fragt er: „Alles so weit klar?"

Die Höchststrafe – Auswechslung des Spielmachers

Langsam reagieren Süners Mitspieler sauer auf die Alleingänge und Fehler ihres Spielmachers. Soar sieht, wie Derent Wüklür den Spielmacher bei einer Spielunterbrechung heftig schubst und anbrüllt. Zum Glück hat das der Schiedsrichter nicht gesehen. Eine rote Karte für eine Tätlichkeit am eigenen Mitspieler! Was wäre dann im Stadion los!

Natürlich lässt sich Süner dieses „Foul" nicht bieten. Unter der Beobachtung seines Trainers schneidet der Spielmacher den Angreifer und passt ihm keinen Ball mehr zu.

*

Herbie schüttelt den Kopf und sagt: „Wirklich gut erklärt. Ich verstehe, wie du vorgehen willst. Die Details sagen mir natürlich nichts. Aber wie kommt ihr NUR auf die Bestellung? So etwas haben wir gar nicht und planen so etwas auch noch nicht!“

Gerade als Caesar etwas sagen will, antwortet Weiss. „Noch nicht, Herbie! Das ist eines der Potenziale, die ICH während der Voranalysen entdeckt habe“, erwidert er und wirkt dabei fast wie ein kleiner Angeber.

„Du wirst ...“ Weiter kommt Weiss nicht. Da wird Herbie wieder laut. „Gar nichts!“ Er schaut Caesar an. „Das ist genau das, was ich vor ein paar Augenblicken gemeint habe. Ich bin für das System verantwortlich! Niemand hat mit mir gesprochen. Und jetzt erklärt mir die IT wieder einmal, wie mein Betrieb zu laufen hat. Auf Basis solcher Folien zwingt uns die IT, dass wir Mitarbeiter abbauen müssen. Und ich bin nicht einmal darüber informiert worden!“

Weiss will gerade loslegen, da schubst ihn Caesar energisch. Weiss plumpst zurück auf seinen Stuhl. Caesar kennt seinen Kollegen lange genug, um den weiteren Diskussionsverlauf vorherzusehen. Ein lautes Geschrei hilft jetzt keinem weiter. Bevor Weiss sich wieder gesammelt hat, erwidert Caesar schnell.

„Bevor es jetzt hier rundgeht – habt ihr was dagegen, wenn ich zuerst zu Ende erkläre? Mir ist wirklich egal, ob ihr bestellt, beauftragt oder sonst etwas macht. Das ist nicht meine Aufgabe. Das bestimmt ihr Betriebler. Darüber könnt ihr noch genug in der Analyse diskutieren. Wie gesagt – ihr sollt nur verstehen, wie wir eure Vorgaben umsetzen.“

Geschickt ergänzt er: „Ganz extrem gesagt, sollt ihr euch sicher sein, dass wir nur das automatisieren, was ihr wollt. Wenn ihr keine Bestellung vorgebt, werden wir auch keine programmieren. Können wir auf die inhaltlichen Fragen, also auf die Analyse, zurückstellen?“

Durch seine Betonung hat Caesar deutlich gemacht, WER bestimmt. Damit scheint er Herbies Vertrauen gewonnen zu haben. Dieser „steckt seine Messer wieder ein“. „Du hast recht – das ist ein anderes Thema und nicht deine Aufgabe. Bitte fahre fort.“

Mit dieser Aktion hat Caesar keinen neuen Freund gewonnen. Sein Kollege kocht innerlich vor Wut. Wie konnte ihn der Konzernarchitekt nur so „abgrätschen“? Schließlich ist es seine Analyse. Weiss hat von Leiter die Aufgabe erhalten und muss die Aufgabe erledigen. Caesar kann froh sein, dass er hier seine Architektur vorstellen darf. Der eigentliche Mehrwert steckt doch in seinen Voranalysen. Wenn der Fachbereich erst einmal versteht, was die ganze Zeit weniger optimal läuft, wird er schon begeistert sein. Schließlich spart er dann eine ganze Menge Geld!

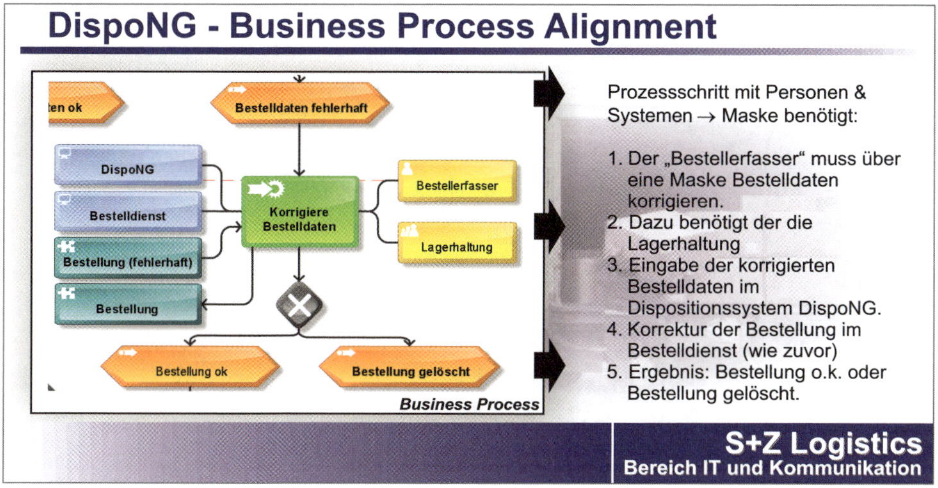

Abbildung 6.2: *Ein Prozessschritt mit Personenbeteiligung soll mithilfe einer Maske automatisiert werden. In diesem Arbeitsschritt passiert etwas zu viel …*

Caesar wechselt zur nächsten Folie. „Hier seht ihr einen weiteren Arbeitsschritt. Jetzt sind Personen beteiligt. Wie automatisieren wir diesen Schritt?" Mit etwas Humor will er die Stimmung auflockern. „Noch besitzen unsere Benutzer keine Steckdosen, an die wir die Systemleitungen anschließen können".

Ohne den erhofften Applaus fährt er fort: „Der ‚Bestellerfasser' wird vom System ‚DispoNG' aufgefordert, die bereits bekannten Bestelldaten zu korrigieren. Sie sind fehlerhaft. Es wird deutlich: Damit der Bestellerfasser mit dem System kommunizieren kann, benötigen wir eine Eingabemaske. Alleine wird der Bestellerfasser die Daten nicht korrigieren können. Deshalb muss er mit der zweiten Rolle sprechen – der Lagerhaltung. Das Ergebnis ist eine korrekte oder eine gelöschte Bestellung. Sie wird im Bestelldienst korrigiert. Nach welchen Regeln wir die Kommunikation mit dem Dienst ableiten, habt ihr ja bereits gesehen."

Jetzt fühlt sich Hacker angesprochen. „Das alles leitest du aus diesem Prozessschritt ab? Ich kann das nicht erkennen. Wo steht denn, wie die Bestelldaten erfasst werden? Nach welchen Kriterien wird die Bestellung gelöscht? Wie sieht die Kommunikation mit der Lagerhaltung genau aus? Was muss die Lagerhaltung dazu wissen? Woher kennt sie die notwendigen Informationen? Benötigt sie dazu eine Systemunterstützung?"

„Ich muss Marcel recht geben", stimmt ihm Herbie zu. „Und was ist ein Bestellerfasser? Wir haben nur Disponenten!"

Selbstkritisch schaut Caesar auf die Folie. „Na ja – vielleicht habe ich nicht das optimale Beispiel gewählt", entschuldigt er sich vorsichtig und stimmt seinen Kritikern zu. „Eigentlich will ich euch zeigen, wie wir Masken bzw. die Anforderungen an die Benutzeroberfläche ableiten. Wir benötigen eine Maske in jedem Arbeitsschritt, an dem mindestens eine Person beteiligt ist. Anders können System und Mensch nicht kommunizieren. Wenn richtig spezifiziert, definiert der Prozess genau die Informationen, die angezeigt bzw. eingegeben oder verändert werden müssen. Hier ist es nur die Bestellung. Wäre ein Auftrag davon betroffen, müsste dieser hier ebenfalls aufgeführt sein. Insofern handelt es sich bei ‚Korrigiere Bestelldaten' eher um einen Teilprozess mit mehreren Einzelschritten. Der müsste noch genauer analysiert werden."

Wieder stoppt Caesar kurz, um die Reaktion seiner Zuhörer zu beobachten. „Ist die Ableitung der Masken denn so weit für euch verständlich? Das Oberflächendesign müssten wir natürlich noch genauer festgelegen. Inhalt bzw. die benötigten Felder ergeben sich aber – wie gesagt – aus der Ablaufbeschreibung."

„Ich denke, ich kann mir vorstellen, was du vorhast. Ein detailliertes Beispiel wäre natürlich gut gewesen. Ich frage mich nur, wie man auf diese Weise einschätzen kann, wie viele Mitarbeiter wir einsparen können. Die Arbeit liegt ja bekanntlich im Detail."

Rums – das hat gesessen. Diese Vorlage hat sich Herbie nicht nehmen lassen. Das ist zu viel für Weiss. „Das wirst du ja auch noch sehen, Herbie! Paulus hat schließlich nur Beispiele gezeigt. Ihr solltet euch vorstellen können, wie hinterher die Programmierer unseren Vorgaben folgen. Und das scheint ihr ja jetzt zu können." Ohne ihn eines Blickes zu würdigen, beendet er dessen Vortrag schroff. „Deshalb bedanke ich mich erst einmal bei Paulus."

Aber Herbie lässt nicht locker: „Dann kannst du uns ja jetzt die Bestellung und den Bestellerfasser erklären. Wie passen die mit unserem Disponenten …" Weiter kommt Herbie nicht. Weiss unterbricht ihn und erklärt von oben herab. „Wie der Name schon sagt: Es ist eine Rolle, die Bestellungen erfasst …"

Herbie hat keine Lust, sich weiter zurückzuhalten. Er wird laut. „Ganz blöd bin ich nicht, Herr Analyst! Wie kommst du denn auf die Idee, dass wir so etwas im Betrieb einführen wollen. Hast du eigentlich einen blassen Schimmer, was es bedeutet, den Jungs zu sagen, du bist jetzt ein Bestellerfasser. Es war schon schwer genug, den Disponenten als Rolle einzuführen."

„Das ist bloß eine Frage der Schulung! Und das weißt du auch. Aber mit deiner destruktiven Haltung ist das natürlich nur schwer möglich", fährt Weiss Herbie etwas direkter an.

„Ach – jetzt greife ich dich direkt an?", schnauzt Herbie zurück. „Wer redet denn die ganze Zeit von der Kanzel herab? Vielleicht hättest du mit dem Betrieb sprechen sollen, BEVOR du neue Ziele und Rollen kommunizierst. Dein Bereichsvorstand hat uns offene Analysen versprochen. Ich hab von dir noch nicht eine Frage gehört: Wie stellst du dir denn den Betrieb vor?"

Ohne auf die Frage zu antworten, feuert Weiss zurück: „Du könntest dir ja vielleicht auch einmal die Mühe machen, einen Blick in die Analyse zu werfen. Bevor wir jetzt hier unnütz weiter diskutieren, schicke ich dir lieber die Analyse zu. Dann bitte ich dich als Teamleiter: Setz dich konstruktiv und objektiv bis zur nächsten Sitzung damit auseinander! Dann kommen wir vielleicht schneller vorwärts. Schließlich habe ich die Vorgabe, einen Termin zu halten."

Caesar schaut fassungslos seinen Kollegen an. Der Konzernarchitekt hatte sich so viel Mühe gegeben, zu deeskalieren und Herbie für sich bzw. die IT zurückzugewinnen. Und eigentlich hatte er es auch schon geschafft. Wie kann man so etwas nur in wenigen Sätzen wieder zerstören? Das ist eine Meisterleistung! Was für ein Desaster!

*

Soar ist von seiner Brüllerei schon fast heiser. Er könnte vor Wut explodieren! Was denkt sich Süner bloß dabei. Ihm müsste doch auch auffallen, dass er immer mit dem gleichen Fehler die Herner Konter „einleitet". So war das Ganze nicht abgesprochen – und erst recht nicht einstudiert. Wie schön hatte die Mannschaft im Training noch gespielt. Alles hatte gepasst. Gut – sie hatten nur Amateurgegner. Eine Bundesligamannschaft ist sicherlich etwas anderes.

„Was hat er nur davon?", denkt Soar. „Es kann doch auch für ihn nicht schön sein, von seinen eigenen Spielern „angegriffen" zu werden. Es muss doch unbefriedigend sein, immer wieder den Ball abgenommen zu bekommen oder einen Fehlpass zu produzieren."

Wie dem auch sei: Ihm bleibt keine andere Wahl – er muss seinen Spielmacher auswechseln! Das hat er sich selbst zuzuschreiben!

Soar winkt Bet Riebler zu sich. Etwas überrascht springt sein etatmäßiger Spielmacher von der Ersatzbank auf und läuft zu seinem Coach. „Was ist Trainer?"

„Hast du das Spiel verfolgt, Bet?", fragt Soar seinen Schützling. Riebler nickt. Ohne ihn anzusehen, fragt der Cheftrainer: „Und – was siehst Du?" „Trainer – da möchte ich mich lieber nicht zu äußern", antwortet er wohl wissend, dass er sonst seinen Kollegen kritisieren müsste.

„Für Empfindlichkeiten haben wir jetzt keine Zeit! Wir müssen dieses Chaos beseitigen, sonst gehen wir hier mit fliegenden Fahnen unter. Was dann passiert, brauche ich dir nicht erzählen. Da du deinen Kollegen in Schutz nehmen willst, hast du es ja bereits verstanden. Süner verliert die Bälle viel zu schnell. Warum er den Ball nicht schnell in die Spitze spielt, bleibt sein Geheimnis."

Soar legt den Arm um Rieblers Schulter und zeigt mit dem anderen auf Süner im Mittelfeld. „Siehst du, wie er jetzt gerade dribbelt. Entweder verliert er jetzt den Ball. Oder er spielt einen Fehlpass, weil die Herner viel Zeit hatten, die Räume und unsere Angreifer zu decken."

Soar wendet sich Riebler zu und schaut ihn direkt an: „Das Schlimme daran: Wir sind jedes Mal in der Vorwärtsbewegung. Hat Herne den Ball, spielen sie direkt in die Spitze. Sie haben Platz zum Kontern, da wir nicht so schnell unsere Positionen in der Defensive einnehmen können."

Um den Stadionkrach zu überwinden, fragt Riebler fast schreiend: „Ist ja schön und gut Trainer – aber wie kann ich dabei helfen?"

„Ich weiß, dass du nach deiner Verletzung noch nicht hundertprozentig fit bist. Aber ich brauche dich jetzt. Ich wechsele dich jetzt ein. Du musst keine Wunder vollbringen. Konzentriere dich nur auf den Spielaufbau, so wie wir es im Training besprochen haben. Teil dir deine Kräfte gut ein und spiel, so gut du kannst."

Dann winkt Soar den Linienrichter heran und weist eine Auswechslung an. In der 23. Minute ist es dann so weit. Süner muss den Platz verlassen. Unter lauten Pfiffen läuft der sonst so geschätzte Publikumsliebling zum Spielfeldrand an der Mittellinie. Auch den Fans scheint aufgefallen sein, woran das Lüdenscheider Spiel krankt.

Soar würdigt Süner keines Blickes, als sein Spieler an ihm vorbei in die Katakomben läuft. Er ist stinksauer!

*

Auch die nachfolgenden Analysetermine verlaufen nicht anders. Immer wieder kollidiert Weiss hauptsächlich mit Herbie. Aber auch die beiden Techniker Hacker und Tektor haben inzwischen Probleme mit dem Auftreten des Analysten.

Das hat Herbie und Hacker dazu bewegt, sich gemeinsam bei Leiter als Projektmanager zu beschweren. Unter diesen Umständen würden sie die Arbeit nicht fortsetzen. Ihre Meinungen wären ja ohnehin nicht gefragt.

„Nicht auch noch das!", ist Leiters erster Gedanke gewesen. „Reicht es denn nicht, dass sich unser Chef im Umgang mit unseren Kunden so unglücklich verhalten hat?" Nur zu gut konnte er sich vorstellen, wie Weiss aufgetreten sein musste. In früheren Projekten hatte er ihn „miterleben" dürfen. Er hätte ihn schon zu diesem Zeitpunkt das eine oder andere Mal „auf den Mond schießen" können. Aber was sollte er denn machen? Schließlich ist Weiss sein Kollege. Es wäre aus seiner Sicht sehr unfair gewesen, ihn schon vor Projektstart abzulehnen. Weiss hatte doch noch gar nichts falsch gemacht.

Auf der anderen Seite hatte er vor Start der Analysen mit Engelszungen sowohl auf Weiss als auch auf Caesar eingeredet. „Bitte geht mit unserem Fachbereich vorsichtig um. Besonders bei Herbie sitzt der Stachel tief. Stellt euch seine Situation vor. Herbie würde euch erzählen, dass in eurem Team Mitarbeiter entlassen werden. Und dann versucht euch noch vorzustellen, Herbies Maßnahmen wären auch noch der Grund für den Stellenabbau und ihr würdet ihm dafür Geld geben. Erinnert euch an unser Ziel: Wir machen, was unser Fachbereich will!“

Diese Gedanken noch im Gedächtnis sitzt er jetzt in seinem Büro zusammen mit Manfred Alfa. Gemeinsam wollen sie eine Lösung finden.

„Ich weiß gar nicht, wie ich anfangen soll, Herr Alfa“, fragt er vorsichtig den Lenkungsausschussvorsitzenden mit viel Respekt in seiner Stimme. Seit der Auftaktveranstaltung hatte er keine Möglichkeit, Alfa näher kennenzulernen. Zu oft hatte Alfa „Feuer löschen“ müssen.

„Erst einmal bleiben wir beim operativen ‚Du', und ich bin Manfred oder Manni – ganz wie DU willst“, bricht Alfa das Eis. „Ich habe schon gehört, worum es ungefähr geht. Bevor wir darüber sprechen, würde ich gerne mit dir eins vereinbaren. Im Prinzip sind wir beide die Köpfe des Projekts. Du musst das Tagesgeschäft innerhalb des Projektes im Griff haben und ich den Rest. Wir sitzen also im selben Boot. Lass uns miteinander ganz offen umgehen. Wir haben nichts davon, wenn wir uns gegenseitig etwas verschweigen. Ich lege sehr viel Wert auf Vertrauen. Wenn wir uns nicht vertrauen, wie sollen wir dann gemeinsam erfolgreich sein? Wir müssen ja nicht alles nach außen tragen. Ist das auch in deinem Sinne?“

Sichtlich erleichtert nimmt der junge Projektmanager die ausgestreckte Hand des Fachbereichsmitarbeiters entgegen. „Dann sind ja die Gerüchte um dich doch nicht ganz falsch. Einige Kollegen hatten mir schon vorher gesagt, dass die Zusammenarbeit mit dir sehr angenehm ist. Und dass du sehr umgänglich bist.“

Alfa grinst. „Ach, dieser ganze formale Krimskrams. Manchmal vergessen wir irgendwie, dass wir ein Unternehmen sind.“

Nach weiteren fünf Minuten hatte Alfa Leiter endgültig aufgetaut. Dabei hatten sie festgestellt, dass sie beide die „Leidenschaft um das runde Leder“ teilen. Leider steht Leiter auch dort „auf der anderen Seite“: ein Herne-West-Fan. „Na ja – einen Fehler hat halt jeder!“, hatte Alfa lachend gestichelt.

„Jetzt mal raus mit der Sprache. Wie siehst du die Sache mit Weiss?“, fragt Alfa und schaut Leiter direkt in die Augen.

Eine sehr unangenehme Situation für den Projektleiter. „Soll ich jetzt meinen Kollegen in die Pfanne hauen? Oder setze ich das gerade gewonnene Vertrauen aufs Spiel?“

Ganz offen antwortet er: „Was soll ich dir sagen? Es geht um meinen Kollegen!“

„Na ja – ganz fair ist die Frage von mir nicht. Deine Antwort schätze ich sehr. Es ist wichtig, in schwierigen Situationen zu seinen Kollegen zu stehen. Aber jetzt sind wir Projektbeteiligte alle ein Team! Wir haben ein gemeinsames Ziel. Ich bin zwar kein PRINCE2-Experte – ist es nicht gerade die Idee, dass das Projekt erst dann erfolgreich ist, wenn alle Partner am Ende des Projekts zufrieden sind?“

„Worauf willst du hinaus?“, fragt Leiter.

„Wir sollten ehrlich und direkt miteinander umgehen, wenn wir das Ziel erreichen wollen. Falls du in der Besetzung der Analystenrolle ein Problem siehst, solltest du mir das sagen. Auch wenn dein Kollege dadurch vielleicht ein Problem bekommt. Du hast jetzt mit mir die Verantwortung! Da müssen wir gelegentlich vielleicht auch einmal eine schwierige Entscheidung treffen. Ich bevorzuge es, immer im Team darüber nachzudenken. Und das sind in erster Linie erst einmal wir beide.

Lass uns doch erst einmal unter vier Augen offen über alles sprechen und dann GEMEINSAM über unser Handeln bestimmen. Nehmen wir Weiss. Wenn du sagst: Er ist aus meiner Sicht das Problem. Ich habe aber ein schlechtes Gewissen, wenn das Nachteile für ihn hat. Für mich bedeutet das vielleicht in letzter Konsequenz, dass ich in meiner Abteilung als illoyal angesehen werde. In diesem Fall können wir dann GEMEINSAM eine optimale Lösung finden.“

„Na gut!“, sagt Leiter. „Ehrlich – ich muss mich erst einmal an deine offene Art gewöhnen. Gib mir ein bisschen Zeit. Auf jeden Fall ist es mir wichtig, dass die Dinge erst einmal unter uns bleiben.“

Alfa nickt „Das hatte ich dir ja von Anfang an versprochen. Sonst könntest du mir ja nicht vertrauen.“

Er setzt neu an: „Kommen wir zurück zu Weiss. Ohne etwas zu sagen, hast du doch etwas gesagt. Du glaubst, dass er das Problem ist. Ganz ehrlich – ich auch. Herbie hin – Herbie her. Wenn wir ehrlich sind: Weiss eckt nicht das erste Mal bei Analysen an. Aus meiner Sicht ist er fachlich einer der besten Leute, die unser Unternehmen hat. Er kann hervorragend Dinge strukturieren. Er hat Optimierungsideen und sieht Details, die andere nicht sehen. Aber er kann eines nicht: auf andere Leute eingehen.

Aber genau darum geht es. Stell dir vor: Herbie und Hacker haben mir gesagt, dass sie sich mit dem einen oder anderen Vorschlag von Weiss sogar in der Sache anfreunden könnten. Es geht aber nicht, dass er seine Monologe hält. Er muss den Betrieb überzeugen. Er muss auf die Wünsche der Fachbereiche eingehen. Selbst wenn sich Herbie und Stapler Schrott wünschen – dann muss er das akzeptieren.

Die zentrale Frage ist also: Schaffen wir es, dass sich Weiss ändert? Anderenfalls werden wir scheitern!“

Etwas resignierend erwidert Leiter: „Wohl nicht. Das haben wir ihm in der ITK schon zig Mal gesagt. Er will es einfach nicht begreifen.“

Alfa nickt: „Das ist auch meine Meinung. Aber sehen wir das einmal aus der Sicht von Weiss. Mit jedem zusätzlichen Tag verbrennt er in diesem Konflikt mehr. Es ist schon jetzt eine Katastrophe für ihn, weil er WIEDER EINMAL an seiner Art scheitert.“

Alfa fasst noch einmal zusammen. „Dann sind wir uns also einig. Wir müssen Weiss ersetzen.“ Leiter nickt. Alfa fährt fort: „Kommen wir zurück zu dir: Welche Probleme hättest du, wenn wir den Analysten austauschen?“

Leiter überlegt einen Moment. „Das hängt damit zusammen, wie wir es verkaufen. Wenn ich als Projektleiter die Entscheidung treffe, habe ich wohl die geringsten Probleme. Die Rückendeckung von Grotemann hätte ich. Auch wenn du die Trennung Fachbereich/IT nicht gerne hörst: ITK intern hätte ich die wenigsten Probleme damit, wenn die ITK den Analysten ersetzen würde.“

Alfa ist zufrieden. Genau so stellt er sich „seinen“ Projektmanager vor. Wieder ein Feuer gelöscht. Manchmal ist nach einem Gespräch alles halb so schlimm.

„Was hältst du davon, wenn wir – ich meine – ihr die Stelle extern besetzen würdet?“, fragt er Leiter. „Der externe Analyst würde über die ITK ‚bestellt‘. Er würde so formell zur ITK gehören. Bei geschicktem Verhalten könnte er aber neutraler auftreten und so zwischen beiden ‚Welten‘ vermitteln. Das würde die ohnehin erhitzten Gemüter vielleicht beruhigen.“

„Gar keine schlechte Idee“, sagt Leiter. „Lass mich das mit Grotemann abklären. Dann würde ich vorschlagen, dass wir gemeinsam das Gespräch mit Weiss führen. Da würde ich aber gerne reden und formell die Entscheidung treffen.“

„Natürlich – du bist der Projektmanager“, lehnt sich Alfa zurück und ist zufrieden.

*

Am nächsten Tag sitzen Weiß, Alfa und Leiter zusammen in Leiters Büro. Für Leiter war es kein Problem, das grüne Licht von Grotemann zu bekommen. Ganz im Gegenteil – Grotemann ist sehr erfreut, dass sich Alfa und Leiter so gut verstehen. Die erste Brücke zwischen beiden Seiten ist eigentlich ein kleiner Erfolg. „Machen Sie nur weiter so, Leiter“, hat ihm Grotemann auf die Schulter geklopft. „Bitte sprechen Sie mich an, falls Sie weitere Unterstützung benötigen!“

Auch für Weiß hatten sie eine Lösung gefunden. Grotemann ist es wichtig gewesen, den jungen Mann nicht zu verbrennen. „Er hat schon ausgeprägte Schwächen. Aber er hat auch Fähigkeiten, die nicht viele von uns besitzen. Vielleicht ist die Analystenrolle nicht das Richtige für ihn. Auf jeden Fall müssen wir ihn aus dem Schussfeld nehmen."

Für die Lösung hatte Grotemann nicht lange überlegen müssen. „Geben Sie bitte vor, dass er für andere Aufgaben benötigt wird. Es wird keiner nachfragen, was denn wichtiger als unser Projekt sein könnte. Es sind ja alle froh, wenn er weg ist. So kann er sein Gesicht wahren", ist seine Anweisung an Leiter gewesen.

Wie immer kommt Alfa als Letzter und seine üblichen fünf Minuten zu spät. Nach einer kurzen Begrüßung haben alle drei an einem runden Besprechungstisch Platz genommen. Alfa beobachtet Weiss, dessen Nervosität sichtlich zu spüren ist.

„Wir sitzen alle zusammen, weil die Analysen nicht so laufen, wie wir uns das vorstellen", beginnt Leiter die Besprechung. „Du wunderst dich vielleicht, warum ich Manfred Alfa eingeladen habe. Das Problem betrifft sowohl die IT als auch den Fachbereich. Deshalb ist es mir wichtig, in einer kleinen Runde auf dem kurzen Dienstweg eine Lösung zu finden. Bevor wir entscheiden, würde ich gerne erst einmal hören, was aus deiner Sicht falsch läuft."

„Was falsch läuft?", wiederholt Weiss Leiters einfache Frage. „Ich habe ein Problem mit der destruktiven Einstellung mancher Kollegen. Du kennst meine Analyseergebnisse. Wenn wir endlich einmal zurück zu einer sachlichen Diskussion kommen würden, würde der Fachbereich verstehen, warum die Veränderungen den Betrieb verbessern."

Ohne die Miene zu verziehen, fragt Leiter weiter. „Was müsste aus deiner Sicht geschehen?" „Aus meiner Sicht wäre es gut, wenn die Kollegen meine Arbeit respektieren würden. Dazu bräuchten wir meiner Meinung nach ein Machtwort aus der Leitung. Ihr müsstet die Kollegen dazu bringen, dass sie sich endlich konstruktiv mit den Vorschlägen auseinandersetzen."

„Ist ja interessant. Glaubst du wirklich, dass sich Herbie und die anderen nicht mit deiner Arbeit auseinandersetzen?", fragt Leiter, ohne auf eine Antwort von Weiss zu warten. „Ich weiß von Herbie, dass er über einige deiner Vorschläge nachdenken würde."

„Das Problem liegt aber ganz woanders. Hast du ...", fährt Leiter fort. Weiter kommt er aber nicht, weil Weiss ihn unterbricht. „Wieso woanders? Warum können wir dann nicht konstruktiv über die Optimierungen reden? Dann scheint meine Arbeit ja offensichtlich richtig zu sein."

Leiter wartet, bis Weiss nicht mehr weiterspricht. Dann setzt er erneut an. In einem sehr bestimmten Ton sagt er: „Jetzt lässt du mich ausreden! Ansonsten treffe ich die Entscheidung, ohne sie dir zu erklären!"

Leiter sieht, wie Weiss respektvoll zusammenzuckt und seine Autorität akzeptiert.

„Es geht nicht darum, ob deine Arbeit richtig oder falsch ist. Im Gegenteil – ich glaube, deine Ergebnisse der Voranalysen sind sogar außerordentlich gut. Aber so gewinnen wir keinen Blumenpott. Du kannst dich vielleicht an unseren Vorsatz erinnern, den Grotemann seit Monaten predigt. Der Fachbereich muss zufrieden sein. Nichts anderes zählt. Wir machen das, was der Fachbereich entscheidet. Wir sind nur Berater. Rat muss man wünschen und annehmen. Dazu muss man den Menschen auch einmal zuhören. Du hast nicht einmal gefragt, was Herbie und Stapler sich wünschen. Du weißt ja noch nicht einmal, dass er sich mit deinen Vorschlägen auseinandergesetzt hat.

Deine Erklärungen haben gerade all das bestätigt.

Ich habe lange überlegt, ob ich ein Konfliktgespräch mit Herbie und allen anderen führen soll. Aber dann habe ich mich an die vorangegangenen Projekte erinnert. Auch dort hatten wir schon die gleichen Probleme. Und auch dort wolltest du mit dem Kopf durch die Wand. Ganz ehrlich – ich glaube nicht, dass du dich so schnell ändern wirst.

Und selbst wenn – die Kluft zwischen dir und den anderen ist inzwischen so groß, dass sie nicht so schnell zu kitten ist. Wir haben schon genug Probleme im Projekt. Wir können uns nicht auch noch diese Krise leisten. Und ein Neuanfang würde beiden Bereichen sicherlich guttun. Deshalb habe ich schon vor diesem Gespräch entschieden, dass du leider das Projekt verlassen musst."

Weiss ist geschockt. Dass es so schlimm ist, hätte er nicht gedacht. Mit wackliger Stimme sagt er: „Das war nie meine Absicht! Ich habe immer nur versucht, das Beste zu erreichen."

Mit einer vertrauensvollen Stimme fährt Leiter fort. „Das weiß ich doch, Dominik. Du stehst dir nur manchmal selbst im Weg. Glaub mir – die Entscheidung ist mir sehr, sehr schwergefallen. Aber ich sehe keine andere Lösung. Wir haben lange überlegt, wie wir für dich eine Lösung finden können, damit du dein Gesicht wahren kannst. Wir glauben, dass du ein ganz fähiger Kerl bist. Vielleicht ist die Business Analysten-Rolle nicht das Richtige für dich."

Nach einer kurzen Atempause fährt Leiter in seiner Ansprache fort: „Wenn du einverstanden bist, ziehen wir dich für wichtige Aufgaben aus dem Projekt ab. Die wirst du auch sicherlich bekommen. Ein Neuanfang ist für dich vielleicht auch die Möglichkeit, aus dem Vergangenen deine Lehren zu ziehen."

Weiss überlegt kurz. Er könnte heulen. Was für eine Niederlage!

„Und was sagt unser Chef dazu?", fragt der Analyst.

Leiter erwidert: „Mit dem habe ich schon gesprochen. Der schätzt deine Talente sehr und meint es mit der zweiten Chance ehrlich."

„Tut mir leid“, ergänzt Leiter. „Aber mehr kann ich nicht für dich tun.“

Kleinlaut antwortet Weiss: „Das ist ja dein Job. Ich glaube, ich habe verstanden. Vielen Dank, dass du mir einen Ausweg bietest. Das hättest du sicherlich nicht machen müssen. Wie wollt ihr dann jetzt genau vorgehen?“

„Wir werden keinen Lenkungsausschuss einberufen. Ich werde ein neues Kick-off mit einem neuen Analysten organisieren. Den suchen wir übrigens noch“, antwortet Leiter, der auch offensichtlich daran gedacht hatte. „Du kannst dir noch überlegen, ob du dabei sein möchtest.“

Niedergeschlagen erhebt sich Weiss: „Wenn ihr nichts dagegen habt, würde ich jetzt gerne gehen. Das muss ich erst einmal verdauen.“

In diesem Moment beendet Alfa seine Stille: „Jeder macht Fehler, Dominik. Versuch das Beste daraus zu machen. Vielleicht ist das ja ein Wendepunkt. Wenn du deine Probleme in den Griff bekommst, wirst du bei uns sicherlich auch wieder erfolgreich sein.“

„Für mich ist die Sache auf jeden Fall hier und jetzt erledigt“, streckt Alfa ihm die Hand aus. „Wenn wir das nächste Mal zusammenarbeiten, fangen wir wieder von vorne an. Meine Tür steht auf jeden Fall für dich jederzeit offen. Auch wenn du nur einfach Rat suchst.“

Als Weiss den Raum verlassen hat, klopft Alfa Leiter auf die Schulter. „Alle Achtung! Das hast du richtig gut gemacht. Ihn erst einmal reden zu lassen, damit er das bestätigt, was wir ihm vorwerfen – das war ein kleines Meisterstück. Auf diese Idee wäre ich nicht gekommen. Ich bin froh, dass wir eine Lösung gefunden haben.

Jetzt müssen wir nur noch einen neuen Analysten finden. Aber erst einmal gehen wir einen Kaffee trinken, und ich erkläre dir, warum Lüdenscheid Herne demnächst aus dem Stadion fegen wird“, beendet Alfa die Diskussion und ist froh, dieses Feuer erst einmal gelöscht zu haben.

*

Nächster Tag – Statusbesprechung im Büro von Ulrich Grossmann. Alfa und Grossmann hatten sich nach den Verhandlungen mit dem neuen Großkunden lange nicht gesehen.

Mit einem freudigen „Hallo, Manni.“ begrüßt Grossmann gut aufgelegt seinen alten Weggefährten, bevor dieser überhaupt etwas sagen kann. „Was ist denn mit dir los?“, fragt Alfa ganz erstaunt.

„Die Verhandlungen laufen sehr gut! Ich glaube, wir kommen zu einem Abschluss!“, strahlt Alfas Chef. „Wie läuft es bei Dir? Alles im Lot bei DispoNG?“

Daran hatte Alfa gar nicht gedacht. Was erzählt er seinem Chef jetzt? Alfa überlegt kurz. Eigentlich haben wir ja jetzt alles im Griff. Wir müssen nur noch einen neuen Business Analysten finden. Probleme gibt es eigentlich nicht. Die ganzen Hintergründe interessieren Grossmann sowieso nicht. Das Problem ist beseitigt. Aber wenn er die ganzen Details hört, würde er nur neues „Öl ins Feuer gießen".

„Eigentlich ist alles bestens. Das Einzige, was uns ein bisschen aufhält, ist die Tatsache, dass wir einen Business Analysten ersetzen müssen", erwidert er Grossmann.

„Dann ist ja gut", antwortet Grossmann, ohne sichtlich Anteil zu nehmen, und beendet damit den Tagesordnungspunkt, weswegen sie eigentlich zusammensitzen. Stattdessen kommt er zurück zu seinem neuen Kunden. „Stell dir vor, ich gewinne den Kunden für uns! Dann ist meine Zielvereinbarung „Schnee von gestern". Mehr Transportvolumen bedeutet mehr Durchsatz. Wir müssen beim Personal vielleicht doch nicht sparen!"

*

Am nächsten Tag sitzen Paul Leiter, Manfred Alfa und Anna List im Büro des Projektleiters. Die Kandidatin für die Nachfolge von Dominik Weiß strahlt eine souveräne Ruhe aus. Das Bewerbungsgespräch scheint für die zierliche, kleine Mittdreißigerin keine Stresssituation zu sein. Trotzdem wirkt sie nicht schüchtern. Ihre dezente Kleidung und der Verzicht auf übermäßige Schminke unterstreichen ihre vertrauensvolle Ausstrahlung.

Ohne etwas getan zu haben, hat sie dadurch schon einen Pluspunkt beim aufmerksamen Alfa gesammelt. Souveränität und einen beruhigenden Charakter – das ist genau das, was das Projekt jetzt benötigt. Die Analysen werden für den Nachfolger sicherlich kein Zuckerschlecken! Da ist Krisensicherheit gefragt.

Leiter blättert in Annas Lebenslauf, den die Freiberufler auch gerne „CV" (englisch ausgesprochenes „Curriculum Vitae") nennen.

„Sie haben einen sehr interessanten Lebenslauf, Frau List", resümiert Leiter ganz unverbindlich, als ob er Alfas Gedanken lesen kann. „Sie müssen ja schon viele Projektkrisen erlebt haben, oder?"

Eine interessante Frage, fragt sich List. Warum fragt er danach? Hat er selbst eine? Sonst würde es ihn nicht interessieren!

„Das ist wohl das Leben eines externen Mitarbeiters!", antwortet sie ziemlich locker und lacht dabei ein wenig. Schnell wird sie wieder ernst. „Spaß beiseite! Als externer Berater werde ich in den meisten Fällen in Krisensituationen oder für wichtige Veränderungen engagiert. Ich habe ein paar Jahre benötigt, um zu verstehen, warum das mein Geschäft ist. Schließlich bin ich teurer als ein interner Mitarbeiter."

Von der Seite hatte es Leiter noch nicht betrachtet. Eigentlich hat sie recht. Genau das ist der Grund, warum sie jetzt hier sitzt. Trotzdem verspürt er plötzlich Lust, sie ein bisschen zu provozieren. Das werden Herbie & Co. ja sicherlich auch tun.

„Woher glauben Sie, dass Sie besser sind als unsere internen Mitarbeiter? Wenn ich ihren Lebenslauf sehe, haben sie bisher nicht einmal in der Logistikbranche gearbeitet."

Mit ihrer weiblichen Intuition bemerkt die Analystin, dass sie jetzt sehr vorsichtig sein muss. „Es tut mir leid, falls ein falscher Eindruck entstanden ist. Ich bin keinesfalls besser. Kein Analyst der Welt kann mehr fachliches Wissen besitzen als Ihre Mitarbeiter selbst. Die erledigen ihren Job schließlich schon seit Jahren."

Leiter schaut sie ernst an. „Warum sollte ich Sie dann engagieren?"

Anna nimmt einen Schluck aus dem Glas Wasser, das ihr Leiter vor dem Gespräch angeboten hat. Dann antwortet sie kurz und knapp.

„Weil es nicht meine Aufgabe als Business Analystin ist, Ihre Mitarbeiter mit Wissen zu füttern. Wie sollte ich das auch machen, wenn sie mehr als ich wissen? Das wäre übrigens auch eine heikle Sache!"

Interessiert schaut Leiter sie an. „Das ist eine sehr interessante Antwort, aber beantwortet meine Frage nicht." List lächelt ihn an. „Ich habe zwischen den Zeilen gelesen. Wenn mein fachliches Wissen ausschlaggebend wäre, säße ich ebenfalls nicht hier. Also schließe ich daraus, dass Sie auf etwas anderes Wert legen."

„Wieder ein Punkt für die Analystin!", denkt Alfa. Elegant hat sie sich von den Experten abgegrenzt und ist dabei auch noch auf Leiter eingegangen. Man könnte fast meinen, er sähe diese Trennung.

Da muss selbst Leiter sein Pokerface aufgeben und lacht. „1:0 für Sie." Etwas lockerer fährt er fort. „Das mit der heiklen Sache interessiert mich. Sie scheinen hier Erfahrungen zu haben, oder?"

Das Eis scheint gebrochen. List merkt, dass sie sowohl Alfa als auch Leiter für sich gewonnen hat. Jetzt kann sie wesentlich offener sprechen.

„Wenn ich ehrlich bin: Ja! Und wenn ich noch ehrlicher bin: nicht nur gute! Am Anfang meiner Karriere bin ich aufgetreten und habe oft die Fachexperten korrigiert. Da habe ich die eine oder andere Bruchlandung hingelegt. Stellen Sie sich vor, Sie sind der Experte. Es geht um Ihre tägliche Arbeit. Dann kommt Anna List in Ihr Projekt und erklärt Ihnen, wie Sie Ihre Arbeit zu tun haben. Sie haben mehr Wissen und mehr Erfahrung auf Ihrem Gebiet. Besonders wenn Anna List recht haben sollte, werden Sie sich angegriffen fühlen. Was wäre Ihre Reaktion?"

Das war der Treffer ins Schwarze! „Ganz klar – ich würde Widerstand leisten!", antwortet Leiter. „Frau List – ich bin ziemlich beeindruckt! Das ist genau das Problem, was wir haben. Wir mussten unseren Analysten aus diesem Grund aus dem Projekt entfernen. Mich würde nur interessieren, wie Sie zu dieser Einsicht gekommen sind!"

„So etwas wie Ihrem Kollegen ist mir zum Glück noch nicht passiert. Ich bin häufiger mit einigen Experten richtig aneinandergeraten. Wir haben uns heftigst gestritten. Das hatte meistens reinigende Wirkung. Danach haben wir uns gegenseitig respektiert. Dabei habe ich einiges gelernt!"

„Was denn?", will Leiter wissen.

„Meine Aufgabe als Business Analystin ist es, mit den Verantwortlichen und Experten Lösungen zu erarbeiten. Ich kann ihr Wissen sehr gut strukturieren und zwischen den Verantwortlichen moderieren. Das ist meine tägliche Arbeit. Hier bin ich gut!"

Damit hat List im Nachhinein auf Leiters Frage geantwortet. Selbstbewusst ergänzt sie: „Außerdem kann ich davon profitieren, dass ich eine Externe bin!"

Leiter beißt an den ausgeworfenen Köder an und fragt: „Wieso sollten Sie denn einen Vorteil haben, dass sie Externe sind?"

Dieses Mal antwortet List ziemlich direkt:

„Analysen sind häufig Verhandlungen. Es geht ja um die tägliche Arbeit. Oft auch um die Zusammenarbeit zwischen Abteilungen. Da hat jeder Ziele: die persönlichen und die der Abteilung. Als Externe bin ich nicht so stark in persönlichen Beziehungen verstrickt oder in der Unternehmenshierarchie gefangen wie ein langjähriger Mitarbeiter. Ich unterliege lediglich der Projektstruktur. Da kann ich mich etwas freier bewegen. Außerdem verlasse ich das Projekt als Externe wieder. Damit werde ich von den Beteiligten in vielen Fällen neutraler gesehen. Aber das ist aus meiner Sicht nicht der einzige Vorteil."

List gibt Leiter die Chance, das Gespräch wieder zu übernehmen. Als sie merkt, dass dieser mehr hören will, fährt sie fort:

„Wenn ich ein neues Projekt als Externe beginne, trage ich noch nicht die Unternehmensbrille. Wenn man von außen auf ein Problem schaut, ist es meistens leichter zu durchschauen. Oft genügt ein anderer Blickwinkel, um zur Lösung zu finden. In vielen Fällen habe ich ein Problem in ähnlicher Art in einem Projekt schon einmal erlebt. Es kann aus einer ganz anderen Branche in einem ganz anderen Zusammenhang stammen. Das ist der Beratungsanteil an meiner Arbeit!"

„Sie haben mich überzeugt, Frau List“, beendet Leiter die Werbeveranstaltung. „Es gibt nur noch einen Punkt. Aber der ist sicherlich für Sie kein Problem. Sind Sie in der Lage, englische Begriffe zu vermeiden?“

Jetzt ist List etwas verdutzt. „Worauf wollen Sie hinaus?“ Leiter erklärt ihr das Problem zwischen IT und Fachbereich. Ohne seinen Chef zu erwähnen, erzählt er von den zwei verschiedenen Kulturen und dem unterschiedlichen Hintergrund. Dabei wäre auch die Sprache ein wichtiger Punkt. Viele Mitarbeiter im Fachbereich hätten sich „von der Straße hochgearbeitet“. Das soll in keinem Falle eine Wertung sein. Es wären sehr fähige Kollegen. Sie sind aber oft des Englischen nicht mächtig. Und so sieht es aus, als ob die IT-Kollegen etwas auf sie herabschauen. Dabei würden die oft selbst nicht verstehen, was sie sagen.

„Keine Angst“, antwortet List. „Das Problem ist mir bekannt. Ich lege sehr viel Wert auf deutsche Begriffe. Wie soll man etwas unmissverständlich erklären, wenn man nicht einmal einen Namen dafür findet? Das ist in unserer Muttersprache schon schwer genug. Wie soll das dann auf Englisch funktionieren?“

„Ganz meine Meinung!“, ist Leiter zufrieden. „Frau List – von meiner Seite gibt es keine weiteren Fragen. Ich denke, dass ich auch keine weitere Bedenkzeit benötige. Sie sind die Person, die wir brauchen. Ich würde mich freuen, wenn Sie die Analysen übernehmen würden.“

„Auch von meiner Seite würde ich mich sehr darüber freuen“, ergänzt Alfa. „Nicht nur als Auftraggeber aus dem Fachbereich. Es geht hier um mehr. Ich glaube, dass Sie die Brücke zwischen uns und der IT bauen können.“

„Auch ich habe einen guten Eindruck gewonnen“, erwidert List zustimmend. „Es wird sicherlich ein hartes Stück Arbeit. Aber ich freue mich darauf.“

Das Spiel lesen & verändern – der Business Analyst zwischen Wissen und Verantwortung

Widmen wir uns noch einmal dem Bewerbungsgespräch. Anna List hat einige interessante Behauptungen geäußert. Als Business Analystin wäre „es nicht ihre Aufgabe, die Mitarbeiter mit Wissen zu füttern“. „Wie sollte ich das auch machen“, „Kein Analyst der Welt könnte mehr fachliches Wissen besitzen“ als die Leute, „die ihren Job schon seit Jahren ausführen“, begründet sie ihre Antwort.

Sie argumentiert in ihrer Situation sicherlich sehr geschickt. Aber stimmt das auch? Kann ein Business Analyst mehr wissen als ein Mitarbeiter, der schon seit Jahren seinen Job durchführt und sich darauf spezialisiert hat? Gerade wenn es um das Kerngeschäft geht, ist das schwer vorzustellen.

Vergleichen wir dazu den Business Analysten mit dem Spielmacher. Beide müssen das „Spiel lesen". Während der Business Analyst das Zusammenspiel der Mitarbeiter untersucht, beschäftigt sich der Spielmacher mit dem Zusammenspiel seiner Mitspieler.

Wir haben bereits festgestellt: Ein dauerhaft erfolgreiches Unternehmen muss die besten Spieler beschäftigen. Ansonsten kann es im Wettbewerb nicht bestehen. Im Fußball ist das nicht anders. Das haben wir am Beispiel „Champions League" in Zusammenhang mit Anzahl der Topverdiener bzw. „Spieler des Jahres" gesehen.

Nehmen wir also an, unser Verein ist auf seinen Positionen bestens besetzt (soweit es die „Geldbörse" zulässt). Bei einem Topverein Europas sind das Nationalspieler, Weltmeister oder sogar „Spieler des Jahres". Können Sie sich vorstellen, dass ein Franck Ribéry als Spielmacher mehr über die Strafraumbeherrschung eines Torwarts wissen kann als ein Oliver Kahn? Hat Paul Breitner Gerd Müller noch etwas über das Tore schießen erklären können? Kann ein Spielgestalter wie Xavi oder Andres Iniesta einem Thierry Henry oder Lionel Messi noch Tipps geben, wie man Verteidigern ein „Schnippchen schlagen kann"? Wohl kaum.

In einem erfolgreichen Unternehmen sollte das ähnlich aussehen. Nehmen wir z. B. die Disposition. Sie gehört zum Kerngeschäft eines Logistikunternehmens. Wer sollte mehr darüber wissen als die Experten eines marktführenden Unternehmens, die sich täglich damit beschäftigten. Sie sind im übertragenen Sinne die weltbesten „Torhüter" oder „Stürmer".

Wie wir also vermutet haben, kann ein Dominik Weiss oder eine Anna List nicht mehr über die betrieblichen Abläufe wissen als ein Herbie oder eine Gabi Stapler. Ansonsten hätte S+Z ein Qualifikationsproblem bzw. ein Problem in der Personalentwicklung oder in der Organisation.

Wozu ein Business Analyst?

Wozu brauchen wir Business Analysten, wenn jede Firma Experten beschäftigt, die mehr über ihr Fachgebiet wissen als jeder andere? Wir können die Frage auch anders formulieren: Genügt es nicht, das notwendige Expertenwissen zu haben, um komplexe Abläufe zu verbessern?

Stellen Sie sich bitte vor, wir könnten eine Fußballmannschaft mit den besten Spielern der Welt zusammenstellen. Nur auf Spieler mit Spielmacherqualitäten müssten wir verzichten. Wir hätten beispielsweise einen Wayne Rooney, einen Thierry Henry und einen Miroslav Klose im Sturm. Wir hätten Verteidiger wie Fabio Cannavaro, Per Mertesacker, Carlos Puyol und John Terry. Im Tor unseres Superteams würde Gianluigi Buffon stehen. Wären wir erfolgreich?

Sicher nicht. Wahrscheinlich würde es unseren Superstars ähnlich ergehen wie unseren Lüdenscheidern. Trotz individueller Klasse wären die Stürmerstars „auf verlorenem Posten". Auch unsere Weltklasseverteidiger würden mächtig unter Druck geraten und das eine oder andere Mal schlecht aussehen.

Es sei denn, jemand „kann das Spiel lesen und ordnen". Dann hat er Spielmacherqualitäten. Ein Spiel lesen und ordnen zu können, bedeutet es analysieren zu können. Erst wenn die Abwehr geordnet ist, der richtige Spielzug zum richtigen Zeitpunkt und die richtige Strategie gewählt wird, funktioniert das ganze Team.

Vielleicht liegt Ihnen jetzt der Einwand auf der Zunge: „Aber im modernen Fußball gibt es doch häufig keine Spielmacher mehr!" Eine Person gibt es in vielen Teams nicht mehr. Die Spielmacherqualitäten allerdings schon! Sie werden auf mehrere Spieler verteilt.

Haben Sie sich noch nie gewundert, warum Stürmer bei einem Verein wie Werder Bremen auftrumpfen und nach einer hohen Ablösesumme bei einem anderen Verein in der Bedeutungslosigkeit versinken (Beispiel Ailton). Werder Bremen ist ein Verein mit einer extrem hohen „Spielkultur". Der Verein von der Weser hat viele Spieler mit Spielmacherqualitäten. Gut in Szene gesetzt, ist das Leben als Stürmer hier ein sehr dankbarer Beruf. Bei einem Verein wie Schalke 04 ist das z. B. wesentlich schwerer.

Noch mehr sind die Spielmacherqualitäten gefragt, wenn ein Verein in „einem Spiel" schlecht spielt. Der Trainer hat von außen nicht viel Einfluss. Er kann höchstens auswechseln oder in der Halbzeit Mängel ansprechen. Der Spielmacher muss das Spiel analysieren („lesen"), versuchen, die Probleme im Spiel zu erkennen und auf dem Platz zu beheben.

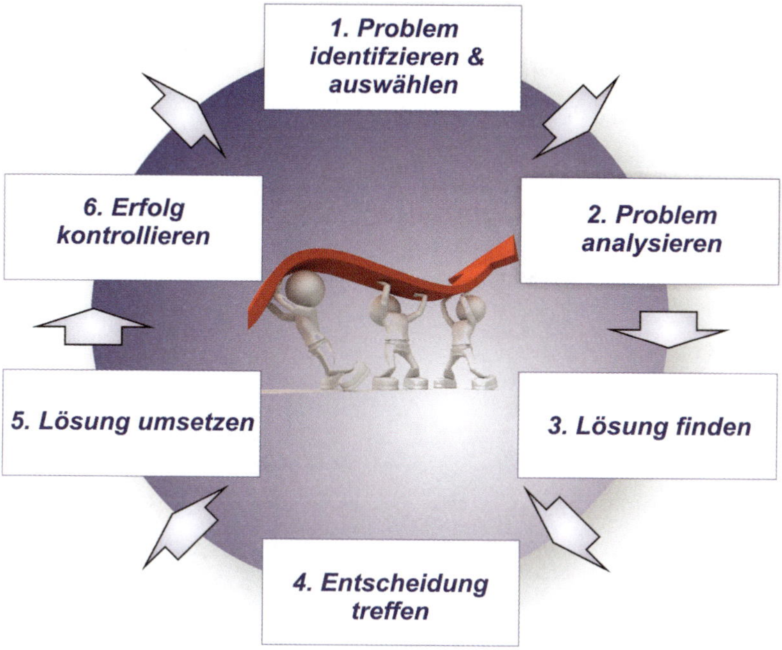

Abbildung 6.3: *Nur wer „das Spiel lesen und ordnen" kann, ist auch in der Lage, Probleme zu lösen (bzw. das Spiel zu optimieren). In Unternehmen findet dieser Verbesserungskreislauf kontinuierlich statt.*

Trainer und Spielmacher teilen sich also die Analyseaufgaben. „Nach dem Spiel" ist der Spielmacher nur noch Spieler. In der „Nachbereitung des Spiels" – typischerweise einer Mannschaftsbesprechung mit Videoanalyse – bespricht der Trainer seine Analyseergebnisse und trifft Maßnahmen, damit das nächste Spiel besser läuft.

Dieses Detail ist sehr wichtig. Erinnern Sie sich bitte daran, was das Spiel für uns ist – das Projekt! Aus fußballerischer Sicht ist also der Spielmacher für die Spielgestaltung während des Projektes (dem Spiel) zuständig, in der täglichen (Linien-)Arbeit ist es der Trainer.

Hier gibt es deutliche Unterschiede zwischen Trainer, Spielmacher und Spielern bzw. Business Analyst, Projektmitgliedern und Fachbereichsmitarbeitern!

Vergleichen wir, wer das Wissen hat, die Verantwortung trägt und Entscheidungen trifft und wer analysiert (das „Spiel liest"):

Während des Spiels hat der Spielmacher die Verantwortung für die Spielgestaltung und muss das Spiel gleichzeitig analysieren. Außerhalb des Spielfelds hat der Trainer die Verantwortung, ist gleichzeitig Experte und hat zuvor das Spiel analysiert. In größeren

Unternehmen ist das nicht möglich. Dazu sind die Spielzüge zu umfangreich und komplex. So viel Wissen kann keine Person haben. So viel auf einmal kann keine Person analysieren. Wenn nur eine Person die Verantwortung hätte, wäre das Unternehmen handlungsunfähig. Die Belegschaft müsste zu lange auf Entscheidungen warten.

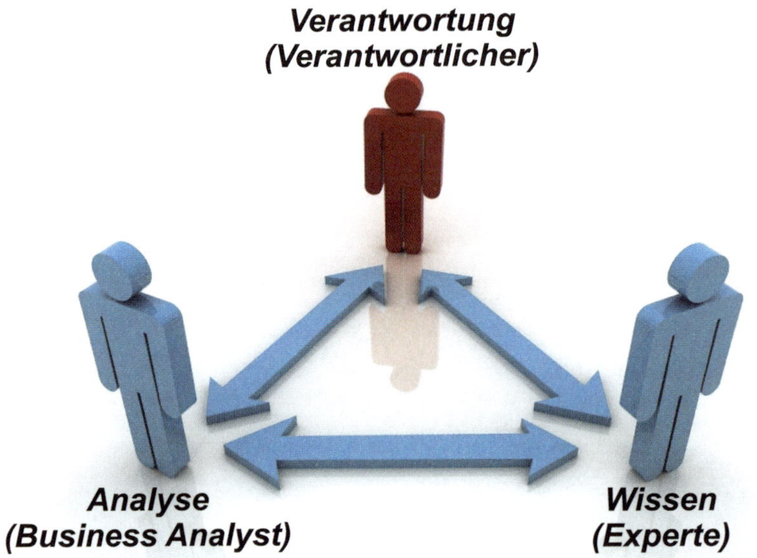

Abbildung 6.4: *Das „magische Dreieck" – nur mit dem Wissen der Experten kann der Business Analyst „das Spiel lesen", damit der Verantwortliche Schwachstellen beseitigen und sein Geschäft kontinuierlich verbessern kann.*

Deshalb verteilt das Unternehmen das Wissen, die Analysen und die Verantwortung auf viele Köpfe, nämlich:

- die Experten (mit dem meisten Wissen auf seinem Gebiet)
- die (Business)Analysten (können „das Spiel lesen")
- die Verantwortlichen (die entscheiden „dürfen" und bestimmen, was richtig oder falsch ist)

Je nach Fähigkeit und Organisationsform kann eine Person eine oder mehrere dieser Rollen innehaben. Eine Person kann durchaus Experte und Analyst sein, falls sie gut analysieren kann, auf einem Gebiet das entsprechende Expertenwissen hat und beides trennen kann. Wenn es zeitlich machbar ist und die Person die entsprechenden Managementfähigkeiten besitzt, kann sie dafür sicherlich auch die Verantwortung übernehmen.

Das „Spiel lesen" – der Business Analyst als „Berater" der Verantwortlichen

Gemeinsam mit den Experten und den Verantwortlichen untersucht der Business Analyst:

- was im Spiel verbessert werden muss bzw. dem Spiel fehlt („Was muss verändert werden?" → neue Anforderungen)
- wie die neuen Spielzüge aussehen sollen (Geschäftsprozessanalyse)
- mit welchen Hilfsmitteln Abläufe automatisiert bzw. verbessert werden können (die sind im Sport verboten)

Im Gegensatz zum Spielmacher bzw. Trainer hilft der Business Analyst den Verantwortlichen nur, „das Spiel zu ordnen", Schwachstellen oder Probleme zu entdecken und Lösungen zu finden, um das Spiel zu verbessern. Er selbst trägt keine Verantwortung für eine Entscheidung.

Der Business Analyst wird damit zum Berater der Verantwortlichen im Fachbereich. Dabei sollte sich der Business -Analyst unbedingt vor Augen halten, was Beratung ist. Ansonsten erleidet er das gleiche Schicksal wie Dominik Weiss. Das sollte auch sein Kunde, der Verantwortliche, verstehen. Wenn er nicht versteht, dass er „um Rat bitten muss" und für die Konsequenzen verantwortlich ist, haben Berater ein Problem.

Was ist Beratung?

Haben Sie diese Frage schon einmal Kollegen oder Freunden gestellt? Wahrscheinlich werden Sie von jeder Person auf diese scheinbar einfache Frage eine andere Antwort bekommen. Hier einige „populäre Antworten" (bitte nicht alle ernst nehmen):

- BERATEN kommt von „BEtrügen und verRATEN"
- Berater kosten nur Geld und versprechen viel. Sie drücken ihre Meinung auf, bringen alles durcheinander und verschwinden dann wieder.
- Berater kosten nur Geld und bringen keine neuen Erkenntnisse.

Es gibt sicherlich einige schwarze Schafe in unserer Branche. In den meisten Fällen herrscht jedoch ein falsches Bild darüber, was Beratung wirklich ist.

Beratung – die Bitte um Rat

Eine sehr schöne, einfache Antwort darauf gibt uns Gerald Weinberg in seinem Buch „Secrets of Consulting". Er nennt es die „Bitte um Rat". Dabei liegt „die Betonung auf der Bitte". Der Berater kann Vorschläge machen oder dem Bittenden dessen Problem transparent machen. Wichtig dabei: Der Ratsuchende muss seine eigenen Schlüsse ziehen. Er kann den Rat annehmen oder ignorieren und trägt für die Konsequenzen SELBST die Verantwortung.

Verdeutlichen wir uns das an ein paar Beispielen:

Ist ein Arzt ein Berater? Nach unserer Definition – ja! Wir besuchen seine Praxis und fragen ihn, wie wir wieder gesund werden können. Als medizinischer „Business Analyst" untersucht er unsere „Abläufe im Körper". Ein guter Arzt erklärt uns, was den normalen „Ablauf" stört. Dazu verschreibt er uns häufig ein Medikament. Niemand zwingt uns, dieses Medikament einzunehmen! Damit ist das Rezept lediglich eine Empfehlung. Der Arzt kann nichts machen, wenn wir uns als Patienten seinem Rat entziehen. Wir vertrauen ihm aber und folgen deshalb seinem Rat.

Sind Straßenverkäufer Berater? Nein! Ähnlich wie bei einem Missionar hat niemand den Straßenverkäufer gebeten, uns zu erzählen, warum unser Leben mit seinen Produkten besser ist. Deshalb sind wir oft genervt. Wir wollen diesen „scheinbaren Rat nicht".

Haben Sie ein Kind? Sicher haben Sie sich mit Ihrem Sprössling schon einmal gestritten, warum es einen Ratschlag nicht annimmt. Das passiert, wenn wir unsere Kinder zu etwas bewegen möchten, was sie nicht wollen. In fast allen Fällen haben sie uns nicht um ihren Rat gefragt. Deshalb stoßen wir auf Widerstand. Die Frage ist nur, ob das Kind oder wir die Verantwortung aus erzieherischer Sicht tragen müssen.

Wenn ein Berater auf Widerstand trifft, ist also höchste Vorsicht geboten! Er will ja kein Missionar werden.

Ob für den Ratsuchenden ein Nutzen aus der Beratung entsteht, hängt stark davon ab, wie er mit dem Rat umgeht. Er muss ihn nicht unbedingt annehmen. Setzt sich der Kunde mit dem Rat nicht auseinander, kann er natürlich auch keinen Nutzen aus dem Ratschlag ziehen und gibt damit sinnlos Geld aus.

Dabei spielt Vertrauen eine wesentliche Rolle, ob der Ratsuchende den Rat annimmt! „It´s always a people problem", nennt Weinberg es. Schließlich bittet Sie jemand persönlich um Rat! Wenn er aus Ihrem Rat keinen persönlichen Nutzen zieht, wird er nicht zufrieden sein. In vielen Fällen wird Ihnen der Ratsuchende allerdings nicht sagen, dass es sich um ein persönliches Problem handelt.

Stellen Sie sich vor, Sie stehen als Business Analyst vor einer schwierigen Situation. Der Manager erzählt Ihnen, es wäre eine schwierige Analyse. Es gäbe Spannungen zwischen den Fachbereichen. „Eine schwierige, politische Umgebung" heißt es oft. Der verantwortliche Manager bittet Sie, die schwierige Analyse zu übernehmen.

Zwischen den Zeilen sagt er allerdings: „Bitte lösen Sie für mich diesen Konflikt auf!", „Ich möchte das nicht tun." Oder: „Ich weiß nicht, wie ich es tun soll!" Ansonsten hätte er ja den Konflikt als Verantwortlicher selbst auflösen können.

Stellen Sie sich bitte außerdem vor, Sie lösen den Konflikt. Waren Sie dann erfolgreich? Was ist, wenn seine Person z. B. dabei „Schaden genommen hat"?

Interessant ist auch Weinbergs „Third law of Consulting". Der (externe) Berater solle nie vergessen, dass er stundenweise bezahlt wird und nicht für die Lösung. Das heißt nicht, dass er den Kunden „melken soll". Er *kann* nur nicht für die Lösung bezahlt werden. Dazu müsste er die Verantwortung übernehmen. Dann wäre er aber nicht mehr der Berater.

Der Unterschied wird deutlich, wenn wir uns die Frage stellen: Können „Spielerberater wirklich Spieler beraten?" Die Frage klingt ein wenig komisch. In „Spielerberater – die Schatten der Stars" erkennen Wigbert Löer und Matthias Schneider auf stern.de in Ihrem Artikel am 28.02.2008: „Bei jedem Transfer kassieren sie ab. Manchmal Millionen." Ähnliches äußert Uli Hoeneß im Zusammenhang mit dem Fall Ribéry gegenüber Bild.de am 28.3.2009 („Die Macht der Schattenmanager"): „Berater verdienen generell nur an Transfers, nicht, wenn der Spieler jahrelang bei dem gleichen Verein bleibt."

In diesem Fall wird der sogenannte „Berater" für eine Lösung bezahlt. Was aber, wenn ein Wechsel für die Entwicklung des Spielers nicht sinnvoll ist? Dann verdient der Spielerberater kein Geld. Es findet ja kein Transfer statt. Insofern kann der Spieler dem Berater unter diesen Rahmenbedingungen eigentlich nicht vertrauen. Woher soll er wissen, ob der Berater dem Spieler „seinen besten Rat" gibt oder ob der Berater nur seinem eigenen Nutzen folgt?

Ein Kunde sollte also vorsichtig sein, wenn ein Berater anbietet, für die Lösung bezahlt zu werden. Ähnliche Beispiele kennen wir ja auch von den Vermögensberatern aus der Finanzbranche. Kostenlose Beratung durch Bezahlung von den „Produktanbietern". Was die Geschädigten der Finanzkrise dazu sagen, kennen wir ja.

Der ideale Business Analyst (Aufgaben & Anforderungen)

Kommen wir nach dem kleinen Exkurs in die Welt der Beratung zurück zu unserem Business Analysten. Wie kann er den Verantwortlichen helfen, „das Spiel zu lesen und zu ordnen?"

Business Analyst

Aufgaben

Dokumentation, Strukturierung, Klärung bzw. Erfassung der

- **Anforderungen & Ziele an die neuen Geschäftsprozesse**
- **neuen Geschäftsprozesse (inkl. Modellierung)**
- **Rollen aus dem neuen Geschäftsprozessen**
- **fachlichen Anforderungen an die technische Umsetzung (Automatisierung)**
- **wichtiger Entscheidungen**

Unterstützung bei der verbindlichen Freigabe *der neuen Anforderungen, Ziele, Geschäftsprozesse und Rollen durch die Verantwortlichen als Arbeitsgrundlage und gemeinsame Sichtweise*

Beratung der Verantwortlichen bei der Festlegung *(Probleme identifizieren, Erarbeitung von Lösungsvorschlägen, ...) mit und ohne Experten*

Zusammenführung des Expertenwissens

Moderation zwischen den Verantwortlichen, den Experten und der IT

Ggf. Definition fachlicher Abnahmetests *für die Inbetriebnahme technischer Hilfsmittel*

Anforderungen

Hohes Abstraktionsvermögen, konzeptionelles, strukturiertes und analytisches Denkvermögen *(u.a. zum Filtern des Wesentlichen)*

Kenntnisse in der Prozessmodellierung, Geschäftsprozessmanagement, Anforderungsanalyse bzw. Anforderungsmanagement

Sorgfältigkeit & Genauigkeit
(Ergebnisse präzise auf den Punkt bringen, ohne wichtige Details zu verlieren)

Kritisches Hinterfragen

Sprachliche und Präsentationsfähigkeit / Kommunikation

Moderations- und Vermittlungsfähigkeit, diplomatisches Geschick & Anpassungsfähigkeit

Zuhören können, Geduld & Einfühlungsvermögen

Zielorientiertheit, Konfliktfähigkeit, Selbst- & Krisensicherheit

Trennung zwischen fachlichem Prozess- und technischem Systemdenken

Abbildung 6.5: *Die Aufgaben des Business Analysten und die Anforderungen an ihn*

Wissen sollte in einem gut funktionierenden Unternehmen ausreichend vorhanden sein. Auch hier hat Weinberg einen passenden Ratschlag mit seiner „Five-Minute Rule" für uns: „Kunden wissen immer, wie sie ihre Probleme lösen können. Sie erzählen uns die Lösung in den ersten fünf Minuten." Die Kunst des Beraters ist es allerdings, in der Flut von Informationen („Flood of Facts"), das zu erkennen.

Manchmal ist die Lösung auch das, was der Fachbereich nicht sagt („Seeing what's not there"). Oft sind es nicht die Wörter, sondern der Ton macht die Musik.

Analytisch, kritisch und systematisch denken – das Spiel „lesen können"

Zu den wichtigsten Anforderungen an den Business Analysten zählen also eine hohe Abstraktionsfähigkeit und analytisches Denkvermögen. Er muss aus den zahlreichen Informationen das Wesentliche filtern. Wenn er das dem Fachbereich in einer vereinfachten Sichtweise präsentieren kann, kommt der Fachbereich meistens selbst auf die Lösung. „Gute Lösungen sind einfach!" Kennen Sie diese Weisheit? „Auf die Lösung hätte ich auch selbst kommen können. Warum braucht man dafür einen Berater?"

Damit er helfen kann, das „Spiel zu ordnen", muss der Business Analyst gut strukturieren können, damit komplexe Sachverhalte einfach werden. Er muss Ergebnisse präzise auf den Punkt bringen können, ohne wichtige Details zu verlieren. Das erfordert viel Sorgfalt und Genauigkeit.

Oft liegt die Lösung auch in etwas scheinbar Selbstverständlichem. Der Business Analyst sollte alles kritisch hinterfragen. Ein Beispiel: Haben Sie sich schon einmal gefragt, was ein Flug ist? Das ist eigentlich eine sehr einfache Frage. An einem Flughafen könnte es aber sein, dass Sie die verschiedensten Antworten erhalten.

Die Passagiere werden Ihnen möglicherweise sagen, dass der Flug für sie beginnt, wenn sie vom Boden abheben (man also „fliegt"). Mitarbeiter aus der Abfertigung werden Ihnen vielleicht sagen: Der „Flug beginnt sieben Tage vorher, wenn wir beginnen, die Schichten zu planen" Oder: „Er beginnt, wenn wir mit der Abfertigung starten (z. B. wenn wir den Check-in-Schalter öffnen). Ein Mitarbeiter der Flugsicherheit wird Ihnen vielleicht antworten: „Der Flug beginnt mit seiner Planung im Saisonflugplan." Eine interessante Antwort könnte aber auch von der Vorfeldkontrolle kommen, wenn diese sagt: „Ein Flug kann auch eine Rollbewegung von einer Position zur anderen sein." Sie mögen jetzt vielleicht die Stirn runzeln. Ein Flugzeug fliegt rollend über den Boden? Das passiert, wenn man Rollbewegungen „als schnelle Lösung" wie Flüge behandelt, damit man z. B. ein bestehendes Flugsystem nicht verändern muss. Aus Provisorien werden oft dauerhafte Lösungen, und so prägt sich diese Auffassung von einem Flug auf Dauer ein.

Sprachliche und kommunikative Stärken

An diesem Beispiel sehen wir, wie wichtig es ist, Dingen einen Namen geben zu können. Der Business Analyst muss deshalb hervorragende sprachliche Fähigkeiten besitzen. Hier bereitet den Business Analysten das sogenannte „Business-Englisch“ oder „Denglisch“ große Probleme. Wie soll man etwas auf Englisch benennen, wenn man es in seiner Muttersprache nicht beschreiben kann? Oder andersherum: Oft flüchten wir „in englische Begriffe“, wenn es uns schwerfällt, sie genau zu benennen. So haben die Beteiligten ein oft sehr unterschiedliches Verständnis, was gemeint ist. Daraus entstehen Konflikte, Lösungen passen nicht zusammen, Probleme entstehen.

Um zwischen den Zeilen lesen zu können und zu verstehen, wo der „Schuh im Fachbereich“ drückt, muss der Business Analyst einerseits gut zuhören können. Er muss Geduld haben und auf eine Person eingehen können.

Mit Mitspielern umgehen können

Am Beispiel Dominik Weiß haben wir gesehen, dass es nicht um die Lösung alleine geht. Sie muss dem entsprechen, was der Fachbereich wünscht und den persönlichen Nutzen bringen. Dazu muss er Leute verstehen können. Das erfordert viel Fingerspitzengefühl.

Gerade wenn ein Business Analyst mit mehreren Verantwortlichen zusammenarbeitet, ist diplomatisches Geschick gefragt. Wenn die Lösung eines Problems mehrere Verantwortliche betrifft, ist es nicht immer sofort ersichtlich, warum ein Konflikt entsteht. Häufig ist der Business Analyst erfolgreich, wenn er die persönlichen Ziele versteht (nicht die formellen!) und eine persönliche Gewinnsituation für alle Beteiligten schafft. Das ist häufig mehr wert als ein bis zum Ende durchspezifizierter Geschäftsprozess. Den werden die Beteiligten sowieso nicht oder nur teilweise anwenden, wenn sie sich damit nicht identifizieren können.

Der Business Analyst muss als Berater also gut moderieren und vermitteln können. In Konflikten kann es schon einmal hitzig werden. Das hängt mit den Charakteren zusammen, die wir bereits im ersten Teil kennengelernt haben. Der Business Analyst darf sich davon nicht beeindrucken lassen, muss Geduld zeigen und konfliktfähig sein. Manch einer spricht dabei auch von „Krisensicherheit“.

Niemals das Ziel aus den Augen verlieren

Abschließend ist es wichtig, dass der Business Analyst sehr zielorientiert ist. Beginnt ein Fachbereich erst einmal über Probleme nachzudenken, kann es sein, dass die Kollegen zu viel auf einmal verändern bzw. zu viele Probleme auf einmal lösen wollen. Das passiert vor allem, wenn der Business Analyst auf initiative Mitarbeiter trifft. Er muss darauf achten, dass die Beteiligten den Analyserahmen nicht verlassen. Neue Probleme oder Ideen kann er als offene Punkte bzw. neue Anforderungen aufnehmen. Die können in einer nachfolgenden Analyse behandelt werden. Ist eine Fortsetzung der Analyse an dieser Stelle nicht möglich, muss er in der Lage sein, eine Analyse abzubrechen. Dann kann der Analyserahmen (die Aufgabe) ggf. angepasst werden. In einem häufig irrationalen Umfeld ist es besonders wichtig, systematisch und in kleinen Schritten vorzugehen. Ansonsten endet die Analyse in einer Katastrophe.

Belastbare, schriftlich fixierte Beratungsergebnisse

Mit dem gesprochenen Wort haben wir uns bereits beschäftigt. Was durch fehlerhafte Kommunikation alleine zwischen zwei Personen geschehen kann, sehen wir bereits in Ansätzen bei unseren Logistikern.

Als seriöser Berater ist es deshalb wichtig, dass der Business Analyst seine Ergebnisse schriftlich festhält. Wie bereits besprochen, ist dafür eine entsprechende Kultur notwendig. Man muss den Entscheidern die Angst nehmen. Besser eine falsche Entscheidung als keine Entscheidung. Fehler kann jeder machen. Und man kann sie in der Regel auch korrigieren. Wichtig ist, dass jeder weiß, was entschieden worden und woran er damit ist. Deshalb ist eine Unterschrift unvermeidbar. Das bedeutet Verantwortung.

Wir schimpfen oft auf die Politik. Aber gerade hier kann sie ein Vorbild sein. Was machen Unterhändler bei schwierigen Verhandlungen? Sie beginnen mit Absichtserklärungen (auch bekannt als „Letter of Intent“ oder „Memorandum of Understanding“). Einwände werden festgehalten. Aber am wichtigsten ist: Sie fixieren das, worauf sich alle Parteien einigen können, und klammern erst einmal das aus, wo es Differenzen gibt. So nähern sie sich langsam der Lösung, bis es zum Vertrag kommen kann.

Es ist für einen Verantwortlichen ein großer Unterschied, ob er „in Häppchen“ überlegen kann, was er „tragen muss“, oder eine große Entscheidung treffen soll, deren Auswirkungen er verantworten muss. Er kann sich an die Entscheidung herantasten und sich an die Neuerungen gewöhnen!

Wichtig ist aber: Erst mit der Unterschrift werden die Ergebnisse zu Ergebnissen. Erst dann sind sie etwas wert. Erst dann identifiziert sich der Verantwortliche mit den Ergebnissen, weil sie verbindlicher sind als ein paar Worte. Außerdem überlegt er freier, weil er weiß, dass die Veränderungen erst mit seiner Unterschrift zur Vorgabe werden.

Nach langen Verhandlungen und einem mühsam erarbeiteten Ergebnis werden Sie sehen, dass die Entscheider diese Ergebnisse positiv verkaufen werden. Auch Kompromisse! Wer gibt schon persönlich gerne zu, dass er Zugeständnisse gemacht hat.

Sie werden auch sehen, dass die Beteiligten diese Ergebnisse nicht mehr gerne verändern. Schließlich ist das Ergebnis mühsam ausgehandelt worden. Hier muss das Unternehmen aber eine gute Balance finden. Ansonsten steht es wieder vor dem Problem, dass niemand unterschreiben will. Nichts darf in Stein gemeißelt sein – es muss nur kontrolliert verändert werden.

Wie sehen die Beratungs- bzw. Verhandlungsergebnisse aus? Es sind die Anforderungen an und die Ziele der neuen Geschäftsprozesse bzw. die neuen (modellierten) Geschäftsprozesse selbst, Rollen aus den neuen Geschäftsprozessen, fachliche Anforderungen an die technische Umsetzung (Automatisierung) und wichtige Entscheidungen.

Das dazu notwendige Handwerkszeug muss nicht nur der Business Analyst mitbringen. Die beteiligten Mitarbeiter müssen auch verstehen, was sie unterschreiben (Verantwortliche) bzw. sie betrifft (Experten). Sie sollen es ja später täglich leben.

Dann kann der Business Analyst Bindeglied zur IT sein (z. B. für die Definition von Abnahmetest, Unterstützung bei der Ableitung der technischen Anforderungen bzw. bei der Projektplanung etc.).

Wer ist besser – der „Externe" oder der „Interne"?

Diese Frage klingt provokant und erhitzt oft die Gemüter. Warum ist das so? Lassen Sie uns versuchen, diese Frage ein wenig sachlich zu hinterfragen.

Business Analyst	
Vorteile „Externer"	*Vorteile „Interner"*
außerhalb persönlicher Beziehungen	kennt die Beteiligten und deren Beziehungen
muss keine Karriereauswirkung innerhalb der Organisation befürchten	Teil der Firmenkultur
vielseitigere Erfahrung (andere Kunden, Branchen, Rollen, ...)	Karriereinteressen innerhalb der Organisation
nicht betriebsblind / neue Perspektiven	kann Linienverantwortung übernehmen (Verantwortung+ Analyse)
extrem motiviert ("Kunden zufriedenstellen") + kundenorientiert	kennt Firma + Eigenheiten besser
flexiblere Ressource (leichter austauschbar)	niedrigere, aber feste Kosten
kann sich freier bewegen	Schlüsselwissen muss nicht übertragen werden
keine Konkurrenz für interne Mitarbeiter in der Firmenhierarchie	

Abbildung 6.6: *Vorteile bei der Besetzung des Business Analysten durch einen „Internen" oder „Externen"*

Oft sind persönliche Interessen mit den Aussagen zu „Externen“ oder „Internen“ verbunden. Ich habe als Freiberufler z. B. oft erlebt, dass fest angestellte Mitarbeiter oft auf mich „neidisch“ gewesen sind. Während ich eine neue, „attraktive Aufgabe“ übernehmen durfte, „musste“ der fest angestellte Kollege die tägliche Arbeit ausführen. Diese Frage habe ich mir natürlich auch gestellt.

Worin liegt der Unterschied zwischen einem freiberuflichen und einem fest angestellten Mitarbeiter? Vor allem darin, dass man den freiberuflichen Kollegen nur für eine begrenzte Zeit benötigt. Ansonsten würde man ja versuchen, ihn dauerhaft an das Unternehmen zu binden. Das wäre außerdem sehr viel günstiger, da der externe Kollege mindestens einen „Risikoaufschlag“ für Zeiten ohne Projekt kalkulieren muss. Es ist nahe liegend, dem dauerhaft gebundenen Angestellten Verantwortung zu übertragen und für täglich wiederkehrende Aufgaben vorzusehen. Im anderen Fall hätte das Unternehmen außerdem Probleme mit der Scheinselbstständigkeit.

Ein Grund, Business Analysten befristet durch Personen zu besetzen, die nicht zum Unternehmen gehören, liegt vor allem anderen daran, dass der Business Analyst in den meisten Fällen eine Projektrolle ist. Ähnlich ist Süner nur im Spiel „Spielmacher“ und ansonsten ein ganz normaler Spieler im Verein.

„Frischer, neutraler Wind von außen“ oder „gute Kenntnisse von innen“?

Wir haben gesehen, dass fachliche Analysen häufig zum Brennpunkt zwischen Verantwortlichen werden. Teilweise verhandeln sie hart! Es geht um ihre persönlichen Interessen (Macht, Einfluss, Bonuszahlungen etc.). Hier ist es vorteilhaft, Personen „von außen“ moderieren zu lassen. Wie Anna List es schon bemerkt hat, sind „externe Analysten“ nicht in persönliche Beziehungen verstrickt bzw. müssen nicht mit ihren Kollegen die nächsten 30 Jahre „auskommen“. Außerdem haben sie keinerlei Karriereinteressen innerhalb der Firma. Deshalb wird der „Externe“ häufig neutraler gesehen. Ist der Unterschied zwischen einem internen und externen Kollegen klar, konkurrieren sie nicht um Karrieremöglichkeiten innerhalb eines Unternehmens.

Dem „Kollegen von außerhalb“ fällt es leichter, zwischen den Personen zu vermitteln oder Tabus anzusprechen. Er kann sich wesentlich freier bewegen. Das Schlimmste, was einem „Externen“ passieren kann, ist der Verlust seines Auftrags. Außerdem ist der „externe Analyst“ lediglich in die Projekthierarchie eingebunden – nicht aber in die Unternehmenshierarchie.

Der Festangestellte kennt dagegen möglicherweise seine Kollegen seit Jahren und die Beziehungen untereinander. Er ist Teil der Firmenkultur, kennt die Gegebenheiten und hat dadurch gegebenenfalls die Möglichkeit, besser auf sie eingehen zu können. Als Teil des Unternehmens hat er allerdings „die Betriebsbrille“ auf, durch die er seine Kollegen und die Arbeit jeden Tag sieht.

Abschließend kann der „externe Kollege“ in der Regel auf vielseitigere Erfahrungen zurückgreifen. Als erfahrener Berater hat er schon viele Unternehmen, deren Kulturen, Probleme und Lösungen kennengelernt. Dadurch fällt es ihm einfacher, neue Perspektiven zu zeigen und neue Impulse zu geben. Das ist besonders wichtig, wenn Analysen „festgefahren“ oder sich bei Verhandlungen „Fronten verhärtet“ haben.

Auch eine Lösung – „interne Berater“ oder „interne Externe“

„Extern“ muss allerdings nicht bedeuten, auf Freiberufler oder Beratungshäuser zurückzugreifen. Besonders für große Unternehmen lohnt es sich, Berater fest anzustellen. Damit sie die Vorteile eines „Externen“ genießen können, müssen sie allerdings außerhalb des „Beziehungsgeflechts“ ihres Kunden stehen. Das bedeutet, sie dürfen nicht in die Organisation des Tagesgeschäfts eingebunden sein. Außerdem ist es wichtig, sie bei vielen unterschiedlichen „Kunden“ einzusetzen. Ansonsten tragen sie ebenfalls schnell die „Betriebsbrille“. Das gilt aber auch für freiberufliche Berater, die schon sehr lange für denselben Kunden arbeiten. In diesem Zusammenhang ist Weinberg der Überzeugung, dass ein Berater „beim dritten Problem am effektivsten ist“ („The Third-Time Charm“).

Der ideale Business Analyst – der „persolog® Verhaltens-Kurzcheck“

Warum ist die Rolle des Business Analysten so schwierig? Da wird deutlich, welche unterschiedlichen Anforderungen an den Charakter eines Business Analysten gestellt werden.

Im ersten Teil haben wir bereits das Persönlichkeitsmodell kennengelernt. Ich hatte Ihnen erzählt, dass wir den Grundcharakter einer Person über Testfragen ermitteln können. Andererseits können wir uns auch fragen: Wie sollte der ideale Charakter aussehen?

Der Test ist ähnlich wie in den bunten Illustrierten. Wir beantworten eine Reihe von Fragen mit verschiedenen Auswahlmöglichkeiten. Anhand eines Punktesystems können wir feststellen, aus welchen (dominanten, initiativen, stetigen und gewissenhaften) Grundverhaltenstendenzen sich der Charakter des idealen Business Analysten zusammensetzt.

Das heißt nicht, dass andere Charaktertypen nicht ebenfalls geeignet sein können. Das hängt stark vom Umfeld ab und welche Eigenschaft besonders gefragt ist. Außerdem zeigt der Test nur, welche „Schwächen“ der „andere Charakter“ haben könnte. Er kann, muss sie aber nicht haben.

Zum Test – der einfache Verhaltens-Kurzcheck enthält zehn Fragen. In jeder Frage geht es darum, die vier Eigenschaften dem Zutreffen nach zu nummerieren. Vier Punkte erhält die Eigenschaft, die am ehesten zutrifft. Einen Punkt gibt es für den am wenigsten zutreffenden Charakterzug.

2	optimistisch	3	selbstsicher	4	genau	1	harmonisch
2	nachdenkend	3	kontaktfreudig	4	zuhörend	1	wagemutig
4	geduldig	2	spontan	1	entscheidungsfreudig	3	kontrolliert
1	bestimmend	4	sorgfältig	3	teamfähig	2	begeistert

(c) persolog 2010

***Abbildung 6.7:** „Was trifft beim idealen Business Analysten am ehesten zu?" – der persolog®-Verhaltens-Kurzcheck (Ausschnitt)*

Genau – selbstsicher – optimistisch – harmonisch

Es ist „die zentrale Eigenschaft" eines Analysten, Dinge präzise auf den Punkt bringen zu können, ohne Details zu verlieren. Nur mit dieser Eigenschaft kann er komplexe Dinge einfach darstellen, ohne die Lösung zu verfälschen. Nur so kann er Unwesentliches erkennen und filtern. Deshalb ist diese Eigenschaft wichtiger als die Selbstsicherheit, die er besonders in schwierigen Situationen haben muss (wenn z. B. eine Analyse zum Brennpunkt des Geschehens wird). Optimismus und Harmonie sind zwar beide wichtig, aber „zu kuschelig" muss der Analyst nicht sein. Für erfolgreiche Verhandlungsergebnisse sind auch manchmal Konflikte notwendig. „Eine gute Ehe" funktioniert nur mit einer guten Streitkultur.

Zuhörend – kontaktfreudig – nachdenkend – wagemutig

Wie wichtig das „Zuhören" für einen Business Analysten ist, haben wir bereits ausreichend betrachtet. Es ist ebenfalls eine seiner wichtigsten Fähigkeiten. Wie soll er sonst auf die Verantwortlichen eingehen? Die Kontaktfreude ist ebenfalls sehr wichtig. Wie viele Lösungen werden in Raucherecken gelöst? Wie viele wichtige Informationen oder Tipps erhält man über den „Flurfunk"? In einigen Fällen ist auch „Wagemut" gefragt. Vor allem in festgefahrenen Situationen. Das sollte aber die Ausnahme sein. Der Analyst sollte auf jeden Fall vorher darüber nachdenken, bevor er etwas riskiert.

Geduldig – kontrolliert – spontan – entscheidungsfreudig

Auch die Geduld gehört zu den wichtigsten Charakterzügen eines Business Analysten. Manchmal sind Verhandlungsergebnisse oder Beratungen „schwierige Geburten". Immer wieder neue Facetten eines Problems betrachten, immer wieder neue Perspektiven zeigen und vor allem „nie aufgeben". Nur so kommt der Business Analyst in den schwierigsten Analysen zum Ziel. Das bedeutet, er muss extrem kontrolliert sein, um moderieren zu können, damit Konflikte nicht noch größer werden, als sie es manchmal sind (Deeskalation). Manchmal ist auch seine Spontaneität gefragt, um ein Problem zu lösen. Entscheidungen muss er aber in den seltensten Fällen treffen. Die trifft der Verantwortliche. Der Analyst ist der Berater und kann nur Alternativen bzw. Empfehlungen aussprechen.

Sorgfältig – teamfähig – begeistert (andere) – bestimmend

Für die Sorgfalt gilt das Gleiche wie für die Genauigkeit. Wie soll der Business Analyst die Brücke zwischen IT und Fachbereich bauen, wenn die „stille Post" dazwischen nicht funktioniert. Das ist wie ein Angriff und eine Verteidigung ohne Mittelfeld. Das Mittelfeld muss das „Team" natürlich zusammenhalten. Seine Teamfähigkeit ist wichtig, aber weniger wichtig als die Sorgfalt. Wie wichtig Motivation ist, haben wir bereits hinterleuchtet. Es ist wichtig, dass sich die Verantwortlichen mit den Ergebnissen identifizieren. Sonst arbeitet der Fachbereich hinterher nicht so, wie es vereinbart ist. Deshalb ist es wichtig, dass der Business Analyst „als Brücke" andere begeistern kann. So lassen sich Konflikte auflösen. Das funktioniert allerdings nicht im Team. „Bestimmend" zu sein, ist eine Eigenschaft, die der Business Analyst verbergen muss. Es geht nicht um „seine Lösung", sondern darum, was die Verantwortlichen wollen. Das muss er mit ihnen erarbeiten. Was mit einer bestimmenden Haltung passieren kann, haben wir am Beispiel „Dominik Weiß" erlebt.

Analytisch – vertrauensvoll – beliebt – kraftvoll

Das Gleiche gilt für „energisches und kraftvolles Auftreten. Es ist nicht die Aufgabe des Business Analysten, Dinge durchzusetzen. Diese Eigenschaft ist deshalb am wenigsten wichtig. Dass die analytischen Fähigkeiten Grundvoraussetzung und damit die gravierendste Eigenschaft sind, erklärt sich von selbst. Fast genauso bedeutend ist es für den Business Analysten, vertrauensvoll zu sein. Ohne Vertrauen – keine Beratung. Persönliches erzählt ein Verantwortlicher nur im Vertrauen. Das Persönliche ist das Ausschlaggebende, ob er zustimmt oder zufrieden ist. Wie soll der Business Analyst eine Lösung finden, wenn er das nicht erfährt? Deshalb ist es wichtig, dass er vertrauensvoll wirkt und auch danach handelt. Abschließend ist es natürlich gut, wenn er beliebt ist. Er muss aber kein „Publikumsliebling" sein.

Ergebnisorientiert – selbstdiszipliniert – beständig – enthusiastisch

Der Business Analyst wird an den Beratungsergebnissen gemessen. Deshalb muss er sehr ergebnisorientiert sein. Wenn ein Fachbereich erst einmal beginnt zu überlegen, was er alles verbessern kann, schießt er oft über das Ziel hinaus. Viele Kollegen wollen Probleme „sofort lösen". Es ist eine der wichtigsten Eigenschaften, dann den gesetzten Rahmen im Blick zu haben. Kennen Sie die Situation, dass Sie in einer Besprechung über drei Stunden gesessen haben? Nach der Besprechung fragt Sie jemand: „Was habt

Ihr beschlossen – oder – was war das Ergebnis?" Sie müssen antworten: „Wir haben viel diskutiert, aber zu einem Ergebnis sind wir nicht gekommen?". Genau dafür wird aber analysiert. Passiert dies häufig, sind Sie sicherlich unzufrieden. Fast genauso wichtig ist die Selbstdisziplin. Ohne sie ist es schwierig, zum Ergebnis zu kommen. Ohne sie ist es schwierig, sich zu beherrschen (kontrolliert sein) oder geduldig zu sein. Dagegen ist die Beständigkeit nicht immer die richtige Eigenschaft. Manchmal ist es wichtig, Tabus zu brechen, Etabliertes „über Bord" zu werfen oder unkonventionell zu sein. Dabei ist es aber wichtig, in Analysen realistisch zu bleiben. „Kontrollierte Offensive" hat Otto Rehagel es einmal genannt. Damit wollte er verhindern, seinem Gegner ins „offene Messer" zu rennen, wenn seine Werderaner wieder einmal zu enthusiastisch nach vorne spielen wollten.

Unterstützend – positiv – risikofreudig – zurückhaltend

Oft ist die Last der Verantwortung schwer. Häufig sind Probleme groß. Deshalb ist es nicht selten für die Entscheider schwer, eine Richtung zu bestimmen. Noch wichtiger als die positive Ausstrahlung ist dabei, sie bei seinen Problemen zu unterstützen. Deshalb berät sie der Business Analyst.

Risikofreudig sollte der Analyst selten sein. Höchstens, um „festgefahrene Analysen", Probleme oder Konflikte aufzulösen. Dazu muss er das richtige Fingerspitzengefühl besitzen. Zurückhaltend darf er auf keinen Fall sein. Er sollte proaktiv im Hintergrund den Weg zur Lösung ebnen. Dabei darf er (wie bereits gesehen) seine Rolle als Berater nicht vergessen.

Zielorientiert – kritisch – zuverlässig – impulsiv

Ein impulsiver Analyst hat schon verloren, bevor er angefangen hat. Alle anderen drei Eigenschaften muss der Analysierende besitzen. Zielorientiert zu sein ist ebenso wichtig, wie ergebnisorientiert zu arbeiten. Dazu muss der Business Analyst den „Status quo" hinterfragen. Sonst erkennt er nicht die wesentlichen Probleme und Lösungsmöglichkeiten. Deshalb wird er ja gebeten zu helfen. Er soll sehen, was andere nicht sehen. Dazu muss er „alles infrage stellen". Nur so kann er das nicht so Offensichtliche sehen. Deshalb ist es so wichtig, nicht die Betriebsbrille aufzusetzen. Interessant ist, dass hier die besten Ergebnisse erzielt werden können, wenn der Business Analyst keinerlei Kenntnisse über das Fachgebiet hat. Er sieht alles durch die „Brille eines Laien". Inkonsistenzen, Fehler oder Probleme fallen leichter auf, wenn man das Verständnis aufbauen muss. Er ist nicht in den „etablierten Denkmustern" gefangen.

Hat er die beiden Eigenschaften nicht, kann er noch so zuverlässig sein und so viel Vertrauen besitzen. Er wird nicht erfolgreich analysieren können. Im schlimmsten Fall „sieht er den Wald vor Bäumen nicht" bzw. kann das Spiel nicht lesen.

Strukturiert – furchtlos – gesellig – unauffällig

Strukturiert zu sein, ist eine Grundvoraussetzung des analytischen Denkens und deswegen eine der wichtigsten Eigenschaften eines Analysten. Nur so kann er „das Spiel lesen". Ebenfalls, aber nicht ganz so wichtig ist es für ihn, furchtlos zu sein und so zu wirken. Wie sollen die Verantwortlichen Konflikte auflösen oder schwere Entscheidungen treffen können, wenn der Analyst konfliktscheu ist oder Angst ausstrahlt?

Um Kontakte knüpfen zu können und „hinter den Kulissen" wirken zu können (Stichwort „Raucherecke" und „Flurfunk"), muss er gesellig sein, darf aber nicht zu sehr im Mittelpunkt stehen. Vielleicht kennen Sie ja das Sprichwort – „der beste Schiedsrichter ist der, bei dem man nicht bemerkt hat, dass er anwesend gewesen ist". Das gilt auch für einen Berater und den Business Analysten.

Planend – vermittelnd – überzeugend – hartnäckig

Ein planloser Business Analyst kann keine Ordnung ins Chaos bringen. Das „Spiel wird an ihm vorbeilaufen", und er wird höchst wahrscheinlich „ausgewechselt". Diese Eigenschaft ist noch wichtiger als seine „Brückenfunktion", in der er vermittelnd auftreten muss. Da er nur empfiehlt, muss er natürlich auch in gewissem Maße überzeugend sein. Aber er soll ja kein Verkäufer oder Missionar sein. Der Verantwortliche muss selbst nachvollziehen, wie er entscheiden soll. Obwohl eine grundlegende Hartnäckigkeit wichtig ist, ist sie nicht so gravierend wie die anderen Eigenschaften. Überzogen hartnäckig würde bedeuten, der Analyst wäre stur. Als Berater kann der Business Analyst nur überzeugen. Ist er zu hartnäckig, wird er bestimmend.

Die Auswertung der Fragen

Wenn Sie den ersten Teil aufmerksam verfolgt haben, ist es Ihnen sicherlich aufgefallen: Jede „Was trifft eher zu"-Frage hat eine dominante, eine initiative, eine gewissenhafte und eine stetige Verhaltenseigenschaft als Antwort. Je nach Zutreffen ordnen wir der angekreuzten Eigenschaft vier, drei, zwei Punkte oder einen Punkt zu (für die am ehesten zutreffende Eigenschaft vier Punkte).

Daraus ergibt sich eine Punktzahl für jede Verhaltenstendenz. Für unseren idealen Business Analysten sieht das so aus:

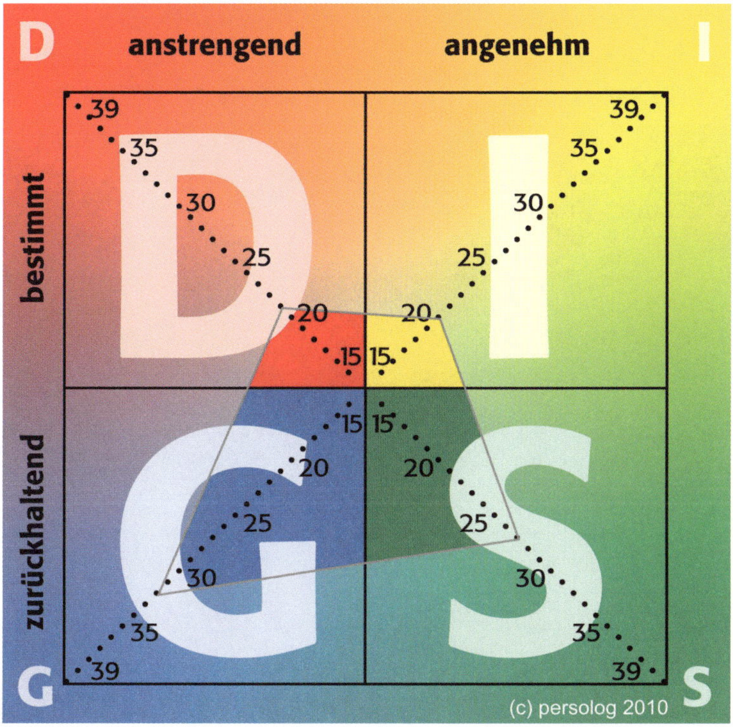

Abbildung 6.8: Das „Gesamtprofil" des Business Analysten grafisch aufbereitet. Die Fläche der Raute verdeutlicht, wie vielseitig der Analyst sein muss!

In der Summe ergibt sich jetzt das Gesamtprofil, das wir schon aus dem ersten Teil kennen. Was erkennen wir?

1. Die gewissenhafte und stetige Verhaltenstendenz dominiert (leicht). Anhand der Tabelle (GS-Typ, siehe Teil I) erkennen wir einen kritischen Denker.
2. Wir benötigen einen sehr vielseitigen Charakter, weil die anderen Tendenzen ebenfalls ausgeprägt sein müssen. Das ist eine hohe Anforderung.

Bedeutet es, dass andere Charaktere nicht geeignet sind? Wie bereits gesagt – Nein! Führen Sie diesen Test doch einmal an sich selbst durch. Vergleichen Sie das Ergebnis Ihrer Charakterbeschreibungen und mögliche Schwächen mit den Anforderungen an den Business Analysten. Sind Sie z. B. dominant, fällt es Ihnen vielleicht schwer zuzuhören. Das heißt nicht, dass Sie es nicht gut können bzw. könnten!

Wie bereits in Teil 1 erwähnt – persolog® ist noch viel mehr. Dies ist lediglich ein einfacher Test, der allerdings sehr nützlich ist. Das Literaturverzeichnis enthält einiges Lesenswertes, falls Sie mehr darüber wissen möchten.

„Es hängt alles irgendwo zusammen. Sie können sich am Hintern ein Haar ausreißen, dann tränt das Auge.“ (Dettmar Cramer)

Kapitel 7

Unklare Laufwege, Gegentor, Abpfiff …

Unklare Automatismen führen zum 0:2 mit dem Halbzeitpfiff

Unruhig läuft Soar in der Coaching-Zone auf und ab. Bekommt Bet Riebler die katastrophale Spielweise seiner Lüdenscheider in den Griff? Der Trainer weiß, dass er ein hohes Risiko in Kauf nimmt. Sein etatmäßiger Spielmacher ist längst noch nicht wieder in Form. Dazu hat er viel zu lange verletzungsbedingt pausieren müssen.

Soar sieht, wie der Spielgestalter sein Bestes gibt. Riebler kämpft und geht dorthin, wo es wehtut. Mit viel Einsatz grätscht er in die anrennenden Herner. Damit schafft er es, den gegnerischen Spielfluss immer wieder empfindlich zu unterbrechen. Manchmal enden seine Tacklings allerdings in einem Foul. Die Spielpausen durch den fälligen Freistoß nutzt Riebler geschickt, um mit seinen Mitspielern zu reden. Allerdings ist er dabei wenig erfolgreich! Das merken auch die zahlreichen Fans auf der Tribüne. Anstatt ihre Mannschaft zu unterstützen, werden die Pfiffe der sonst so treuen Anhängerschaft immer lauter.

Soar sieht, wie Riebler einen Pass aus der Verteidigung annimmt. „Jetzt aber!“, murmelt Soar. „Derent Wüklür ist frei. Spiel direkt in die Gasse!“ Wie in der Mannschaftssitzung besprochen, folgt Soars Spielmacher der ausgegebenen Devise. „Spielt direkt weiter!“, hört Riebler seinen Trainer noch sagen. „Kombiniert schnell in die Spitze! Spielt den tödlichen Pass!“ Doch leider kullert der Ball ins Leere. Der türkischstämmige Stürmerstar ist in die falsche Gasse gestartet, obwohl Riebler die richtige Idee hatte.

Das eröffnet den Reviernachbarn aus Herne die Gelegenheit zum Konter. Aber dieses Mal ist Riebler schneller! Mit seinem „Blick für das Spiel“ ahnt er, was der Gegner vorhat. Am eigenen Sechzehnmeterraum gelingt es ihm, den viel zu offensichtlichen Pass auf die Flügel abzugrätschen. Ohne zu warten, spielt er das Leder schnell zu seinem Verteidiger. So kann er schnell zurück in seine zentrale Spielmacherposition im Mittelfeld spurten. Als Doppelpass landet der Ball wieder auf seinem starken, rechten Fuß. Um keine Zeit zu verlieren, passt er direkt weiter in die im Training einstudierte Gasse. Dort hätte Wüklür stehen müssen. Gegen die Vorgaben aus der Mannschaftsbesprechung wollte sich der Stürmer allerdings den Ball selbst in der Abwehr holen. Jetzt fehlt er natürlich als Anspielstation im Angriff.

„Mist!“, denkt Riebler. „Wieder ein Fehlpass! Ich werde verrückt!“

Durch die ständigen Fehlpässe ist Riebler gezwungen, immer wieder bis an die eigene Strafraumgrenze zurückzuspurten. Zeit zum Durchatmen hat er nicht. Langsam merkt er, wie das Laktat in seinen Beinen nach oben steigt und diese langsam schwerer werden.

Das bemerkt auch Jürgen Soar. „Lange kann er dieses Tempo nicht durchhalten.“

Doch Bet Riebler kennt keinen Schmerz. Er kämpft weiter. Seine Fehlpassquote bleibt jedoch sehr hoch. Immer wieder gibt es Missverständnisse zwischen ihm und seinen Teamkollegen. Immer wieder bekommt er den Ball in aussichtsreicher Position. Irgendwie will den Lüdenscheidern kein Spielzug gelingen! So wie jetzt, als Riebler erneut den Ball erobert. Sehr schön kann sich Wüklür von seinem Bewacher lösen und spurtet los. Doch erneut läuft Rieblers Mitspieler in die falsche Richtung! Wieder geht der Pass ins Leere!

Entsetzt sieht Soar die Herner zu einem Konter ansetzen. Wie häufig in diesem Spiel, ist seine Mannschaft in der Vorwärtsbewegung gewesen. Damit ist die Verteidigung offen wie ein Scheunentor. Ein einfacher Spielzug – Flanke – Tor! 0:2 für Herne-West!

Noch während die Herner jubeln, ertönt ein lauter Knall in der Nähe der Südtribüne. Rauch steigt auf. Anscheinend machen ein paar Lüdenscheider Hooligans ihrem Unmut Luft. Durch den Rauch ist es nicht möglich, die Situation zu überblicken.

In diesem Moment pfeift der Schiedsrichter die erste Halbzeit ab.

„Was für ein Glück!“, denkt sich Soar. „15 Minuten, um meine Mannschaft zu sortieren! 15 Minuten, um dieses Chaos zu beseitigen!“

*

Wieder einmal wartet Marcel Hacker auf seine Kollegen vor dem Besprechungsraum der ITK. Gedankenversunken beobachtet er durch ein Seitenfenster die Beladung einiger Lkws der Auslieferung Nord. Plötzlich hört er ein bekanntes Pfeifen. „Always look on the bright side of life!“ Ohne zu bemerken, wer da pfeift, singt er innerlich mit. „Life's a peace of shit. When you look at it.“ In diesem Moment schlendert ein gut gelaunter Herbie um die Ecke und reißt ihn mit einem lauten „Hallo Hacki“ aus seiner Lethargie.

„So habe ich dich ja schon lange nicht mehr erlebt, Herbie! Was ist los mit dir?“, fragt Hacker ganz erstaunt. „Schließlich prügeln wir gleich wieder aufeinander ein! Hast du deinen Knüppel dabei?“, fragt er voller Ironie. „Ts, ts“, entgegnet ihm Herbie. „Wer wird denn hier so negative Schwingungen verbreiten? Hast du es noch nicht gehört? Unseren Oberschnösel hat es erwischt. Weiss ist draußen. Geschieht ihm recht!“

„Und?“, antwortet Hacker. „Glaubst du, jetzt ändert sich etwas?“ „Die Spatzen pfeifen von den Dächern, dass wir anscheinend eine Analystin bekommen“, antwortet der allseits bekannte Junggeselle. „Wenn jetzt die Analysen nicht erfolgreicher werden, werden sie zumindest attraktiver!“

Hacker grinst ihn breit an, stupst ihn mit seinem Zeiger mitten auf das Schlüsselbein und schmettert laut den abschließenden Vers von Herbies Ohrwurm. „Just remember that the last laugh is on you!“

*

Kurze Zeit später haben sich Herbies Hormone beruhigt, und die Analystenrunde sitzt zusammen. Wie erwartet fehlt Dominik Weiss. Stattdessen erweitern Alfa und Leiter die Besprechung des Teams. Zwischen beiden sitzt Anna List. „Guten Morgen zusammen“, begrüßt Leiter alle und blickt in die Runde. „So wie ich unseren Flurfunk kenne, erzähle ich euch jetzt wahrscheinlich sowieso nichts Neues. Kurzum – die ITK braucht Dominik Weiss für dringende Aufgaben. Da wir momentan über keine weiteren Analysten verfügen, haben wir uns entschlossen, uns extern unterstützen zu lassen. Ab sofort wird unsere neue Kollegin die Analysen leiten.“

Leiter blickt kurz in die erwartungsvollen Gesichter und fährt fort. Dann schaut er zu List, heißt sie herzlich willkommen und bittet sie, sich kurz vorzustellen. Mit einer ruhigen gelassenen Stimme beginnt sie ihren Job bei S+Z. Nach einer kurzen Vorstellungsrunde verabschieden sich Leiter und Alfa. Wie sooft muss Alfa „zum Löscheinsatz“, weil irgendwo ein Feuer brennt. Dieses Mal begleitet ihn Leiter. Ihm sind Alfas Kurzeinsätze aufgefallen. Daraufhin hatte er ihn gebeten, ihn begleiten zu dürfen. Er wolle sich ein Bild von den Problemen im Betrieb zu verschaffen.

„Bevor wir mit der Analyse starten, würde ich gerne noch zwei Dinge klären", sagt List, nachdem sie sich mit den Beteiligten auf das gängige Du geeinigt hat. „Ich möchte gerne noch einmal kurz auf meine Rolle eingehen. Mit meinem Vorgänger hat es anscheinend einige Differenzen gegeben. Deshalb würde ich gerne von euch hören und mit euch klären, was ihr von mir erwartet." Dabei schaut sie Herbie an.

Etwas überrascht antwortet er: „Na ja – es wäre schön, wenn wir einmal über die Wünsche und Vorstellungen des Fachbereichs sprechen könnten. Ich würde mich freuen, einmal nicht vor vollendeten Tatsachen zu stehen."

„Keine Angst!", erwidert List vertrauenserweckend. „Genau deshalb bin ich hier. Meine Aufgabe ist es, die Geschäftsprozesse analysiert und dokumentiert an unseren Projektleiter zurückzugeben. Sie sind dann die Vorgaben für die Erstellung der Software. Aber das hat man euch ja schon alles erzählt. Eure Aufgabe ist es, den Inhalt zu bestimmen." Dabei wendet sie sich Gabi und Herbie zu. „Ich bin nur hier, um euch zu helfen. Meine Aufgabe ist es, zu strukturieren und zu beraten. Ich kann Euch helfen, Dinge aus einem anderen Blickwinkel zu sehen oder auf Probleme aufmerksam zu machen. Entscheiden müsst ihr selbst – also du, Herbie, und du, Gabi. Ihr müsst hinterher für die Ergebnisse im Betrieb geradestehen. Mehr wissen als ihr kann ich sowieso nicht. Schließlich beschäftigt ihr euch täglich mit der Disposition. Für mich ist es der erste Einsatz in einem Logistikunternehmen."

List bemerkt, wie sich Herbie entspannt und lächelnd zurücklehnt. Sie hat wohl die richtigen Worte getroffen. Das ist genau die Atmosphäre, die sie benötigt, um in die heiklen Analysen einzusteigen.

„Aus Einzelgesprächen habe ich bereits erfahren, dass ihr mit meinem Vorgänger über Bestellungen und Aufträge uneinig gewesen seid. Vielleicht kannst du uns dazu etwas erzählen", fragt List Herbie.

Herbie überlegt einen Moment. „Stell dir vor, was das für einen Aufwand erzeugen würde, Anna! Wir müssten unseren Jungs erklären, was der Unterschied zwischen einer Bestellung und einem Auftrag ist. Die Disposition ist heute schon kompliziert genug. So wie ich es sehe, müssen wir den Betrieb demnächst mit weniger Leuten stemmen. Da sollten wir sie eigentlich entlasten."

Anna überlegt einen Moment. Herbie sieht also keinen Vorteil in der Trennung zwischen Bestellung und Auftrag. Deshalb fragt sie nach: „Was ist denn eigentlich für dich der Unterschied zwischen einer Bestellung und einem Auftrag?" Herbie seufzt und runzelt die Stirn. „Gute Frage! Was meinst du?"

Diesen Gefallen macht ihm List nicht. List schaut in die Runde. „Was meinst du dazu, Gabi?" Die Fachbereichsmitarbeiterin aus der Lagerhaltung schaut List etwas verschüchtert an. „Für mich ist das eigentlich nicht wichtig, ob ich bestelle oder beauftrage. Hauptsache, unsere Güter werden von A nach B transportiert."

Doch List lässt nicht locker. „Lass mich die Frage anders stellen. Was bestellt oder beauftragt denn die Lagerhaltung? Bittet ihr die Auslieferung Nord um einen Lkw, der von A nach B fährt? Oder übergebt ihr nur die Güter und sagt, die müssen zu der und der Zeit an dem und dem Ort sein?"

Stapler zuckt mit den Schultern. „Da bin ich überfragt. Das macht das System. Da kenne ich mich nicht so gut aus. Vielleicht kannst du da was zu sagen, Archi?" Auf diesen Moment hatte ihr IT-Experte lange gewartet. „In unserer Lagerhaltungsdatenbank haben wir alle Transportgutdaten, Stammdaten über Absender bzw. Empfänger und natürlich die Lagerbestandsdaten", holt er stolz aus. „Der Transport vom Absender zum Empfänger führt teilweise über mehrere Lager als Zwischenpunkte – Teiltransporte also! Für jeden Teiltransport generieren wir einen Masterauftrag in unserem System und geben ihn an die Nachbarsysteme weiter. In diesem Fall natürlich an das Dispositionssystem der Auslieferung Nord."

Anna runzelt die Stirn. „Ich verstehe. Ein Transport bei der Auslieferung Nord ist für euch also ein Teiltransport. Trotzdem verstehe ich immer noch nicht, was für dich bzw. euch der Unterschied zwischen einer Bestellung und einem Auftrag ist? Vielleicht habt ihr nur einen anderen Begriff dafür? Du hast von einem Masterauftrag gesprochen. Wieso nennt ihr den Auftrag Masterauftrag?"

„Der Masterauftrag ist für uns der Datensatz, den wir an die einzelnen Dispositionssysteme übergeben", antwortet Tektor, während Anna fleißig mitschreibt. „Schließlich sind wir die Einzigen, die den gesamten Prozess von der Annahme der Güter bis zur Auslieferung begleiten."

„Heißt das, ihr steuert die einzelnen Auslieferungsbereiche über die Masteraufträge?", fragt List vorsichtig. „Mmmh", antwortet Tektor, „das könnte man so sehen. Aus den Masteraufträgen erzeugen die einzelnen Dispositionssysteme ihre einzelnen Auftragsdatensätze."

„Und das macht IHR mit einer hervorragenden Qualität!", beendet Hacker seine Zurückhaltung in seiner ironischen Art. „Wir bekommen von EUCH so häufig Attributsänderungen in den Masterdatensätzen. Jedes Mal gehen dadurch MEINE Optimierungen über die Wupper! Ist ja schön und gut mit unseren Diskussionen über Prozess hier und Prozess da. Wenn wir endlich vernünftige Daten bekämen, könnte unser Optimierungsdienst bessere Routen als bisher zusammenstellen."

„Schön, dass IHR optimiert!“, kontert Archi Tektor. „Der kleine Fehler in deiner Darstellung ist, dass wir gute Gründe für unsere Änderungen haben! Wie gesagt – IHR seid nur ein Teil der Kette. Alles beginnt im Kundensystem oder bei dem annehmenden Standort. Mit jedem neuen Auftrag, jedem neuen Transport und neuen Lagerbeständen ändert sich die Situation. Die Prioritäten der Lagerbestandssätze und Transporte müssen dann aus Gesamtsicht neu optimiert werden. Das führt natürlich zu veränderten Masteraufträgen. Und das sind dann EURE neuen Attribute, die …“

Erregt unterbricht ihn Hacker: „… die Qualität unserer Optimierung zerstören!“ „Stopp, Jungs!“, versucht List die Situation zu entschärfen. Aber Hacker lässt sich nicht beruhigen. „Für die Transporte seid IHR doch gar nicht zuständig. IHR könnt doch gar nicht in UNSEREN Betrieb hineinsehen. Woher kennt IHR UNSERE Routen, die IHR dann über den Haufen werft? Wenn WIR wissen, was wann von wo nach wo muss, priorisieren WIR selbst!“

„Und dafür sollen WIR hinnehmen, dass UNSERE Lagerhaltung nicht mehr optimal ist?“, ist es Tektor leid. „Wenn alle Bereiche priorisieren würden, hätten WIR Chaos! Oder willst DU heimlich ein zweites Lagerhaltungssystem bauen?“, schnauzt Tektor Hacker an. „Das ist es doch, was DU willst!“

„Oje!“, erkennt List. „Noch ein persönlicher Konflikt, den wir nicht auf der Rechnung haben!“ Wieder versucht sie, das Wort an sich zu reißen. „Jungs, ihr …“

Doch Hacker lässt sich nicht beruhigen. „Wollen wir nun optimieren oder nicht? WIR bekommen das wenigstens hin!“

„So wie ich das sehe, ist doch die Auslieferung immer noch ein Dienstleister für die Lagerhaltung, oder?“

„Dann nutzt doch UNSERE Dienste!“, frotzelt Hacker.

„Jetzt setz doch mal deine Programmierbrille ab. Es geht um fachliche Dienstleistungen.“

„UNSERE Dienste sind fachlich entworfen!“, stichelt Hacker trotzig.

Plötzlich unterbricht ein ohrenbetäubendes TRÖÖÖÖÖÖÖT den Raum. Erstaunt blicken alle Augen auf List. Keiner hatte bemerkt, wie sie eifrig in ihrem Rucksack gewühlt und eine gasbetriebene Fußballtröte herausgezogen hat. Aus der Mündung des Horns entweicht noch der letzte Rest des dekomprimierten Gases. Mit einem Lächeln lockert sie die Situation auf.

„Ich nenne sie meine letzte Notbremse. Sie hat schon manche Gruppen vor der Selbstzerfleischung gerettet! Ich denke, wir sollten die Sitzung vertagen, damit wir alle wieder etwas abkühlen können.“ Auf ihren vollgeschriebenen Notizzettel schauend ergänzt sie mit resoluter Stimme. „Auf jeden Fall habe ich viele Erkenntnisse gewonnen. Vielen Dank! Wir sehen uns dann morgen zur nächsten Sitzung."

*

Als alle Beteiligten den Raum verlassen haben, betritt Alfa lächelnd den Raum. Er schließt hinter sich die Tür und setzt sich zu List. „Ich habe die letzten fünf Minuten mitgehört. Das war allerdings auch nicht schwierig. Alle Achtung – ich bin beeindruckt, wie Sie das hinbekommen haben! Es ist nicht einfach, einen wütenden Mob zu stoppen. Sind Sie Fußballfan oder woher haben Sie die Tröte?"

List grinst. „Mein Bruder ist leidenschaftlicher VFL Bochum-Fan. Er hatte immer diese nervige Gaströte. Irgendwann kam mir die Idee. Da habe ich sie mir von ihm geliehen. Inzwischen habe ich eine eigene. Solche Situationen kommen zu Beginn meiner Projekte leider häufiger vor."

In diesem Moment kommt auch Leiter um die Ecke. „Ah, da seid ihr ja. Ich hoffe, ich störe nicht." Nach einer kurzen Begrüßung bringen Alfa und List den Projektleiter auf den neuesten Stand. Nachdem sich auch Leiter und List auf das „Du" geeinigt haben, fragt Leiter List vorsichtig. „Und – was ist dein erster Eindruck, Anna?"

„Ich muss dich leider enttäuschen!", antwortet List ziemlich direkt. „Ihr habt das Problem mit Dominik Weiss nicht gelöst. Es gibt noch sehr viel mehr persönliche und auch firmeninterne Konflikte. Leider ist das zwischen dem technisch-fachlichen Wirrwarr nur schwer zu erkennen. Aber ich habe schon einige Erkenntnisse gewonnen!"

„Und was ist dein Fazit?", fragt Alfa ziemlich direkt.

„Dass wir ein großes Projektrisiko haben!", erwidert die neue Analystin. „Geeignete Gegenmaßnahmen kann ich noch nicht vorschlagen. Dazu fehlen mir die notwendigen Details. Und wie groß das Risiko ist, kann ich auch noch nicht beziffern."

„Na, das ist doch schon einmal ein Anfang", klopft ihr Alfa ermutigend auf die Schulter. „Jetzt habe ich erst einmal Hunger! Kommt ihr mit in die Kantine?", fragt er beide. Mit einem leeren Magen stimmen beide dankbar zu. Auf dem Weg in die Kantine bittet Leiter List, die entdeckten Risiken formell festzuhalten und an ihn formell zu kommunizieren.

Die Stimmung im Team eskaliert

Seine Mannschaft hat die Katakomben noch nicht erreicht, da hört Soar schon, wie sich Riebler und Wüklür vor laufender Kamera erregt anschreien. „Riebler – jedes Mal spielst du in die falsche Gasse. Ich bin es echt leid, immer umsonst nach vorne zu laufen. Schalte doch einmal dein Hirn ein!" „Nun mach mal halblang, du Warmduscher!", ätzt

Riebler zurück. „Du läufst doch immer in die falsche Richtung! Ich kann doch nichts dafür, dass du falsch abbiegst! Aber das ist wohl zu hoch für dich!"

Soar packt schnell den Eimer mit dem Eiswasser, der für erste Behandlungsmaßnahmen wie Verstauchungen gedacht ist. Gerade bevor die beiden Zankhähne handgreiflich werden können, schüttet er beiden den Wassereimer über die Köpfe. „Schluss jetzt! Verzieht euch in eure Ecken! Kühlt erst einmal ab! Gleich reden wir!"

*

Die nächsten Analysesitzungen verlaufen nicht anders. List versucht, immer wieder andere Wege zu beschreiten. Jedes Mal verläuft die Besprechung nach dem gleichen Muster und endet in einem Konflikt. Einmal streiten sich Tektor und Hacker. Ein anderes Mal ist auch Herbie lautstark daran beteiligt. Inmitten des technisch-fachlichen Wirrwarrs hat sich Gabi Stapler mehr und mehr aus den Diskussionen „zurückgezogen". List fällt es immer schwerer, sie zu einer Äußerung zu bewegen.

Inzwischen hat auch Alfa die Lage erkannt und versucht vorsichtig, Großmann in den Statusbesprechungen auf das Projektrisiko aufmerksam zu machen. Doch seitdem sein Chef seinen neuen „Deal" mit dem Großkunden eingefädelt hat, gibt es für ihn nichts anderes mehr. Immer wieder klopft er Alfa auf die Schulter und sagt: „Hier geht es halt etwas rauer zu. Das bekommst du schon hin. Zeig mal ein bisschen Autorität! Die IT soll mal endlich das tun, was sie uns versprochen hat – unseren Anweisungen folgen!"

Alfas Befürchtungen sollten wahr werden. Als List mit ihrem Latein am Ende ist, bittet sie Leiter und Alfa, sich um das Problem zu kümmern. Irgendwann würde das Pulverfass explodieren.

Alle drei sind sich ziemlich schnell einig darüber, dieses Problem in einem Lenkungsausschuss besprechen zu müssen. Ohne Analyseergebnisse würde das Projekt praktisch beendet sein, ohne dass es richtig angefangen hat. Noch ist es nicht zu spät. Aber so könnte es definitiv nicht weitergehen!

Krisenanalyse in der Halbzeit

Jürgen Soar betritt als Letzter die Kabine. Seine Spieler bemerken ihn gar nicht. Selbst ein Brüllen würde dem Lüdenscheider Trainer keine Aufmerksamkeit verschaffen. Er würde in der wilden und lauten Diskussion untergehen. Einzelne Spieler gestikulieren wild hin und her und zeigen mit den Fingern auf Teamkollegen. „Wenigstens ist der Wille da!", resümiert Soar für sich. „Frust oder Unsicherheit wären viel schlimmer."

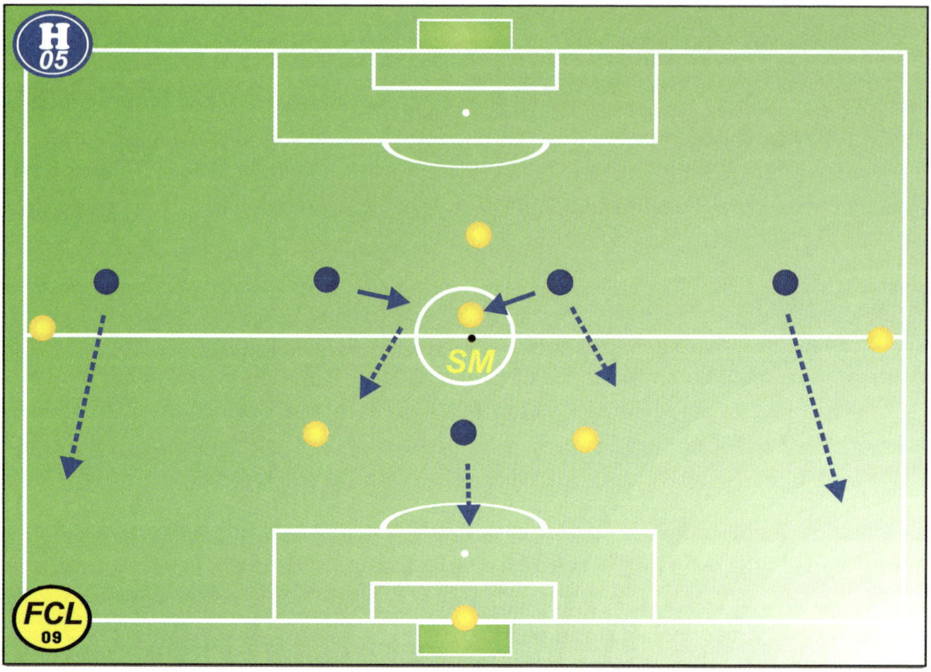

***Abbildung 7.1:** Soars Analyse: Das Doppeln des Spielmachers (SM) lohnt sich für die Herner. Ballverluste in der Vorwärtsbewegung geben dem Gegner Platz zum Kontern.*

Diese Situation ist nichts Neues für den Trainerfuchs. Für solche Fälle hat er immer seine gasbetriebene Stadiontröte. Und genau jetzt ist der Zeitpunkt, an dem er sie braucht. Mit einem lauten, dreistimmigen „Trööööt" beendet er den Tumult. Plötzlich ist es mucksmäuschenstill in der Kabine. Verdutzte Augen schauen ihn an.

„Alle setzen!", sagt er in einem sehr bestimmten, aber ruhigen Ton. „Wir haben nicht viel Zeit!" Er wirft einen kurzen Blick zu Süner. Einer Diskussion vorbeugend überfährt er ihn kurz und knapp: „Von dir will ich keinen Ton hören. Wir reden über deine Leistung in der Nachbesprechung."

„Unser größtes Problem sind die Ballverluste im Spielaufbau!", fährt Soar fort. „Die tun uns richtig weh!" Soar unterbricht seine Ausführungen. Schnell zeichnet er eine taktische Formation an das Whiteboard, das sein Co-Trainer schon vor dem Spiel aufgebaut hatte.

„Das Bild kennt ihr. Aus unserem kompakten Stellungsspiel in der Defensive ziehen wir das Spiel offensiv in die Breite. Die Außenverteidiger postieren sich auf den Flügeln. Dann wird es für die Herner schwierig. Widmen sie sich unseren Verteidigern, stehen sie in der Mitte nicht mehr kompakt. Mit diesen Räumen kombinieren wir schnell und direkt durch die Mitte. Stehen sie kompakt, haben wir Platz für unser Flügelspiel.

Wenn wir aber mitten im Spielaufbau den Ball verlieren, hat die Herner Viererkette leichtes Spiel! Dann stehen wir nicht kompakt. Unsere Verteidigung ist jetzt offen wie ein Scheunentor. Sie können sofort in die freien Räume spielen und haben Platz zum Kontern. Mit einfachen Spielzügen setzen sie uns schachmatt. So ist das 0:1 gefallen und so ist das 0:2 gefallen!

Das ist der Grund, warum die zwei Mittelfeldspieler in der Herner Viererkette unseren Spielmacher sofort doppeln und attackieren! Das machen sie nicht ungeschickt!"

„Warum verlieren wir den Ball so schnell?", fährt Soar fort. „Weil nicht jeder rechtzeitig seine Position eingenommen hat. In diesem Fall spielt Bet ins Leere. Es ist toll, wenn ihr Stürmer hinten aushelfen wollt. Vor allem, wenn wir unter Druck stehen! Die ganze Sache hat nur einen Haken. Ihr fehlt im Angriff. Bet kann euch nicht anspielen. Ihr bringt ihn damit in eine schwierige Situation. Spielt er direkt, riskiert er einen Fehlpass. Wartet er, muss er den Ball halten oder dribbeln. Dann greifen ihn sofort die zwei zentralen Herner Spieler an. Wir verlieren den Ball und geraten sofort erneut unter Druck. Dem können wir auf Dauer nicht standhalten. Das haben wir ja gesehen!

Außerdem gibt es viele Abstimmungsschwierigkeiten. Bet spielt einen Pass in die Gasse, und Derent läuft in die falsche Richtung."

„Es ist nicht so schlimm, wie es aussieht, Jungs!", versucht Soar seinen Spielern Mut zu machen. „Es sind nur ein paar Kleinigkeiten. Die tun uns aber sehr weh! Zwei Gegentore, und wir müssen unglaublich viel laufen."

„Folgendes machen wir ab sofort!", wechselt Soar wieder zu seinem knappen, bestimmten Ton, damit seine Anweisungen klar und deutlich bei den Spielern ankommen.

„Erstens: Bet ist als Spielmacher verantwortlich! Wer in die falsche Richtung läuft, ist schuld, wenn der Ball nicht ankommt!

Zweitens: Jeder hält seine Position mit den besprochenen Aufgaben!"

Jürgen Soar dreht sich um und wischt kurz seine Zeichnungen vom Whiteboard weg. Dann malt er eine neue Spielsituation an das Board und wendet sich wieder seinen Spielern zu.

„Drittens: Wenn wir den Ball erobert haben, dann passt der ballführende Spieler zu Bet. Aber nur falls er anspielbar ist. Ist das nicht möglich ist, läuft der Ball quer über die Verteidiger!", bezieht er sich auf die Zeichnung. Dann schaut er Bet an und gibt ihm eine direkte Anweisung. „Bet – wenn du nicht anspielbar bist, musst du dich freilaufen und anspielbar sein! Dann bekommst du den Ball zurück."

„Viertens: Wenn Bet den Ball hat und die Stürmer anspielbar sind, dann passt Bet direkt in die Tiefe. Jetzt ist der Angriff eingeleitet!“

Fünftens: Denkt an unseren Schwamm! Defensiv drücke ich den Schwamm zusammen“, erklärt er und ballt dabei seine Faust. „Wir stehen kompakt zusammen!“ Dann öffnet Soar die Faust und breitet seine Arme aus. „Offensiv schwärmt ihr in Breite aus. Unser Schwamm saugt das Wasser auf!“

„Verstanden?“, fragt er rhetorisch und fährt direkt fort.

„Sechstens – unser Spiel in die Spitze: Wenn Herne kompakt steht, spielen wir direkt durch die Mitte. Ansonsten spielen wir über die Flügel.

Außerdem scheint der Schiri sehr viel durchgehen zu lassen. Versucht clever zu verteidigen. Bet hat es euch vorgemacht. Wenn ihr ab und zu an der richtigen Stelle foult, dann unterbrecht ihr den Herner Spielfluss. Aber seid vorsichtig! Das ist eine Gratwanderung.“

Soar schaut in die Runde. Mit voller Überzeugung motiviert er seine Kicker noch einmal. „Das war’s, Jungs. Glaubt an euch! Wenn ihr das umsetzt, so weiter lauft und kämpft, dann besiegen wir die Kohlekicker. Denkt an die Vorbereitungsspiele! Da haben wir es auch geschafft.“

Dann klatscht Soar in die Hände. „Zeigt unseren Fans, wer WIR wirklich sind!“

*

Ganz in seinem Element gelingt es Leiter, den Lenkungsausschuss bereits einen Tag später stattfinden zu lassen. Dieses Mal muss Manfred Alfa auf seine Kollegen warten. Das ist ungewöhnlich für ihn. Er hatte Anna List gebeten, ein paar Folien vorzubereiten. Sie solle ihre Sicht auf die Probleme darstellen und allen Beteiligten erklären. List hatte Bedenken geäußert, es in diesem Rahmen zu tun. Sie wolle nicht „zum politischen Spielball“ werden. Daraufhin hatte Alfa ihr versichert, dass sie keine Konsequenzen zu befürchten hätte. Er würde als Auftraggeber und Kunde mit Dr. Grotemann und Leiter sprechen. Das hatte er auch getan. Grotemann war ohnehin schon durch Leiter eingeweiht. Ein „neutraler Blick von außen“ und eine Zusammenfassung der Probleme würden nicht schaden. List könne ja nichts dafür. Die Ursachen lägen vermutlich wo anders. Nachdem Alfa und Leiter ihr das versicherten, war List damit einverstanden gewesen und hatte sich auf die Besprechung vorbereitet.

„Guten morgen zusammen“, beginnt Alfa die Besprechung, als alle anwesend sind. „Der erste Lenkungsausschuss kann beginnen. Mit Herbie, Dr. Grotemann, mir und Paul sind wir vollzählig. Anna ist hier, weil wir sie um die Darstellung der Situation und unserer Probleme gebeten haben. Wie bereits besprochen, bitten wir Anna ganz offen zu sprechen. Bitte schieß los, Anna!“

Um möglichst schnell loslegen zu können, hatte Anna ihr Notebook schon vor der Besprechung an die Beamer im modernen ITK-Besprechungsraum angeschlossen. An ihrem Rechenknecht angekommen begrüßt sie alle ganz herzlich. „Vielen Dank, Manfred. Ich möchte gar nicht lange um den heißen Brei herumreden. Meine Sicht ist folgende:“

In diesem Moment erscheint hinter ihr die erste Folie ihrer Präsentation.

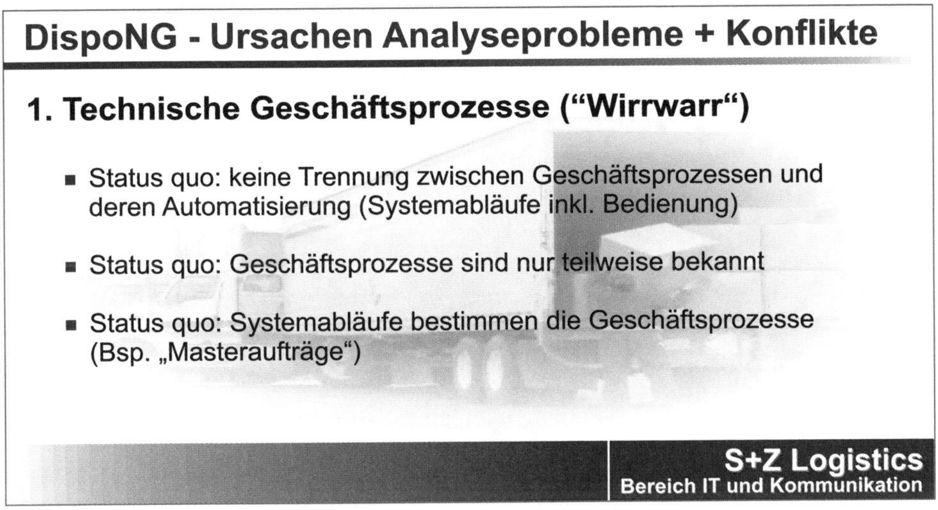

Abbildung 7.2: *Anna beschreibt in ihrer ersten Folie, dass S+Z nicht zwischen Geschäftsprozessen und deren Automatisierung trennt.*

„Als Erstes ist mir aufgefallen, dass es uns sehr schwerfällt, zwischen Geschäftsprozessen bzw. den betrieblichen Abläufen und deren Automatisierung, also den Systemabläufen, zu trennen. Ein Beispiel: Wir haben in mehreren Analysesitzungen versucht, den Unterschied zwischen einer Bestellung und einem Auftrag herauszufinden. Ziel war es festzustellen, ob wir beides benötigen. Die Diskussion ist immer nach dem gleichen Muster verlaufen. Wir sind zu der Frage gekommen: Was machen die Systeme heute? Danach befanden wir uns ganz schnell in einer Diskussion, in der sich die technischen mit den fachlichen Dingen vermischt haben. Und meistens ist dann darüber ein Streit entstanden.“

„Was ist daran so schlimm?“, fällt Dr. Grotemann List ins Wort. „Ziel ist es doch, das System zu bauen!“

„Das ist richtig“, erwidert die zierliche Analystin. „Aber zuerst müssen wir wissen, was automatisiert wird. Wir versuchen, zwei Schritte auf einmal zu machen. Im Kopf kann das keiner trennen. Der Entwickler redet von seinem Datensatz, während der Fachbereich von seinen betrieblichen Abläufen spricht. Die Technik kennt sich mit den Systemabläufen bestens aus und dominiert die Analysen durch ihr Detailwissen. Ergebnis ist dann ein technisch dominierter Ablauf, der halb Geschäftsprozess und halb Systemablauf ist."

„Unser Ziel ist es ja, das zu ändern", verteidigt Grotemann seine IT. „Wir wollen niemanden dominieren!"

„Bitte verstehen Sie mich nicht falsch!", antwortet List ruhig und vorsichtig. „Ich glaube nicht, dass es Ihre Kollegen böse meinen. Zu den Konflikten komme ich später noch. Erst einmal würde ich Ihnen gerne zeigen, wohin Sie die ‚technischen Geschäftsprozesse geführt haben." Sie wendet sich Alfa zu. „Manfred – sind dir Masteraufträge ein Begriff?"

Etwas verdutzt schaut sie Alfa an. „Nein! Wieso? Müssten die mir ein Begriff sein?"

„Wer steuert heute die Transporte der Auslieferung Nord?", fragt ihn List.

„Unsere Disponenten natürlich!", antwortet Alfa schulterzuckend, ohne zu wissen, worauf sie hinauswill.

„Das ist leider nur halb richtig! Ihr bekommt heute vom Lagerhaltungssystem einen Datensatz, der Transportinformationen enthält. Er bestimmt, was wann wohin transportiert sein muss."

„Ach", sagt Alfa nachdenklich. „Jetzt kann ich mich erinnern. Das sind die Daten aus der Lagerhaltung, die sich dauernd ändern. Deshalb haben wir Probleme mit unserer Optimierung. Die bekommen wir irgendwie nicht in den Griff. Und bei manchen Änderungen gibt es dann Engpässe, weil wir zu wenige Fahrer haben. Und manchmal streikt dann auch das System. Dann müssen wir im Notbetrieb, also ohne System arbeiten. Du glaubst gar nicht, wie viele ‚Löscheinsätze' ich hier in der letzten Zeit hatte. Aber was hat die Systemstabilität mit den neuen Geschäftsprozessen zu tun?"

„Hast du dich noch nie gefragt, WARUM sich die Daten so häufig ändern?", fragt List.

„Na ja – vermutlich war die Datenqualität nicht besonders gut", zuckt Alfa erneut mit den Schultern.

„Über den Grund sind wir in unserer ersten Sitzung gestolpert. Mit einem Masterauftrag bestellt die Lagerhaltung – technisch verpackt – Transporte bei der Auslieferung Nord. Es ist also nichts anderes als eine ganz einfache Bestellung. Daraufhin disponiert die Auslieferung Nord. Wenn jetzt Kunden neue Transporte aufgeben oder sich Lagerbestände ändern, verändert sich die Situation. Die Lagerhaltung begleitet als einzige Abteilung den Prozess vom Absender bis zum Empfänger. Durch die veränderte Situation versucht sie, die Gesamtsituation zu optimieren. Schließlich sollen möglichst wenige Transporte – insbesondere die wichtigen – verspätet ankommen und die Lagerbestände optimiert sein. Eine neue Optimierung bedeutet neue Prioritäten. Damit muss die Lagerhaltung auch die Bestellungen bei der Auslieferung Nord anpassen. Technisch bedeutet das: neue Masterdatensätze. Für euch kann das bedeuten, dass die Lagerhaltung aus Sicht des Unternehmens eine längere Transportstrecke und schlechtere Routen in Kauf nimmt, wenn dafür die Gesamtsituation besser ist.

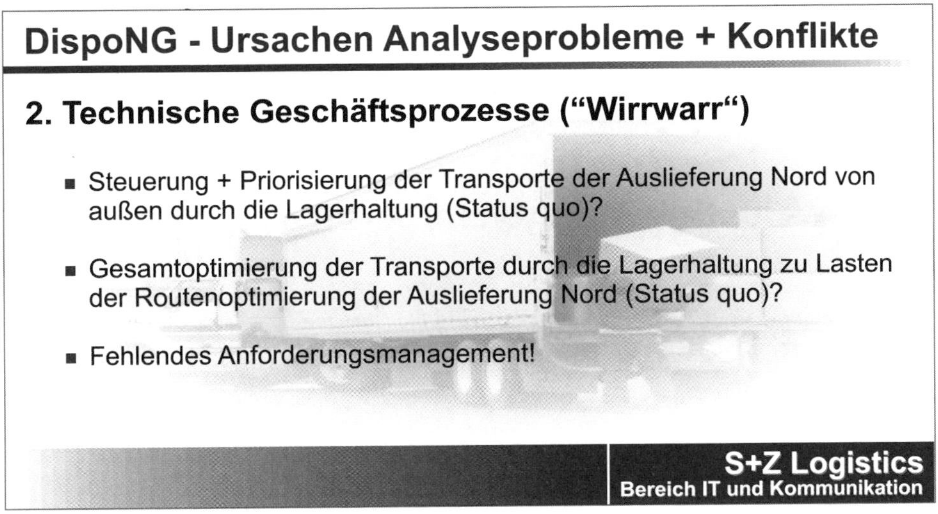

Abbildung 7.3: *Annas zweite Folie zeigt, was dem Fachbereich unklar ist. Die Gesamtoptimierung geht zulasten der abteilungsinternen Routenoptimierung. Und durch Zufall findet sich der Grund für die Feuerwehreinsätze.*

Noch einfacher: Eure Routenoptimierung geht bereits jetzt zulasten der Gesamtoptimierung!“

„Puh“, sagt Alfa. „Das muss ich erst einmal sacken lassen.“

Aber List lässt nicht locker. „Haben das alle bis hierher verstanden?“, fragt sie und schaut in gespannte Augen.

„Und jetzt kommt die entscheidende Frage – wollen das auch alle so?“

„Das kann ich dir so nicht sagen“, antwortet Alfa.

„Und genau darum drehen sich unsere Probleme“, nimmt List die Vorlage dankend entgegen. „Die Geschäftsprozesse sind nur teilweise bekannt. Das zeigt dieses Beispiel. Und die rein fachlichen Anforderungen daran sind auch nicht klar. Das heißt, wir haben sie auch nicht im Griff. Wenn wir das geklärt haben, können wir uns Gedanken darüber machen, wie wir sie automatisieren und wo der Nutzen in der Automatisierung liegt.“

„Es gibt aber einen Bereich, in dem es funktioniert!", ergänzt sie nach einer kurzen rhetorischen Pause. „Nach Aussagen einiger Fahrer scheinen eure Notverfahren ziemlich gut zu sein."

„Stimmt", sagt Alfa und erinnert sich an die Aussage von seinem Chef vor ein paar Wochen, als dieser das IT-Projekt infrage gestellt hatte. Der hatte ihm das Gleiche erzählt. „In den Notverfahren spielen Systeme momentan keine Rolle. Sie sind ja nicht vorhanden bzw. ausgefallen. Hier ist alles technikfrei. Hier haben wir bis auf ein paar Abstimmungsprobleme auch weniger Probleme und Konflikte mit der Lagerhaltung."

„Das ist ja wie im Fußball", sinniert Fußballfan Alfa nachdenklich weiter. „Wenn wir unsere Laufwege nicht kennen, können wir sie auch nicht automatisieren."

„Klopps lustige Männchen" – Geschäftsprozesse modellieren

In unseren „beiden Spielen" ist einiges Interessantes geschehen. Lassen Sie uns deshalb wieder ein paar Hintergründe analysieren.

Wenn Sie Jürgen Soars „Kabinenpredigt" genau verfolgt haben, ist Ihnen sicherlich sein Whiteboard nicht entgangen. Warum braucht er das? Der Trainer verlässt sich nicht nur „auf sein gesprochenes Wort" (über das gesprochene Wort haben wir ja bereits philosophiert). Wie viele andere auch weiß er: „Ein Bild sagt mehr als 1000 Worte." Auf einen Blick erkennen wir hier die Zusammenhänge und verstehen sie zusammen mit den Erklärungen. Der Mensch besitzt außerdem ein mehr oder weniger ausgeprägtes fotografisches Gedächtnis. So kann er sich Zusammenhänge in komprimierter Form merken. Es heißt ja nicht umsonst: „Ich habe ein klares Bild vor Augen!"

Was sich für die Spieler in der Kabine eignet, funktioniert auch beim Fernsehzuschauer. Können Sie sich noch an Jürgen Klopps Analysen im ZDF bei der Fußballweltmeisterschaft 2006 erinnern? Selbst Ronaldinho soll auf „den großen Blonden mit dem Dreitagebart" aufmerksam geworden sein, der immer „so lustige Strichmännchen" gemalt hat. Der beliebte Trainer hat es mit seinen Skizzen und Erklärungen geschafft, selbst Fußballneulingen komplexe Spielzüge einfach und mit Humor zu erklären.

Er hat nichts anderes gemacht, als mit den Zuschauern die „Geschäftsprozesse des Fußballs" zu modellieren!

Schauen wir uns an, wie Jürgen Soar seine Anweisungen zeichnen bzw. Jürgen Klopp sie analysieren würde.

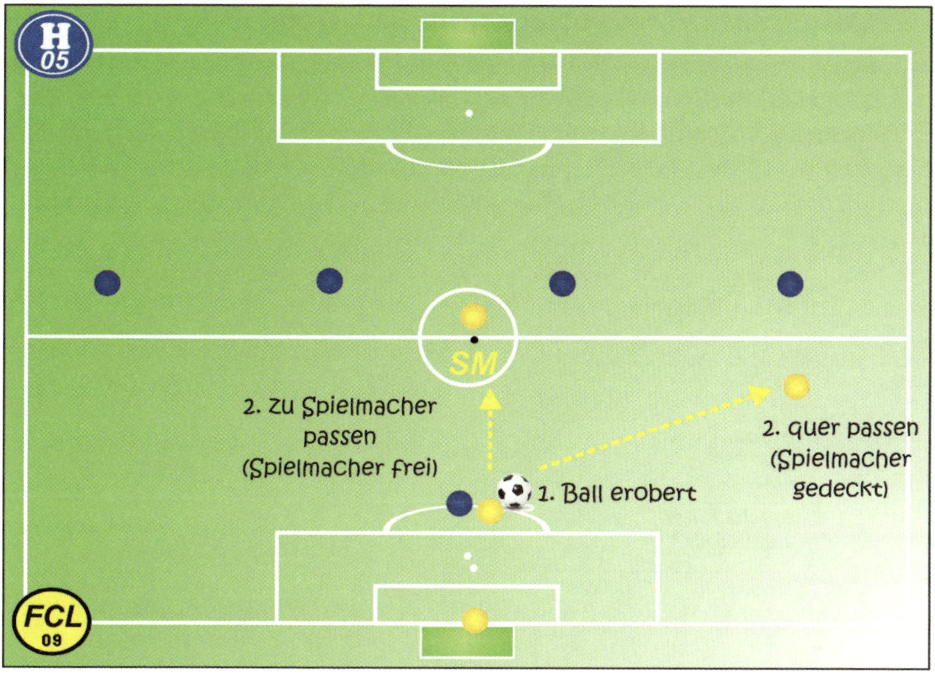

***Abbildung 7.4:** Der Spielzug nach der Balleroberung als „modellierter Geschäftsprozess" in „Fußballnotation".*

Wenn der Verteidiger den Ball erobert hat, muss er schauen, ob der Spielmacher (SM) frei ist. Ist das der Fall, kann er ihn direkt (vertikal) anspielen. Ist das nicht der Fall, muss er zu einem Verteidiger quer passen.

Schauen wir uns das Bild genauer an. Was entdecken wir? Neben dem Spielfeld sehen wir „graue" und „schwarze Punkte", einen Ball, gestrichelte Pfeile und „Arbeitsschritte" als Pfeile. Diese Elemente beschreiben unser Modell, das die Spielsituation wiedergibt. Die Elemente und die Art und Weise, wie wir sie einsetzen, nennt man in der Fachsprache „Notation". Die Bedeutung der einzelnen Elemente (z. B. der Pfeil für einen Querpass) heißt „Semantik".

Unsere „Fußballnotation" ist natürlich sehr auf das Fußballspiel zugeschnitten. Für die Geschäftsprozesse aus der Unternehmenswelt müssen wir auf andere Ansätze zurückgreifen. Lassen Sie uns einen Blick auf die gängigsten „Modellierungsarten" werfen. Es würde natürlich den Rahmen des Buches sprengen, sie im Detail vorzustellen. Dafür gibt es gute Standardwerke (einige Referenzen finden Sie im Anhang).

Das „altgediente" Flussdiagramm (DIN 66001)

Eine der ersten strukturierten Darstellungsformen für Prozessabläufe ist das Flussdiagramm. Frank Gilbreth hat es 1921 zum ersten Mal der „American Society of Mechanical Engineers" (ASME) vorgestellt. Lange vor der Erfindung des Computers stand zu dieser Zeit vor allem die Optimierung der Fließbandproduktion in der Autoindustrie im Vordergrund. Heute sind Flussdiagramme weit verbreitet und in der DIN 66001 standardisiert. Flussdiagramme werden heute häufig mit Microsoft Visio erstellt. Deshalb nennen viele häufig die Darstellung eines Geschäftsprozesses durch ein Flussdiagramm auch „Visio-Diagramm".

Betrachten wir Soars Spielzug:

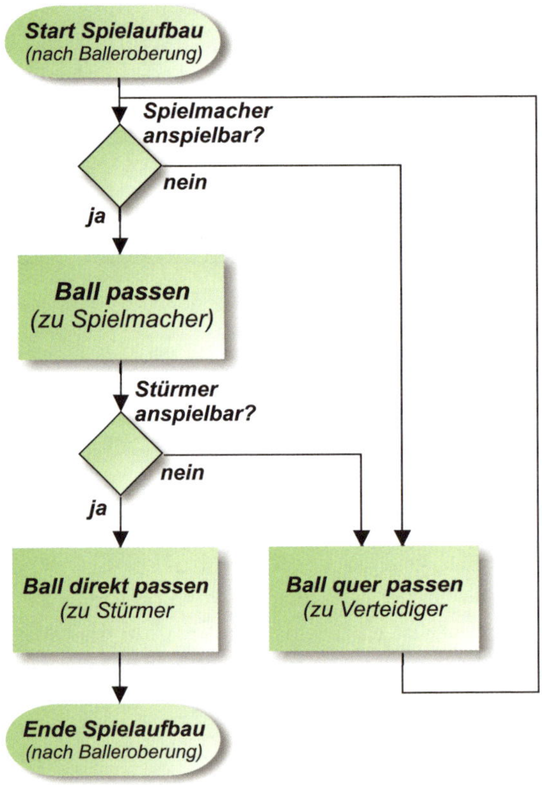

Abbildung 7.5: *So sieht Soars Spielzug im Flussdiagramm aus.*

Das Diagramm ist ziemlich selbsterklärend. Start und Ende sind durch die ovalen Elemente eindeutig gekennzeichnet. Entscheidungen werden durch die Rauten dargestellt, von denen aus je nach Bedingung verzweigt wird. Die Boxen repräsentieren die Aktionen. Flussdiagramme dürfen noch weitere Symbole enthalten. Die benötigen wir hier allerdings nicht.

Der Vorteil von Flussdiagrammen ist offensichtlich. Sie sind einfach und leicht zu verstehen. Außerdem kann sie jeder mit einfachen Hilfsmitteln erstellen. Es ist zwar möglich, Teilabläufe zu einem neuen Diagramm zusammenzufassen und durch ein Symbol zu referenzieren. Trotzdem können die Abläufe gerade bei vielen Verzweigungen sehr umfangreich und unübersichtlich werden. Außerdem muss noch vieles in Textform angegeben werden. Beispielsweise gibt es keine Möglichkeit festzulegen, wer etwas ausführen muss („wer muss den Ball passen"). Darüber hinaus können wir nicht die Bedingungen definieren, die zur Ausführung eines Ablaufschrittes gegeben sein müssen (z. B. „Spielmacher anspielbar"). Außerdem eignen sich Flussdiagramme auch nicht für die Darstellung parallel verlaufender Aktionen (z. B. das Freilaufen des Spielmachers, während der ballführende Spieler mit dem Passen beschäftigt ist).

Was ereignisgesteuerte Prozessketten („ARIS-EPK") mit der Abseitsregel gemein haben

Sehr ähnlich funktionieren die sogenannten ereignisgesteuerten Prozessketten. Sie sind das Ergebnis einer Arbeitsgruppe von Professor August-Wilhelm Scheer an der Universität Saarbrücken im Rahmen eines Forschungsprojektes mit der SAP AG. Professor Scheer hat auf dieser Basis später die ARIS-Produktreihe entwickelt. Seine Firma IDS Scheer ist mit diesem Produkt sehr erfolgreich geworden. Heute stellt sie mit ARIS Express ein kostenlos und frei verwendbares Werkzeug für die Geschäftsprozessmodellierung mit EPKs zur Verfügung.

Sie werden jetzt vielleicht die Stirn runzeln. Falls Sie EPKs schon kennen, werden Sie sich fragen: Was hat die Abseitsregel damit zu tun? Ganz einfach:

Beim Abseits ist der Moment der Ballabgabe entscheidend. Wenn zu diesem Zeitpunkt

- ein angreifender Spieler in der gegnerischen Hälfte steht,
- dieser Spieler dabei der Torlinie näher ist als der Ball,
- nur noch der letzte gegnerische Spieler (meistens der Torwart) zwischen ihm und der Torlinie steht,
- kein Einwurf, Abstoß oder Eckstoß ausgeführt wird
- der eigene Spieler den Ball gespielt hat,

dann steht dieser Spieler im Abseits.

Wenn zu diesem Zeitpunkt der Spieler aktiv am Geschehen beteiligt ist, ist er aktiv abseits. Ansonsten steht er im passiven Abseits. Ein Spieler begeht nur einen Regelverstoß, wenn er aktiv abseitssteht, also aktiv ins Spielgeschehen eingreift.

Betrachten wir das Ganze etwas formaler: Der Schiedsrichter darf nur „Abseits pfeifen", wenn all diese Regeln für ein aktives Abseits erfüllt sind. Entscheidend ist also der „Zustand" zum Zeitpunkt. All diese Bedingungen bzw. Zustände treten irgendwann ein. Sie ereignen sich. Deshalb nennen wir den Zustandswechsel auch Ereignis bzw. Eintrittsereignis. Sind alle Bedingungen erfüllt, muss der Schiedsrichter handeln. Das nennen wir „Aktivität". Er handelt in seiner „Rolle" als Schiedsrichter. Damit erzeugt er ein neues Ereignis. Er hat das „Spiel für einen indirekten Freistoß unterbrochen".

Schauen wir uns die Abseitsregel als EPK an:

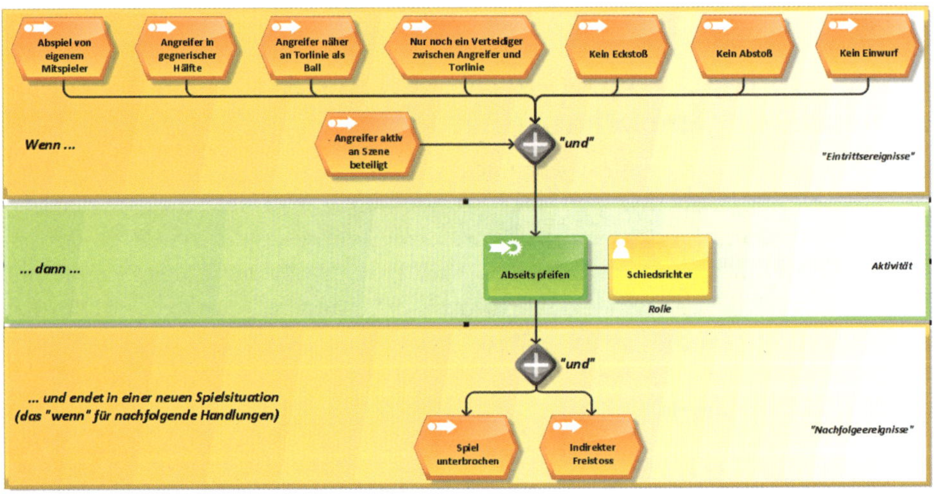

Abbildung 7.6: *Der Schiedsrichter ist nicht zu beneiden. Acht Bedingungen muss er erkennen („Eintrittsereignisse"), wenn er „Abseits pfeifen" muss.*

Interessant wird die ganze Situation beim passiven Abseits. Kennen Sie die Situation, wenn ein Spieler im passiven Abseits steht, sein Mitspieler den Ball erhält und danach direkt zu ihm weiterspielt?

Die Regelkunde im Fußball spricht dann von einer neuen Spielsituation. In der ersten Spielsituation liegt kein Regelverstoß vor. Der Spieler steht ja im passiven Abseits. Nach der Ballannahme seines Mitspielers liegt laut Regeln eine zweite Spielsituation vor. Ist der Spieler in dieser Situation dann nicht abseits (also insbesondere nicht näher als der Ball zur Torlinie), dann ist ein von ihm geschossenes Tor regelkonform. Eigentlich hat er in diesem Fall durch sein „passives Abseits“ einen „Vorsprung zum Tor“ gegenüber den Verteidigern, also einen kleinen Vorteil gewonnen. Aber so sind die Regeln eben.

Für uns ist hier interessant, dass zwei Spielsituationen „verkettet“ werden. Das Ergebnis der ersten Szene ist die Vorbedingung für die zweite Szene. Das ist das gleiche Prinzip wie bei den EPKs. Ein „Nachfolgeereignis“ (das Ergebnis) ist das „Eintrittsereignis“ für die nachfolgende Handlung (Aktivität). Ereignisse verketten die Handlungen zu Prozessen und steuern damit den Prozess.

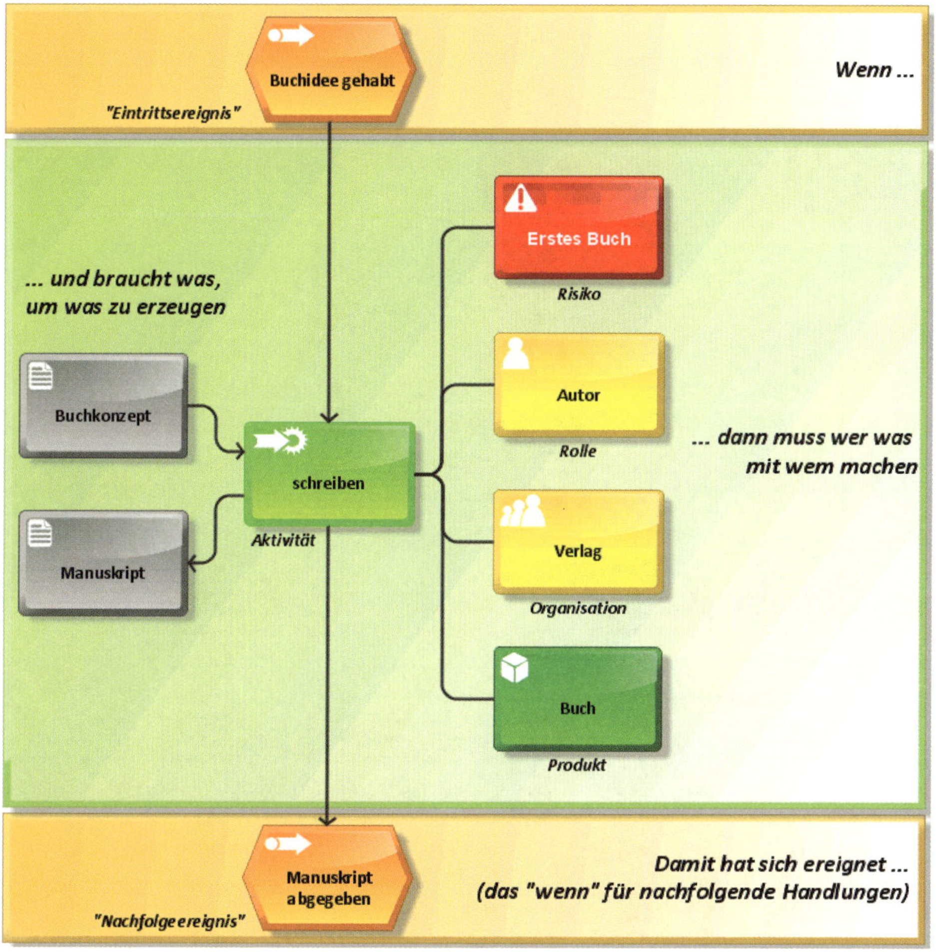

Abbildung 7.7: *Im Gegensatz zu einem Flussdiagramm kann in einem EPK eine Aktivität als „Kettenelement“ genauestens definiert werden. Nachfolgeereignisse werden zu Eintrittsereignissen, um die Kettenelemente „zur Prozesskette zu verketten“.*

Werfen wir noch einmal einen näheren Blick auf die Aktivität als Handlung. Während die „Eintrittsereignisse" das „Wenn" sind, beschreibt die Aktivität das Folgende: „Wer muss was mit wem machen (und braucht was, um was zu erzeugen)."

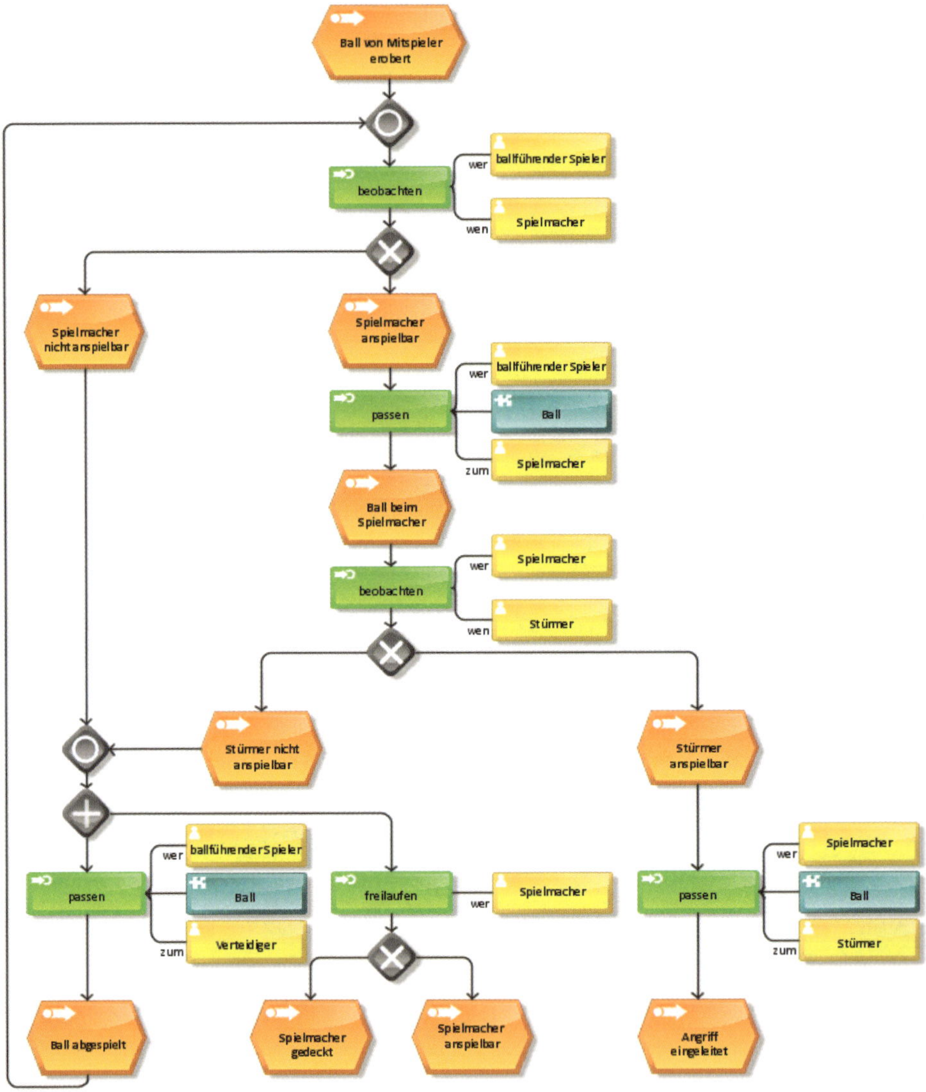

Abbildung 7.8: *Der Spielzug als ereignisgesteuerte Prozesskette*

Wenn ich „schreibe", dann mache ich das in meiner „Rolle" als Autor mit meinem Verlag („Organisation"), um mein Produkt – das Buch – zu realisieren. Dabei besteht für mich das Risiko, Fehler zu machen. Es ist schließlich mein „erstes Buch". Ohne ein „Buchkonzept" (als Dokument) ist es außerdem nicht möglich, ein gutes Manuskript fertigzustellen.

Es gibt noch weitere Ergänzungen zu einer Aktivität, auf die ich an dieser Stelle nicht eingehe. Bitte werfen Sie dazu einen Blick in die weiterführende Literatur.

Wenn Sie die EPKs mit den Flussdiagrammen vergleichen, können Sie die auszuführenden Aktionen in jedem Fall strukturierter darstellen. Obwohl mehrere Prozessschritte im Teilablauf ausgelagert werden können, nehmen auch die EPK-Modelle schnell stattliche Größen an. Daher nennen viele Beteiligte die Modelle manchmal auch „ARIS-Tapeten". Wenn die Elemente nicht sorgfältig benannt werden, sind die EPKs außerdem nicht so leicht verständlich wie Flussdiagramme. Vor allem Leute, die noch nie an Analysen beteiligt gewesen sind und die Art der Modelle nicht kennen, verstehen diese Darstellung häufig nicht. Schade ist es nur, dass Ereignisse nicht ebenfalls Detaillierungsmerkmale besitzen. Es wäre z. B. schön, ein Ereignis „im Abseits" mit der Rolle „Angreifer" verbinden zu können. Verbessernd wäre auch die Möglichkeit, ein nicht eingetretenes Ereignis angeben zu können. Beispielsweise darf ein Angreifer nicht „im Abseits" sein, um z. B. ein gültiges Tor zu schießen (Aktivität).

Damit Sie eine Vorstellung bekommen können, wie ein kleiner Prozess aussehen kann, habe ich Jürgen Soars Anweisungen aus „seiner Kabinenpredigt" als EPK dargestellt. Sie sehen, es ist möglich, parallele Aktivitäten durch ein „und" (+-Raute) zu modellieren (mit Pfeilen zu „freilaufen" und „quer passen").

Geschäftliche Anwendungsfälle (Business Use Cases)

Der Name „Anwendungsfall" beschreibt eigentlich schon, woher dieser Ansatz stammt. 1986 kam Ivar Jakobson zu einer Idee, wie man die Erwartung eines Anwenders für ein IT-System in bestimmten Situationen (Anwendungsfällen) beschreiben kann.

Der Ansatz ähnelt dem EPK-Prinzip: Der Analyst beschreibt, welches Verhalten der Benutzer erwartet, wenn gewisse Vorbedingungen erfüllt sind, und wie die Situation nach dem Ablauf aussieht. Darüber hinaus gibt er an, welche Rollen daran beteiligt sind. Bitte verwechseln Sie dabei nicht die Anwendungsfälle mit den Anwendungsfalldiagrammen der UML (Unified Modelling Language). Anwendungsfälle werden grundsätzlich in Textform beschrieben.

Nicht nur IBM hat entdeckt, dass man mit Anwendungsfällen nicht nur das Systemverhalten beschreiben kann, sondern auch betriebliche Abläufe (das „Verhalten des Betriebs"). Dabei gelten nur andere Regeln. Geschäftsprozesse werden grundsätzlich erst einmal systemfrei beschrieben. Doch dazu kommen wir später.

Im Unterschied zum EPK beschreiben Anwendungsfälle zwischen dem Zustand vor- und nachher keine einzelne Tätigkeit, sondern einen ganzen Ablauf. Dabei unterscheiden die „im Neudeutschen" genannten „Use Cases" den „normalen Ablauf" von alternativen Abläufen – hauptsächlich in Ausnahmesituationen. Dabei sind wir völlig frei, wie wir die Abläufe beschreiben.

Anwendungsfall „Angriff einleiten"

Vorbedingungen:

- Mitspieler hat Ball vom Gegner erobert

Ziel:

- Den Ball direkt in die Spitze spielen, um den Angriff einzuleiten.

Zusammenfassung:

Der Anwendungsfall beschreibt, wie der FCL als Mannschaft verfährt, wenn ein Mitspieler den Ball erobert hat, um den Ball möglichst schnell und auf direktem Wege zu den Stürmern zu bringen.

Akteure:

- Ballführender Spieler – jeder Spieler wird zum ballführenden Spieler, sobald er im Ballbesitz ist.
- Spielmacher – ist verantwortlich für den Spielaufbau.
- Verteidiger – die vier verteidigen Spieler in der Abwehrreihe
- Stürmer – Spieler, die an vorderster Front die Tore schießen sollen

Auslöser:

- Der momentan ballführende Spieler hat den Ball erobert.

Vorbedingungen:

- keine weiteren

Normaler Ablauf:

1. Der ballführende Spieler beobachtet den Spielmacher und sieht, dass er anspielbar ist.
2. Der ballführende Spieler passt den Ball zum Spielmacher.
3. Der Spielmacher beobachtet den Stürmer und sieht, dass der Stürmer anspielbar ist.
4. Der Spielmacher passt den Ball direkt zum Stürmer.

Alternatives Szenario 1: Der Spielmacher ist nicht anspielbar.

- Der ballführende Spieler beobachtet den Spieler und sieht, dass dieser nicht anspielbar ist (1b).
- Der ballführende Spieler passt den Ball quer zum Verteidiger (2b).
- Der Spielmacher versucht, sich in dieser Zeit freizulaufen (5, die Schritte 3 und 4 entfallen).
- Der Verteidiger beginnt als neuer ballführender Spieler wieder von vorn.

Alternatives Szenario 2: Der Stürmer ist nicht anspielbar.

- Der Spielmacher beobachtet den Stürmer und sieht, dass der Stürmer nicht anspielbar ist (3b).
- Der Spielmacher passt den Ball quer zum Verteidiger, der damit zum ballführenden Spieler wird (4).
- Der Spielmacher versucht, sich in dieser Zeit freizulaufen (5).
- Der Verteidiger beginnt als neuer ballführender Spieler wieder von vorn (6).

Nachfolgend garantiert (Nachfolgezustand):

- Der Angriff ist eingeleitet.

Kein Standard

Dies ist ein Beispiel, wie ein geschäftlicher Anwendungsfall beschrieben werden kann. Es gibt keinen Standard, was ein Anwendungsfall alles enthalten bzw. wie er strukturiert sein muss. In diesem Zusammenhang müssen insbesondere der Standardablauf und die alternativen Szenarien nicht in Textform beschrieben sein. Wir könnten unsere Texte z. B. auch durch EPKs oder Flussdiagramme ersetzen.

Wichtig ist, innerhalb einer Analyse oder innerhalb eines Unternehmens einen Standard festzulegen. Wie formal dieser ist, ist damit ebenfalls nicht festgelegt. Die minimale Strukturierung wäre also eine Überschrift des „zu betrachtenden Falls“. Hier wäre das der Titel „Angriff einleiten“. Anschließend könnte eine „reine Textpassage“ ohne weitere Gliederungen den Ablauf „in diesem Fall“ beschreiben.

Insofern sind Anwendungsfälle eine gute Möglichkeit, Text und grafische Darstellung der Abläufe erfolgreich miteinander zu verbinden und zu strukturieren. Durch die Angabe von Vorbedingungen und Auslöser lassen sich Anwendungsfälle außerdem sehr gut mit Geschäftsregeln und Anforderungen kombinieren.

Geschäftsprozessmodellierung mit UML

Statt EPKs und Flussdiagramme haben sich Sequenzdiagramme in der Beschreibung von Abläufen (insbesondere der Anwendungsfälle) durchgesetzt. Sequenzdiagramme gehören neben Kollaborationsdiagrammen, Klassendiagrammen u.a. zu den Standarddiagrammen, die wir mit der Unified Modeling Language beschreiben können. Der sogenannte UML-Standard wird von einem 1989 gegründetem Konsortium, der Object Management Group (OMG), gepflegt. UML geht u.a. auf die Arbeit von Grady Booch, Ivar Jacobson und James Rumbaugh aus den 90er-Jahren zurück. Inzwischen ist die UML auch als ISO/IEC 19501-Standard bekannt.

Werfen wir zunächst einen Blick auf den Standardablauf („Angriff einleiten") und die zwei alternativen Abläufe („der Spielmacher ist nicht anspielbar", „der Stürmer ist nicht anspielbar").

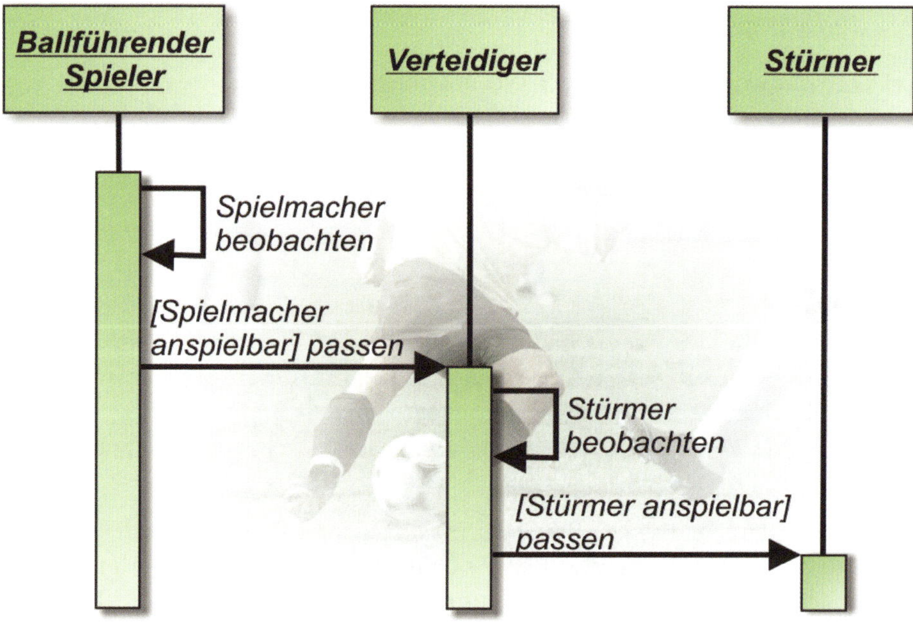

Abbildung 7.9: *Der Standardablauf „Angriff einleiten" als UML-Sequenzdiagramm*

Sequenzdiagramme sind sehr intuitiv und einfach zu verstehen. In unserem Beispiel können Sie sehen, was unsere drei Rollen in chronologischer Reihenfolge (von oben nach unten) machen sollen. Die eckigen Boxen zeigen, ob eine Rolle gerade „aktiv" ist. Der Spielmacher muss vor dem Abspiel nichts machen, da ihn die Herner nicht gedeckt haben. Der ballführende Spieler passt nur unter der Bedingung zum Spielmacher, weil dieser anspielbar ist. Das erkennen Sie an der in der eckigen Klammer dargestellten, in diesem Augenblick geltenden Bedingung. Der nicht anspielbare Spielmacher ist eine alternative Situation, die diese Darstellung hier nicht berücksichtigt.

Warum sind Sequenzdiagramme so beliebt? Im Gegensatz zu den EPKs sehen wir auf einen Blick, was eine Rolle mit wem macht. Wir könnten außerdem sehr schnell festlegen, wer für was verantwortlich ist. Außerdem ist der chronologische Ablauf (sequenziell) ebenfalls sehr deutlich.

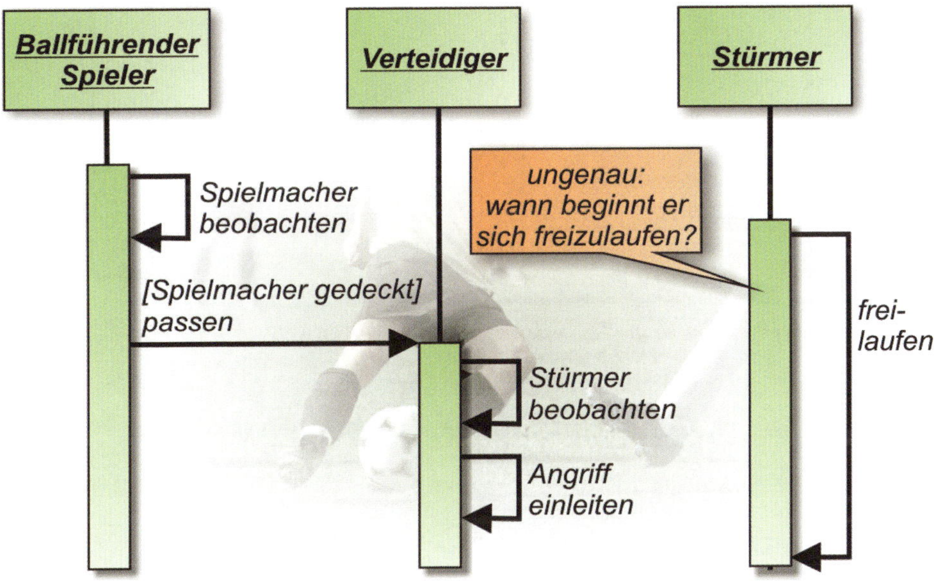

Abbildung 7.10: *Das passiert „sequenziell", wenn der Spielmacher gedeckt ist.*

Als ich den alternativen Ablauf modelliert habe, ist mir aufgefallen, dass ich nicht beschrieben habe, wann sich der Spielmacher freilaufen muss. Jürgen Soar würde natürlich sagen: „Sobald er gedeckt ist! Am besten noch davor." Aber das habe ich nicht modelliert bzw. definiert. Ich habe überlegt, ob ich diesen Fehler korrigieren soll. Allerdings ist dieser Punkt ein gutes Beispiel dafür, was passieren kann, wenn man die Dinge aus einem anderen Blickwinkel sieht. Hier ist es eine andere Modellierungsart bzw. die Modellierung aus Rollensicht. Es ist außerdem ein gutes Beispiel, dass ein Analyst präzise sein muss. Viele „Fußballexperten" hätten uns Analysten wahrscheinlich nicht auf die Lücke hingewiesen, da dieses Detail für sie trivial ist.

Ein ähnliches Detail fehlt auch bei Alternative 2 („Stürmer nicht anspielbar"). Der Stürmer muss sich freilaufen, wenn er nicht anspielbar ist. Ansonsten sind unsere Lüdenscheider einfach zu verteidigen.

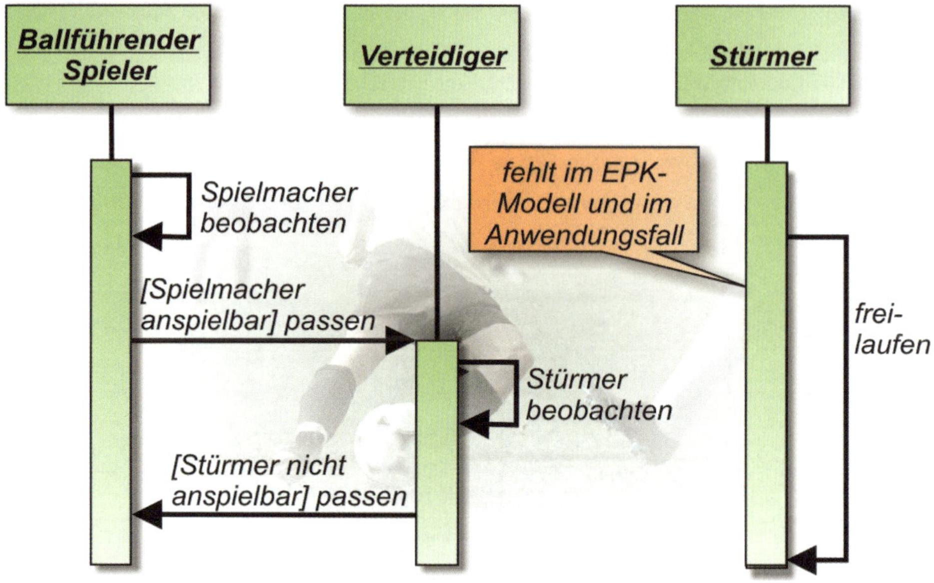

Abbildung 7.11: *Der Stürmer muss sich bewegen und freilaufen, wenn er nicht anspielbar ist!*

Die Business Process Modeling Notation (BPMN)

Die Business Process Modeling Notation ist die jüngste der hier vorgestellten Möglichkeiten, Geschäftsprozesse zu modellieren. Sie geht ursprünglich auf eine Arbeit von Stephen White (IBM) zurück und ist 2005 von der Business Process Management Initiative (BPMI) übernommen worden. Nach der Fusion mit der Object Management Group (OMG) gewinnt BPMN als OMG-Standard immer mehr an Bedeutung. BPMN ist z. B. der Standard für die Geschäftsprozessmodellierung bei den Schweizer Behörden.

Werfen wir einen Blick darauf, wie Jürgen Soars Spielzüge in BPMN aussehen. Die runden Kreise sind Ereignisse, wie wir sie aus den EPKs kennen. Dabei unterscheidet BPMN im Gegensatz zu den EPKs unterschiedliche Ereignisarten. Beispielsweise können wir mit „Timer-Ereignissen" festlegen, was passiert, wenn eine gewisse Zeitspanne verstrichen ist.

Ähnlich wie bei den UML-Sequenzdiagrammen können wir die Abläufe für unseren Verteidiger, den Spielmacher und den ballführenden Spieler chronologisch darstellen. Für jeden „Spielerprozess" haben wir statt Linien eine Box, in der die Handlung des Spielers abläuft (von links nach rechts).

Der Ablauf liest sich so: Der ballführende Spieler muss handeln, sobald er den Ball erobert (Ereignis „Ball erobert") oder den Ball angenommen hat (Ereignis „Ball angenommen“). Dann handelt der ballführende Spieler, indem er den Spielmacher beobachtet. Hier erkennen wir einen Unterschied zu den EPKs. Grafisch können wir keine Rollen explizit angeben. Es wäre zwar möglich, weitere Rollen innerhalb der Boxen durch weitere Rechtecke (sog. „Schwimmbahnen“ bzw. „Swimlanes“) dazustellen. Das ist aber vor allem unhandlich und unübersichtlich, wenn mehrere Rollen daran beteiligt sind.

Stattdessen ist es viel einfacher, bei gemeinsamen Handlungen zu beschreiben, wer was dabei machen muss. Deshalb habe ich die Ballabgabe in das „Passen“ (Handlung beim ballführenden Spieler) und das „Ballannehmen“ unterteilt (Handlung beim Verteidiger bzw. Spielmacher). Erst wenn der Ball „zum Verteidiger gepasst ist“, kann dieser damit starten, den Ball anzunehmen. Dabei tauschen beide einen Gegenstand aus – den Ball.

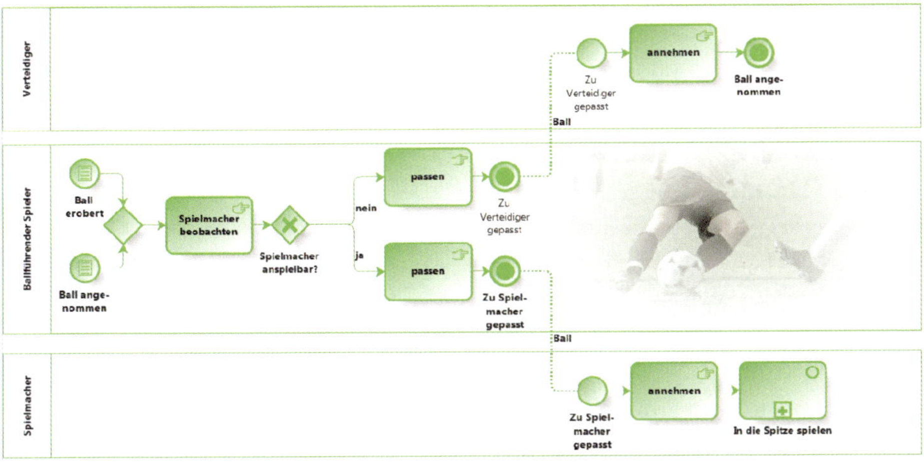

Abbildung 7.12: *Jürgen Soars Spielzüge in BPMN-Darstellung. Modelliert mit dem frei verfügbaren Werkzeug BizAgi Process Modeler.*

Das wirkt auf den ersten Blick sehr kleinkariert. Statt eines Balls könnten aber auch eine Nachricht, Informationen oder Dokumente ausgetauscht werden. Durch die Zugehörigkeit zum „Kasten“ wird eindeutig festgelegt, wer für was verantwortlich ist. Dadurch werden die Verantwortung und Zuständigkeit auf einen Blick sichtbar. Auch hier habe ich darauf verzichtet, die Sequenzdiagramme und EPKs „nachzupflegen“. Ein weiterer Beleg dafür, wozu eine andere Perspektive führen kann. Damit das BPMN-Modell übersichtlich bleibt, habe ich das Zusammenspiel zwischen Spielmacher, Verteidiger und Stürmer im Teilprozess „in die Spitze spielen“ zusammengefasst. Die Auswirkungen (also den Rückpass zum Verteidiger) habe ich ebenfalls vernachlässigt, falls der Stürmer nicht anspielbar sein sollte.

Bitte beachten Sie außerdem das letzte Ereignis, wenn der Verteidiger den Ball angenommen hat. Ab hier beginnt die „Einleitung des Angriffs“ von vorne. Der Endzustand (doppelter Kreis) ist der Anfangszustand der Handlung des ballführenden Spielers.

Es gibt noch einen weiteren Unterschied zu den EPKs. In BPMN-Modellen müssen Ereignisse nur dann modelliert werden, wenn sie benötigt werden (keine Kette Ereignis – Aktivität – Ereignis – Aktivität …). Ähnlich wie bei unseren Flussdiagrammen können wir stattdessen bei den Verzweigungen Bedingungen an den ausgehenden Pfeilen und an der Verzweigung selbst angeben. In EPKs ist das zwar auch möglich, aber eher unüblich.

Alles in allem bietet die BPMN sehr viele Möglichkeiten und Elemente, Abläufe darzustellen. In dieser Vielfalt liegt aber auch ihre mögliche Schwäche. Je nachdem ist das Modell für ungeübte Betrachter nicht sofort verständlich. Der Analyst muss also sehr behutsam modellieren und seine „Zielgruppe“ dabei „im Blick haben“. Er darf sich nicht von dem Blick „in den Werkzeugkasten“ verführen lassen.

Was ist der richtige Modellierungsansatz?

Welcher Ansatz ist nun am besten? Ich kann und will Ihnen an dieser Stelle keine Empfehlung geben. Es hängt ganz davon ab,

- was Sie mit den modellierten Abläufen erreichen und
- mit wem Sie die Modelle verwenden wollen.

Wenn Sie auf sehr strukturiert denkende Menschen treffen, die auf Details achten und damit umgehen können, sind ARIS-EPKs oder BPMN vielleicht die richtige Wahl. Möglicherweise haben die Beteiligten schon schlechte Erfahrungen mit einem Modellierungsansatz gemacht. Dann ist vielleicht ein anderer Ansatz die bessere Wahl. Wichtig ist, dass der Modellierungsansatz nicht im Vordergrund steht. Er ist nur ein „Mittel zum Zweck“. Das Werkzeug soll uns Menschen helfen, die Abläufe eindeutig und schnell zu verstehen. Auch wenn die Möglichkeiten vielleicht verführend sein sollten – „Anders kann ich es mit dieser Methode nicht darstellen!“, das darf nicht die Antwort sein. Jakob Freund und Klaus Götzer bringen es in ihrem Werk „vom Geschäftsprozess zum Workflow“ auf den Punkt. In der IT geraten wir häufig in Gefahr, den Standards hinterherzulaufen wie die stetig wachsende Anhängerschar im kollektiven Wahn bei der Jagd der heiligen Sandale (aus dem Film „Das Leben des Brian“). Auf die Frage: „Warum diesen Standard?“ bekäme man häufig die Antwort. weil er sich durchsetzen würde („Standards = gut“). Die Abläufe dürfen sich nicht nach dem Modellierungsansatz richten! Nur wenn alle Beteiligten die Ergebnisse verstehen, sich mit den Ergebnissen identifizieren und problemlos darüber diskutieren können, entwickelt Ihr Team sein volles Potenzial. Erst dann besteht die Möglichkeit, dass modellierte Abläufe leben können.

Wenn die Weiterverarbeitung nicht so wichtig ist, kann also durchaus eine Abweichung von einem Standard die richtige Wahl sein. So wie im Fußball! Stellen Sie sich nur vor, Jürgen Klopp hätte im ZDF Spielsituationen mit ARIS erklärt! Der beste Ansatz ist der, über den nicht diskutiert wird. Wie bei einem guten Schiedsrichter!

Mit Arbeitsanweisungen Spielzüge umsetzen

Im vergangenen Abschnitt haben wir einige Möglichkeiten kennengelernt, wie wir Geschäftsprozesse grafisch festlegen können. Aber Jürgen Soar beschäftigt sich in seiner Kabinenpredigt nicht nur mit den Spielzügen. Aus seiner Sicht sind nicht die Spielzüge falsch, sondern seine Spieler haben sie nur noch nicht verinnerlicht. Die Automatismen fehlen. Im Gegensatz zu unseren Logistikern kennt er seine Spielzüge bis ins letzte Detail. Es hapert also an der Umsetzung der Spielzüge.

Deshalb

- gibt er seinen Spielern noch einmal klare Anweisungen,
- stärkt er seinem Spielmacher noch einmal den Rücken,überträgt er ihm als „seiner rechten Hand“ noch einmal die volle Verantwortung, nach der sich alle auf dem Platz zu richten haben.

Abgrenzung zu den Geschäftsprozessen (Spielzügen)

Sie mögen sich vielleicht fragen, worin sich Arbeitsanweisungen von den Geschäftsprozessen bzw. Spielzügen unterscheiden. Legen doch alle das Verhalten der einzelnen Rollen fest.

Der wichtigste Unterschied ist die Perspektive! Der Geschäftsprozess legt das Verhalten aller Rollen aus der Gesamtsicht fest. Er beschreibt, *was wer wann mit wem* machen muss, damit der gemeinsame Spielzug erfolgreich ist. Eine Arbeitsanweisung ist in der Regel auf eine einzelne Rolle zugeschnitten. Sie gibt also dem Mitspieler vor, *wie* er einen einzelnen Arbeitsschritt auszuführen hat. Die Arbeitsanweisungen enthalten nur die Details, die eine Rolle zur Ausführung der entsprechenden Arbeitsschritte wissen muss.

Jürgen Soar versucht also, durch direkte Arbeitsanweisungen noch einmal jedem einzelnen Spieler klarzumachen, *wie* er sich verhalten soll. Er erzählt dem jeweiligen Spieler nur das, was für ihn persönlich wichtig ist, damit später „alle Rädchen ineinandergreifen“.

Dazu muss Soar seine Spielzüge natürlich im Kopf haben. Hat er das nicht, kann er z. B. einem Bet Riebler keine individuelle Anweisung geben! Das ist eine wichtige Beziehung.

Arbeitsanweisungen müssen sich immer aus den Geschäftsprozessen bzw. den Spielzügen ableiten und nicht umgekehrt. Ansonsten herrscht Chaos auf dem Platz!

Arbeitsanweisungen können außerdem durch das „Wie“ Details enthalten, die im Spielzug nicht beschrieben sind. Diese Details müssen natürlich den Anforderungen der Spielzüge genügen. Und sie müssen regelkonform sein. Aber dazu kommen wir später.

Betrachten wir ein Beispiel: Nehmen wir an, der Spielzug legt fest, dass „ein Verteidiger einen Ball zum Spielmacher passen muss, sobald dieser frei anspielbar ist (*wer, was, wann, mit wem*). Die Arbeitsanweisung könnte dem Spieler vorgeben, *wie* er den Ball passen soll, also z. B. mit der Innenseite. Dieses Detail würde dem Spielzug entsprechen, dort aber vermutlich so nicht festgelegt sein.

Wenn Jürgen Soar seinen Spielern die richtigen Anweisungen gibt, seine Spieler diese verinnerlicht haben, die Anweisungen umsetzen wollen (Motivation) und das auch können (Qualifikation), dann passen die Laufwege. Und an dieser „operativen Umsetzung“ hapert es momentan anscheinend noch!

Bitte nur nach den „Spielregeln“

Handelt es sich bei Jürgen Soars Ansprache nur um Arbeitsanweisungen? Sind die Spielzüge das Einzige, aus denen er die Anweisungen ableitet?

Wenn wir ihm genau zuhören, bemerken wir viele „Wenn …, dann …“-Sätze. Beispielsweise:

- „Wenn wir den Ball erobert haben, dann passt der ballführende Spieler zu Bet. Aber nur, falls er anspielbar ist. Ist das nicht möglich ist, läuft der Ball quer über die Verteidiger!“
- „Wenn Bet den Ball hat und die Stürmer anspielbar sind, dann passt Bet direkt in die Vertikale …“

Wozu stellt Soar diese Regeln auf? Es sind Entscheidungshilfen für seine Mitspieler. Sie ergeben sich aber nicht direkt aus den Spielzügen, sondern leiten sich aus seinen Zielen ab („schnelles Spiel“). Eine Regel ist für einen Spieler einfacher zu behalten als ein ganzer Spielzug. Vor allem wenn er sich entscheiden muss, in die Gasse zu laufen oder sich einem „horizontalen Ballgeschiebe“ anzupassen.

Es gibt noch weitere Regeln, nach denen sich Spieler und Spielzüge richten müssen – die Spielregeln. Jürgen Soar, seine Spieler und wir als Leser sprechen nicht darüber. Die meisten von uns kennen sie „von klein auf“ Aber sie gelten! Sie sind sozusagen

„das Gesetz“ oder die „gesetzlichen Regeln“, in deren Rahmen das Fußballspiel abläuft. Bestes Beispiel ist die Abseitsregel. Beherrscht sie ein Stürmer nicht, hat er ein Problem. Außerdem ist natürlich das Foulen nicht erlaubt. Hier gibt Soar die Anweisung, ruhig zum richtigen Zeitpunkt „jenseits der Spielregeln zu spielen“.

Im Arbeitsleben kennen wir diese Situation auch. Das bedeutet, dass wir beispielsweise Arbeitsvorschriften missachten sollen, um zum Ziel zu kommen. Ein anderes Beispiel ist die Bestechung oder Veruntreuung. In diesem Zusammenhang haben wir in den letzten Jahren einige Manager in den Schlagzeilen gesehen, weil sie diese „Spielregel“ verletzt haben.

Revision, Controlling & Aufsicht als „Schiedsrichter“ innerhalb eines Unternehmens

Es ist also sehr wichtig, einen Schiedsrichter zu haben. Sonst würde es bei einem wichtigen Spiel „Mord und Totschlag“ geben. Innerhalb eines Unternehmens sind interne Revision und das Controlling die Schiedsrichter. Die interne Revision überwacht die ordnungsgemäße Ausführung der Spielzüge und korrektes Verhalten der Spieler im Auftrag der organisatorischen Entscheider. Der neudeutsche Begriff dazu heißt „Corporate Governance (Unternehmensüberwachung)“ und „Compliance“ („ordnungsgemäß sein“). Das Controlling konzentriert sich mehr auf die Überwachung „der Kennzahlen“, also ob die Fehlpassquote zu hoch ist, zu viel Geld nutzlos ausgegeben wird etc.

Wenn einem Unternehmen die Überwachung sehr wichtig ist, lässt es sie auch gerne extern „prüfen“. Der Vorteil: Externe Prüfer unterliegen nicht so stark den Interessen einzelner Mitarbeiter bzw. des Unternehmens. Sie müssen auf ihren Ruf achten und haften oftmals für die Prüfungsergebnisse. Die Qualität der Prüfung ist dementsprechend besser, und die Ergebnisse sind aussagekräftiger.

In vielen Fällen reicht der „freiwillige“ Antrieb nicht. Ein Schiedsrichter muss neutral sein. Selbst ein externes Prüfungsunternehmen kann das nicht sein. Schließlich ist sein Auftraggeber der zu überwachende Prüfling selbst. Das wäre so, als wenn Jürgen Soar jemandem Geld bezahlen würde, die Partie „gegen Herne zu pfeifen“.

In diesem Fall überwachen staatliche Behörden, also der Gesetzgeber die Unternehmen. In der Bankenlandschaft ist das z. B. die Bundesanstalt für Finanzdienstleistungsaufsicht (BaFin). Ein anderes Beispiel ist die Bundesnetzagentur. Sie „reguliert“ den Telekommunikationsmarkt. Sie sorgt als Schiedsrichter mit den aufgestellten Regeln und ihrer Überwachung dafür, dass die „Vereine“ in einem „fairen Wettbewerb“ gegeneinander spielen können.

Abbildung 7.13: *Der Zusammenhang zwischen Geschäftsregeln & Geschäftszielen, Geschäftsprozessen (Spielzüge) und Arbeitsanweisungen. Welche Anforderungen an wen gestellt werden, ist durch die Pfeile dargestellt.*

Die Geschäftsregeln als Basis für ein geschäftliches Anforderungsmanagement

So langsam wird es unübersichtlich! Neben Geschäftsprozessen (Spielzügen) und Arbeitsanweisungen haben wir jetzt auch noch Geschäftsregeln (Taktik und Spielregeln) und Geschäftsziele (z. B. „attraktiv, direkt in die Spitze spielen"). Wir haben bereits die Abhängigkeiten kennengelernt. Es wäre fatal, wenn sich die Spielzüge aus den Arbeitsanweisungen ableiten würden und nicht umgekehrt.

Statt „ableiten", „abhängig" oder „Beziehung" könnten wir auch von Anforderungen sprechen. „Spielzüge müssen regelkonform sein" bedeutet z. B., dass ein Spielzug den Anforderungen aller Spielregeln entsprechen muss". Oder noch genauer – Jürgen Soar muss seine Spielzüge so festlegen, dass beispielsweise seine Spieler die Abseitsregel nicht verletzen.

Lassen Sie uns ein Beispiel betrachten, um zu sehen, was daran so schwierig ist. Betrachten wir dazu die dritte Anweisung von Jürgen Soar aus „seiner Kabinenpredigt": „Bet – wenn du nicht anspielbar bist, musst du dich freilaufen und anspielbar sein! Dann bekommst du den Ball zurück." Der Trainer des FCL spricht dabei Bet direkt an. Er gibt ihm eine klare Anweisung.

Zwischen den Zeilen gilt diese Anweisung aber auch für alle anderen als taktische „Geschäftsregel". Im zweiten Teil des Satzes sagt er, dass der Spielmacher immer anspielbar sein muss. Ist diese Regel nicht erfüllt, kann sein Spielzug nicht gelingen. Dann gefährdet der Wettbewerb durch einen Konter seinen sportlichen Erfolg. Die Erfüllung dieser Regel ist also eine Anforderung an den Spielzug! Natürlich können wir das andersherum betrachten. Ein anderer Spielzug könnte besser sein! Dafür müsste dann aber die Regel geändert werden. Damit würden wir aber den Rahmen für den Spielzug verändern und so die Anforderungen an ihn. Die Regeln setzen also den Rahmen für die Spielzüge.

Das Gleiche gilt für Spielzüge und Arbeitsanweisungen. Wir wissen bereits, dass sich die Arbeitsanweisungen nach den Spielzügen richten müssen. Ansonsten besteht die Gefahr, dass die Arbeitsanweisungen nicht zusammenpassen. Dann kann der Spielzug nicht erfolgreich ablaufen. Schließlich gilt er für alle Beteiligte. Also muss auch die vierte Anweisung (der Schwamm à „zusammengedrückte Defensive und ausgedehnt, vollgesogen und breit in der Offensive") den Anforderungen des Spielzugs genügen.

Anforderungen sichern Abhängigkeiten und Zusammenhänge

Fassen wir also noch einmal zusammen:

Begriff	**Definition**
Geschäftsziele & Geschäftsregeln	sind der Rahmen für das Handeln.
Geschäftsprozesse (Spielzüge)	beschreiben, wer welche Schritte wann mit wem ausführen muss (*was wer wann mit wem*) → der Spielzug

Begriff	**Definition**
Arbeitsanweisungen (Aufgaben pro Spieler)	*wie* muss eine Aktion ausgeführt werden → z. B. wie wird der Ball gestoppt
Anforderungen + Kennzahlen	Alles hängt über die zuvor beschriebenen Anforderungen zusammen. Diese müssen messbar sein (Kennzahlen).
Anforderungsmanagement	Nur wer die komplexen Zusammenhänge im Griff hat, beherrscht das Spiel und setzt Taktik, Strategie und Ziele erfolgreich um. Das Anforderungsmanagement ist die Art und Weise, wie ein Unternehmen den Umgang mit den Anforderungen organisiert. Dazu gehören insbesondere die Verfolgung und Sichtbarkeit der Abhängigkeiten. Die Neudeutschen nennen das auch gerne „Traceability" (Verfolgbarkeit).
Maßnahmen	sind neue oder veränderte Anforderungen an die Geschäftsprozesse bzw. Arbeitsanweisungen.

Tabelle 7.1: *Geschäftsregeln & Geschäftsziele als Basis für das geschäftliche Anforderungsmanagement*

Was sind dann Maßnahmen? Maßnahmen sind nichts anderes als neue bzw. veränderte Regeln oder Ziele. Damit verbessern die Jürgen Soars dieser Welt die Spielzüge (idealerweise messbar). Sie sind also neue oder veränderte Anforderungen als Rahmen für die Geschäftsprozesse bzw. Arbeitsanweisungen. Das kann auch der Fall sein, wenn existierende Regeln oder Ziele nicht eingehalten werden. Dann werden beispielsweise Regeln verschärft oder neue aufgestellt.

Unklare Laufwege – wenn Systemabläufe mit Geschäftsprozessen verschwimmen

Kommen wir nun zurück zu unseren Logistikern. Was hat Jürgen Soars Kabinenpredigt mit der Projektkrise zu tun?

Zunächst einmal gibt es in beiden Teams Spannungen. Während auf dem Spielfeld Riebler und Wüklür fast handgreiflich werden, existieren im Projekt Konflikte auf allen Ebenen. Grossmann bekämpft Grotemann. Und auch im Analyseteam haben inzwischen die Teammitglieder untereinander den ein oder anderen Zwist ausgefochten. Alfa, Leiter, List und Grotemann sitzen praktisch auf einem Pulverfass.

Bei unseren Lüdenscheidern hat Jürgen Soar erkannt, woher die Konflikte und die Probleme stammen. Wie bereits gesehen verlassen die Spieler ihre Positionen und missachten damit ihre Arbeitsanweisungen. Dadurch scheitern die Spielzüge, weil das Zusammenspiel nicht mehr funktioniert. Durch das Verlassen der Positionen und durch die Missverständnisse vergessen die Mitspieler, wofür sie zuständig sind. Konflikte sind vorprogrammiert. Durch die Missverständnisse wissen die Spieler nicht mehr, wohin sie laufen sollen. Weil sich die Spieler nicht Rieblers Verantwortung unterordnen, fällt es dem Spielmacher schwer, „sein" Spiel zu steuern.

Wir haben gesehen, wie Jürgen Soar darauf reagiert hat. Mit seiner Ansprache hat er seine Spieler zurück auf ihre Positionen „gepfiffen" und die Verantwortung geklärt. Unbewusst hat er auch das Spielsystem an die Situation angepasst, aber dazu kommen wir später.

In unserem IT-Projekt sind die Laufwege ebenfalls unklar. Anna List hat das erkannt. Sie sieht den Grund vor allem in der fehlenden Trennung zwischen den Geschäftsprozessen und deren Automatisierung – den Systemabläufen. Die Techniker haben die Systemabläufe im Hinterkopf. Sie nehmen damit unbewusst Einfluss auf die Geschäftsprozesse. Das stößt auf den Widerstand im Fachbereich. In diesem „technisch-fachlichen Wirrwarr" ist zunehmend unklar, wer für was zuständig ist. Im übertragenen Sinne verlassen die Beteiligten ihre Position auf dem Spielfeld. Darüber hinaus wissen sie nicht genau, was automatisiert werden soll. Beispielsweise streiten sie darüber, ob bestellt werden soll oder nicht.

Als Anna Alfa diese Situation klarmacht, erkennt der Fußballfan die Parallelen zur Jagd auf das runde Leder: Auch bei S+Z sind anscheinend die Laufwege unklar. Und sie führen dazu, dass am Ende die Systemabläufe die Geschäftsprozesse bestimmen. Das Beispiel von den Masterdatensätzen unterstreicht das.

Was wir hier in ein paar Zeilen zusammengefasst sehen, ist eines der Hauptprobleme zwischen den vielen ITKs dieser Welt und ihren Fachbereichen bzw. Kunden. Lassen sie es uns das deshalb genauer untersuchen.

Dazu stellen sich uns folgende Fragen:

1. Was ist der Unterschied zwischen einem Systemablauf und einem Geschäftsprozess? Welche Rolle spielen Arbeitsanweisungen dabei?
2. Warum fällt es uns so schwer, zwischen beidem zu trennen?
3. Was sind die Konsequenzen, die wir bei unseren Logistikern schon ansatzweise kennengelernt haben?
4. Wie können wir frühzeitig erkennen, dass beide Welten miteinander verschwimmen?

Systemabläufe als Arbeitsanweisungen für „automatisierte Spieler"

Um einen Systemablauf von einem Geschäftsprozess zu unterscheiden und den Zusammenhang zu den Arbeitsanweisungen festzustellen, müssen wir erst einmal wissen, was ein Systemablauf genau ist.

Die Erklärung fällt uns leichter, wenn wir betrachten, *wofür* die IT eigentlich Systeme oder neuerdings Dienste entwickelt und bereitstellt.

So hart es auch klingt – eigentlich sollen Systeme nur Arbeitsschritte automatisieren,

- die wir Menschen zuvor ausgeführt haben oder
- zu denen wir Menschen gar nicht in der Lage sind.

Richtig konstruiert sind unsere „Rechenknechte" u. a. sehr viel zuverlässiger und schneller als wir. Außerdem können sie viel mehr im Gedächtnis behalten.

Allerdings sind sie nicht so lernfähig. Im Gegensatz zu unseren automatischen Kollegen können wir improvisieren. Wir passen uns an und können komplexe Anweisungen durch unsere Erfahrungen interpretieren.

Dagegen müssen Systeme immer nach den Mustern handeln, die wir ihnen vorgeben – den Systemabläufen. Maschinen sind „dumm". Deshalb müssen wir ihnen genau sagen, was sie tun müssen. Sie sind so dumm, dass wir die Maschinen bis ins kleinste Detail „programmieren" müssen (die Nullen und Einsen). Das wollen wir natürlich nicht jedes Mal aufs Neue machen. Weil wir außerdem die Millionen Arbeitsanweisungen beherrschen wollen, haben wir uns Modelle, Konzepte, Werkzeuge u.v.m. ausgedacht. So stecken selbst hinter manchmal sehr einfachen Programmen eine eigene Wissenschaft und viel mehr Code, als wir vermuten.

Es gibt heute nur noch sehr wenige Menschen, die diesen Weg vollständig beherrschen, geschweige denn verstehen. So wird aus dem eigentlich vorhersagbaren Verhalten unserer „Blechbüchsen" manchmal eine Überraschung.

Insofern sollten wir also wissen, wie sich ein Programm verhalten soll. Von den Mitarbeitern verlangen wir das ja auch. Und wir sollten wissen, warum wir welche Schritte automatisiert haben. Schließlich kann auch eine Maschine krank werden. Bereits bei den ersten Computern haben sich Wanzen (die echten!) in die muckelig warmen Bauteile eingenistet und für manch unerwartetes Verhalten gesorgt (Kurzschluss). Wanze heißt auf Englisch „Bug". Daher stammt die noch heute gängige Bezeichnung für Computerfehler, die jeder von uns fürchtet!

Systemabläufe beschreiben also, *wie* ein System Arbeitsschritte ausführen soll. Als Arbeitsanweisungen für Maschinen müssen die Systemabläufe aus den betrieblichen Abläufen abgeleitet werden.

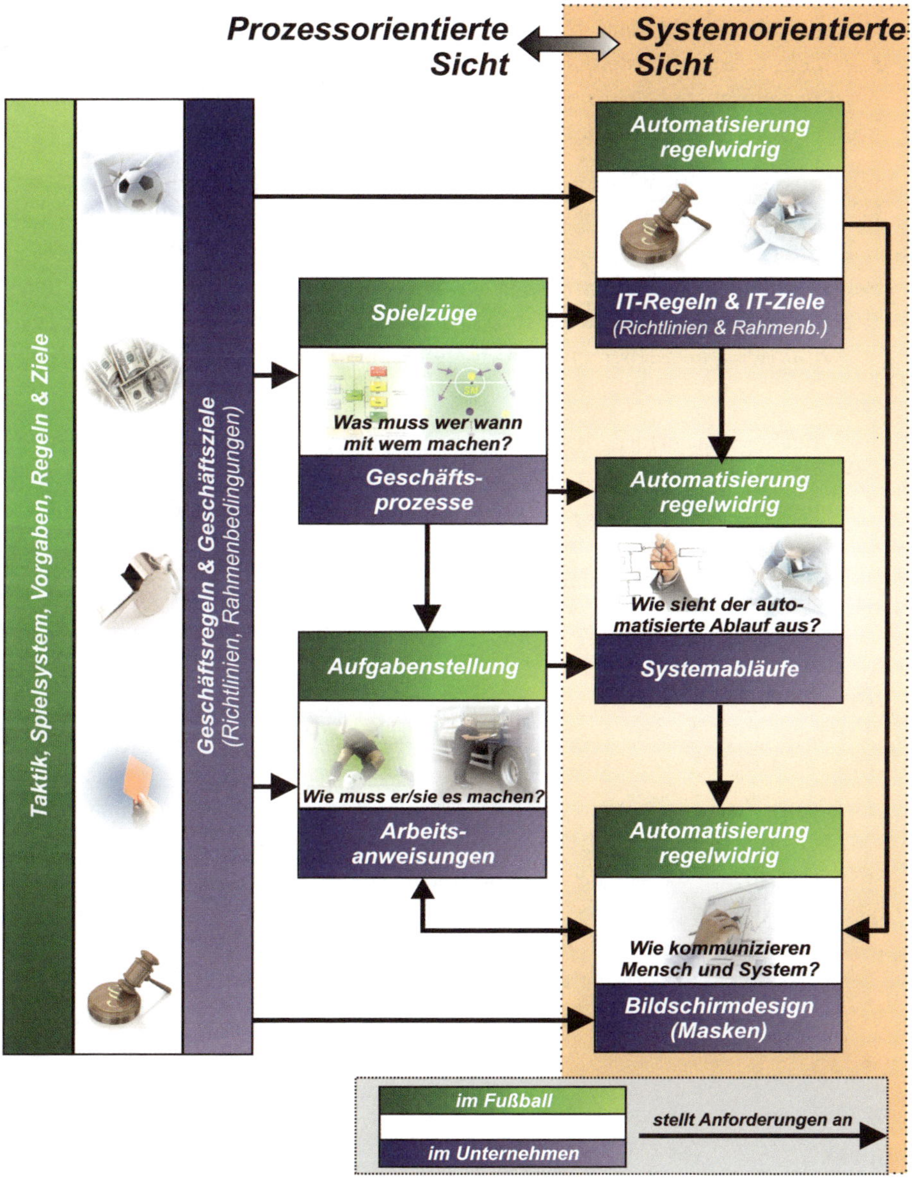

Abbildung 7.14: *Unser Gesamtmodell berücksichtigt jetzt die Automatisierung und die Abgrenzung zwischen Systemabläufen und (technikfreien) Geschäftsprozessen.*

Die Kommunikation zwischen Mitarbeitern und ihren „automatisierten Kollegen"

Dabei unterscheiden wir innerhalb eines Systemablaufs voll- und teilautomatisierte Arbeitsschritte. Ist keine Person an einem Arbeitsschritt beteiligt (sind nur Systeme oder nur das System selbst betroffen), führt das System diesen Arbeitsschritt vollautomatisch aus. An einem teilautomatisierten Arbeitsschritt ist mindestens eine Person beteiligt. Sie muss mit ihrem automatisierten Kollegen kommunizieren. Der Systemkollege unterstützt den Fachbereichsmitarbeiter z. B. bei der Erfassung einer Bestellung.

Dadurch müssen wir nicht nur beschreiben, wie sich das System verhalten soll (Systemablauf). Wir müssen auch festlegen, wie Mensch und Maschine bei einem teilautomatisierten Arbeitsschritt miteinander kommunizieren sollen. Natürlich gibt es inzwischen andere Kommunikationsformen wie die Spracherkennung. In der Regel erfolgt die Bedienung eines Systems aber über eine Eingabe am Bildschirm. Die Festlegung der Bildschirmeingaben und Informationen nennen wir auch Bildschirmdesign („Masken").

Ist eine Eingabe nicht erforderlich, informiert uns nur das System. Dann lesen wir etwas am Bildschirm und reagieren auf diese Informationen mit einem Arbeitsschritt ohne Systembeteiligung. Wir müssen also nicht nur „den Maschinenteil" über das Bildschirmdesign festlegen, sondern auch, wie die Menschen mit der Bedienung umgehen. Bedienung und folgende Handlungen sind also Bestandteil der Arbeitsanweisungen.

Hier schließt sich der Kreis. Systemabläufe, Arbeitsanweisungen und Bildschirmdesign müssen also zum Gesamtablauf – dem Geschäftsprozess – passen. Er ist der Ursprung und bestimmt, „*wann was wer mit wem*" machen soll.

Automatisierung in zwei Schritten

Lassen Sie uns ein Beispiel betrachten. Es zeigt ausschnittsweise, wie wir aus einem betrieblichen Ablauf (technikfrei) ableiten können, wie ein System diese Schritte automatisiert. Natürlich muss der betriebliche Ablauf definiert sein (1. Schritt), bevor wir festlegen, was wir automatisieren (2. Schritt).

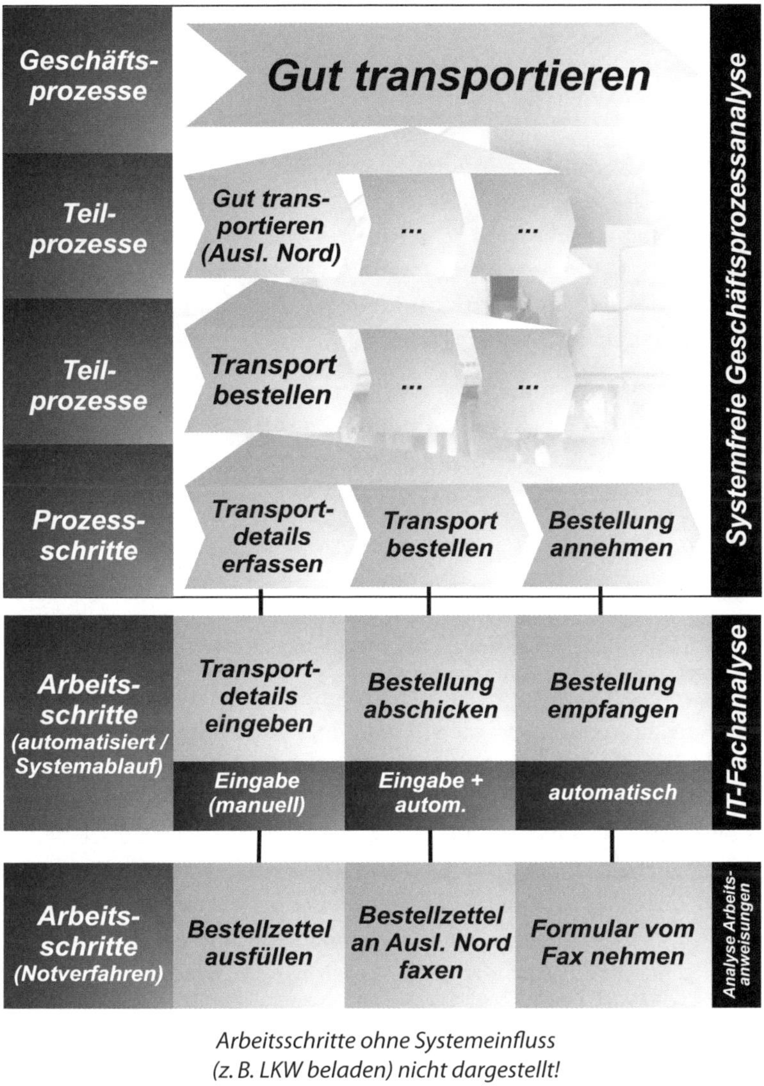

Abbildung 7.15: *Wichtig ist es, die Geschäftsprozesse technikfrei zu analysieren, damit wir im zweiten Schritte – der Systemanalyse – überlegen können, was wir wie automatisieren.*

Bitte werfen Sie dazu einen Blick auf die Abbildung. Lassen Sie uns annehmen, wir möchten z. B. den Teilprozess „Transport bestellen" automatisieren. Dazu müssen wir u.a. die drei Prozessschritte

1. „Transportdetails erfassen“
2. „Transport bestellen“
3. „Bestellung annehmen“

durch ein neues System automatisch ausführen lassen. Die Geschäftsprozessspezifikation sollte enthalten, welche Transportdetails erfasst werden müssen. Das geschieht allerdings nur aus betrieblicher Sicht. Sehr hilfreich ist dabei die Vorstellung, was auf einem Bestellformular erfasst werden müsste, wenn zwei Personen diesen Vorgang ohne System erledigen würden. Was würden sie für diesen Arbeitsschritt auf einen Brief schreiben? Was würden sie sich bei einem Telefonat sagen?

Dann können wir über die Systemumsetzung nachdenken. Hier stellt der Geschäftsprozess Rahmenanforderungen. Dann können die „Techniker“ vorschlagen, wie der automatisierte Ablauf aussehen könnte. Beispielsweise wäre folgender Systemablauf denkbar:

1. „Transportdetails eingeben“ (aus „Transportdetails erfassen“ abgeleitet)
2. „Bestellung abschicken“ (aus „Transport bestellen“ abgeleitet)
3. „Bestellung empfangen“ (aus „Bestellung annehmen“ abgeleitet)

Damit ergeben sich neue Anforderungen an die Kommunikation zwischen Mensch und System. Für die Eingabe der Transportdetails benötigt der Benutzer sicherlich eine Möglichkeit zur Eingabe am Bildschirm (Maske). Die Eingabefelder setzen sich aus den Geschäftsprozessanforderungen und den Feldern zusammen, die aus IT-Sicht unumgänglich sind. Beispielsweise muss der Benutzer die Bestellung abschicken. Dazu benötigt er einen geeigneten „Schalter“ auf dem Bildschirm. Die Bestellung soll die Auslieferung Nord empfangen. D. h., der entsprechende Dienst oder das entsprechende System muss eine entsprechende Nachricht empfangen bzw. empfangen können. Wie das geht, hat uns Paulus Caesar ja bereits ein paar Kapitel zuvor gezeigt.

Besonders deutlich wird hier die Reihenfolge, in der wir die Anforderungen ableiten (müssen). Stellen Sie sich vor, wir hätten die Geschäftsprozesse vorher nicht spezifiziert. Wir hätten vielleicht willkürlich eine Bildschirmeingabe entworfen und dadurch möglicherweise ein ganz anderes Programmverhalten erzielt. Unsere Mitarbeiter würden sich durch eine andere Zusammenstellung der Informationen auf dem Bildschirm anders verhalten. Ohne es zu merken, hätten wir einen anderen Geschäftsprozess. Auch wenn der Fachbereich formell zustimmte – er würde diese Auswirkung nicht erkennen. Wir würden in diesem Fall die „Anforderungspfeile umdrehen“! Ohne die Auswirkungen zu verstehen, stellten der Systemablauf und das Bildschirmdesign Anforderungen an die Arbeitsanweisungen und damit an die betrieblichen Abläufe.

Vorbild Notfallprozesse

Auf die gleiche Art kann der Fachbereich übrigens Arbeitsschritte im Notfall bestimmen. Eine systemfreie Umsetzung des Geschäftsprozesses wäre beispielsweise:

1. einen Bestellzettel auszufüllen (aus „Transportdetails erfassen" abgeleitet)
2. den Bestellzettel an die Auslieferung Nord zu schicken (aus „Transport bestellen" abgeleitet)
3. das Formular vom Fax zu nehmen (aus „Bestellung annehmen" abgeleitet)

Fassen wir also noch einmal zusammen:

Begriff	**Definition**
System	aus betrieblicher Sicht nichts anderes als ein „automatisierter Mitarbeiter" bzw. Kollege
Systemablauf	bestimmt (wie bei allen anderen Mitarbeitern), *wie* das System Arbeitsschritte ausführen soll. Während Arbeitsanweisungen das Verhalten aus Mitarbeitersicht vorgeben, definiert der Systemablauf das Verhalten unseres „automatisierten Mitarbeiters". Systemabläufe sind deshalb aus dieser Sicht wie eine Arbeitsanweisung zu behandeln. Da sich alles um das „Wie" dreht, ist ihre Beschreibung im Gegensatz zu den Geschäftsprozessen technisch. Damit das System nicht die betrieblichen Abläufe bestimmt, müssen die Systemabläufe aus den Geschäftsprozessen abgeleitet werden. Dazu stellen die Geschäftsprozesse Anforderungen an die Systemabläufe und müssen dokumentiert sein. Die Anforderungen bestimmen, was wofür und warum automatisiert werden soll. Sie definieren die Rahmenbedingungen für die Automatisierung.
Bildschirmdesign („Masken")	geben vor, wie Mensch und Maschine miteinander kommunizieren. Weil dies in den meisten Fällen über einen Bildschirm geschieht, sprechen wir vom Bildschirmdesign. Hier legen wir fest, ob ein Knopf grün ist, wie die Informationen dargestellt werden etc. Damit die Kommunikation nicht den betrieblichen Ablauf festlegt, muss das auf dem Bildschirm Angezeigte bzw. müssen die Eingabeaufforderungen („Masken") den Vorgaben aus den Systemabläufen bzw. den Arbeitsanweisungen der Mitarbeiter entsprechen.

Tabelle 7.2: *System, Systemablauf und Bildschirmdesign in Zusammenhang mit Geschäftsprozessen und Arbeitsanweisungen*

Zu viel auf einmal in der falschen Umgebung

Jetzt kennen wir die ersten Hintergründe und wissen, was ein Systemablauf ist und wie er mit unseren „betrieblichen Spielzügen“ bzw. den Arbeitsanweisungen zusammenhängt. Widmen wir uns nun der Frage, warum es IT und Fachbereich so schwerfällt, Geschäftsprozesse von der Automatisierung zu trennen.

1. Grund: Analysen und Optimierung in IT-Projekten

Eine der Hauptursachen ist das Umfeld, in dem die IT Geschäftsprozesse zusammen mit ihren Kunden analysiert und optimieren will. In einem IT-Projekt ist die Erfassung der betrieblichen Abläufe „nur Mittel zum Zweck“. Das eigentliche Ziel ist die Optimierung oder Erstellung der Software. Marcel Hacker würde die Analysen als das „überflüssige Übel“ bezeichnen, die dafür (aus sein Sicht nicht) notwendig seien. Es gibt einige, die so denken wie er! Vor diesem Hintergrund darf niemand überrascht sein, wenn sich die IT mit dem Fachbereich „in die Technik hineindenken“ will. Deshalb wollen alle Beteiligten auch das Bestehende, also die alten Systeme, verstehen.

Die Erwartungshaltung wird auch daran deutlich, wen die Fachabteilung für diese Aufgabe abstellt. S+Z ist hier kein Einzelfall. Gerne stellt das Management des Fachbereichs nicht seine Spezialisten und Verantwortlichen für die betrieblichen Verfahren, sondern seine Systempfleger, Benutzer oder IT-Experten zur Verfügung. Schließlich geht es im IT-Projekt um Systeme. Dass diese Zielgruppe aus den Fachbereichen lieber mit der IT direkt über das Systemverhalten und die technischen Abläufe sprechen will, ist verständlich.

2. Grund: Geschäftsprozess- und Systemanalyse in einem

Wenn diese Gruppe jetzt noch versucht, die betrieblichen Abläufe zu erfassen, und gleichzeitig überlegt, was sie automatisieren will, ist das Chaos perfekt. Wie unsere Logistiker ist die Gruppe häufig nicht mehr in der Lage zu trennen, was ein betrieblicher Ablauf und was das Systemverhalten ist.

Das Resultat ist ein „technisch-fachlicher Wirrwarr“, wie wir ihn in Annas Analysen gesehen haben. Dabei ist es nur allzu verständlich, dass sich alle Beteiligten so verhalten:

Die IT interessiert sich vor allem für die fachlichen Hintergründe der technischen Abläufe. Also stellt sie sich auf den Fachbereich ein. Das System hat sie als Ziel im Hinterkopf. Dabei übersetzt sie den Systemablauf ins „Fachliche“. Schließlich will sie ja die Sprache des Kunden sprechen. Damit „verstecken“ oder „vermischen“ die IT-Spezialisten ihren technischen Blickwinkel in den fachlichen Begriffen „ihrer Kunden“. Oft geschieht das unbewusst. Deutlich wird das, wenn Ausdrücke wie „Auftrag erzeugen“ statt „Auftrag erteilen“ oder „Masteraufträge“ statt „Bestellung“ entstehen.

Aber auch der Kunde trägt viel dazu bei. Häufig interessiert er sich „nur für das System". Es geht ja um die Erstellung der Software. Deshalb möchte er ausschließlich über Programmbedienung (Masken/Eingabelogik) und Programmverhalten (Logik) sprechen. Alles andere ist seine Angelegenheit und sollte die IT nicht interessieren. Der Kollege vom Fach versucht also, seinen fachlichen Blickwinkel „ins Technische" zu übertragen, also technisch zu denken.

Das führt manchmal so weit, dass die IT mit den Fachbereichskollegen die Seiten tauscht. Sie befindet sich dann auf der „Fachbereichsseite" und „sieht hinter sich" den Fachbereich auf der „technischen Seite".

3. Grund: hoher Automatisierungsgrad

Ein weiterer Grund ist der zunehmende Grad der Automatisierung. In manchen Branchen (beispielsweise bei Großbanken) sind geschäftliche Abläufe fast vollständig automatisiert. Mitarbeiter werden dann häufig „nur noch für Eingaben" oder die Problembewältigung benötigt. Denken Sie nur an die Kontoeröffnung bei einer Internetbank oder die Vermittlung bei einem Telefongespräch bzw. der Abrechnung des Telefonats.

Hier steht das System im Vordergrund. Da ist die „Versuchung" groß, lieber direkt über die technischen Details zu reden, als sich mit dem „lästigen, systemfreien Ablauf" zu beschäftigen. Gerade in Zeiten knapper Budgets „hält die zusätzliche Arbeit den Projektfortschritt „nur unnötig auf". Und durch die systemfreie Beschreibung als Ausgangspunkt fehlt manchem Kollegen das Verständnis dazu, warum wir die dokumentierten Abläufe so dringend brauchen. Früher ging es ja auch ohne! Da haben die Systeme nur noch nicht so viele Kollegen ersetzt!

Unklare Laufwege als Konsequenz „technischer Geschäftsprozesse"

Wir haben bei unseren Spediteuren bereits einige Auswirkungen erlebt, wenn Systemabläufe mit den betrieblichen Abläufen zu „technischen Geschäftsprozessen" verschmelzen. Durch Beispiele wie „Auftrag erzeugen" statt „Auftrag erteilen" wissen wir, dass es auch „verpackte Blickwinkel" sein können.

Mögliche Konsequenzen technischer Geschäftsprozesse

Kommunikationsschwierigkeiten & Missverständnisse

Unklare Laufwege
(Zuständigkeiten / „Positionen", unklare betriebliche Abläufe)

Unklare betriebliche Vorgaben
(Warum soll was und wofür automatisiert werden)

Mehrwert der IT-Unterstützung unklar
(Ablauf ohne Automatisierung unklar)

Systemabläufe + IT dominieren betriebliche Abläufe mit zunehmender Automatisierung *("Pfeile drehen sich um")*

Eingekaufte „Schrankware" schafft Standardprozesse
(Gefährdet individuelle Stärke und damit die Wettbewerbsfähigkeit des Betriebs, Lieferant kann Betrieb steuern)

Fehlende Transparenz und veraltende Dokumentation

Rekonstruktion oder Neuaufbau der betrieblichen Abläufe notwendig
("Business Reengineering")

Koexistenz von betrieblichen Verfahren und Geschäftsprozessen

IT wird zum Angstgegner: Abhängigkeiten, Zielkonflikte & persönliche Konflikte
(System- vs. Prozessoptimierung, IT vs. Fachbereich, Lieferanteninteressen)

Abbildung 7.16: *Das kann alles passieren, wenn Systemabläufe und betriebliche Abläufe sich miteinander vermischen und nicht mehr klar ist, wie der Betrieb eigentlich ablaufen soll.*

Kommunikationsschwierigkeiten, Missverständnisse und „unklare Laufwege"

An den Analysen und den Krisensitzungen unserer S+Zler wird deutlich, welche Kommunikationsschwierigkeiten zwischen den Beteiligten entstehen. Wenn der IT-Experte beim „Auftragerzeugen" an etwas anderes denkt als der Kollege aus dem Fachbereich, reden sie sehr schnell aneinander vorbei. Missverständnisse dieser Art können weitreichende Folgen haben. Ist den Beteiligten nicht klar, ob sie über die Veränderung des betrieblichen Ablaufs oder über die Automatisierung sprechen, wissen sie möglicherweise nicht, wer für was zuständig ist. Ist die IT-Unterstützung ein Thema, fühlt sich der IT-Experte vermutlich angesprochen und berät den Kunden. Der Kollege vom Fach will aber vielleicht gar nicht beraten werden. Er fasst das vielleicht als Eingriff in den Geschäftsprozess auf. Die betrieblichen Abläufe stehen aber aus seiner Sicht nicht zur Disposition, und er reagiert darauf empfindlich.

Unklare betriebliche Vorgaben

Deshalb wäre es so wichtig, wenn klar wäre, was die betrieblichen Vorgaben sind, bevor der Fachbereich mit der IT über die IT-Unterstützung spricht. Dann wüssten alle, *warum was und wofür* automatisiert werden soll. Es wäre z. B. von Anfang an klar, ob es aus betrieblicher Sicht bei S+Z Bestellungen und Aufträge geben sollte.

Mehrwert der IT unklar

Das wäre auch im Sinne der IT. Wenn nicht transparent ist, *was wer wann mit wem* ohne Berücksichtigung der Systeme *machen* soll, fällt es der IT sehr schwer zu zeigen, wie der betriebliche Ablauf ohne die automatisierten Schritte aussehen würde. Denken Sie nur an unser Beispiel aus der Erklärung, was ein Systemablauf ist. Nur wenn wir wissen, dass die Erfassung der Bestellung auch manuell per Fax erledigt werden könnte, könnte die IT vorrechnen, wie viel Personal mehr alleine dafür notwendig wäre. Ohne die Darstellung der Alternativen bzw. der Ausgangssituation wird der Mehrwert nicht deutlich. Das ist ein Problem, mit dem sich viele IT-Chefs (die sog. Chief Information Officer oder kurz CIOs) beschäftigen. Erinnern Sie sich noch an die Worte von Grossmann aus dem ersten Teil? Ihm ist der Nutzen der Software nicht klar. Das weiß Grotemann. Deshalb will er es als Chef der ITK ändern!

Dominante Systemabläufe bzw. IT mit zunehmendem Automatisierungsgrad

Kommen Systeme und Systemabläufe ins Spiel, kann die Diskussion schnell technisch werden. Auch das haben wir bereits mit unseren Transportweltmeistern erleben dürfen. Gesprächsverläufe wie diese sind keine Seltenheit. Das passiert vor allem, je mehr ein Ablauf von einem System unterstützt werden kann. Der Dispositionsprozess bei unseren Spediteuren hat dazu reichlich Potenzial. Optimierung, Auftragserfassung und -erteilung könnte das neue System so automatisieren, dass die Disponenten diesen Ablauf eigentlich nur noch überwachen und bei Problemen eingreifen müssten.

Je mehr Technik im Spiel ist, desto mehr Einfluss kann die IT nehmen. Ohne eine Trennung sind viele Fachbereiche schnell dazu gezwungen, die weiße Fahne vor dem Detailwissen der IT-Experten zu hissen. So werden sie abhängig von der IT. Der Fachbereich muss sich immer häufiger auf das Expertenwissen der IT-Kollegen verlassen, weil immer mehr das Systemverhalten und immer weniger der betriebliche Ablauf Gegenstand der Analysen ist.

Der Systemablauf bestimmt immer mehr die tatsächlichen betrieblichen Abläufe, und dem Fachbereich fällt es bei hohem Automatisierungsgrad immer schwerer, die Veränderungen im Betrieb zu kontrollieren, geschweige denn zu verstehen. Der beste Beweis dafür sind die Masterdatensätze und Alfas Erstaunen, woher seine Probleme kommen!

Ein anderes Beispiel:

Stellen Sie sich einen großen Flughafen vor. Abfliegende und ankommende Flüge haben standardisierte Flugnummern (z. B. LH 4711 für einen Lufthansa-Flug mit der Nummer 4711). Ein „altes" Flugsystem überwacht die Flüge. Der Flughafen wächst. Nach einiger Zeit ist es notwendig, Flugzeuge von einer Abfertigungsposition (z. B. Pos 41) zu einer anderen (z. B. 71) zu verschieben, weil z. B. der „Ausstiegsrüssel" für einen anderen Flug benötigt wird. Wie kann man ohne großen Aufwand diese „Bodenbewegung" durch das System überwachen lassen? Indem man z. B. die „Flugnummer missbraucht" und den Flug als LH4711-1 über den Boden von einer Position zur anderen „fliegen" lässt. Systemtechnisch hebt das Flugzeug bei der Position 41 (z. B. Startzeit um 8:00) ab und landet bei der Position 71 (z. B. Landezeit um 8:05). Betreiben Sie das System jahrelang, und Sie werden sehen, wie sich diese Begriffe im Fachbereichsjargon einprägen. Ohne System wäre der Fachbereich vielleicht zu dem Ergebnis gekommen, dass sich nicht der Flug, sondern das Flugzeug bewegt. Das hat wiederum ein eigenes Nummernschild („Registrierung"). Er würde vielleicht von einer Bodenbewegung des Flugzeugs mit dem Nummernschild DABX-9 von der Position 41 zur Position 71 sprechen.

So richtet sich aber der betriebliche Ablauf nach den Möglichkeiten eines Systems. Das mag nicht so wichtig aussehen, aber denken Sie bitte daran, was an einem Flughafen so alles gemacht wird. Der ganze Abfertigungsprozess (Gepäck- & Frachtabfertigung, die Beladung etc.) richtet sich möglicherweise danach. Wird hier ein Flugzeug abgefertigt oder ein Flug? Wie finde ich heraus, wo gerade das Flugzeug steht? Muss ich dazu wissen, von wo nach wo der Flug „über den Boden geflogen" ist? Sie sehen also – das Thema kann weiter Kreise ziehen.

„Schrankware" bestimmt die betrieblichen Abläufe und gefährdet die Wettbewerbsfähigkeit

Ein anderes Beispiel ist die Einführung von Standardsoftware (sogenannte „Schrankware"). Stellen Sie sich bitte vor, S+Z hätte die Idee, für alle Auslieferungsbereiche eine Standardsoftware zur Disposition einzukaufen. Was hätte das zur Folge? Selbst wenn die Software konfigurierbar wäre, würden die automatisierten Schritte dem gleichen Muster folgen – dem der Software. Das ist ja gerade der Unterschied zwischen individueller Software und Standardsoftware. Durch den hohen Grad der automatisch ablaufenden Arbeitsschritte (Programmlogik) und der Art, wie das Programm zu bedienen ist (Maskenverhalten), steuert die Software den betrieblichen Ablauf bzw. prägt ihn. Als Konsequenz „schleicht sich" der technische Blickwinkel früher oder später in den Geschäftsprozess ein. Das prominenteste Beispiel dafür ist SAP. Für jede SAP-Einführung müssen zuerst Geschäftsprozesse analysiert und angepasst werden müssen. Darauf weist das Walldorfer Unternehmen sogar selbst hin. Im Geschäftsbericht 2004 des Softwareriesen heißt es: „Es wird zudem darum gehen, die Kunden zu überzeugen, wie sie gerade bei Standardprozessen von der Plattform profitieren". Stellen Sie sich vor, das einführende Unternehmen hat seine betrieblichen Abläufe nicht ausreichend dokumentiert. Weiß es genau, warum es sich für SAP entscheidet? Wird es bei einer nachträglichen Erfassung seiner Geschäftsprozesse diese nicht lieber so gestalten, dass sie zur Software passen?

Wird dann möglicherweise nicht hinterher auf die Walldorfer geschimpft, obwohl der Kunde eigentlich für seine betrieblichen Abläufe selbst verantwortlich ist?

Standardisierung kann durchaus ein Vorteil sein. Bei dieser Herangehensweise würden sich die betrieblichen Abläufe allerdings auch nach den Systemabläufen richten; auch falls Musterprozesse zugrunde liegen. Ausdrücke wie eine „Bestellanforderung" (kurz: BANF) würden nach kurzer Zeit zu festen betrieblichen Begriffen im Fachbereich. Der betriebliche Prozess ist damit durch die Software und deswegen „technisch geprägt".

Wenn die betrieblichen Abläufe zu Standardprozessen werden, stellen sich außerdem die Fragen: Worin unterscheidet sich der Betrieb von der Konkurrenz? Was macht er besser? In jedem Fall riskiert der Betrieb, seine Individualität zu verlieren. Das Risiko ist umso größer, wenn er seine betrieblichen Abläufe vor Einführung bzw. Einkauf der Software nicht kennt und nicht vergleichen kann. Wie soll der Fachbereich beurteilen, ob sich die Software eignet und zu seinen Abläufen passt?

Fehlende Transparenz & Risiko Lieferantenabhängigkeit

Stellen Sie sich vor, Sie kaufen die Software ein und kennen nicht einmal die Systemabläufe! Als großer Konzern könnten Sie Ihren Softwarelieferanten dazu bewegen, die Software Ihren Wünschen anzupassen. Sie würden bequem Masken und Funktionalität bestimmen.

Wahrscheinlich würden Sie eine Überraschung bei der Einführung im Betrieb erleben. Die bisherigen Abläufe passen nicht zur Bedienung der Software. Das liegt daran, dass die alte Software andere Systemabläufe hatte und damit zu einem anderen, Ihnen „unbekannten" betrieblichen Ablauf geführt hat.

Es gibt Lieferanten, die schenken Ihnen sogar die Software! Spätestens jetzt sollten Sie misstrauisch werden. Nach einer Einführung wären Sie abhängig vom Lieferanten der Software. Jetzt kontrolliert er das Wissen über die Systemabläufe. Vermutlich hat er dann wenig Interesse, Sie an diesem Wissen teilhaben zu lassen. Er ist jetzt in der Lage, die Veränderungen in Ihrem Betrieb zu beeinflussen. Jede Veränderung und jede Dienstleistung kann jetzt sehr teuer werden. Das lohnt sich für ihn! Er hat sein Geschäft auf Jahre hin gesichert!

Die fehlende Transparenz tritt auch in einem anderen Zusammenhang auf. Vor allem bei vielen Altsystemen wissen die Unternehmen heute nicht mehr, was ihre Systeme im Detail machen. Damals haben sie weder auf die Geschäftsprozessanalyse noch auf die Dokumentation der Systemabläufe Wert gelegt. Die Programmierer der ersten Stunde genießen inzwischen ihre wohlverdiente Rente. Jetzt ist es sogar schwierig, solche Systeme abzulösen. Würden diese Unternehmen jeden einzelnen automatisierten Arbeitsschritt (vor allem die Sonderfälle) kennen, wäre es kein Problem, die einzelnen Schritte durch ein neues System ausführen zu lassen. So bedeutet die Ablösung der „alten

Hobel" ein nicht allzu geringes Geschäftsrisiko. Gerade Banken können mit ihren in Jahrzehnten gewachsenen Systemen ein Lied davon singen.

Spielzüge „neu oder rekonstruieren" müssen (Business Process Reengineering)

Das Beispiel der „Altsysteme" zeigt, dass manche Betriebe (wie unsere Logistiker) nur noch bruchstückhaft wissen, wie bestimmte Geschäftsprozesse bzw. Systemabläufe aussehen. Das kann dann ein Grund sein, die Abläufe vollständig neu festzulegen und dabei komplett zu überdenken. Neudeutsch sprechen wir hier vom „Business Process Reengineering".

Sind die Systemabläufe unklar (wie im Falle der Altsysteme), wird es für das Unternehmen schwierig.

Manchmal kann es sinnvoll sein, das Systemverhalten vor dem „Neuanfang" genauestens zu untersuchen, um daraus beide Ablaufarten so weit wie möglich zu „rekonstruieren". Das ist eine ziemlich komplexe Aufgabe. Es reduziert aber das Risiko, bei einem neuen Anfang z. B. zu viel auf einmal zu verändern oder wichtige Aspekte zu übersehen. Anscheinend haben einige Unternehmen dieses Problem. Ansonsten gäbe es inzwischen nicht Dienstleister, die sich darauf spezialisiert haben. Nicht selten erleben die Unternehmen dabei Überraschungen. Die Masteraufträge unserer Spediteure sind kein Einzelfall!

Unterscheidung von Geschäftsprozessen und betrieblichen Verfahren

Nicht jeder Betrieb vernachlässigt die Dokumentation seiner Geschäftsprozesse. Das ist insbesondere bei mit ISO-9001 zertifizierten Unternehmen der Fall. Dann kann ein ganz anderes Phänomen auftreten. Wenn für die Erstellung von Software (wie bei S+Z) „Geschäftsprozesse" spezifiziert werden müssen, kann das aus Betriebssicht halt „ein notwendiges Übel" sein. Wir haben bereits festgestellt, dass der Betrieb dazu gerne seine Systemverantwortlichen und IT-Experten zur Projektarbeit abstellt. In der Zwischenzeit „geht das Geschäftsleben aber weiter". Hier beschäftigen sich ganz andere Mitarbeitergruppen mit den „wirklichen", operativen Verfahren. Dann unterscheidet der Betrieb zwischen seinen „Verfahren" und den Geschäftsprozessen für die Softwareentwicklung. Das ist aber eigentlich das Gleiche! Neben der doppelten Arbeit können Fehler beim Abgleich oder gar ein fehlender Abgleich das Chaos perfekt machen. Dann entwickelt die IT die Software „am Betrieb vorbei", weil die Vorgaben nicht korrekt sind. Probleme und Konflikte bei der Einführung bzw. bei der Nutzung der Software sind vorprogrammiert. Weil die Software möglicherweise nicht so schnell angepasst werden kann (Zeit, Kosten etc.), muss der Betrieb bei der Einführung seine „Verfahren" anpassen und fühlt sich „dominiert". Dann ist die IT für etwas verantwortlich, dass sie gar nicht „verbrochen" hat.

Nutzlose Dokumentation der Geschäftsprozesse veraltet

Wenn Geschäftsprozesse nur zur Erstellung der Software erfasst werden, sind sie offensichtlich nicht Grundlage für die tägliche Arbeit im Betrieb. Besonders wenn der Betrieb „im Nachhinein" dokumentieren muss, ist der Nutzen für ihn auf den ersten Blick sehr gering. Der große Aufwand ist lästig. Wenn wir für einen Moment die IT ausblenden, dokumentiert der Betrieb aus dieser Sicht nur des Dokumentierens wegen. Hier haben wir eine Parallele zum operativen Qualitätsmanagement. Wird im Betrieb z. B. für die ISO-Zertifizierung dokumentiert, hat der Qualitätsmanagementbeauftragte (QMB) ein ähnliches Problem. Auch er wird dann als Bürokrat gesehen. Ständig muss er der Dokumentation „hinterherlaufen". Schließlich verändern sich der Arbeitsalltag und damit die betrieblichen Abläufe täglich. Das Rennen kann der QMB nicht gewinnen. Die Dokumentation ist schon veraltet, bevor sie abgeschlossen ist. Sein Name wird allerdings mit der Qualität verbunden. Bei Problemen zeigen die Finger aller Beteiligten häufig schnell auf ihn. Bei meinen Recherchen habe ich QMBs kennengelernt, die in „diesem Kampf" für ihre ständigen Beanstandungen „gut bezahlte Anschwärzer" genannt werden (ist natürlich nicht immer ernst gemeint).

In Umgebungen dieser Art wird auch in einem IT-Projekt die Dokumentation der Geschäftsprozesse spätestens nach Projektende „eingestellt". Warum soll man den großen Aufwand danach noch betreiben? Das Geld für das Projekt ist schließlich ausgegeben! Vor allem wenn die IT nach einiger Zeit noch „Kleinigkeiten" an der Software anpassen soll, muss die Geschäftsprozessdokumentation „dran glauben". Alle Änderungen der betrieblichen Abläufe „nachzuanalysieren", sprengt jedes Wartungsbudget der Software und ist viel zu zeitaufwendig. Jetzt lauert die Gefahr, die wir bei den Altsystemen schon gesehen haben. Auf die Dokumentation wird verzichtet. Wenn überhaupt vorhanden, veraltet sie.

Konflikte auf allen Ebenen – wenn die IT zum Angstgegner wird

All das, was wir gesehen haben, kann zu Konflikten führen. Im Laufe der Zeit kann die IT so zum Angstgegner der Grossmanns und Alfas werden. Das Bild haben wir bereits im ersten Teil erleben dürfen.

Wir haben bereits gesehen, wie schwer es für die Gabi Staplers und die Herbies wird, ihre Geschäftsprozesse zu beherrschen bzw. zu verstehen. Insbesondere wenn Programm- und Eingabeverhalten die betrieblichen Abläufe bestimmen, müssen sie sich auf die „Entwickler" verlassen. Die kennen die Details besser als sie. Dadurch fühlen sie sich nicht selten von der IT abhängig. Ihre Reaktion kann sehr unterschiedlich sein.

Konflikte zwischen IT und Fachbereich auf Mitarbeiterebene

Wie wir gesehen haben, erzeugt das bei der gewissenhaften Gabi Stapler Unsicherheit. Deshalb hat sie meistens ihren Archi Tektor im Schlepptau und fragt lieber ihn. In anderen Fällen – z. B. Herbie – endet das eher in Konflikten. Fachbereichsmitarbeiter wie er haben sich manchmal in die Verantwortungsposition „hochgearbeitet". Das Konfliktpotenzial verstärkt sich, wenn er jetzt einem hoch qualifizierten, manchmal mit Titeln dekorierten IT-Experten gegenübersteht. Denken Sie an Weiss! Selbst wenn Herbie nur durch ein Kommunikationsproblem das Gefühl hat, der Kollege will alles besser wissen und ihm erzählen, wie er seinen Betrieb zu organisieren hat, kann es schnell laut werden! Verantwortliche wie Herbie fragen sich dann auf der Fachbereichsseite: Wieso sind wir nicht als Geldgeber Kunde bzw. König und die IT der freundliche Dienstleister?

Wir haben gesehen, das geschieht vor allem, wenn Fachliches mit Technischem verschwimmt. Zuständigkeiten sind unklar. Schnell bilden sich Fronten, in denen es persönlich und irrational wird.

Auf der anderen Seite haben IT-Experten wie Dominik Weiss wirklich das „Expertenwissen" im technischen Bereich bzw. in den Systemabläufen; beherrschen sie doch die komplizierte Technik. Was ist da ein „einfacher Geschäftsprozess"? Die Hälfte davon ist automatisiert und Teil „ihrer" Technik. Einerseits wird „die IT geschimpft". Sie verstehe den Kunden nicht und ist nur ein Kostenfaktor. Andererseits sind die „weniger qualifizierten" Fachbereichsmitarbeiter nicht in der Lage, den detaillierten Hintergrund zu verstehen. Würden die Kollegen vom Fach das tun, kämen sie zu der „besseren Lösung".

Konflikte zwischen „Wissenskönigen" und ihrem Hofstaat

Solche unklaren Laufwege sind aufgrund von Missverständnissen, Kommunikationsproblemen oder unklaren Zuständigkeiten schon schwierig genug zu beheben, wenn sie ungewollt eintreten. Auch hier könnten IT-Mitarbeiter oder externe IT-Dienstleister diese „Schwachstellen" gezielt nutzen. Sie könnten versuchen, „Wissensburgen" zu errichten und „den Fachbereich zu ihrem Hofstaat" zu machen. Können Sie sich noch an den Konflikt zwischen Hacker und Tektor erinnern? Hacker hatte ja Tektor schon vor der Analyse verdächtigt, „wie eine Spinne im Netz" zu sitzen. In diesem Zusammenhang wirft Tektor Hacker das Gleiche vor. Schließlich verhält sich Hacker nicht anders. Er hat in Herbie allerdings einen dominanteren Gegenspieler, der mit „der gefühlten Abhängigkeit anders umgeht". Außerdem scheint sich Herbie nicht abhängig von Hacker zu fühlen. Ansonsten würde Herbie mit dem Softwareentwickler des Lieferbereiches sicherlich nicht so vertrauensvoll umgehen.

Die IT im Konflikt zwischen den Fachbereichen

Letztendlich kann es aber auch zu Konflikten zwischen den Fachbereichen kommen. Gerade wenn nicht klar ist, wer für was zuständig ist. Stellen Sie sich bitte vor, Gabi

Stapler wäre nicht so zurückhaltend, sondern Herbie würde auf seinesgleichen treffen. Stellen Sie sich vor, ein Teil des betrieblichen Ablaufes der Auslieferung Nord würde in der Lagerhaltungsdatenbank automatisiert. Obwohl die Software zum anderen Fachbereich gehört, müsste Herbies Bereich die Automatisierung bestimmen. In diesem Umfeld könnte das aber unklar sein! Vermutlich gäbe es einen großen Streit zwischen den Bereichen. Diesen in einem „technisch-fachlichen Wirrwarr" aufzulösen und transparent zu machen, ist keine leichte Aufgabe. Die Lage könnte schnell politisch werden, und die IT wäre „mittendrin statt nur dabei".

Mögliche Konflikte im Umfeld „Technischer Geschäftsprozesse"

1. ***Der Fachbereich fühlt sich abhängig von der IT.***
   (Extremfall: er wird „zum Hofstaat in einer Wissensburg" einzelner IT-Mitarbeiter oder ext. Dienstleister)
2. ***Die gefühlte oder tatsächliche Abhängigkeit erzeugt***
   a) Unsicherheit *("das muss ich erst einmal Archi fragen!")*
   b) Konflikte *("dafür bist Du nicht zuständig!")*
3. ***Der Fachbereich fühlt sich nicht als Kunde behandelt.***
4. ***Die IT fühlt sich unverstanden.***
5. ***Konflikte zwischen den Fachbereichen.***
   ("wer ist zuständig, wenn z. B. betriebliche Arbeitsschritte des einen im System des anderen automatisiert werden?")
6. ***Zielkonflikte im IT-Projekt***
   (IT-Projekt-/Produktinteresse vs. Fachbereichsinteressen)

Abbildung 7.17: *Letztendlich kann alles persönlich werden ...*

Zielkonflikt zwischen den Interessen der IT (Projekt, Produkt) und des Fachbereichs (Geschäftsprozess)

Das IT-Projekt ist das Geschäftsfeld der IT. Sie hat großes Interesse, Systeme zu entwickeln und zu optimieren. Für den Fachbereich zählen nur optimale Geschäftsprozesse. Es gibt Situationen, in denen diese Ziele in Konflikt stehen. Dann kann schnell deutlich werden, dass Geschäftsprozesse „Mittel zum Zweck" und damit „sekundär" sind. Vor allem wenn die Automatisierung und der Mehrwert nicht nachhaltig sichtbar sind und der Nutzen aufgrund pauschaler Argumente wie Wettbewerbsfähigkeit, Prozessqualität etc. gerechtfertigt wird (Zahlen auf Basis von „Bauchschätzungen"). Gerade in „strategischen Prestigeprojekten" der IT kann das Umfeld schnell „politisch" werden, weil die sachliche Argumentationsgrundlage fehlt. Doch diesem Punkt widmen wir uns später ...

Checkliste zur Erkennung technischer Einflüsse auf die „betrieblichen Spielzüge"

Jetzt kennen wir die möglichen Auswirkungen, falls wir nicht zwischen technikfreien Geschäftsprozessen und den Systemabläufen trennen. Um mögliche Probleme frühzeitig anhand von Indizien erkennen zu können, habe ich die nachfolgenden Checklisten zusammengestellt.

Checkliste Erkennung technischer Einflüsse auf Geschäftsprozesse		
1. Projektumfeld		
Werden im Projekt Geschäftsprozesse erfasst bzw. verändert mit dem Ziel, ein System zu bauen bzw. zu optimieren (Projektziel)?	☐ ja	☐ nein
Hat der Betrieb seine IT-Experten statt die Verantwortlichen für die Geschäftprozesse für die Analysen abgestellt?	☐ ja	☐ nein
Gleicht der Betrieb die täglichen Veränderungen der Geschäftsprozesse und Arbeitsanweisungen mit dem Projekt systematisch ab?	☐ ja	☐ nein
Werden Notprozesse unabhängig von den Geschäftsprozessen festgelegt?	☐ ja	☐ nein
Wird häufig die Frage gestellt, wofür die Analyse der Geschäftsprozesse notwendig ist?	☐ ja	☐ nein
2. Dokumentation Geschäftsprozesse		
Sind die im Projekt verwendeten Geschäftsprozesse Arbeitsgrundlage für den Betrieb? Werden aus den im Projekt verwendeten Geschäftsprozesse die Arbeitsanweisungen für die Mitarbeiter abgeleitet?	☐ ja	☐ nein
Unterscheidet der Betrieb zwischen Geschäftsprozessen und betrieblichen Abläufen oder Verfahren?	☐ ja	☐ nein
Ist der Betrieb nur an Systemdiskussionen interessiert? Wird hauptsächlich nur über die Funktionalität diskutiert? Legen die Beteiligten sehr viel Wert auf die Konfigurierbarkeit der Software?	☐ ja	☐ nein
Sind die Geschäftsprozesse Basis aller Zertifizierungen?	☐ ja	☐ nein
Sind die Geschäftsprozessspezifikationen veraltet?	☐ ja	☐ nein
Sind die Geschäftsprozesse nur grob festgelegt?	☐ ja	☐ nein

Abbildung 7.18: *Antworten auf diese Fragen zum Projektumfeld und zur Dokumentation können auf mögliche technische Einflüsse auf Geschäftsprozesse hinweisen.*

Checkliste Erkennung technischer Einflüsse auf Geschäftsprozesse

3. Sprache / Prozesselemente		
Fehlen (wichtige) nicht automatisierte Ablaufschritte in der Geschäftsprozessspezifikation?	☐ ja	☐ nein
Gibt es technische Elemente, Rollennamen, Ablaufschritte oder Begriffe in der Geschäftsprozessspezifikation (siehe Liste)?	☐ ja	☐ nein
„Fachliche Verpackung": läßt ein Element, Rollenname, Ablaufschritt oder Begriff Rückschlüsse auf eine Automatisierung zu? Wäre die Benennung in einem manuellen Schritt gleich?	☐ ja	☐ nein
Ist bei jedem Ablaufschritt des Geschäftsprozesses nachvollziehbar, wie der Geschäftsprozess ohne Systemunterstützung ablaufen könnte?	☐ ja	☐ nein
Ist bei jedem automatisierten Ablaufschritt klar, warum, weshalb und wofür er automatisiert wird bzw. worden ist?	☐ ja	☐ nein
4. Konflikte / Mitarbeiterempfinden		
Verlassen sich Fachbereichsmitarbeiter auf die Meinung von IT-Kollegen bei fachlichen Entscheidungen?	☐ ja	☐ nein
Gibt es Konflikte zwischen Fachbereichsmitarbeitern und IT-Kollegen hinsichtlich der Gestaltung der Geschäftsprozesse?	☐ ja	☐ nein
Fühlen sich Fachbereichsmitarbeiter von der IT abhängig?	☐ ja	☐ nein
Gibt es Wissensburgen auf IT-Seite bzgl. der Abläufe?	☐ ja	☐ nein
Kann ein externer Lieferant bzw. die IT die Ausprägung der Geschäftsprozesse bestimmen?	☐ ja	☐ nein
Gibt es Zuständigkeitskonflikte bei der Geschäftsprozessanalyse?	☐ ja	☐ nein
Fühlt sich der Betrieb nicht als Kunde behandelt?	☐ ja	☐ nein
Fühlt sich die IT unverstanden?	☐ ja	☐ nein

Abbildung 7.19: *Auch die Sprache, die Prozesselemente, Konflikte und das Mitarbeiterempfinden können auf mögliche technische Einflüsse hinweisen.*

Mögliche sprachliche Hinweise zur Erkennung technischer Einflüsse auf Geschäftsprozesse

Attribut, Abbruch, Ausgabe, Bildschirm, Datei, Daten, Datenbank, Datensatz, Dienst, Drucker, Eingabe, Eintrag, Ereignis, Fehler, Feld, Funktion, Information, Input, Job, Klasse, Komponente, Log, Makro, Maske, Medium, Menu, Methode, Modus, Nachricht, Objekt, Operation, Optimierung, Output, Provider, Protokoll, Prüfung, Programm, Schlüssel, System, Tabelle,Typ, Verwaltung, Verzeichnis, Zeichen [...]	⟷	*abbrechen, aktualisieren, (ab)speichern, ändern, anlegen, anzeigen, auswählen, ausführen, bearbeiten, deklarieren, drucken, einfügen, entfernen, erstellen, erzeugen, generieren, hinzufügen, indizieren, konvertieren, kopieren, korrigieren, lesen, listen, löschen, managen, mailen, modifizieren, nutzen, öffnen, optimieren, prüfen, reset, scannen, schreiben, senden, sichern, stoppen, übermitteln, validieren, verbinden, verschlüsseln, verwalten, zeigen, zurücksetzen [...]*

Abbildung 7.20: *Diese Bezeichnungen könnten Indizien für technische Einflüsse auf Geschäftsprozesse sein.*

Die Doppelpassstrategie – mit zwei Business Analysten angreifen!

Jetzt haben wir den letzten Puzzlestein kennengelernt, den ein Business Analyst zur Durchführung der Analysen im IT-Umfeld benötigt: Er muss zwischen Systemabläufen bzw. der automatisierenden Technik und der betrieblichen Geschäftsprozesswelt trennen können.

Gerade in kritischen Projekten ist das eine anspruchsvolle Aufgabe. In einem gelegentlich irrationalen Umfeld mit vielen Konflikten erfordert das Krisensicherheit, Belastbarkeit und Moderationsgeschick von ihm.

Manchmal ist diese Aufgabe von einer Person nicht zu bewältigen. Es kann hilfreich sein, mit zwei Analysten gleichzeitig zu arbeiten. Während der eine moderiert, kann der zweite das Gespräch beobachten. Aus dieser Perspektive lassen sich Konflikte und versteckte Inhalte wesentlich besser entdecken. Der zweite Analyst kann dem ersten helfen, indem er die Ergebnisse protokolliert. Dann kann sich dieser ganz auf die Moderation konzentrieren.

Außerdem ist es wesentlich einfacher, im richtigen Moment „aus der Deckung" den „Spielball" zu übernehmen. So bleiben beide ballführend und verlieren selbst in kritischen Situationen nicht die Gesprächsführung. Spielen sich beide den Ball geschickt zu, können sich beide Analysten ein Bild von den Beteiligten, den Problemen und dem Hintergrund machen. Mit der „Doppelpassstrategie“ sind sie wesentlich effektiver. Wenn Analysen kritisch sind und der Erfolg stark vom Analyseergebnis abhängt, kann der erhöhte Personaleinsatz folglich sehr sinnvoll sein. Vier Augen und zwei unterschiedliche Persönlichkeiten sehen mehr. Vor allem wenn sie hinterher die Situation noch einmal gemeinsam hinterfragen, diskutieren und bewerten können!

Studie: Wie sucht der Markt passende Business Analysten?

Wir wissen bereits, was der Business Analyst idealerweise können sollte. Außerdem haben wir uns erarbeitet, welche Anforderungen er als Persönlichkeit erfüllen sollte. Außerdem haben wir gesehen, was passiert, wenn ein Unternehmen Technisches mit Fachlichem vermischt. Der Business Analyst ist in den häufigsten Fällen im Brennpunkt des Geschehens. Schließlich muss er sich beim heutigen Automatisierungsgrad der Geschäftsprozesse häufig zwischen beiden Welten bewegen. Das ist keine leichte Aufgabe. Ausgehend davon wollte ich bei meiner Recherche unbedingt wissen, wie der Markt die passenden Kandidaten sucht.

Dabei habe ich mich auf Ausschreibungen konzentriert, in denen freiberufliche Business Analysten gesucht werden. Sie eignen sich deshalb besonders, weil Freiberufler immer für ein konkretes Projekt gesucht werden. Gerade im Analyseumfeld werden Business Analysten immer dann gesucht, wenn es ein Problem in einem Projekt gibt oder dem Projekt etwas fehlt. Insofern sagt der Inhalt viel über Projekt und Umfeld aus.

Unternehmen suchen Freiberufler heute in der Regel über Vermittlungsfirmen. Der Kunde fragt dazu bei mehreren Vermittlungsfirmen an. Der Dienstleister „vermittelt“ dann passende Kandidaten, indem er dem Kunden ausgewählte Lebensläufe präsentiert. Der Kunde trifft anhand dieser Informationen die passende Auswahl, lädt eine Handvoll Kandidaten zum Bewerbungsgespräch ein („Freiberufler-Casting“) und entscheidet sich für einen der Bewerber. Das Ganze dauert oft nur wenige Tage.

Außer Vermittlungsfirmen suchen manchmal auch Beratungsfirmen. Aber auch die arbeiten fast ausschließlich beim Kunden vor Ort, sodass die Suche vergleichbar ist.

In meiner Studie habe ich dazu alle Ausschreibungen zwischen dem 01.04. und 04.09.2009 im XING-Freiberufler-Markt ausgewertet, bei denen ein Business Analyst gesucht worden ist. Dieses Forum ist sich sicherlich einer der größten Freiberuflermärkte. Mit 66 Ausschreibungen mag die Auswertung möglicherweise nicht repräsentativ sein. Sie ist aber ausreichend, um einen Eindruck zu bekommen, wie gesucht wird. Bitte beachten Sie außerdem, dass es sich hier um einen ersten Kontakt handelt. Die

Gespräche und die Auswahl konnte ich natürlich nicht bewerten. Ich werde die Ergebnisse nicht kommentieren, damit Sie sich Ihr eigenes Bild machen können!

Welche Aufgaben sollte der Business Analyst durchführen?

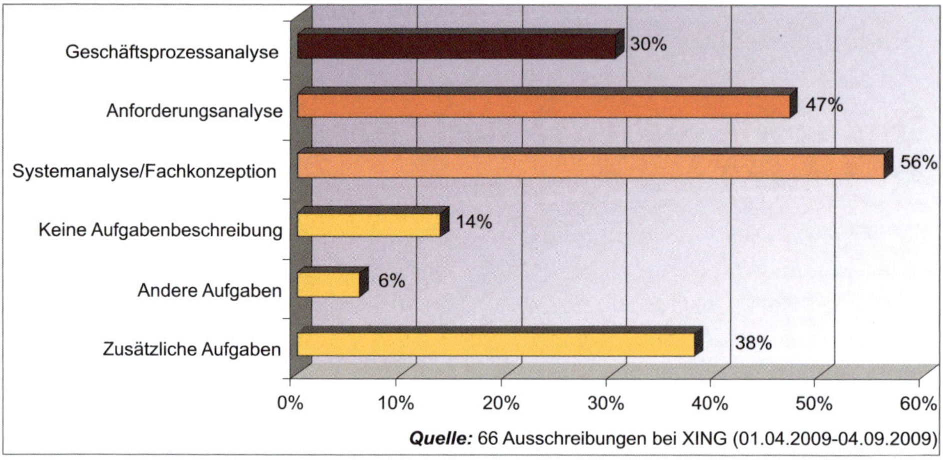

Abbildung 7.21: *Geschäftsprozess-, Anforderungs- und Systemanalyse sind die meist genannten Aufgaben.*

Wenn zusätzliche/andere Aufgaben gefordert, dann:

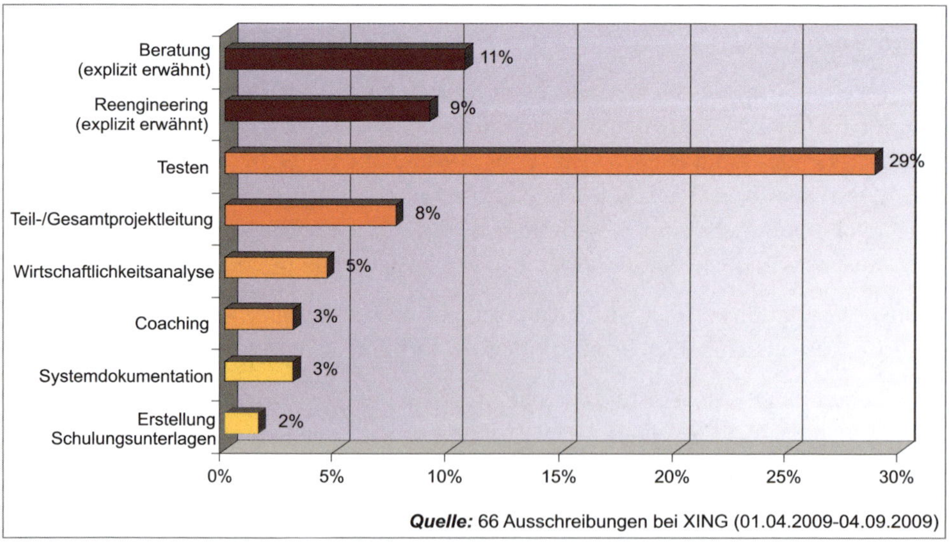

Abbildung 7.22: *Testen (zur Unterstützung der fachlichen Abnahme) ist eine beliebte Zusatzaufgabe.*

Welche Fähigkeiten sollte ein Business Analyst besitzen?

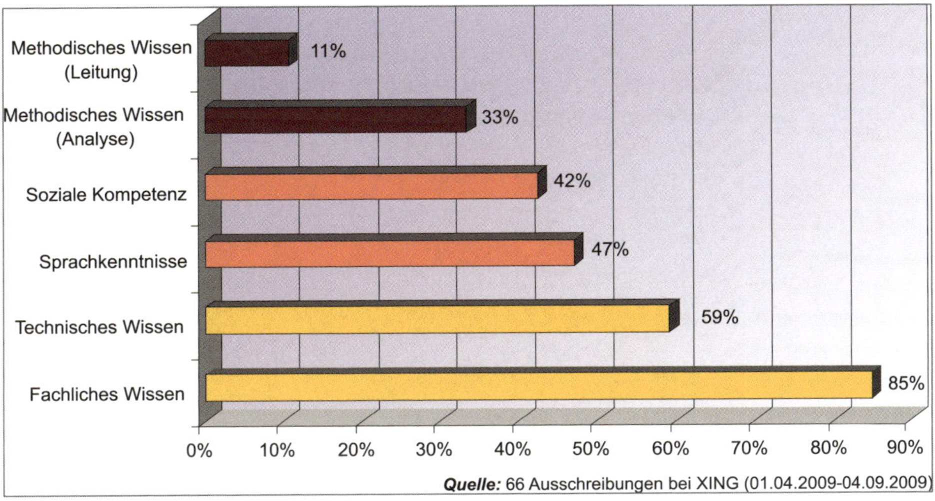

Abbildung 7.23: *In 85% aller Ausschreibungen muss der Business Analyst auch das notwendige fachliche Expertenwissen besitzen.*

Wie wichtig sind Charaktereigenschaften („Soft Skills")?

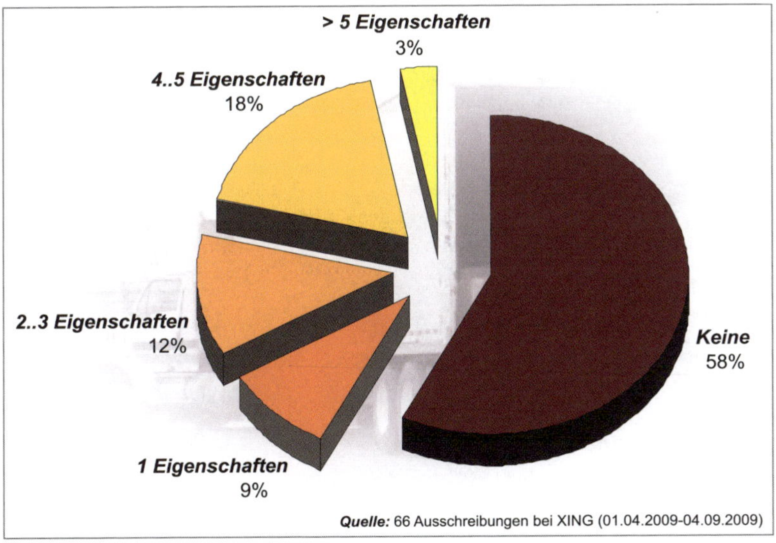

Abbildung 7.24: *In weniger als der Hälfte aller Ausschreibungen nennen die Vermittler Charaktereigenschaften.*

Wenn Charaktereigenschaften angegeben waren, dann folgende:

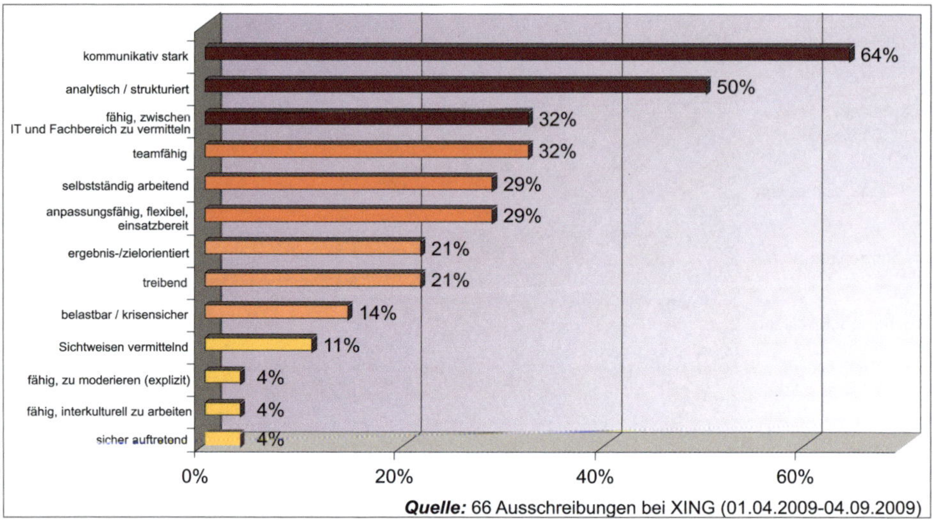

Abbildung 7.25: *Kommunikative Stärke und analytische Fähigkeiten treten in fast jeder zweiten Ausschreibung auf (nur wenn nach Charaktereigenschaften gesucht worden ist).*

Einige Beispiele (aus ausgewerteten Ausschreibungen)

MiH - Business Analyst (CRM) (m/w) Mannheim

Fuer ein Kundenprojekt sucht [redacted] schnellstmoeglichst qualifizierte Unterstuetzung im Bereich Business Analyst CRM fuer ein Projekt in Mannheim.

Beschreibung
- fachliche und disziplinarische Fuehrung von Mitarbeitern
- Initierung und Steuereung von Database Marketing Kampagnen an Kunden
- Abstimmung der Systemaenderungen an neue Customer Care / Billing Plattform mit IT
- Technische Projektleitung bez. Analytisches CRM u. Business Intelligence Massnahmen

Skills
- Erfahrung in CRM: Kampagnenmanagent und analytisches CRM
- Know-how im Bereich Database Marketing
- Erfahrung mit MS SQL Server (oder sonstige rel. Datenbanken)
- Erfahrung in Telekommunikations(naher) Branche von Vorteil
- starke Persoenlichkeit, Senioritaet und „People Skills"

Sprachkenntnisse
Deutsch + Englisch

Abbildung 7.26: *Hier sucht ein Vermittler für seinen Kunden einen Business Analysten, der Mitarbeiter führt und steuert (20.04.2009).*

Für einen unserer Kunden (Finanzdienstleistung) suchen wir für ein Projekt am Standort Frankfurt/Main

Business Analysten (w/m).

Ihre Aufgaben

Als Business Analyst bei [redacted] konzentrieren sich primär auf die Vorbereitung und die Anfangsphase von IT-Projekten, indem Sie die Fachbereiche unserer Kunden bei der Analyse ihrer Geschäftsprozesses sowie Definition und Beschreibung der fachlichen Anforderungen unterstützen und daraus DV-Konzepte und –Spezifikationen entwickeln, die uns als Basis zur Realisierung zukunftsfähiger, optimal auf die Bedürfnisse unserer Kunden zugeschnittener Softwarelösungen dienen werden. Mit Ihrer Leistung legen Sie den Grundstein für erfolgreiche IT-Projekte:

• Konzeption und Prozessberatung sowie Entwicklung und Einführung komplexer Anwendungslösungen. Optimierung und Weiterentwicklung bestehender Anwendungssysteme.

• Unterstützung der Fachbereiche unserer Kunden bei der Analyse, Definition und Beschreibung Ihrer Anforderungen.

• Analyse, Entwicklung, Umsetzung und Beschreibung der Geschäftsprozesse

• Erstellen von Fach- und DV-Konzepten, bzw. DV-Spezifikationen.

• Definition der Test- und Abnahmekriterien.

Ihr Profil

• Fundiertes fachliches Know-how und mehrjährige Projekterfahrung im Finanzdienstleistungssektor

• Fachliche Schwerpunkte im Bereich Bankprodukte und -vertrieb (Privat- und Geschäftskunden) sowie DWH und Kernbanksysteme (z.B. Zahlungsverkehr, Aktiv-, Passivgeschäfte, Sicherheiten, Wertpapierabwicklung, Bilanzen, Bankensteuerung, Ratingverfahren);insbesondere im Bereich Kontokorrent

• Fähigkeit Business – und IT-Themen zusammenzubringen (Brückenfunktion).

• Fundierte technische Kenntnisse im Host- und C/S-Umfeld.

• Gute analytische Fähigkeiten, strukturelles Vorgehen, Begabung zur verständlichen Darstellung komplexer Zusammenhänge, Flexibilität, Teamgeist und ausgezeichnete Kommunikationsfähigkeit runden Ihre fachlichen Qualitäten ab.

Abbildung 7.27: *Eine Business Analysten-Ausschreibung mit Aufgaben, notwendigen Fähigkeiten und Charaktereigenschaften (14.04.2009)* [redacted] **Business Analyst für die Weiterentwicklung des DWH Reportings (m/w) in Bayern / Referenznr: 105142/3**

Hallo,

wir suchen aktuell für einen unserer Kunden Unterstützung für folgende Projektanfrage:

Position: Business Analyst für die Weiterentwicklung des DWH Reportings (m/w)
Sprache: german
Ref-Nr.: 105142/3
Branche: Telekommunikationsprovider
Projektstart: 08/09
Projektdauer: 5 MM+
Anstellungsart: freiberuflich für ein Projekt
Einsatzort: in Bayern

Aufgabe:
Erstellen einer Dokumentation
Vorhanden ist eine Eigenentwicklung (PL/SQL, Zope2). Anhand der Scripte soll nun nachträglich die bisher fehlende Dokumentation erstellt werden.
Übergabe der Dokumentation an interne Mitarbeiter

Qualifikation:
Zope / Plone
PL/SQL
Oracle

Abbildung 7.28: *Der Business Analyst ist nicht zu beneiden. Es handelt sich um ein Fünfmonatsprojekt (24.07.2009)!*

Business Process Analyst (m/w) - Raum Essen

Für einen unserer Kunden im Raum Essen suchen wir Unterstützung im Bereich (technische) Business Analyse (m/w). Grob gesagt geht es um die Analyse von Geschäftsprozessen und der Integration neuer Produkte in die bestehende IT Struktur.

Das Projekt hat eine voraussichtliche Laufzeit bis Ende Oktober, es ist aber sehr wahrscheinlich, dass die Beauftragung verlängert wird.

Aufgaben:
- Anforderungsanalyse (Anforderungssteller kommen aus Fachabteilungen und Niederlassungen)
- Geschäftsprozessmodellierung mit BPMN wünschenswert
- Datenmodelldesign (UML)
- USE-Cases erstellen

Fachliche Themen:
- Unterstützung bei der Analyse eines WebPortals
- Analyse zur Einführung von neuen und Optimierung von bestehenden Geschäftsprozessen
- Analyse zur Integration von neuen Produkten in die bestehenden Prozesse und Systeme

Know-How/Tools:
- UML (Erfahrung mit MagicDraw wünschenswert)
- Anforderungsanalyse
- Bugzilla
- CVS
- RE-Tool Erfahrung
- SOA (wünschenswert)

Technischer Hintergrund:
- SAP Erfahrung im Bereich Customer Service und Portal
- WebServices

Abbildung 7.29: *Hintergrund und Know-how passen zur Suche nach einem technischen Business Analysten, der die Geschäftsprozesse analysieren soll.*

Banking Business Analysten, diverse Projektstandorte

asap, langfristig, Europaweite Reisebereitschaft erforderlich

Ihr Profil:

* tiefe Kenntnisse in den Kernprozessen im Bankwesen, insbesondere in den Bereichen Aktiv- und Passivgeschäft
* (mehrjährige) Erfahrung mit SAP Banking
* idealerweise technische Kenntnisse über das IT-Umfeld einer Bank
* Kenntnisse der Methoden zur Anforderungsermittlung, der Formulierung und Validierung von Anforderungen
* Kenntnisse im Anforderungsmanagement
* Kenntnisse der Modellierungstechniken zur Konzeption von Geschäftslösungen (z.B. UML, BPMN)

Ihre Aufgaben:

Innerhalb von IT-Projekten arbeiten Sie an der Schnittstelle zwischen Fachabteilung und IT des Kunden, bzw. den Entwicklern im Projektteam. Dort unterstützen Sie bei der Definition und Dokumentation von Anforderungen und der Konzeption neuer Lösungen.

* Sie erstellen und pflegen die (Geschäfts-) prozesse des Kunden
* Sie erarbeiten Anforderungen an das System gemeinsam mit der Fachabteilung des Kunden
* Sie formulieren die Anforderungen und überwachen deren Umsetzung
* Auf Basis der Anforderungen und der Prozesse erstellen Sie Konzepte für die Umsetzung von Systemänderungen und Systemkonfigurationen
* Sie beraten den Kunden bei prozessorientierten und technischen Fragestellungen
* Sie übernehmen je nach Qualifikation Mitarbeiter- und Teilprojektverantwortung

Abbildung 7.30: *Hier soll ein Business Analyst den kompletten Weg begleiten (25.08.2009) ...*

Teil 3: Halbzeitpause

„Wenn ich übers Wasser laufe, sagen meine Kritiker: nicht mal schwimmen kann er.“
(Berti Vogts)

Kapitel 8

Das 82-Millionen-Bundestrainer-Syndrom

Halbzeitstammtisch

Halbzeitpause – Wie jeden Samstag sitzt Manfred Alfa mit seinen Freunden Herbie, Pit, Paul und Wolli in der „Elf Freunde Bar“. Gemeinsam freuen sie sich schon auf das „Pausenbier“. Fußball ist schon immer ihr Leben gewesen und der FC Lüdenscheid Nord das Zentrum davon.

„Eigentlich bräuchten wir wieder einen klassischen Spielmacher“, eröffnet Herbie den Pausenstammtisch. „Ich weiß nicht, warum wir heute diese komplizierten Spielsysteme benötigen. Wir haben früher so einen schönen Fußball gespielt. Und Meister sind wir auch geworden. Davon sind wir heute meilenweit entfernt. Was denkt wohl Aki Schmitt, wenn er diese Pöhlerei kommentieren muss?“

„Wir brauchen wieder richtige Typen“, setzt Herbies Kumpel Pit noch einen oben drauf. „Nicht so Weicheier wie Riebler!“

„Ich weiß nicht!“, mischt sich Paul ein. „Man kann doch die Zeiten von damals nicht mit heute vergleichen. Das Spiel ist inzwischen viel schneller und athletischer geworden. Das Spielsystem hat viel mehr Bedeutung. Wenn wir nicht dieses komische 4-5-1, sondern ein klassisches 3-5-2 spielen würden, hätten wir dieses Dilemma nicht.“ „Da war selbst unsere kontrollierte Offensive besser“, ergänzt Herbies Kumpel Wolli. „Die war zwar nicht so spektakulär – wenigstens haben wir da Herne-West noch im Griff gehabt. Wenn Ihr mich fragt – für mich ist der Soar eine Luftnummer!“

„Jungs!“, wendet Herbie ein. „Glaubt ihr nicht, dass ihr dem Riebler ein wenig unrecht tut? Der Kerl war lange verletzt und ist bei Weitem noch nicht wieder in Form. Was erwartet ihr von ihm in seinem ersten Spiel? Soar hat ihn mehr oder weniger ins kalte Wasser geworfen. Und warum? Weil ihm nichts anderes übrig blieb! Süner hat ihm keine Wahl gelassen. Der hat mit seiner Dribbelei und seinem Egotrip das ganze Durcheinander verbrochen. Seine Mitspieler versuchen, das Chaos selbst in den Griff zu bekommen, und machen es dadurch noch schlimmer. Dabei kann man den Mitspielern das gar nicht übel nehmen. Sie wollen nur das wettmachen, was Süner verbockt hat. Vor dieser Kulisse will jeder gewinnen. Stellt euch vor, ihr würdet spielen. Hättet ihr dazu Lust, euch ein halbes Jahr anhören zu müssen, was ihr für Nullen seid? Da ist es doch keine Überraschung, dass Riebler Mühe hat, das Spiel in den Griff zu bekommen. Es wäre für ihn einfacher gewesen, wenn er von Beginn an gespielt hätte. Wenn ihr mich fragt: Jürgen Soar muss in der Halbzeit dringend die Teamhierarchie klären. Falls so etwas in dem Chaos überhaupt möglich ist!“

Manni wird nachdenklich. Irgendwie kommen ihm Herbies Worte bekannt vor. Bevor er aber weiterdenken kann, legt Pit bereits die Hand über die Schulter seines alten Kumpels Herbie. Mit der anderen hebt er sein Bierglas. „Wow, Junge! Du legst dich ja ganz schön ins Zeug! Du bist ein echter Fan! Der hält sogar beim grottigsten Kick zu seinem Team.“

„Wir wären alle tolle Trainer, Jungs!“, schmunzelt Manni und mischt sich prostend ein. Ironisch ergänzt er. „Wie gut, dass wir alle einer Meinung sind! Darauf gebe ich eine Runde!“

*

Ein Tag zuvor im Besprechungsraum der ITK. Nachdem List den Beteiligten erfolgreich den Unterschied zwischen Systemabläufen und Geschäftsprozessen erklärt hat, gönnen sich alle Beteiligten eine Verschnaufpause.

„Bravo Anna!“, klopft Alfa List auf die Schulter, um ihr Mut zu machen. „Es sind zwar keine guten Neuigkeiten, die du uns erzählst. Aber ich habe das Gefühl, wir nähern uns allmählich dem Kern der Sache. Du glaubst gar nicht, wie wertvoll die Ursachen meiner Feuerwehreinsätze für mich sind!“

„Das ist leider nur die halbe Wahrheit!", bremst List seine Euphorie. „Der knackige Teil kommt erst noch!"

Nachdem List und Alfa wieder zurück in den Besprechungsraum gegangen sind und sich alle wieder gesetzt haben, fährt die junge Analystin mit ihrem Vortrag fort.

„Kommen wir zurück zu unseren Konflikten", beginnt List den zweiten Teil, zeigt ihre dritte Folie und blickt auf Dr. Grotemann. „Vor der Pause hat Dr. Grotemann zu Recht darauf hingewiesen, dass seine ITK niemanden dominieren will. Im Gegenteil – er lässt keine Gelegenheit aus, auf die Rolle seiner IT hinzuweisen. Die ITK soll als Dienstleister auftreten. Es soll das umgesetzt werden, was die Auslieferung Nord oder die Lagerhaltung will. Als Dienstleister ist die ITK natürlich dann für die Umsetzung anhand der Vorgaben verantwortlich. Dafür wird sie ja beauftragt."

List bemerkt, wie Grotemann ihre Aussage durch ein wortloses, für jeden sichtbares Nicken bestätigt.

„Was passiert, wenn wir innerhalb der Analysen nicht zwischen den Geschäftsprozessen als Vorgaben und der Umsetzung in der Software trennen können?", fragt sie rhetorisch und fährt nach einer künstlichen Pause fort.

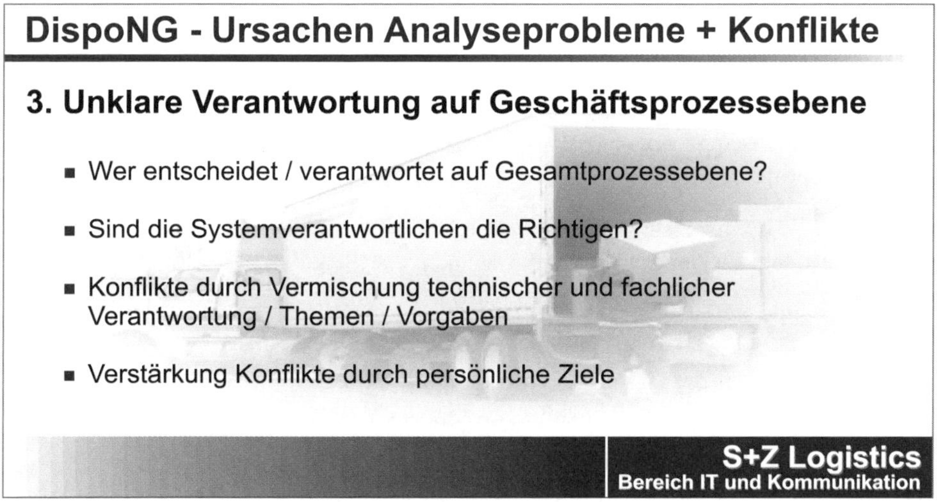

Abbildung 8.1: *Nach Lists Meinung streiten sich die Beteiligten, weil Fachliches mit Technischem verschwimmt und die Verantwortung unklar ist.*

„Die Beteiligten wissen nicht, wer für was verantwortlich ist. Wo beginnt die technische Umsetzung, und wo hören die fachlichen Vorgaben auf? Wofür bin ich als Fachbereich zuständig und wofür die IT? Jeder von uns reagiert darauf anders. Das hängt von unserem Charakter ab. Jemand wie Gabi Stapler ist unsicher und zieht sich aus den Diskussionen zurück. Herbie krempelt die Arme hoch und kämpft um seine Schäfchen.

Wir haben dabei persönliche Ziele, die ebenfalls in den Brennpunkt geraten. Z. B. ist Herbies Bonus an den Projekterfolg gekoppelt. Allein deshalb will er die Erfüllung seiner Vorgaben nicht dem Zufall überlassen."

„Ein Marcel Hacker kennt seine Software in- und auswendig. Für die ist er verantwortlich. Wenn er das Gefühl hat, dass es um die Automatisierung geht, will er natürlich mitwirken. Das ist ja auch richtig! Er würde im Fachbereich aber auf weniger Widerstand treffen, wenn die Vorgaben an ihn systemfrei formuliert und nicht Bestandteil der Diskussion wären. Er hätte ein klares Bild, welche Anforderungen an ihn und seine Programme bestehen würden. Dann kann er beginnen, zu beraten und damit seiner Rolle als Dienstleister gerecht zu werden.

Die Vermischung von Fachlichem und Technischem wird übrigens auch an den Projektrollen selbst sichtbar.

Wir versuchen, die Geschäftsprozesse mit Systemverantwortlichen und Entwicklern bzw. Architekten zu analysieren. In unserer PRINCE2-Sprache haben wir u.a. für die entsprechenden Entscheidungen einen Benutzervertreter.

Es dreht sich alles nur um das System! Aber hat ein Herbie auch die Verantwortung für den Dispositionsprozess? Nicht, dass er das nicht könnte. Aber darf er entscheiden, ob bestellt wird oder nicht? Darf er vorgeben, ob der Lkw links oder rechts herum fährt? Muss er die Konsequenzen verantworten, wenn die Auslieferung Nord zulasten des Gesamten optimiert wird?

Im Gegenteil – wenn wir das IT-Projekt zum Ort der Handlung machen und Geschäftsprozesse mit dem Ziel analysieren, ein System zu erstellen, dazu das Systemwissen bzw. die Systemverantwortung versammeln, dürfen wir uns nicht wundern, wenn wir am Ende über Systeme sprechen und Geschäftsprozesse zu Systemabläufen werden."

An diesem Punkt stoppt List ihren Vortrag und greift zu ihrem Wasserglas, um insgeheim den Beteiligten die Möglichkeit zu bieten, das Wort zu ergreifen. Diesen Gefallen macht ihr Dr. Grotemann.

„Ich glaube, ich verstehe so langsam, was Sie meinen. Die Geschäftsprozesse müsste eigentlich der Fachbereich als Vorgabe mitbringen. Natürlich systemfrei formuliert! Dann könnten wir gemeinsam überlegen, wie wir diese am besten automatisieren können. Nehmen wir die Bestellung. Der Geschäftsprozess würde vorgeben, dass Transportdetails erfasst und der Transport anschließend bestellt werden muss. Wir würden mit dem Fachbereich gemeinsam überlegen, ob es für ihn günstiger ist, diese zwei Schritte lieber systemunterstützt oder herkömmlich per Fax auszuführen. Wir müssten Herrn Alfa an diesen zwei Schritten vorrechnen, wo der Nutzen liegt und wie viel Geld er dafür in die Hand nehmen müsste. Ein Business Case auf Arbeitsschrittebene sozusagen!“

„So in etwa!“, stimmt ihm List zu.

„Das ist doch das, was ich von Anfang an als Ziel formuliert habe!“, antwortet der ITK-Bereichsleiter. „Allerdings habe ich jetzt gelernt, dass es einen Unterschied zwischen dem Geschäftsprozess und den Systemabläufen gibt.

Da wir die Geschäftsprozesse nicht haben, wissen wir nicht, was wir genau automatisieren könnten. Wir können nicht vorrechnen, wie wir die Verbesserungen erreichen können. Uns fehlt also noch ein Arbeitspaket. Das bedeutet Mehraufwand bzw. mehr Zeit. Und der Nutzen wird auch noch einmal auf den Prüfstand gestellt. Aber das wollten wir nach PRINCE2 sowieso nach jeder Phase tun.“

„Was ist aber“, fragt List, „wenn es sinnvoller wäre, die Bestellung in einem anderen System zu realisieren?“

Grotemann überlegt einen Moment. „Ich verstehe, was Sie sagen wollen. Gehört dann diese Umsetzung zu unserem Projekt? Sie wollen mir sagen, dass unser Projekt auf das System und nicht auf den Geschäftsprozess ausgerichtet ist, richtig?“

List nickt.

„Was würden Sie tun?“, fragt Grotemann.

List überlegt einen Moment. Eigentlich müsste sie ihm empfehlen, das Projekt zu stoppen. Es geht ja um ganz neue Rahmenbedingungen. Aber ein Bauchgefühl sagt ihr, dass das zu viel ‚Wahrheit‘ für diese Runde und für das Unternehmen wäre. Dann kommt ihr eine Idee.

„Im Prinzip reden wir über nichts anderes als über Anforderungen“, antwortet sie vorsichtig. „Wir müssten sicherstellen, dass wir die Transportabläufe aus Gesamtsicht analysieren. Das Dispositionssystem darf aus den bekannten Gründen nicht Ziel der Analyse sein. Erst überlegen wir, welche Schritte wir genau automatisieren. Dann können wir überlegen, was wir mit den Anforderungen machen, die nicht das Dispositionssystem betreffen. Es muss uns aber klar sein, dass wir dadurch mehr analysieren, als wir für die Erstellung des neuen Dispositionssystems benötigen.“

List schaut zu Alfa. „Die Geschäftsprozessanalysen müssten wir natürlich mit den Verantwortlichen für den Prozess machen. Da habe ich keine Ahnung, wie S+Z organisiert ist.“

Dann wendet sich List wieder Grotemann zu. „Aufgrund der bisherigen Erfahrungen würde ich empfehlen, die Analysen nur mit diesen Verantwortlichen und den Experten aus dem Betrieb zu machen. Um in der PRINCE2-Sprache zu bleiben, müssten wir also zwei Arbeitspakete erledigen. Im zweiten Paket analysieren wir gemeinsam mit den Verantwortlichen und Experten der ITK die Automatisierung, also die Systemabläufe und die Bedienung bzw. das Verhalten der Programme."

Nach einem kurzen Luftholen ergänzt sie: „Ich muss aber dazu direkt sagen, dass durch die fehlenden fachlichen Vorgaben und den Schwenk auf den gesamten betrieblichen Ablauf das Risiko besteht, dass wir erheblich länger dafür brauchen."

„Was meinen Sie dazu, Herr Alfa?", fragt Grotemann seinen Lenkungsausschussvorsitzenden ziemlich direkt.

Der sonst so spontane Alfa ist ziemlich nachdenklich geworden. „Das ist eine schwierige Sache! In jedem Fall kann ich das nicht selbst entscheiden. Dazu muss ich mit meinem Chef sprechen. Auf der anderen Seite hat Anna aus meiner Sicht völlig recht. Und so weitermachen können wir auch nicht. Neben dem Risiko sehe ich aber auch eine Chance. Wir könnten unsere Probleme fundamental in den Griff bekommen!

Wie sieht das denn die IT?", spielt er den Ball geschickt zu Grotemann zurück.

Grotemann sieht seine Chance und antwortet, ohne zu überlegen: „Ich bleib dabei. Wir wollen ihr Dienstleister sein. Wir können und wollen ihnen nicht sagen, wie ihre betrieblichen Abläufe aussehen müssen. Wir wollen sie aber bei der Automatisierung beraten. Und wir wollen zeigen, welchen Mehrwert sie davon haben. Von daher sind der Schwenk des Blickwinkels und die Zwei-Schritte-Lösung nur eine logische Konsequenz. Ich sehe auch die Chance, hier ein neues Kapitel aufzuschlagen und unsere Zusammenarbeit zu verbessern. Wenn wir – wie es Frau List sagt – wirklich messbar nachweisen können, wie teuer ein Automatisierungsschritt im betrieblichen Ablauf ist und wie es ohne diesen Schritt aussehen würde, dann hätten wir als IT einen riesigen Schritt gemacht."

„Ganz klar!", resümiert Grotemann. „Wir als ITK würden davon profitieren!"

„Dann würde ich als Vorsitzender vorschlagen", erwidert Alfa, „dass ich erst einmal mit meinem Chef bespreche, ob er das auch will und ob wir die Rahmenbedingungen dafür schaffen können. Wir müssen die Entscheidung also vertragen! Bis dahin müssen wir alle Aktivitäten stoppen. Es macht ja keinen Sinn, so fortzufahren. Ansonsten diskutieren wir hier wie 82 Millionen Bundestrainer am Stammtisch, mit welchen Spielern und welchem System unsere Nationalmannschaft spielen sollte. Wir müssen also erst einmal den Bundestrainer finden, der für die Spielzüge der Nationalmannschaft verantwortlich ist."

Nachdem sich alle Beteiligten auf dieses Vorgehen verständigt haben, bedanken sich sowohl Alfa als auch Grotemann noch einmal bei List. Das wäre keine einfache Aufgabe gewesen. Aber sie hätte das großartig gemacht. Als sich die Besprechung aufgelöst hat, schüttelt Grotemann Alfa noch einmal die Hand.

„Herr Alfa. Herr Leiter hat mir schon so viel von Ihnen erzählt. Ich fände es sehr schön, wenn wir uns besser kennenlernen würden. Vor allem, wenn wir wirklich gemeinsam einen neuen Weg beschreiten sollten."

„Gerne!", freut sich Alfa. Mit einer Verabredung zum Mittagessen verabschieden sich beide voneinander und verlassen den Besprechungsraum.

*

Während sich Paul, Wolli und Pit zur Bar durchkämpfen, um den heiß begehrten Gerstensaft zu holen, wendet sich Manni Herbie zu.

„Das war gerade sehr interessant, was du da gesagt hast. Trifft irgendwie unsere Situation im Betrieb, oder?"

„Tja – irgendwie schon", erwidert Herbie. „Unsere Lüdenscheider prügeln sich auf dem Platz wie wir in den Analysen. Anna hat das schon ziemlich gut erkannt. Wenn wir genau wüssten, was wir verantworten und entscheiden müssten, würden wir uns nicht prügeln. Wahrscheinlich ist das bei unseren Lüdenscheidern auf dem Platz genauso. Keiner weiß genau, wofür er Verantwortung übernehmen muss. Und so passt das eine nicht zum anderen. Wie heißt es so schön – die Hierarchie in der Mannschaft stimmt nicht. In diesem Zusammenhang fand ich übrigens deinen Vergleich mit den 82 Millionen Bundestrainern ziemlich treffend. Stell dir mal den armen Jogi Löw vor. Zum Glück ist hier die Verantwortung geklärt. Sonst hätten wir 82 Millionen Spielsysteme und 82 Millionen verschiedene Mannschaften."

„Was machst du jetzt?", fragt Herbie seinen Kumpel.

„In die Höhle des Löwen springen", sagt Alfa. „Vielleicht kommt mir ja noch eine gute Idee. Aber das meinem Uli zu verklickern! Das wird – glaube ich – mein Lebenswerk. Oder mein Untergang …", sagt er und nimmt noch einmal einen kräftigen Schluck Gebrautes.

Die Suche nach dem passenden Spielmacher

Mit einem ziemlich unguten Gefühl betritt Alfa das Büro seines Bereichsleiters. Wie wird sein Chef wohl auf die Neuigkeiten reagieren? Wird er die Veränderungen unterstützen? Wird er die Probleme überhaupt verstehen? Um auf Nummer sicher zu gehen, hat Alfa seinen Chef gebeten, dieses Mal etwas mehr Zeit einzuplanen. Sie müssten einige Dinge besprechen!

„Muss ich denn alles selber machen?“, hört Alfa seinen Chef in den Telefonhörer brüllen, als er hereinkommt. Wie immer sitzt der Bereichsleiter hinter seinem Computer. Aus dem Aschenbecher steigt der Rauch einer Lucky Strike auf. Mit einem Blick sieht Grossmann Alfa und winkt ihn herein. „Ja, ja – Sie bekommen gleich die Bestätigung per E-Mail“, schreit er ins Telefon und knallt den Hörer auf die Gabel.

„Na, du Kämpfer!“, begrüßt Grossmann Alfa. Den Blick auf den Bildschirm gerichtet bittet er ihn, sich zu setzen, ohne Alfa anzuschauen. „Ich muss nur noch eben eine E-Mail abschicken. Unser Vertrieb pennt mal wieder. Vorsicht! Kunde könnte mit Auftrag drohen! Wenn alle so arbeiten würden, wären wir schon längst pleite!

Aber das ist ja nicht dein Problem. Was gibt es denn Neues von der Front? Was kann es so Schlimmes geben, für das ich mir Zeit nehmen soll? Ich hab' dir ja gesagt, dass das mit der ITK kein Zuckerschlecken wird! Erzähl ruhig. Ich höre dir zu.“

Das ist ja genau die passende Situation, um seinem Chef von den Problemen zu erzählen, denkt Alfa ironisch. Na ja – egal! Das Projekt ist gestoppt. Ich darf keine Zeit verlieren!

„Ich habe unser Projekt gestoppt!“, versucht er ziemlich direkt die Aufmerksamkeit seines langjährigen Weggefährten zu gewinnen. Mit vollem Erfolg! „Du hast was?“, blickt Grossmann ziemlich verwundert auf. „Du hast richtig gehört! Wir haben Probleme, und die sollten wir dringend besprechen.“

„Nach so kurzer Zeit? Du hast mir doch erzählt, es läuft alles bestens? Jetzt bin ich aber schon überrascht! Bitte nicht auch noch das. Heute läuft aber wirklich alles gegen mich“, grantelt er weiter.

„Na ja, ich habe dich letztens schon auf einige Probleme hingewiesen“, verteidigt sich Alfa. „Bis dorthin habe ich aber noch daran geglaubt, sie in den Griff zu bekommen. Aber die Probleme liegen teilweise außerhalb des Projektes. Unser Betrieb ...“

„Welchen Floh hat dir die IT denn dieses Mal ins Ohr gesetzt?“, motzt Grossmann. „Ihr sollt doch nur ein Stück Software entwickeln. Was ist denn daran so schwer?“

In diesem Moment klingelt Grossmanns Handy. „Was ist?“, schreit er den anrufenden Vertriebler an. „Ja, hab' ich doch gesagt. Ich schicke die E-Mail. Jetzt nerv nicht und mach einfach, was ich dir gesagt habe.“

Dann atmet er einmal kurz durch. „Was für ein beschissener Tag!“, grummelt er und fängt an, eine E-Mail zu schreiben. „Erzähl weiter. Ich höre dir zu!“

Alfa merkt, wie sich innerlich bei ihm Ärger anstaut. Da ruft er am Tag vorher schon extra bei seinem Vorgesetzten an und dann das! Während sein Chef tippt, erzählt er ihm von den vielen Konflikten, der neuen Analystin und dem Lenkungsausschuss. „Uns fehlen dokumentierte, betriebliche Abläufe als Vorgaben! Und uns fehlen die dafür verantwortlichen Leute aus dem Betrieb.“

Das war zu viel für seinen Chef. Ärgerlich schlägt er mit der Faust auf den Tisch. „Hab ich es mir doch gedacht! Wieder einmal hat die ITK Probleme, das Projekt durchzuführen. Und was machen sie? Sie versuchen, uns die Schuld dafür in die Schuhe zu schieben. Der Grotemann ist echt ein schlauer Hund.“

Abbildung 8.2: *Wenn man nur noch mit dem „Feuerlöschen“ beschäftigt ist*

Wütend zeigt er mit dem Finger auf Alfa. „Hab' ich dir nicht gesagt, du musst mehr Autorität zeigen. Wir sind der Kunde, nicht der Schuldige! Und dann lässt du dir so einen Floh ins Ohr setzen!“, wiederholt er sich.

Jetzt platzt auch Alfa der Kragen. „Wenn du dir einmal Zeit nehmen und die Mühe machen würdest, die Probleme und die Beteiligten zu verstehen, dann würdest du erkennen, dass wir dir keinen Mist erzählen. Grotemann gibt sich mit seiner ITK wirklich viel Mühe. Aber wenn du hinter jeder seiner Aktionen ein hinterlistiges Manöver siehst, dass du sowieso nicht verstehen willst, kann es zu keiner guten Zusammenarbeit kommen. Das ist nur sehr schade. Hier könnte nämlich wirklich etwas Fruchtbares entstehen. Und wir als Betrieb könnten dabei tatsächlich gewinnen. Und du würdest auch verstehen, warum wir ständig bei uns im Betrieb Feuer löschen müssen.

Ich komme mir vor wie ein Angler, der versucht, im Fluss mit Händen die Fische zu fangen. Grotemann steht neben uns und bietet uns ein Netz an. Aber wir sagen, wir hätten keine Zeit, das Netz auszuprobieren. Wir müssten ja Fische fangen.

Ob du es glaubst oder nicht. Unsere Analystin hat mit Herbie und den ITK-Experten herausgefunden, dass die Lagerhaltung seit Jahren zulasten unserer Routen optimiert. Und dass ich deshalb immer die ganzen Scherben in meinen Noteinsätzen zusammenkehren darf. Würde Grotemann dir hier Hilfe anbieten, wenn er dir ein Bein stellen wollte? Vielleicht sollten wir einmal damit beginnen, Feuer zu verhindern statt immer den Bränden zu folgen!“

In diesem Moment klingelt erneut das Handy des Bereichsleiters. Als er das Gespräch annimmt, kann sich Alfa nicht mehr bremsen.

Kurz entschlossen nimmt er seinen Mantel und geht zur Tür. Er dreht sich noch einmal um und schimpft laut: „Wenn du etwas ändern willst, dann musst du mir auch mal endlich zuhören! So habe ich keinen Bock weiterzumachen!“ Dann stampft er aus dem Büro und knallt die Tür hinter sich zu.

*

Kurze Zeit später sitzt Alfa in der Firmenkantine. Herbie leistet ihm Gesellschaft. Aus dem wütenden Fußballfan ist ein kleines Häufchen Elend geworden. „Jetzt trink erst einmal einen Kaffee“, versucht Herbie den Geknickten zu trösten. „Und dann erzähl mal, was passiert ist.“

„Was passiert ist?“, seufzt Alfa mit Wasser in den Augen. „Ich habe gerade meine Karriere und eine lange Freundschaft weggeworfen! Was hat mich nur geritten?“

Geduldig hört sich Herbie Alfas Geschichte aus dem Büro seines Chefs an. In diesem Moment klingelt Herbies Handy. „Moment!“, unterbricht Herbie seinen Kumpel. Dann schaut er verdutzt Alfa an. „Das ist unser Chef. Was will der denn von mir?“

Herbie hebt ab. „Herbie hier. Was kann ich für Sie tun, Chef?“, fragt er vorsichtig. „Sie können Alfa nicht finden? Er sitzt hier bei mir. Was?“, hört Alfa Herbie sagen. „Er soll zu Ihnen ins Büro kommen? Werde ich ihm ausrichten.“

Nachdem sich Herbie verabschiedet hat, wendet er sich wieder Alfa zu. „Hast du dein Handy ausgeschaltet oder warum ruft mich der Chef an?“

Alfa nickt. „In diesem Zustand wollte ich mit niemandem telefonieren.“

„Du hast es selbst gehört.“ Herbie klopft ihm auf die Schulter. „Das wird schon nicht so schlimm werden. Wir kennen ihn ja. Er ist manchmal sehr direkt. Aber er kann auch gut einstecken.“

„Das glaube ich nicht“, sagt Alfa im Aufstehen. „Wahrscheinlich darf ich mir jetzt meine Papiere abholen“, erwidert er und schlurft wie ein begossener Pudel davon.

*

Wieder am Büro von Grossmann angekommen, seufzt Alfa schwermütig und klopft vorsichtig an der Tür an. Statt eines rauen „Herein" öffnet sich die Tür. Im Türrahmen steht Grossmann.

„Wie siehst du denn aus?", fragt er ihn etwas verwundert.

„Ich fühle mich ziemlich hundeelend", gibt Alfa zu. „So hätte ich dich vorhin nicht anbrüllen dürfen. Schließlich bist du mein Vorgesetzter."

„Heute steckst du aber voller Überraschungen!", antwortet Grossmann in einem ungewohnt mitfühlenden Ton. „Aber wenn ich ehrlich bin, hatte ich das völlig verdient. Nicht du musst dich bei mir, sondern ich muss mich bei dir entschuldigen. Dein Auftreten hat mich etwas nachdenken lassen. So wütend habe ich dich in den ganzen Jahren nicht gesehen. Es tut mir echt leid."

Erleichtert schaut Alfa Grossmann an. „Und ich dachte, du wolltest mir jetzt meine Papiere überreichen."

„Na, jetzt komm. Ich bin zwar dein Vorgesetzter, aber auch dein Freund. Außerdem war es vielleicht der einzige Weg, mir deutlich zu machen, dass ich mich vielleicht einmal mit dir und den Problemen richtig auseinandersetzen muss. Und Freunde müssen sich auch mal die Meinung sagen dürfen. Eigentlich habe ich mir so ein Auftreten schon seit Längerem gewünscht. Zwar wollte ich, dass du so mit unserer IT umgehst, aber davon wirst du mir hoffentlich gleich alles erzählen. Ich werde dir so lange zuhören, bis ich alles verstanden habe. Und wenn es sein muss, sitzen wir bis morgen früh hier. Ich habe alle Termine abgesagt und werde gleich Handy und Computer abschalten. Entschuldigung angenommen?"

„Natürlich!", freut sich Alfa. Dann drücken sich die beiden alten Weggefährten. Anschließend setzt Grossmann seine Drohung in die Tat um und macht sich unerreichbar. Aus einer Schreibtischschublade zaubert er eine Flasche Rotwein und zwei Pappbecher hervor. „Den haben wir uns verdient", zwinkert er Alfa zu. „Aber verpfeif uns nicht", spielt er auf das Alkoholverbot im Unternehmen an.

Dann beginnt Alfa ausführlich damit, von seinen Erfahrungen aus dem Projekt zu erzählen.

*

Geduldig folgt Grossmann Alfas Erzählungen. Sein Mitarbeiter erzählt ihm von den Problemen mit Weiss, Herbies Konflikten mit der ITK und wie sich er und Leiter bei der Konfliktbewältigung näher gekommen sind.

„Das ist ja interessant. Ihr habt den Weiss aus dem Projekt entfernt, weil er nicht auf uns eingegangen ist bzw. weil er unserem Herbie gesagt hat, wie der Betrieb zu laufen hat?", fragt Grossmann. Alfa nickt. „Und Grotemann war daran beteiligt?" Alfa nickt erneut.

„Hätte ich nicht für möglich gehalten", gibt Grossmann zu. „Und dann hast du mit Leiter gemeinsam eine Analystin ausgesucht und sie als ITK-Mitarbeiterin verkauft?" Alfa nickt wieder. „Ein kluger Schachzug", klopft er ihm auf die Schulter. „Ist ja eine interessante Geschichte. Erzähl weiter."

Dann berichtet ihm Alfa von den erneuten Konflikten und dem Lenkungsausschuss. Als Alfa von der Optimierung zulasten der Auslieferung Nord und seinen Feuerwehreinsätzen erzählt, stoppt ihn Grossmann. „Jetzt muss ich dich doch einmal unterbrechen. Das geht mir zu schnell. Lass es mich noch einmal mit meinen eigenen Worten wiederholen, damit wir nicht aneinander vorbeireden. Seit Jahren bestimmt die Lagerhaltung, was wann von wo nach wo gefahren wird. Wir haben es nur nicht gemerkt, weil wir nicht ins System geschaut haben. Anders ausgedrückt steuern die Systeme unsere betrieblichen Abläufe statt wir die Systeme? Die Lagerhaltung optimiert den ganzen Betrieb und wir sind die Dummen dabei, weil unsere Optimierung durch die stornierten bzw. veränderten Bestellungen über den Haufen geworfen wird. Und in diesem Kuddelmuddel stürzen aus diesem Grund hier und da die Systeme ab. Und das ist der Grund, warum wir dauernd Feuer löschen müssen. Kannst du dich noch erinnern, was ich dir vor ein paar Wochen von meinen Gesprächen mit ein paar Fahrern erzählt habe? Jetzt verstehe ich, warum sie sagen, im Notbetrieb würde alles besser laufen!"

„So ist es!", freut sich Alfa, dass sein Chef die Botschaft verstanden hat.

„Das ist wirklich erstaunlich. Und auf der anderen Seite bekomme ich dann Ziele vorgegeben, die ich nicht einhalten kann. Da kommen wir uns ja richtig mit der Lagerhaltung in die Quere. Drehen die Jungs da drüben an einer Schraube, fällt bei uns der Laden um und umgekehrt. Irgendwie hatte ich es von Anfang im Gefühl! Nur habe ich das Problem bei der IT vermutet. Dort ist es ja auch versteckt gewesen!"

„Und deshalb wollen wir das Ganze jetzt sichtbar machen", ergreift Alfa die Gelegenheit. „Grotemann ist ebenfalls daran interessiert. Der möchte auch nicht mehr Kostenfaktor und Sündenbock zugleich sein. Der steht mit seinem Laden immer zwischen den beiden Bereichen."

„Dann sind wir im Prinzip da, wo ich schon vor ein paar Wochen sein wollte. Kannst du dich noch daran erinnern? Ich wollte dem Vorstand nachweisen können, welche Maßnahmen bei uns welche Verbesserungen bringen. Und jetzt will mich Grotemann dabei unterstützen?"

„Richtig! Weil er dann zeigen kann, zu welchem einzelnen Arbeitsschritt unser Bereich ihm wie viel Geld gibt. Er kann dann am konkreten Arbeitsschritt nachweisen, wie viel wir durch die Systemunterstützung besser geworden sind. Es wird am einzelnen Arbeitsschritt besser sichtbar, wie viel wir durch seine ITK einsparen, als wenn wir den jeweiligen Schritt ohne Systemunterstützung machen würden. Von einem anderen Standpunkt aus will er also das Gleiche erreichen wie du. Ihr würdet also beide gewinnen!"

„Der Gedanke gefällt mir!", freut sich Grossmann.

„Aber warte mal!", stoppt der Bereichsleiter plötzlich. „Angenommen wir legen neue betriebliche Abläufe für das Dispositionssystem fest. Kollidiert das nicht dann auch mit den Maßnahmen, die ich im Betrieb gerade anleiere?"

Alfa stutzt und überlegt einen Moment. „Du hast völlig recht. Was machst du denn gerade?"

„Na ja – uns ist die Idee gekommen, dass wir bei der Lkw-Maut Kosten senken können. Wenn die Fahrstrecken kürzer sind oder möglichst wenige Autobahnstrecken enthalten, können wir Geld sparen, und unsere Zahlen werden besser. Das bringt uns gar nichts, wenn die Lagerhaltung ohne Vorlauf Transporte bestellen würde. Kurz vor knapp können wir dann die Strecken nicht so gut danach optimieren, weil ansonsten die Transporte zu spät ankommen."

„Siehst du!", will Alfa recht haben. „Und wenn wir die Abläufe jetzt aus betrieblicher Sicht nicht kennen, sind wir beide fleißig und erreichen nichts!"

„Wie kriegen wir das denn in den Griff?", fragt Grossmann Alfa.

Alfa holt erneut aus und erzählt ihm von den systemfrei dokumentierten, betrieblichen Abläufen. Anforderungen wären nichts anderes als seine Maßnahmen. Die müsste die Auslieferung Nord im Griff haben. Einige davon sind Anforderungen an die Automatisierung. Systemabläufe wären aber nur das eine, Anforderungen an die Geschäftsregeln, die betrieblichen Abläufe und die Arbeitsanweisungen das andere. Die Anforderungen wären aber nichts wert, wenn nicht die Verantwortung geklärt wäre.

„Was meinst du damit?", fragt Grossmann.

„Na ja – Herbie kann ja als Systemverantwortlicher wohl kaum bestimmen, wo unsere Lkws lang fahren oder wie der betriebliche Ablauf zu funktionieren hat", erwidert Alfa.

„Machen das nicht unsere Betriebsleiter?", fragt Grossmann Alfa.

„Die sind dafür verantwortlich, die betrieblichen Abläufe auszuführen", entgegnet ihm Alfa. „Wir benötigen aber jetzt jemanden, der bestimmt, wie die betrieblichen Abläufe aussehen sollen. Bis jetzt entscheidet das die Leiterrunde. Das wäre sehr ineffektiv. Außerdem ist es immer besser, wenn eine Person diese Rolle innehat. Dann könnte man die persönlichen Ziele damit verbinden. Einer Runde sind Entscheidungen auch schon einmal egal und werden dann halbherzig getroffen."

„Da hast du recht. Die haben wir auch schon einmal schleifen lassen."

„Und außerdem …", fragt Alfa. „Wer verantwortet eigentlich die Prozessdetails, die den gesamten Transportprozess betreffen?"

Grossmann schaut seinen Freund etwas irritiert an.

„Na ja – wer trifft z. B. die Entscheidung, dass die Lagerhaltung die Gesamtoptimierung durchführt. Wer trifft diese Entscheidung und verantwortet die Konsequenzen, dass unser Bereich nicht so optimal läuft. Ansonsten müssen wir hinterher die Suppe auslöffeln. Das ist es doch, was du mit deinen Zielen meinst. Uns kann nicht auf der einen Seite gesagt werden, ihr müsst optimal funktionieren. Ihr baut Personal ab. Und auf der anderen Seite wird die Entscheidung so getroffen, dass wir das gar nicht realisieren können."

„Das ist ein richtig guter Punkt!", sagt Grossmann und überlegt kurz.

„Okay – jetzt wissen wir, woran es hakt, und wir haben einige Ideen, wie wir es lösen können. Aber wie kommen wir ans Ziel? Wie werden wir dabei nicht alles um? Wenn wir in dieser Situation zu viel auf einmal verändern, bricht uns der Laden zusammen. Wir müssen den Bereich also langsam und verträglich wandeln."

Alfa nickt und ergänzt. „Aber vor allem müssen wir die Veränderungen kontrollieren. Du weißt ja, wie unser Betrieb tickt. Ein hysterisches Weib ist nichts dagegen."

„Schön gesagt. Gut, dass uns unsere Frauen nicht zuhören", lacht Grossmann und setzt noch einen oben drauf. „Nicht zu vergessen, wie sich Neuigkeiten unter ihnen verbreiten. Im Nu hast du alle möglichen Gerüchte im Umlauf."

„Das ist halt die feminine Seite unseres Betriebs", lästert Alfa.

Dann werden beide wieder ernst. Über die Fragen, welche Maßnahmen sie jetzt ergreifen sollen und was machbar ist, zerbrechen sich die beiden Männer die halbe Nacht den Kopf. Dabei kann Alfa seinen Chef überzeugen, dass Entscheidungen zukünftig schriftlich erfolgen sollten. Lieber eine falsche, aber eine sichtbare Entscheidung. Und dafür das Eingeständnis, dass jeder einmal einen Fehler macht. So ein Unfall wie mit den „Business Case Folien" sollte es nicht mehr geben.

Kurz vor Mitternacht haben dann beide einen Weg gefunden. „Ich fasse noch einmal zusammen, Manni", beginnt Grossmann und wirft einen Blick auf seine Skizze, die er aus Alfas Erklärungen gemalt hat, um die Zusammenhänge besser zu verstehen.

„Es wäre schön, wenn du mitschreiben könntest." Als Alfa Stift und Papier gezückt hat, fährt er fort. „Die Ausgangssituation:

Erstens – unsere Geschäftsprozesse bzw. unsere Verfahren sind momentan nicht dokumentiert.

Zweitens – das ganze Verfahrens-Know-how steckt heute in den Köpfen bzw. in unseren Arbeitsanweisungen.

Drittens – die alten Systemabläufe sind verstreut über die Köpfe der ITK und unseren Systemverantwortlichen.

Viertens – Veränderungen brauchen Zeit. Wir können den Laden nicht auf einmal auf den Kopf stellen bzw. groß investieren.

Fünftens – verändern können wir nur meinen Bereich, da ich hier die Hand drauf habe.

Und zu guter Letzt – momentan bewegen wir nichts, weil wir an allen Ecken schrauben und nichts zusammenpasst."

„Die letzten Punkte hast du besonders gut formuliert!", stimmt Alfa seinem Chef zu.

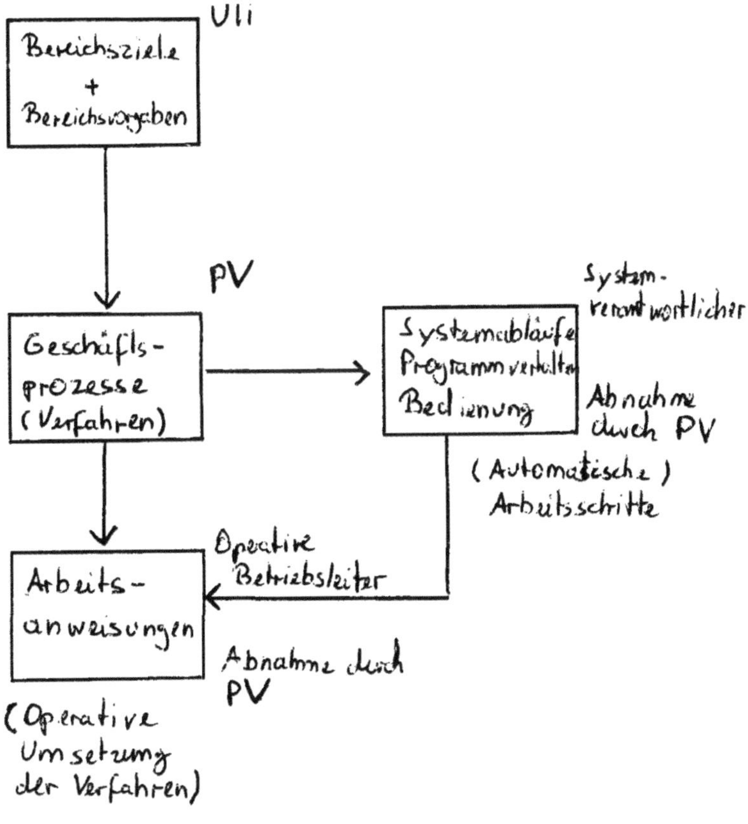

Abbildung 8.3: *Grossmanns Skizze, wie er seinen Bereich zukünftig verändern will*

„Kommen wir zu unserem langfristigen Ziel!", fährt Grossmann fort. „**Erstens** – ich kann den Bereich gezielt nach Kennzahlen steuern und kontrollieren.

Zweitens – ausgehend von meiner Gesamtprozessverantwortung gibt es jeweils Prozessverantwortliche, welche die Verfahren bzw. Teilprozesse so festlegen, dass die Ziele erreicht werden.

Drittens – aus diesen Verfahren werden alle automatischen Arbeitsschritte – also die Systemabläufe und der ganze weitere IT-Krempel – abgeleitet. Dafür sind die Systemverantwortlichen zuständig.

Viertens – außerdem werden aus den Verfahren die Arbeitsanweisungen abgeleitet. Das verantworten heute wie zukünftig unsere operativen Betriebsleiter.

Fünftens – Vertrauen ist gut! Kontrolle ist besser. Damit sich IT und Betrieb nicht selbstständig machen, muss der bzw. müssen die Prozessverantwortlichen die Arbeitsanweisungen bzw. die Systemabläufe abzeichnen. Das sichern wir u.a. durch eine Dienstanweisung. Eine entsprechende Revision überprüft das Ganze regelmäßig.

So weit okay?"

Alfa nickt.

„Dann kommen wir zu dem, was machbar ist.

Erstens – die Verfahren dokumentieren wir nach und nach. Die ersten Abläufe werden wir innerhalb unseres IT-Projektes festlegen.

Zweitens – wir beginnen erst einmal mit einem Prozessverantwortlichen, der von mir die Gesamtverantwortung auf Prozessebene erhält. Ich konzentriere mich auf die Vorgaben von Zielen und Bereichsvorgaben. Mehr kann ich sowieso nicht leisten. Dafür berichtet er mir regelmäßig und schlägt mir die entsprechenden Maßnahmen vor. Wie hast du es noch einmal genannt? Sie sind die Anforderungen und Ziele für die Geschäftsprozesse!"

Alfa nickt erneut, während Grossmann fortfährt.

„**Drittens** – wir nehmen Lücken in der Dokumentation in Kauf. Wir werden auch sicherlich über den ein oder anderen Konflikt stolpern. Ab sofort erhält der Prozessverantwortliche die inhaltliche Weisungsbefugnis für die Systemabläufe und die Arbeitsanweisungen. Heißt also: keine Umsetzung ohne Unterschrift. So bekommt der PV alles mit und kann entsprechend steuern.

Viertens – wird die Arbeitslast zu groß für ihn, beginnen wir Schritt für Schritt, Teilprozessverantwortliche aufzubauen. So entsteht unter dem PV langsam die notwendige Organisation. Außerdem können wir dadurch erst einmal sehen, wie sich die Veränderungen auswirken. Und können außerdem gezielt Leute ausbilden.

Fünftens: Wie wir über unseren Bereich hinaus vorgehen, müssen wir sehen. Momentan bleibt uns da nichts anderes übrig als zu verhandeln. Aber ich werde das Problem beim Vorstand ansprechen. Vielleicht müssen wir den Vorstand mit Entscheidungsvorlagen bombardieren, bis der keine Lust mehr hat. Über den Punkt muss ich mir auf jeden Fall noch Gedanken machen. In jedem Fall verhandelt der PV in seinem Rahmen nach außen. Er hat ja die Verantwortung.

Punkt sechs – ich werde mich mit dem Bereichsleiter bei der Lagerhaltung kurzschließen. Wir bräuchten jemanden, mit dem wir die betrieblichen Abläufe belastbar abstimmen können.

Siehst du das auch so?“

Alfa nickt zufrieden. Wer hätte das noch vor ein paar Stunden gedacht?

„Fehlt nur noch eins!“, grinst Grossmann seinen Alfa an. Alfa zuckt wortlos mit den Schultern. „Dass ich dich zum Prozessverantwortlichen der betrieblichen Abläufe in unserem Bereich benenne. Hättest du da Lust zu?“

„Mich?“, fragt Alfa verdutzt.

„Jemand muss den ganzen Krempel aufbauen und die Veränderungen begleiten. Jemand, der so hartnäckig ist und dafür aus seiner Sicht seinen Job riskiert. Der es geschafft hat, dem alten Sturkopf die Stirn zu bieten. Aber auch jemanden, der die notwendige Sensibilität hat. Einer, der mit den Leuten umgehen kann. Und jemanden, dem ich vertraue. Mir fällt da kein Besserer als dich ein!“, lobt Grossmann Alfa.

„Außerdem machst du das Ganze heute sowieso schon – nur ohne Verantwortung!“, ergänzt er. „Oder glaubst du, ich hätte nicht gemerkt, wer mir den Rücken frei hält und sich um die hässlichen Details kümmert. Was anderes ist es doch nicht, was du als Prozessverantwortlicher übernimmst. Jetzt ist es nur etwas organisierter.“

„Kurz gesprochen: Du wirst durch die Prozessverantwortung mein offizieller Stellvertreter, was die betrieblichen Abläufe und die IT-Beauftragung angeht.“

„Das wäre schon eine sehr interessante Sache“, überlegt Alfa laut. „Und eigentlich stecke ich ja schon mitten drin. Ich hätte nur zwei Bedingungen.“

„Ich kommuniziere das schriftlich“, fällt Grossmann Alfa grinsend ins Wort. Mit einem Zwinkern ergänzt er „Schließlich unterschreibe ich ja ab heute Entscheidungen. Bliebe nur noch eins zu ergänzen.“

Alfa stutzt. Grossmann überreicht seinem Kumpel dessen Skizze. „Du hast ja alles mitgeschrieben. Es wäre schön, wenn du mir daraus eine Dienstanweisung und einen offiziellen Aushang für die neue Rolle machen könntest. Dann mache ich das alles offiziell. Und was ist die zweite Bedingung?“, fragt sein Chef.

„Ich bekomme Herbie zur Unterstützung. Als Systemverantwortlichen brauchen wir ihn ja sowieso noch weiter. Für den operativen Betrieb könnte er dann nicht mehr arbeiten."

Erleichtert guckt Grossmann Alfa an. „Wenn es weiter nichts ist. Glaubst du denn, ihm würde das gefallen?" „Ich denke schon!", antwortet Alfa. „Da kann er endlich Dinge bewegen, die sonst an ihm vorbeigelaufen sind. Außerdem kenne ich keinen, der mehr über den Betrieb weiß als er. Bleibt noch eins – was machen wir mit dem Projekt?", fragt Alfa. „Es ist ja nicht unwahrscheinlich, dass es länger dauert oder wir die Entwickler erst einmal nach Hause schicken müssen."

Auf diese Frage hatte Grossmann gewartet. „Ich dachte, du fragst gar nicht mehr. Eigentlich ist es doch eine angenehme Situation, die wir haben. Wir können direkt herausfinden, ob Grotemanns Äußerungen nur Lippenbekenntnisse sind. Wenn er es ernst meint, hat er kein Problem damit. Wir müssen nur dafür sorgen, dass es nicht so aussieht, als ob sein Projekt gescheitert wäre. Geht er nicht darauf ein, lassen wir es scheitern, weil er uns den Nutzen noch einmal vorrechnen soll. Das wird er aber ohne die Abläufe auch nicht machen können. Und mit der Erkenntnis, dass die Optimierung zu unseren Lasten angeht, haben wir alle Trümpfe in der Hand. Schließlich hat seine Abteilung den Nutzen ausgerechnet, und wir haben nun sehr berechtigte Zweifel. Vor dem Hintergrund wird er uns sicherlich unterstützen.

Dazu werden wir uns so schnell wie möglich mit ihm nach deiner Ernennung zusammensetzen. Dann kann ich dich ihm offiziell vorstellen."

Entspannt lehnt sich Alfa zurück. Eine Sorge weniger! In diesem Moment hebt Großmann seinen Pappbecher. „Prost Manni! Mir hat deine Art heute sehr gut gefallen. Wenn ich wieder einmal nicht zuhöre oder mir keine Zeit nehme, trittst du mir wieder in den Hintern."

Alfa grinst. „Das brauche ich ja gar nicht. Dann lege ich dir die Dinge einfach zur Unterschrift hin, und du bist dein Unglück selbst schuld."

„Gut gekontert!", sagt Grossmann grinsend. Dann nimmt er seinen Kumpel noch einmal in den Arm. „Und jetzt gehen wir noch einen Absacker trinken. Den haben wir uns wirklich verdient. Was für ein Tag!"

*

Die Ernennung Alfas zum Prozessverantwortlichen und stellvertretenden Bereichsleiter verbreitete sich wie ein Lauffeuer durch den Betrieb. Die Reaktionen waren durchwegs positiv. Vor allem weil Grossmann ihnen glaubhaft erklären konnte, was sich zukünftig ändern wird und warum die Änderungen notwendig sei. Nur einige Betriebsleiter waren nicht begeistert. Dabei hatten Alfa und Grossmann die Ernennung geschickt eingefädelt. Sie hatten mit den Leitern bereits vor der schriftlichen Veröffentlichung gesprochen. Alfa hatte ihnen erklärt, dass er zwar die Verantwortung tragen würde, aber für Vorschläge offen zugänglich ist. Als beide den Leitern die Hintergründe erklärten, konnten sie zwei von drei Betriebsleitern für sich gewinnen. Vor allem der Leiter der Disposition war nicht unglücklich. Die ständigen Feuerwehreinsätze und die Probleme mit der Lagerhaltung wären ganz schön an seine Substanz gegangen. Nur dem Leiter des Ladebereichs merkte man an, dass er sich vor allem in seiner Macht beschnitten fühlt. Natürlich äußerte er das nicht. Aber mit der schriftlichen Dienstanweisung des Bereichsleiters hatte sich das Thema dann endgültig erledigt. Besonders die Disponenten und Gruppenleiter der Fahrerteams waren zufrieden. Durften sie sich in der Vergangenheit mit Grossmann herumschlagen. Mit Alfa bekamen sie endlich ihren beliebten Ansprechpartner, der sie versteht. Die Tatsache, dass er mit Herbie einen der ihren zu seiner Unterstützung herangezogen hat, hatte Spuren hinterlassen.

Herbie wiederum war sofort begeistert, als ihn Alfa gefragt hat. Für ihn bedeutete der Schritt einen weiteren Meilenstein in seiner Karriere, den er seinem Fußballkumpel zu verdanken hat. Er hatte immer davon geträumt, eines Tages den Sprung aus dem Tagesgeschäft zu schaffen. Jetzt war er am Ziel.

Auch das Gespräch mit der ITK verlief positiv. Grotemann stand zu seinen Worten. Das wiederum beeindruckte Grossmann. In den Gesprächen kamen sich beide näher. Ohne es direkt anzusprechen, merkte man deutlich, dass sich beide falsch eingeschätzt hatten. In seiner Art ließ Grotemann keine Gelegenheit aus, dass diese bereits ein Meilenstein wäre. Man hätte sich einen großen Schritt aufeinander zu bewegt. Auf der anderen Seite streckte Grossmann seinem Gegenüber die Hand aus und fragte, wie man denn im Projekt weiter vorgehen wolle. Schließlich bräuchte man momentan die Techniker nicht. Die Analysen wären ja eigentlich nicht vollständig Projektgegenstand. Es wäre ja jetzt unschön, das Projekt zu stoppen. Der Imageverlust würde dem Ganzen nicht gerecht werden. Schließlich hätte die ITK ja zu dem Wandel beigetragen. Auch wenn es nicht so beabsichtigt gewesen wäre, hat doch das Projekt diese Veränderungen ausgelöst. Ob Grotemann denn seine Entwickler zwischenzeitlich anderweitig beschäftigen könnte? Dann wäre ja nur noch Anna List. Und die könnte er „über seine Kostenstelle“ beauftragen und bezahlen. In diesem Falle würden keine Projektkosten entstehen. Interne Personalkosten der Auslieferung Nord würden ja momentan nicht erfasst. Dann entstünden auf der Projektkostenstelle nur Kosten für Leiter. Die Kollegen aus der Lagerhaltung bräuchte man ebenfalls nicht. Hier wolle der Bereichsleiter aber einen Verantwortlichen „anfragen“, der belastbar betriebliche Abläufe abstimmen kann. Das würde die Projektkosten also noch einmal reduzieren.

Auf diesen Deal ging Grotemann sofort ein. Bei technischen Fragen würde die ITK natürlich gerne unbürokratisch helfen. Das Optimierungsbeispiel hätte ja gezeigt, dass manchmal „rückwärts analysiert“ werden müsste.

Alfa grinste verlegen. Hatte es sein Chef auch noch geschafft, Anna List an seinen Bereich zu binden. Und Grossmann freute sich innerlich, dass er für das laufende Jahr die IT-Projektkosten vorerst noch einmal senken konnte. Lediglich Anna List belastete jetzt seine Kostenstelle. Aber für seine eigenen Maßnahmen hatte er sowieso Geld eingeplant. Die muss ja jetzt sein neuer Stellvertreter im Rahmen der Analysen regeln. Insofern war das für ihn ein „Linke Tasche – rechte Tasche"-Rechnung. Unter dem Strich hat er durch die Zusammenlegung der Analysen also für das laufende Jahr die Kosten gesenkt!

Auch bei der Lagerhaltung hatte er Erfolg. Das war allerdings sehr viel schwerer. Es bedurfte seines gesamten politischen Geschicks, den Bereichsleiter Altgeld davon zu überzeugen. Sie kamen überein, dass die Lagerhaltung offiziell von Gabi Stapler repräsentiert wird. Altgeld verstand zwar nicht, warum sie unbedingt auf Archi Tektor verzichten wollte. Aber das überraschte Grossmann nicht! War es doch ein deutliches Anzeichen dafür, dass auch Altgeld das gleiche Problem wie die Auslieferung Nord hat. Altgeld sicherte Grossmann schriftlich zu, dass Stapler befugt ist, entsprechende betriebliche Vereinbarungen zu treffen. Mehr konnte Grossmann hier nicht erreichen. Allerdings war er zufrieden, etwas Belastbares in der Hand zu haben. Gäbe es Probleme, hätte er die Möglichkeit, Druck auszuüben. Und das Mittel könnte er vielleicht noch gebrauchen. Schließlich wusste er über den Optimierungskonflikt zwischen beiden Bereichen Bescheid.

Der lange Weg zum optimalen Spielsystem

Wenn der Alkoholiker merkt, dass er krank ist …

Ist das der Wendepunkt bei den Problemen, die Grossmann und Kollegen haben? Es sind zwei entscheidende Dinge geschehen:

Die Auslieferung Nord und vor allem Grossmann sind davon überzeugt, dass sie ihre Geschäftsprozesse und deren Umsetzung in den Griff bekommen müssen. Das ist der erste große und wichtige Schritt, den ein Unternehmen als Organisation im Wandel zur Prozessorientierung machen muss.

Ich vergleiche das ganz gerne mit der Situation eines Alkoholikers. Haben Sie schon einmal versucht, einem Alkoholiker zu helfen? Dann haben Sie sicherlich die mühsame Erfahrung gemacht, dass man dem Patienten erst helfen kann, sobald er erkannt hat, dass er krank ist. In diesem Fall wissen Sie sicherlich auch, wie schwierig für den Patienten dieser Schritt ist und wie lange er dafür braucht. Viele Alkoholkranke schaffen diesen Schritt nicht. Das kann für einen Außenstehenden eine sehr frustrierende Erfahrung sein. Vor allem, wenn derjenige einem ans Herz gewachsen ist. Es ist wie eine Beratung ohne die Bitte um Rat – eine hoffnungslose Mission.

Bei Alkoholkranken spricht man deshalb auch von der halben Miete, wenn er seine Sucht eingesteht. Bei der Prozessorientierung ist das genauso. Damit das Buch nicht zu langatmig wird, machen unsere Helden ihre Erfahrungen relativ schnell. Schließlich will ich Ihnen ja möglichst viel zeigen, was „unterwegs passieren" kann. In der Praxis ist es oft ein langes Hin und Her in der Überlegung, was man tun soll und wie eine Erkenntnis zu deuten ist.

In seiner dominanten Persönlichkeit trifft Grossmann mutige und schnelle Entscheidungen, als er die vorhandenen Probleme verstanden hat. Er ist davon überzeugt, dass sie nur so in den Griff zu bekommen sind.

Veränderungen brauchen Zeit – ihre Kontrolle ist entscheidend

Dabei erkennt Grossmann etwas, womit sich sein Pendant beim FC Lüdenscheid schwerer tut. Er weiß, dass das Spielsystem zur Mannschaft passen muss und dass die Veränderung der Organisation bzw. der Menschen Zeit benötigt. Auf diesen Punkt sind wir bereits im ersten Teil eingegangen. Ein neuer Trainer muss eine Vorstellung darüber haben, mit welchem Spielsystem er langfristig erfolgreich sein kann, und seine Mannschaft Schritt für Schritt dahingehend verändern. Teilweise macht er das durch „Umschulungen", teilweise durch neues Personal. Bis dahin muss er das Spielsystem an seine vorhandene Mannschaft anpassen und „gegebenenfalls Abstriche machen". Er muss also die Veränderung gezielt kontrollieren. Ansonsten verliert er Spiele und schließlich den Sitz auf seinem Trainerstuhl.

Grossmanns Spielmacher kontrolliert die Veränderungen auf dem Platz

Der Bereichsleiter ist ein erfahrener Chef. Schnell hat er begriffen, dass die Geschäftsprozessverantwortung die Veränderungen kontrolliert. Über sie kann er den Betrieb steuern. Mit ihr steht und fällt der Erfolg seines Bereiches. Der Prozessverantwortliche steuert für ihn das Spiel auf dem Platz. Als sportlicher Leiter kann er sich nicht um die hässlichen Details kümmern. Er will „seiner rechten Hand" Vorgaben machen, also die notwendigen Ziele vorgeben. Manche nennen das auch die „Strategie" oder „Taktik". Dabei will der Bereichsleiter am liebsten die Zielkennzahlen vorgeben, an denen er gemessen wird. Aber auch er weiß, dass es für seinen Bereich ein langer Weg bis dorthin ist.

Deshalb übergibt er seinem engsten Vertrauten diese Aufgabe. Eine kluge Entscheidung – schließlich hat Alfa ihn so weit gebracht, die Missstände zu erkennen. Und er hat auch aus seiner Sicht die notwendigen Fähigkeiten, das zu schaffen. Instinktiv wählt er den Weg, den wir in der Geschäftswelt den Weg des „Change-Managers“ nennen.

Veränderung der Spielzüge und des Spielsystems

Wir wissen jetzt also, dass Alfa nicht nur die Geschäftsprozesse verändern soll, um die Bereichsziele zu erreichen. Er soll auch das ganze Spielsystem und die Menschen verändern bzw. aufbauen. Auch wenn es sich in beiden Situationen um die Veränderungen von Abläufen handelt, sind das zwei sehr unterschiedliche Dinge.

Ein Unternehmen verändert seine Spielzüge, also die betrieblichen Abläufe, jeden Tag. Es passt sich damit dem Markt an. Die Veränderung des Spielsystems bedeutet neue Strukturen, in denen sich S+Z zukünftig den täglichen Herausforderungen anpassen will. Es handelt sich also hier um eine „einmalige Veränderung“ zur Schaffung neuer Strukturen.

Dazu übergeben die Grossmanns dieser Welt ihren „Change-Managern“ gerne für eine festgelegte Zeit die Verantwortung für beides. Dann ist es am leichtesten, die Veränderungen einzuführen. Wer das „tägliche Geschäft kontrolliert“, kann auch am einfachsten verändern. Mit „dieser Macht“ soll der Change-Manager in dieser Zeit den Bereich und die dort vorhandenen Mitarbeiter anhand festgelegter Vorgaben gezielt verändern. Er hinterlässt am Ende die Mannschaft mit dem neuen, etablierten Spielsystem.

Grossmann übersieht nur ein Risiko. Bei diesem Wandel gibt es in der Regel Reibungsverluste, die durch die Konflikte mit den Beteiligten entstehen. Deshalb übernimmt der „Change-Manager“ in der Regel ein „Interimsmanagement“ (die festgelegte Zeit). Der letzte Schritt des Wandels ist sein Ausscheiden, bei dem er die Altlasten bewusst mitnimmt. In vielen Fällen hat er seine Person dabei „verbrannt“. Aus diesem Grund wählt man häufig eine externe Person als „Change-Manager“, um interne Personen zu schützen.

Eine interne Person muss deshalb vorsichtiger sein, damit sie nicht „in den Konflikten verbrennt“. Die Veränderungen geschehen langsamer. Dafür sind sie aber auch oft verträglicher. Und das ist es ja genau, was Grossmann will!

Um Leute zu nachhaltig zu verändern, muss ein Change-Manager aber vor allem hartnäckig sein, um die Veränderungen auch gegen Widerstände durchzusetzen. „Einprügeln alleine“ verändert aber keine Menschen. Im ersten Teil haben wir gesehen, dass jede Person aufgrund ihres Charakters anders auf Veränderungen reagiert. Deshalb muss der „Change-Manager“ andererseits auch sensibel genug sein, um auf die Mitarbeiter im Wandel mit ihren persönlichen Problemen eingehen zu können. Diese wichtigen Eigenschaften sieht Grossmann bei seinem Alfa.

Reifegrade oder wie weit ist unsere Mannschaft?

Mit der Erkenntnis, nicht alles auf einmal verändern zu können und dass ein Unternehmen bzw. eine Mannschaft Zeit für die Veränderung benötigt, stellt sich für uns natürlich die Frage: Wo steht das Unternehmen in diesem Wandel?

Das nennt man auch den Reifegrad von Prozessen (der Spielzüge) und der Mannschaft (der Organisation). Zur Bewertung gibt es verschiedene Modelle, von denen wir uns nun den wichtigsten im Folgenden (oberflächlich) widmen.

Alle Modelle haben dabei eines gemeinsam. Sie überprüfen die Reife der Spielzüge oder der Mannschaft anhand eines Fragen- oder Kriterienkataloges. Abhängig davon können wir fundiert beantworten, zu wie viel Prozent der Geschäftsprozess bzw. die Organisation eine gewisse Stufe erreicht haben. Interessant ist dabei, dass fast alle Modelle fünf oder sechs Stufen verwenden.

Das GPM-Reifegradmodell (anlehnend an das EFQM-Modell)

Das GPM-Reifegradmodell ist das erste Modell, das wir kennenlernen. Im Gegensatz zu Modellen wie CMMI (betrachten wir im nächsten Abschnitt) ist es nicht auf die Prozesse der IT zugeschnitten. Es ist angelehnt an das Modell der European Foundation for Quality Management (kurz EFQM). GPM steht dabei für Geschäftsprozessmanagement, also das Spielsystem, in dem Unternehmen, wie S+Z, ihre Spielzüge festlegen und ausführen.

Lassen Sie uns zunächst analysieren, wie reif unsere S+Zler als Unternehmen nach diesem Modell sind. Dazu müssen wir ein paar Fragen beantworten. Normalerweise machen das interne oder externe „Assessoren". Das klingt nach einer gefährlichen Gruppe Menschen. In Wirklichkeit sind Assessoren aber nur Personen, die das gleiche wie wir machen. Im Alltag befragen sie Mitarbeiter und Führungskräfte in den Unternehmen durch Interviews oder analysieren die Dokumentation. Dann bewerten sie das Unternehmen, so wie wir es jetzt machen. Bitte werfen Sie dazu einen Blick in die beiden Checklisten. Angelehnt an die Checklisten aus „Geschäftsprozessmanagement in der Praxis" von Schmelzer und Sesselmann habe ich die Formulierungen etwas vereinfacht.

In der ersten Checkliste beurteilen wir das grundlegende Wissen über das Geschäftsprozessmanagement und die Überzeugung für die Notwendigkeit, die Geschäftsprozesse organisatorisch zu beherrschen. Einfacher ausgedrückt fragen wir, inwieweit unser Alkoholiker eingesehen hat, dass er krank ist, und wie viel er über seine Therapie weiß!

Bewertungspunkt	Erfüllungsgrad	Begründung
1. GPM-Akzeptanz und Wissen		
Wissen die Mitarbeiter, worum es im GPM geht und warum der Bereich es braucht?	66%	Erklärung der Maßnahmen bei der Ernennung Alfas. Details und das genaue "Wie" nicht bekannt.
Erkennen die Mitarbeiter den Handlungsbedarf?	66%	Führungskräfte und die wichtigsten Personen.
Wissen die Mitarbeiter, wann was eingeführt wird und was momentan eingeführt ist	33%	Nur den aktuellen Stand (Alfas Ernennung und die Konsequenzen).
Werden die Führungsmitarbeiter laufend und systematisch in GPM trainiert?	0%	Nein. Es sind die schmerzvollen Erfahrungen und das Wissen Lists.
Rollenspezifisches GPM-Training?	0%	Nein (keine Schulungen).
Stehen ausreichend qualifizierte GPM-Trainer zu Verfügung?	0%	Nein (keine Schulungen).
Haben Mitarbeiter und Führungskräfte das gleiche Verständnis bzgl. GPM?	33%	Teilweise (Alfa, Grossmann, Herbie) und das nur grob (mangels Detailwissen).
Sind die Mitarbeiter aktiv an der Einführung bzw. Verbesserung beteiligt?	33%	Nur Alfa und Herbie. Andere Einbindung nicht bekannt.
Ist der Know-How-Transfer zwischen den einzelnen Geschäftsprozessen organisiert?	33%	Nicht strukturiert, ansonsten über die zentrale Prozessverantwortung und Herbie.
Summe Bewertung Reifegrad 1	**29%**	***Notwendigkeit und Grundlegendes bekannt. Detailwissen fehlt. Keine geplante Einführung bzw. gezieltes Training.***

0%=nicht erfüllt, 33%=teilweise erfüllt,66% überwiegend erfüllt,100%=vollständig erfüllt

Quelle: *Bewertungsansatz (GPM-Modell) sinngemäß aus Geschäftsprozessmanagement in der Praxis, H.J Schmelzer / W. Sesselmann, 6. Auflage, Hanser Verlag*

Abbildung 8.4: *So könnte ein „Assessor" unsere Logistiker bzgl. Wissen und Akzeptanz des Geschäftsprozessmanagements bewerten.*

Interessanterweise werden mit einfachen Fragen eklatante Lücken sichtbar. Das ist aber nicht untypisch. Schließlich befinden wir uns in einem Lernprozess.

Beim zweiten Reifegrad geht es darum, wie gut unsere Logistiker die Geschäftsprozesse dokumentiert und in der Organisation verankert haben. Insbesondere die Festlegung der Verantwortung ist ein wichtiger Punkt in dieser Stufe.

Bewertungspunkt	Erfüll-ungs-grad	Begründung
2. Prozessorganisation und verankerte Verantwortung		
2.1 Geschäftsprozessmodell & -dokumentation		
Ist das Geschäftsprozessmodell festgelegt, also die Art und Weise, wie Geschäftsprozesse analysiert, modelliert und dokumentiert werden?	33%	Das unternehmensweite Modell der ITK. Das hat aber Fehler (Vermischung Systemabläufe / GP). Ob der Fachbereich das übernimmt oder ändert ist unklar.
Wird das Geschäftsprozessmodell ständig überprüft und angepasst?	33%	Von der ITK bei der Vorbereitung der Projekte. Nicht aber vom Bereich selbst.
Sind auf Unternehmensebene alle Geschäftsprozesse identifiziert und die hierarchische Struktur ausreichend dokumentiert (Prozesslandkarte, Prozessportfolio)?	33%	Nicht genau definiert. Undokumentiert. Keine Prozesslandkarte. Aber grobe Vorstellung (z.B. Dispositionsprozess, Transportprozess)
Ist die Prozessdokumentation mit der übrigen Dokumentation der Organisation abgestimmt (z. B. Arbeitsanweisungen, ISO 9000-Doku, falls vorhanden)?	0%	Nein.
Erfüllt die Dokumentation der Geschäftsprozesse die regulatorischen Anforderungen (z.B. ISO 9001:2000, International Financing Reporting Standards IFRS, etc.)	0%	Es gibt zurzeit keine regulatorischen Anforderungen, da die Spedition noch nicht ISO 9001 zertifiziert ist und sonst keine Anforderungen bekannt sind.
Ist geregelt, wie ein Geschäftsprozess und dessen Dokumentation verändert werden dürfen (Erstellung, Genehmigung, Zugriff, Freigabe, Aufbewahrung etc.)?	0%	Nein.
Wird die Geschäftsprozessdokumentation laufend aktualisiert?	0%	Nein. Sie ist zurzeit keine Arbeitsgrundlage.
Wird für die Dokumentation der Geschäftsprozesse ein einheitliches Werkzeug verwendet?	33%	Ja in ARIS. Ob der Fachbereich ARIS übernimmt oder ändert, ist unklar.
Ist die Dokumentation der Geschäftsprozesse zentral abgelegt (z.B. in einer Datenbank)?	33%	Ja in ARIS. Ob der Fachbereich ARIS übernimmt oder ändert, ist unklar.
2.2 Geschäftsprozessverantwortung		
Sind die Rolle des Geschäftsprozessverantwortlichen und die Rollen aus dem Geschäftsprozessmanagement klar definiert und beschrieben (Aufgaben, Verantwortung und Befugnis)?	33%	Nur die des Geschäftsprozessverantwortlichen (Dienstanweisung Grossmann). Details des GPM fehlen. Sonstige Rollen nicht definiert (z.B. Prozesscontroller)
Sind in allen Geschäftsprozessen Verantwortliche ernannt?	66%	Ja. Alfa ist für alles verantwortlich. Er darf nach Bedarf weitere Verantwortung deligieren. Möglicherweise in Zukunft die Betriebsleiter.
Nehmen die Prozessverantwortlichen die Leitung des Geschäftsprozesses als Vollzeitaufgabe wahr?	100%	Ja.
Sind ausreichend qualifizierte Prozessverantwortliche eingesetzt (auch für Teilprozesse)?	33%	Nein. Schulung und Personal fehlen. Im Aufbau.
Sind Teams zur Prozessverbesserung eingerichtet?	33%	Nicht in organisierter Form. Wie die Verbesserung organisiert ist, bleibt dem Prozessverantwortlichen überlassen. Zurzeit das Projektteam Alfa.
Ist eine Rolle ernannt, die für die Harmonisierung, Standardisierung und Verbesserung des GPMs verantwortlich ist?	100%	Ja. Alfa als Gesamtprozessverantwortlicher soll auch explizit die neue Organisation bzw. die Vorgehensweise im Auftrag der Bereichsleitung festlegen.
Sind die Zuständigkeiten von Linien- und Prozessverantwortlichen klar geregelt?	66%	Der Prozessverantwortliche ist auch für die tägliche Umsetzung verantwortlich. Weisungsbefugnis gegenüber Betriebsleitern (Arbeitsanweisungen).
Haben die Geschäftsprozessverantwortliche fachliche und disziplinarische Weisungsbefugnisse?	66%	Nur fachliche Weisungsbefugnis. Zurzeit nicht mehr notwendig (s.o.).
Erfolgt die Zusammenarbeit zwischen Tagesgeschäft (Linie) und Geschäftsprozessen reibungslos?	0%	Noch nicht eingeführt.
Hat der Geschäftsprozessverantwortliche Sitz und Stimme im Lenkungskreis?.	33%	Einführung nur auf Bereichsebene. Abgleich mit Bereichsleiter, daher Sitz nicht notwendig.
2.3 Organisation und Verankerung		
Erstrecken sich Geschäftsprozesse über Aufgabenbereiche (z. B. Disposition, Beladung) hinweg?	100%	Transportprozess Auslieferung Nord eingebettet in Gesamttransportprozess (mit Lagerhaltungsprozess), Bestellprozess, Dispositionsprozess).
Ist die Aufbauorganisation konsistent mit den Geschäftsprozessen?	0%	Nein. Organisationsveränderungen zwar vorgesehen, aber noch nicht bekannt bzw. vorgenommen.
Findet sich die Geschäftsprozessorientierung im Organigramm wieder?	0%	Nein. Alfa gehört momentan zur Bereichsleitung.
Summe Bewertung Reifegrad 2	***36%***	***Nur die Geschäftsprozessverantwortung ist überwiegend geklärt. Wie die Festlegung genau erfolgt und wie die Umsetzung im Tagesgeschäft erfolgen soll, ist noch nicht belastbar bekannt.***

0%=nicht erfüllt, 33%=teilweise erfüllt,66% überwiegend erfüllt,100%=vollständig erfüllt

Quelle: *Bewertungsansatz (GPM-Modell) sinngemäß aus Geschäftsprozessmanagement in der Praxis, H.J Schmelzer / W. Sesselmann, 6. Auflage, Hanser Verlag*

Abbildung 8.5: *Stufe 2 – wie gut sind die Dokumentation und die Verankerung der Geschäftsprozesse in der Organisation?*

Auf dem gleichen Weg können wir einschätzen, inwieweit die Prozessgestaltung mit der Geschäftsstrategie, den Geschäftszielen und den unternehmerischen Entscheidungen verknüpft ist (Stufe 3), das Management – also Führung, Organisation, Controlling und IT – an den Geschäftsprozessen ausgerichtet ist (beides Stufe 4), damit die Geschäftsprozesse unserer Logistiker irgendwann Weltklasseniveau erreichen (Stufe 5).

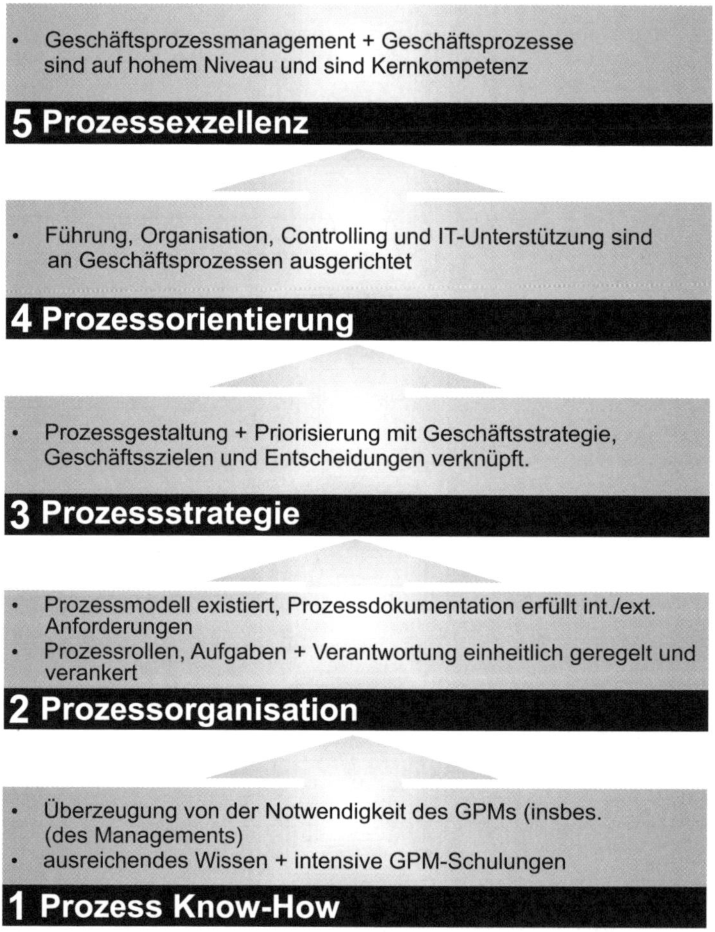

***Abbildung 8.6:** Mit diesen fünf Stufen können wir bewerten, „wie gut unser Unternehmen als Organisation" auf die Geschäftsprozesse ausgerichtet ist.*

Für unsere Logistiker ist natürlich nicht nur das Unternehmen als solches interessant. Besonders im Rahmen des DispoNG-Projektes wäre es natürlich wichtig zu wissen, wie „weit" der Dispositionsprozess oder der Transportprozess ist. Insofern möchten wir wissen, wie reif ein einzelner oder mehrere Geschäftsprozesse sind. Dabei wechselt also der Blickwinkel. Auch hier gibt es Checklisten zur Prüfung der Reifegrade. Da Alfa und Kollegen allerdings noch keinen Prozess definiert haben, verzichten wir an dieser Stelle darauf. Was sollten wir auch untersuchen? Falls Sie sich für die Checklisten interessieren, werfen Sie bitte einen Blick in Professor Schmelzers Werk. Es lohnt sich!

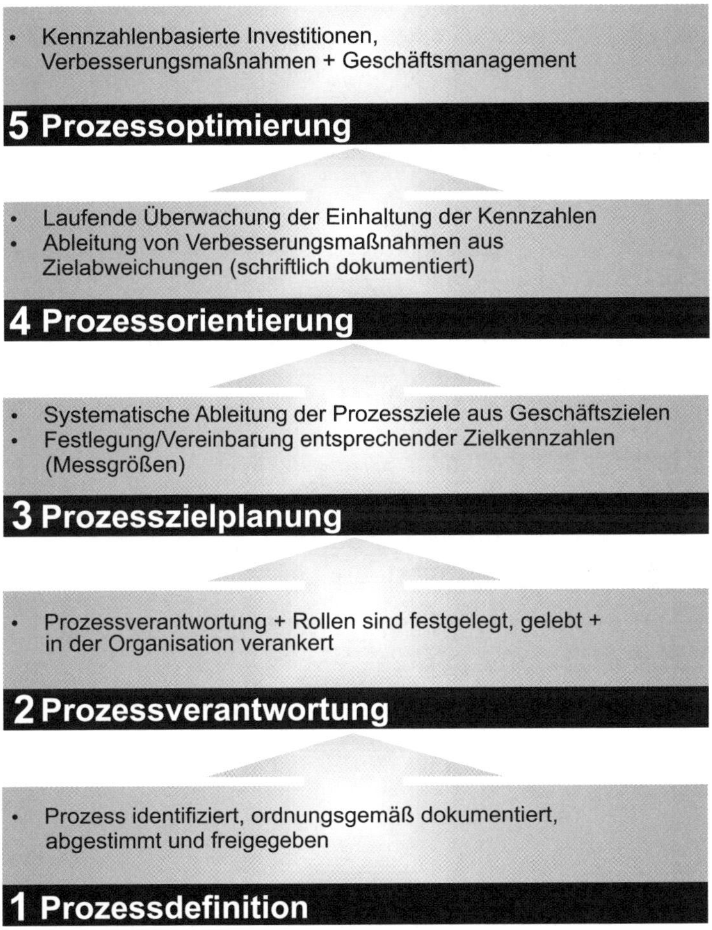

Abbildung 8.7: *Mit diesen fünf Stufen können wir messen, wie gut wir einen Geschäftsprozess im Griff haben. Dazu bestimmen wir, zu wie viel Prozent der Geschäftsprozess jede Stufe erfüllt.*

Die angesprochenen Checklisten sind allerdings nur ein Anhaltspunkt, was Sie bewerten wollen. Es kann durchaus Sinn machen, die Fragen zu ändern oder zu erweitern, damit sie die Bedürfnisse Ihres Unternehmens treffen.

Wenn Sie Messungen dieser Art regelmäßig durchführen, können Sie Verbesserungen an Kennzahlen nachweisen. Sie können Zielquoten definieren und vorgeben, bis Sie Ihr gewünschtes Ziel erreicht haben. Hier schließt sich der Kreis. Schließlich ist die Einführung auch ein Prozess! Das Wichtigste ist aber zu zeigen, welchen Fortschritt das investierte Geld, der investierte Mehraufwand und die investierte Zeit bringen.

Als Beispiel habe ich die Erfüllung der einzelnen Reifegradstufen von S+Z als Organisation visualisiert (vgl. Abbildung 8.8). Abbildung 8.9 zeigt Ihnen, wie eine ähnliche Messung auf Prozessebene aussehen könnte.

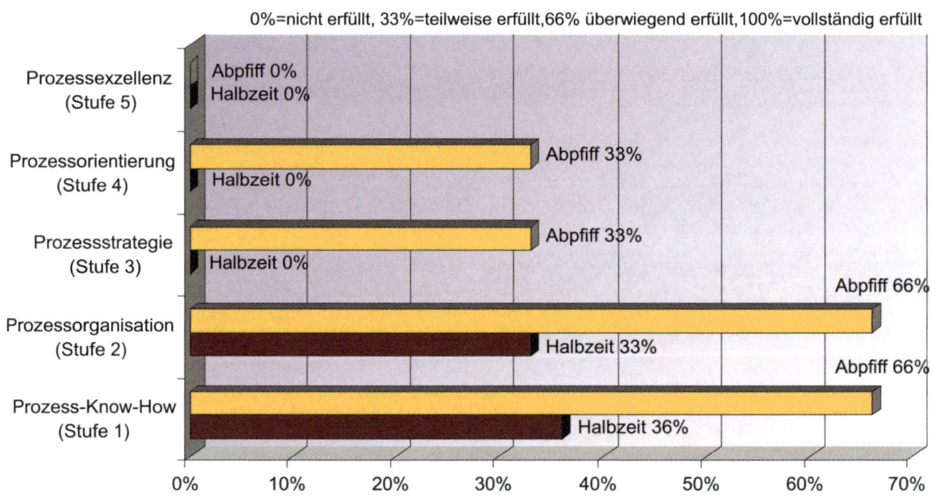

Abbildung 8.8: *So reif ist S+Z jetzt. Wäre es nicht schon ein großer Erfolg, wenn S+Z die angegebenen Werte beim Abpfiff erreichen würde?*

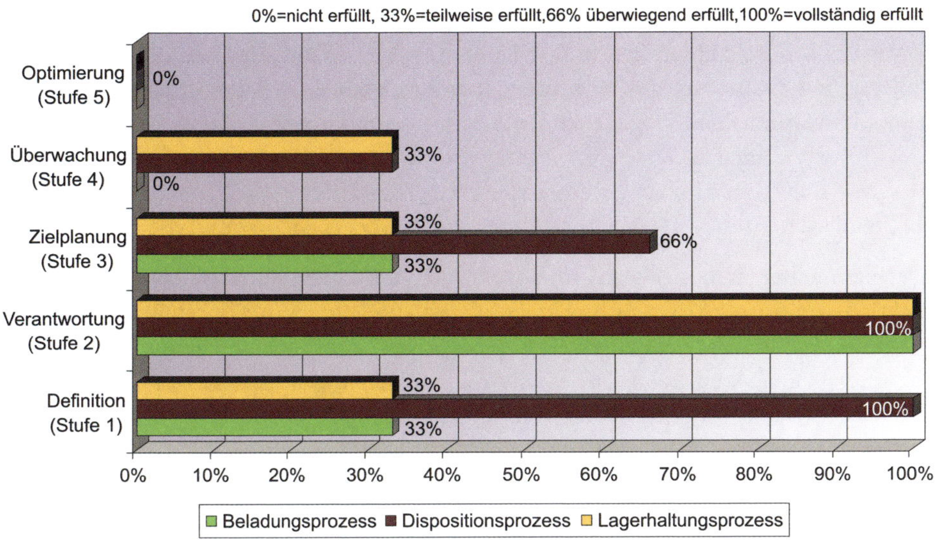

Abbildung 8.9: *Wäre es nicht ein großer Erfolg, wenn die Prozesse der Spedition bei Abpfiff so aussehen würden? Die IT wäre mit der 100%-Quote im Dispositionsprozess zufrieden. Bringt es aber auch den größten Erfolg? Nachweisen kann es S+Z nach diesen Werten nur teilweise (siehe Stufe 4).*

Es gibt natürlich noch viel mehr Möglichkeiten, die gemessenen Zahlen in unterstützende Abbildungen zu verpacken. Dann sind Sie auf dem Weg zu Ihrem perfekten Spielsystem. Ein Traum für jeden Manager!

Mit CMMI das Spielsystem kontrolliert verändern

Wenn wir uns mit der Reife und Qualität der Spielzüge bzw. der Spielsysteme von Unternehmen beschäftigen, darf in diesem Buch natürlich auch kein Abschnitt über CMMI fehlen. Obwohl „Capability Maturity Model Integration" in IT-Abteilungen immer beliebter wird, ist es auf den ersten Blick schwer zu verstehen. Oder erkennen Sie auf Anhieb am Namen, worum es geht?

Capability ist übersetzt die „Fähigkeit" und Maturity die „Reife". CMMI bietet ein „integriertes Modell", mit dem Unternehmen die Qualität ihrer Prozesse einheitlich beherrschen können. Während das GPM-Modell in der betrieblichen Welt „zu Hause" ist, stammt CMMI aus der Welt der System- und Softwareentwicklung. Das erklärt, warum CMMI einen anderen Blickwinkel auf die Veränderungen als das GPM-Modell hat. Im Gegensatz zum GPM-Modell steht nicht der betriebliche Ablauf (z. B. der Dispositionsprozess) im Vordergrund. Bei CMMI geht es darum, wie gut die begleitenden Abläufe im IT-Umfeld sind, um diese gezielt zu verbessern. Die Arbeitsweise fasst der umfangreiche Standard in „Prozessgebieten“ zusammen. Mit dem CMMI-Reifegradmodell können unsere Spediteure beispielsweise bewerten, wie gut Manfred Alfa und seine Kollegen Projekte wie DispoNG planen, steuern und verfolgen, Anforderungen erfassen und im Griff haben. Vergleichen Sie dazu bitte Abbildung 8.11Als Rahmenwerk gibt CMMI Richtlinien bzw. Ziele vor, die ein Unternehmen allgemein oder in einem dieser Gebiete erfüllen muss, um eine gewisse Reife zu erreichen bzw. nachzuweisen. Dazu legt der Standard nur fest, *was* ein Unternehmen dabei, aber nicht, *wie* es etwas machen soll.

In seinem Reifegradmodell unterscheidet CMMI fünf Reifegrade (vgl. Abbildung 8.10). Praktisch jedes Unternehmen besitzt mindestens Reifegrad 1. Wer seine Arbeitsweise in den Projekten nicht genau festgelegt hat, setzt ganz stark auf den Faktor Mensch. Aus dem Projektalltag kennen Sie dafür vielleicht den Begriff Heldentum. Der Erfolgt hängt also hauptsächlich vom Einsatz und von der Kompetenz der einzelnen Mitarbeiter ab. Da das Unternehmen die Arbeitsweise für das Projekt nicht festhält, ist der Erfolg stark gefährdet, wenn der „Held stirbt“. Dieses Risiko ist gar nicht so gering, weil sich in diesem Umfeld die Arbeit häufig auf die besten Mitarbeiter stark konzentriert und diese nicht selten überlastet sind.

Alleine aus diesem Grund wollen Unternehmen die Arbeitsweise kontrollieren. Das passiert in Stufe 2. Mit der Einführung eines grundlegenden Projektmanagements sind Sie in der Lage, Kosten, Termine und Funktionalität bei der Systementwicklung zu beherrschen und zu steuern. Dazu gehört auch ein grundlegendes Management der Anforderungen, die von der IT im Projekt umgesetzt werden sollen. Ein typisches Merkmal für die Reife dieser Art ist die erfolgreiche Wiederholung ähnlicher Projekte mit anderen Mitarbeitern.

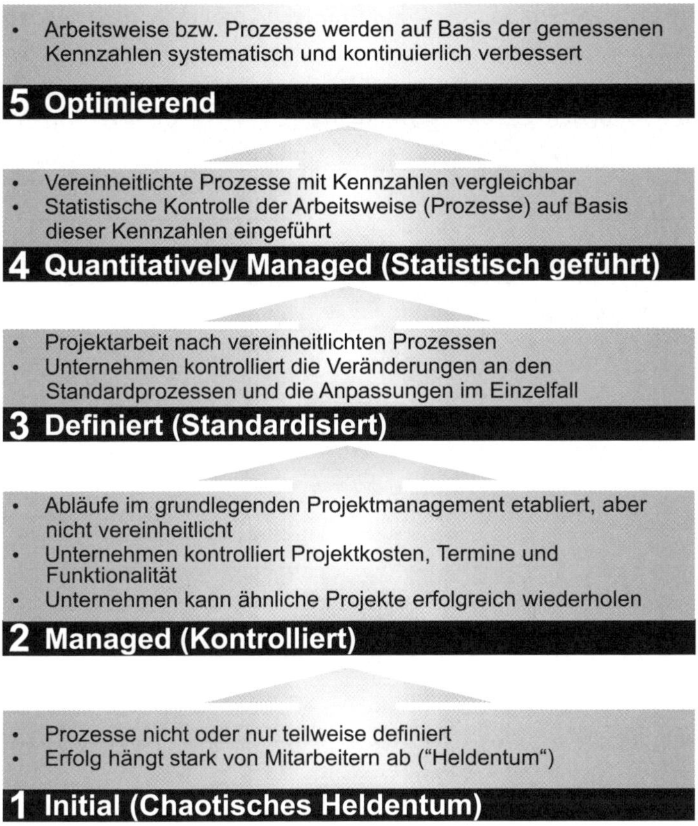

Abbildung 8.10: *In fünf Stufen zur optimalen Arbeitsweise (Prozesse). Die Begriffe in den Klammern dienen nur zum Verständnis und gehören nicht zum Standard.*

Allerdings geschieht das noch nicht nach einer einheitlichen Vorgehensweise. Läuft die Arbeitsweise nach einheitlichen Mustern im ganzen Unternehmen ab, hat es Stufe 3 erreicht. Das ist auch das Ziel der ITK. Sie hat das Vorgehen nach PRINCE2 eingeführt und möchte im bewährten Falle nach derselben Art weitere Projekte abwickeln. Eine standardisierte Arbeitsweise erfordert natürlich auch die Kontrolle der Veränderungen, falls sich am Vorgehen etwas ändern sollte. Und ein Unternehmen muss auch die Anpassungen der Arbeitsweise an die individuellen Projektbedürfnisse steuern können.

Hat ein Unternehmen diese Reife entwickelt, kann es damit beginnen, die Leistung zu messen. Das kann es auch schon bei einer individuellen Arbeitsweise (Stufe 2). In diesem Fall vergleicht es aber Äpfel mit Birnen, da die Projektarbeit noch nicht standardisiert ist. Hat es genügend Kennzahlen zur Messung in Form einer statistischen Erfolgskontrolle (Reifegrad 4) entwickelt, kann es diese kontinuierlich und systematisch nach diesen Zahlen verbessern (Reifegrad 5).

Prozessgebiet	Ziel
Managed (Reifegrad 2)	
Messung & Analyse	Entwicklung erster Messfähigkeiten für das Management, um den Projektfortschritts besser zu überwachen.
Konfigurationsmanagement	Sicherung der gültigen Arbeitsergebnisse in der richtigen Zusammenstellung (z.B. Version), um unabhängig von der Person immer die notwendigen Arbeitsergebnisse verfügbar zu haben.
Projektverfolgung und -steuerung	Den Fortschritt des Projektes sichtbar machen, um ggf. Korrekturmaßnahmen ergreifen zu können.
Projektplanung	Die notwendigen Arbeitsschritte, Ressourcen etc. planen, um das Ziel des Projektes möglichst optimal zu erreichen.
Prozess- und Produktqualitätssicherung	Die Arbeitsergebnisse und vollzogenen Arbeitsschritte sichern, um die geleistete Arbeit und die Ergebnisse nachhaltig zugänglich und transparent zu machen.
Anforderungsmanagement	Verwaltung der Anforderungen, um allen Beteiligten die aktuellen Anforderungen an das Projekt, das zu erstellende System etc. und die Beziehungen zwischen den Anforderungen deutlich zu machen.
Lieferantenmanagement	Steuerung der Lieferanten bzw. der Beschaffung der externen Dienstleistungen bzw. Produkte, um alles rechtzeitig, mögl. günstig und in der gewünschten Qualität verfügbar zu haben.
Defined (Reifegrad 3)	
Entscheidungsfindung	Strukturierte Entscheidungsfindung auf Basis kriteriengestützter Alternativen, um objektive Entscheidungen zu treffen.
Organisationweite Prozessentwicklung	Definition, Veröffentlichung und Etablierung von Standardprozessen, um in einer einheitlichen Weise im Unternehmen zu arbeiten.
Organisationsweite Prozessausrichtung	Erfassung der Stärken und Schwächen auf Basis der Standardabläufe, um die Arbeitsweise im ganzen Unternehmen systematisch zu verbessern.
Anforderungsentwicklung	Die Anforderungen strukturiert erfassen, um genau festzulegen, was der Kunde vom Projekt bzw. der Software erwartet.
Risikomanagement	Potenzielle Probleme erkennen, bevor sie auftreten, um rechtzeitig oder frühzeitig Gegenmaßnahmen zu ergreifen.
Technische Umsetzung	Technische Lösungen entwerfen, um die Realisierung der Anforderungen zu planen.
Validierung	Überprüfung der Arbeitsergebnisse, um festzustellen, ob sie den Verwendungszweck erfüllen.
Verifizierung	Überprüfung der Arbeitsergebnisse, um festzustellen, ob sie den festgelegten Anforderungen entsprechen.
Integriertes Projektmanagement	Steuerung des Projektes nach einem auf das Projekt angepassten, standardisierten Vorgehen, um den Erfolg auf eine bewährte und bekannte Arbeitsweise zu erreichen.
Quantitatively Geführt (Reifegrad 4)	
Organisationsweites Prozessfähigkeitsmanagement	Kennzahlen bzw. Kennzahlenmodell für ausgewählte Prozesse mit entsprechenden Zielen etablieren bzw. festlegen und überwachen, um die Leistung und die Auswirkungen von Veränderungen zu messen.
Quantitatives Projektmanagement	Das Projekt anhand festgelegter Kennzahlen führen und überwachen, um messbare Ziele und Nutzen zu erreichen.
Optimierend (Reifegrad 5)	
Ursachenanalyse- und -beseitigung	Kennzahlenbasierte und organisationsweite Identifizierung der Ursachen von Problemen, um gezielt Maßnahmen zur Beseitigung ergreifen zu können.
Organisationsweites Innovationsmanagement	Auswahl und Einführung der richtigen Veränderungen, um messbare Verbesserungen zu erzielen.

Abbildung 8.11: *Schritt für Schritt zur Weltklasse-IT – CMMI sagt Ihnen, was Ihre IT bzw. Ihr Unternehmen dabei beherrschen muss.*

Der nach ISO 9001 zertifizierte Fußballverein

Wenn wir über die Reife der betrieblichen Abläufe bzw. des Unternehmens sprechen, reden wir über Qualität. Wenn die Qualität der Spielzüge der Lüdenscheider besser wäre, würde Bet Riebler weniger Fehlpässe spielen, sie wären sportlich erfolgreicher und die Kunden (die Fans) zufriedener.

Damit haben wir den Zusammenhang zur ISO 900x-Familie hergestellt, die an dieser Stelle natürlich nicht fehlen darf. Dabei definiert

- ISO 9000 die notwendigen Grundlagen und Begriffe,
- ISO 9001 die Anforderungen, die unser Verein nachweisen muss, falls er den Nachweis erbringen muss (= Zertifizierung),
- ISO 9004 den Leitfaden zur Sicherung der Wirksamkeit und Effizienz unserer Vereinsstrukturen für den nachhaltigen Erfolg.

ISO-9001 ist der wahrscheinlich am weitesten verbreitete Qualitätsstandard, den es zurzeit gibt. In vielen Branchen ist es heute nicht mehr möglich, Lieferant eines Unternehmens zu werden, wenn man nicht zertifiziert ist.

Damit die Norm möglichst für viele Unternehmen gelten kann, ist sie relativ allgemein gehalten. Auf der einen Seite schafft sie einen breiten Standard. Andererseits geht vielen Unternehmen dieser Standard nicht weit genug, sodass sie von ihren Lieferanten zusätzliche Qualitätsnachweise verlangen. Das kann als Zulieferer sehr anspruchsvoll sein. Beliefert er mehrere Kunden mit demselben Bauteil, kann es sein, dass diese Kunden unterschiedliche Ansprüche an die Qualität der Herstellungsabläufe haben. Müssen die Bauteile auch noch angepasst sein, muss der Hersteller seine betrieblichen Abläufe gut im Griff haben (Geschäftsprozessmanagement!). Schließlich bestimmt die Qualität der Geschäftsprozesse auch die Herstellungskosten.

Damit ist klar, was das Ganze mit der Prozessreife zu tun hat. Dazu ist es wichtig, die grundlegenden Begriffe zu verstehen. Ein Verfahren ist nach ISO 9000:2008 die festgelegte Art und Weise, eine Tätigkeit oder einen Prozess auszuführen (3.4.5). Ein Prozess ist „ein Satz von in Wechselbeziehungen oder Wechselwirkung stehenden Tätigkeiten, der Eingaben in Ergebnisse umwandelt" (3.4.1). Die Ergebnisse sind Produkte (3.4.2), also „entweder Dienstleistungen, Software, Hardware oder verfahrenstechnische Produkte (z. B. Schmiermittel)".

„Frei übersetzt" legt also Jürgen Soar mit den hier genannten Verfahren fest, was seine Spieler bei einem Konter im Spielzug (dem Geschäftsprozess) machen müssen. Das passt zu unserer Definition.

Qualität ist nach ISO 9000:2008 „der Grad, inwieweit eine erwartete oder verpflichtende Eigenschaft eines Prozesses oder das Ergebnis eines Prozesses erfüllt ist". Das „Qualitätsziel" ist die „angestrebte, zu erreichende Qualität", zu der sich „die oberste Leitung" mit ihrer „Qualitätspolitik" gemäß ISO 9001:2008 verpflichtet. Sie muss nachhaltig, nachweisbar sein und gemessen werden.

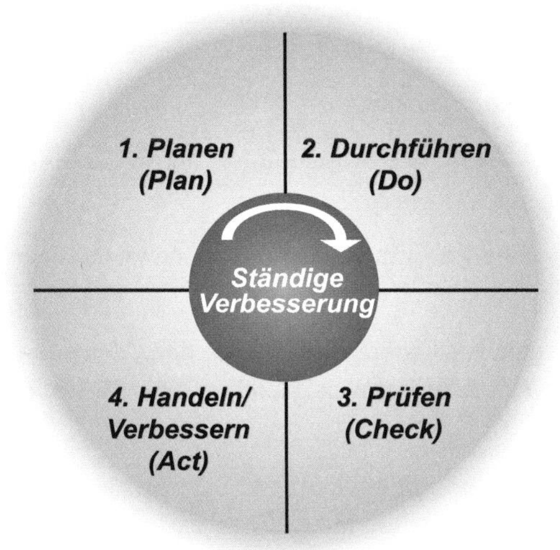

Abbildung 8.12: *Kontinuierlich verbessern mit ISO 900x erfordert ein ständiges Planen, Durchführen, Prüfen und handeln (Verbesserungen beschließen).*

Einfach ausgedrückt gehört Jürgen Soar „zur obersten Leitung" des FC Lüdenscheid Nords und muss seine Spielzüge so gestalten, dass z. B. die Fehlpassquote sinkt. Nachhaltig bedeutet, er müsste seine Anweisungen dokumentieren und eine „Zielquote" für die Fehlpässe festlegen, die er dann auch misst. Dann kann nachvollzogen werden, ob seine Maßnahmen als „Qualitätspolitik" die gewünschten Ziele bewirken. Schießt er mehr Tore und gewinnt der FCL, sind die Fans als Kunden zufriedener und kaufen mehr Tickets (ebenfalls alles zu messende Qualitätsziele). Weil er sich im Wettbewerb mit seinen „Gegnern" befindet, handelt es sich nicht um ein einmaliges Vorhaben. Er muss sich mit seinen Lüdenscheidern ständig verbessern. Ansonsten überholt ihn die Konkurrenz. Es geht also im Wesentlichen um die Arbeitsweise, in der sich sein Verein verändert. Damit haben wir den Zusammenhang zu CMMI und dem GPM-Modell hergestellt.

Der nicht zertifizierungsrelevante Teil der ISO-Familie enthält dazu als Leitfaden Empfehlungen, wie ein Unternehmen dieses „Spielsystem" effizienter gestalten kann.

Ausgehend von einer kontinuierlichen Verbesserung rät ISO 9004, die Wirksamkeit der Vereinsstruktur und des Verbesserungssystems mit einem fünfstufigen Modell zu bewerten.

Abbildung 8.13: *Mit System zur Bestleistung – den Weg dahin mit den Reifegraden des ISO 9004-Modells bewerten*

Die Gefahr, den Wald vor Bäumen nicht mehr zu sehen

„Die Zehn Gebote enthalten 279 Wörter, die amerikanische Unabhängigkeitserklärung 300, die Verordnung der Europäischen Gemeinschaft über den Import von Karamellbonbons aber exakt 25.911!“ – Franz-Josef Strauß

Nach unserem kurzen Ausflug in die Welt der Geschäftsprozessmanagementansätze sei zum Abschluss noch erwähnt, dass es mit Six Sigma, SPICE (ISO 15504) u.v.m. sicherlich noch viele andere nennenswerte Rahmenwerke zur Optimierung des betrieblichen Erfolgs gibt. Sie haben in der betrieblichen Welt bzw. der IT-Welt allerdings weniger Bedeutung als CMMI bzw. die ISO 900x-Familie. Um nicht den Rahmen des Buches zu sprengen, bleiben sie an dieser Stelle nur erwähnt.

Lassen Sie uns zusammenfassend noch einmal einen Blick auf die wichtigsten Begriffe werfen.

Begriff	**Erklärung**
Prozessreife	Beschreibt, wie gut ein Unternehmen (Verein) seinen Geschäftsprozess (Spielzug) im Griff hat.
Organisationsreife	Beschreibt, wie gut ein Unternehmen (Verein) seine Organisation (Spielsystem) im Griff hat, in der es die Geschäftsprozesse (Spielzüge) ausführt und festlegt.
Reifegradmodell	beschreibt anhand eines Kriterienkatalogs in Stufen oder Kategorien, inwieweit ein Unternehmen (ein Verein) einen einzelnen Prozess (Spielzug), alle Prozesse oder die Organisation (Spielsystem) im Griff hat.
ISO 9004:2008	Ein zur ISO 9001 Zertifizierung ergänzender, aber nicht zertifizierungsrelevanter Leitfaden, Verbesserungen nachhaltig und messbar zu machen (mit eigenem Reifegradmodell).
CMMI (Capability Maturity Model Integration)	Ein auf die Bedürfnisse der IT zugeschnittenes Richtlinienwerk, um die Fähigkeiten in den Prozessgebieten und die Reife des Unternehmens systematisch zu verbessern.
Qualität bzw. Qualitätsziel	Im Prozessumfeld die messbare Eigenschaft, also die Kennzahl eines Geschäftsprozesses (z. B. die Fehlpassquote bei Kontern). Soll diese Eigenschaft erreicht werden, sprechen wir von einem Qualitätsziel (Zielkennzahl).
Qualitätsmanagementsystem	Im Prozessumfeld das „Spielsystem" eines Unternehmens, in dem die Geschäftsprozesse (Spielzüge) festgelegte Ziele messbar, nachhaltig und nachweisbar erreichen.

Tabelle 8.1: *Hier noch einmal die Begriffe, die wir im Zusammenhang mit der Überwachung der „Spielsysteme" im Geschäftsprozessmanagement kennengelernt haben.*

Vorgehensmodelle wie diese haben aber auch eine Gefahr. Sie können bei uns eine falsche Erwartungshaltung wecken. Wir dürfen eines nicht vergessen: Sie sagen uns nur, an *was* wir denken sollen, in der Regel aber nicht, *wie* wir es machen sollen. Sie schützen uns z. B. nicht davor, falsche Ziele, Kennzahlen oder schlechte Projektpläne zu erstellen. In anderen Worten – selbst wenn wir an alles im Spielsystem denken, heißt das nicht, dass unser Spielsystem, unsere Spielzüge und wir mit unseren Mitarbeitern bzw. Kollegen gut sind.

Insofern sind diese Vorgehensweisen zwar wichtig, aber nicht das Einzige, an das wir denken müssen! Wie wichtig das Spielsystem ist, haben wir ja bereits betrachtet. Hier besteht jedoch das konkrete Risiko, uns als IT mehr mit dem Modell als mit dem eigentlichen Geschäft zu beschäftigen. Erinnern Sie sich noch an die Worte Grossmanns aus dem ersten Teil? „Die IT hat wieder einmal einen neuen Weg gefunden, Software zu entwickeln“ oder: „Ich will doch nur ein einfaches Dispositionssystem.“

Wenn wir das hören, ist das ein Zeichen dafür, dass die Waage zu sehr in Richtung Vorgehensmodell schwenkt. Gerade wir als IT sind dafür anfällig. Als ein Heer von Spezialisten sind möglicherweise viele gewissenhafte und initiative Persönlichkeiten unter uns. Im ersten Teil haben wir im Rahmen von persolog®, bzw. DISG gelernt, dass sich der gewissenhafte Charakter in den Details verlieren und der initiative Typ gerne ablenken lassen kann. Die systematische Erfüllung mehrerer 1000 Seiten Richtlinien kann daher trügerisch sein. Es könnte uns in der Sicherheit wiegen, dass wir erfolgreich sein werden. Wenn dann Probleme auftreten, können Suche und Behebung in diesem ausgefeilten System sehr schwierig sein. Unser Unternehmen könnten also trotz optimaler Organisation weniger erfolgreich als ein anderer Verein sein, wenn dieser trotz chaotischer Strukturen bessere Produkte oder Abläufe hat. Der Grund dafür könnte sein, dass wir den Wald vor Bäumen nicht mehr sehen.

Teil 4:
Die zweite Halbzeit

„Wir werden den Schmerz und das Drecksgefühl nach dieser Katastrophe nutzen, uns zu verbessern.“ (Jürgen Klopp als Trainer von Borussia Dortmund nach einer Niederlage)

Kapitel 9

Das Blatt wendet sich – die erste gelungene Kombination

Während der Halbzeitpause hat sich die raue Stimmung im Stadion etwas gelegt. Das hat auch Jürgen Soar gemerkt, als er mit seiner Mannschaft in den Hexenkessel zurückgekommen ist. Angespannt blickt er auf das Spielfeld, auf dem seine Spieler wieder ihre Positionen eingenommen haben. „Hoffentlich greifen meine Maßnahmen!“, denkt er noch und sieht den Schiedsrichter den zweiten Teil des Revierderbys anpfeifen.

Nach einem kurzen Hin und Her landet der Ball beim Torwart seines FCL. Gespannt erwartet er den nächsten Spielzug. Haben seine Spieler seine Anweisungen verstanden? Werden sie wieder – wie in der ersten Halbzeit – den Ball im Spielaufbau schnell verlieren und dem Reviernachbarn aus Herne damit unvorbereitet ins offene Messer laufen?

Aber seine Mannschaft scheint wie ausgewechselt zu sein. Ruhig läuft der Ball durch die Reihen der Verteidiger. Wie in der ersten Halbzeit geben sich die beiden zentralen Mittelfeldspieler des Gegners größte Mühe, seinen Spielmacher zu doppeln. Erst als sich Riebler für einen Moment etwas zurückfallen lässt, erhält dieser den Ball. Die beiden Herner stürzen auf ihn zu. Doch da hat er den Ball mit einem Doppelpass schon zu seinem Außenverteidiger gespielt. Der startet nun auf der Außenbahn durch. Allerdings sind die Herner für ihre gute Abwehr bekannt. Die anschließende Flanke landet in den sicheren Händen des Schlussmanns des Erzrivalen.

Im Gegensatz zur ersten Hälfte ist Soars FCL auf den Gegenangriff vorbereitet. Statt in der Vorwärtsbewegung offen zu stehen, gelingt es seinen Spielern, sich kompakt und defensiv aufzustellen. Durch die fehlenden Räume fällt es jetzt den Hernern sehr schwer, das Spiel aufzubauen. Damit können sie nicht zu ihren gefährlichen und gefürchteten Kontern ansetzen. Jetzt muss der Reviernachbar das Spiel gestalten. Und das liegt dem Kontrahenten überhaupt nicht!

Allerdings führen die Herner immer noch mit 0:2. Mit wenig Risiko können sie abwarten und sich darauf konzentrieren, die Führung zu verteidigen. Und so wiederholt sich, was Soar gesehen hat. Ein ums andere Mal neutralisiert sich das Spiel zwischen beiden Mannschaften. Damit hat Soar sein erstes Ziel erreicht. Mit der gewonnenen Sicherheit kontrollieren seine Spieler nun das Match. Das merkt auch die schwarz-gelbe Anhängerschar und unterstützt ihre Idole mit lauten Fangesängen.

Dann ist es endlich so weit! Nachdem die Lüdenscheider Abwehrrecken ihren Gegner mit mindestens zehn, nein zwanzig Querpässen eingeschläfert haben, kann sich Riebler in seiner unnachahmlichen Art fallen lassen. Ohne lange zu warten, schickt er seinen Außenverteidiger mit einem erneuten Doppelpass auf die Reise. Statt einer Flanke spielt dieser den Ball zurück zu seinem Spielmacher. Weil Angreifer Wüklür dieses Mal nicht in die falsche Gasse startet, gelingt Riebler der tödliche Pass. Frei auf das Tor zulaufend kann Wüklür die Lederkugel in seiner kaltschnäuzigen Art über den heranrutschenden Torwart lupfen. Der hatte wohl mit einem harten, flachen Schuss gerechnet. Elegant kullert „das Runde in das Eckige".

Es steht 1:2! Die Fans im Stadion sind völlig aus dem Häuschen. Nach der ersten Halbzeit hätte wohl niemand mit dem Anschlusstreffer gerechnet. Und erst recht nicht mit so einem schönen Spielzug! Während Wüklür an der Eckfahne mit seinen Mitspielern jubelt, spurtet Riebler zu Jürgen Soar. Voller Euphorie und aus vollem Lauf springt er ihm in die Arme. Beide gehen zu Boden und sind außer sich vor Freude. Im Aufstehen ballt Soar die Faust und zeigt seine Zähne. Jetzt ist das Spiel wieder offen und alles wieder möglich!

*

Nachdem sich der Rauch etwas gelegt hatte, kann List ihre Analysen fortsetzen. Trotz Alfas und Grossmanns offenen und schnellen Kommunikation wird „auf dem Flur" viel „getuschelt". Selbst der Analystin ist nicht entgangen, wie einige IT-Mitarbeiter über sie sprechen. Hatten die Veränderungen doch erst begonnen, als sie zum Unternehmen gekommen ist. Erst musste Weiss den Platz für sie räumen. Und jetzt sind auch noch die anderen IT-Kollegen „des Feldes verwiesen worden." Nur noch Leiter vertritt die ITK im wichtigsten Projekt seit Jahren. Aber er ist ja noch jung! Vermutlich hat die „Externe" auch ihn ganz gut im Griff. Wahrscheinlich hat sie Alfa ohne größere Schwierigkeiten für die Veränderungen gewinnen können. Schließlich haben sie ihn in der Vergangenheit ja auch für neue Dinge schnell begeistern können.

List hat Alfa auf diese Entwicklung aufmerksam gemacht. Generell habe sie kein Problem damit. Sie kenne so etwas auch aus anderen Projekten. Die entscheidenden Personen sind sich ja über die Situation bewusst. Ihr Auftrag wäre klar. Und ihre Arbeit würde diese Entwicklung nicht behindern. Momentan arbeite sie nur mit Fachbereichsmitarbeitern. Hier gäbe es diese Probleme nicht. Außerdem könne man sowieso nicht viel dagegen unternehmen. Alfa und Grossmann hätten ja alles offen kommuniziert, und im Laufe der Zeit würde sich das sicherlich legen.

Daraufhin hat ihr Alfa versichert, ihr so weit wie möglich zu helfen. Sie solle sich keine Sorgen machen. Jetzt würde sie nicht mehr über die ITK beauftragt, sondern durch Grossmanns Bereich. Außerdem habe er inzwischen mit Leiter und Dr. Grotemann über das Problem gesprochen. Beide hätten ihr bzw. ihm volle Unterstützung zugesagt.

So kann sich List wieder den Analysen widmen. Alfa hatte ihr vom Gespräch mit seinem Chef, den ganzen Veränderungen und dem Deal mit Dr. Grotemann berichtet. Vorausschauend bat er sie, eine fachliche Lösung für den Zielkonflikt zwischen der Lagerhaltung und der Auslieferung Nord zu erarbeiten. Als Verantwortlicher wäre er jetzt in der Pflicht, „Verbesserungen zu liefern". Er wolle das Vertrauen seines Chefs rechtfertigen und damit den Veränderungen einen positiven Schub geben. Im Zielkonflikt bestehe aus seiner Sicht der größte Schmerz seines Chefs. Etwas, das alle Maßnahmen und IT-Projekte bisher nicht gelöst, geschweige denn transparent gemacht hätten. Hier läge großes Potenzial, wirklich etwas einzusparen und zu bewegen. Hier könnte ihnen also „ein Big Point" gelingen. Mit einer Lösung könnte man alle Kritiker schnell zum Schweigen bringen.

Und so wird einige Tage bzw. Analysen später einmal mehr Alfas Büro das Spielfeld für „den nächsten Streich" des neuen Prozessverantwortlichen.

„Hallöchen zusammen!", begrüßt er Stapler, List und Herbie. „Wenn ich Anna richtig verstanden habe, wollt ihr mir heute eine Lösung für den Zielkonflikt präsentieren. Und das, obwohl ihr eigentlich noch eine Woche länger dafür veranschlagt hattet. Ihr glaubt ja gar nicht, was das für ein Meilenstein wäre, wenn wir dieses Problem in den Griff bekommen würden. Es wäre nicht nur ein großer Schritt für unseren Bereich, sondern gerade auch für dich Herbie und dich, Gabi. Schließlich schauen ja momentan alle auf uns! Na, dann zeigt mal, was ihr habt!"

Erwartungsvoll schaut er zu List. Die Analystin lächelt allerdings mit einem breiten Grinsen zurück und bittet Stapler, die erarbeiteten Ergebnisse vorzutragen. Als Stapler beginnt, traut Alfa seinen Augen nicht. Die sonst so schüchterne und zurückhaltende Systemverantwortliche beginnt ihren Vortrag sachlich, ruhig und selbstbewusst. Was hatte die Analystin mit der Mitarbeiterin der Lagerhaltung nur gemacht?

Alfa kann gar nicht lange darüber nachdenken, da übergibt ihm Stapler zwei kurz gehaltene Dokumente mit den Überschriften

- „Entscheidungsvorlage zur Anpassung der Gesamtoptimierung" und
- „Anforderungen an Prozesse und Geschäftsregeln zur Anpassung der Gesamtoptimierung".

„Wir haben uns entschlossen, die Ergebnisse nicht im Rahmen einer Präsentation vorzustellen", beginnt Stapler ihren Vortrag. „Wir wollen mit dir das aufschreiben, was wir mit dir vereinbaren. Nicht mehr und nicht weniger. Das erspart uns zahlreiche, zusätzliche Präsentationen, die ohnehin unverbindlich sind. Wir müssen uns vielleicht alle erst einmal daran gewöhnen. Unsere Gruppe muss dann den Inhalt so formulieren, dass ihr schnell und gut entscheiden könnt. Dann haben wir immer einen klaren, abgestimmten Stand. Für uns bedeutet es eine klare Zielvorgabe für die Veränderungen der Geschäftsprozesse. Wir benötigen klare Rahmenbedingungen für die Analyse der betrieblichen Abläufe. Ansonsten wissen wir nicht, wie bzw. in welche Richtung wir die betrieblichen Abläufe verändern sollen.

Wenn ihr wollt, könnt ihr die Vorgaben ändern. Wie bei einem Vertrag müssen wir dann gemeinsam die Dokumente anpassen und neu abstimmen. Mit der Unterschrift wissen wir dann genau, ab wann die neuen Vorgaben gelten!"

„Allerdings wirst du das nicht alleine entscheiden können, Manfred!", fährt Stapler mit einer überzeugenden Sicherheit fort. „Ich bin zwar unterschriftsberechtigt. Wir sind uns jedoch ziemlich sicher, dass sich mein Chef der Auswirkungen nicht bewusst ist. Deshalb empfehlen wir dir, dieses Dokument auch von ihm gegenzeichnen zu lassen. Erst wenn wir mit den zwei Unterschriften beider Bereiche etwas Belastbares schaffen, haben wir eine klare Vorgabe für den zweiten Schritt. Wie bereits gesagt, wissen wir dann nämlich, in welche Richtung bzw. mit welchem Ziel wir die Geschäftsprozesse verändern sollen. Das erspart uns viele unnötige Diskussionen an der falschen Stelle und die daraus entstehenden Konflikte. Die kennen wir ja bereits gut genug!"

Alfa kommt aus dem Staunen gar nicht mehr heraus. Sind das doch ganz andere Töne und eine ganz andere Atmosphäre als noch zuletzt. „Jetzt macht es nicht so spannend!", fordert er seine Kollegen auf und sieht eine Anna List, die fast im Kreis grinst.

„Fangen wir mit dem Vorschlag für die Anforderungen an“, fährt Stapler fort. „Bitte wirf einen Blick in das Dokument. Wir würden gerne Schritt für Schritt mit dir durch jede Anforderung gehen. Bitte frag uns, falls dir etwas unklar ist. Sag uns, wenn du etwas anders siehst!“

Alfa schaut in das Dokument und ist überrascht. „Nur eine Tabelle?“, fragt er Stapler erstaunt.

„Verantwortliche wie Grossmann oder du selbst haben sicherlich Wichtigeres zu tun als Romane zu lesen“, erwidert die vermutlich gut von List vorbereitete Gabi Stapler. „So sind wir in der Lage, Punkt für Punkt abzuhaken. Wir lassen die Punkte offen, wo es Klärungsbedarf gibt. Wenn wir etwas ergänzen sollen oder etwas zu wenig detailliert bzw. unpräzise beschrieben haben, müssen wir das ändern.

Um die Liste einfach zu halten, hat sie zunächst nur vier Spalten. Bei Bedarf werden wir sie erweitern. Der Titel hilft uns, einen Abstimmungspunkt später wieder zu erkennen bzw. leichter darüber diskutieren zu können. Die Anforderung beschreibt in einem Satz kurz und prägnant, was gegeben sein muss, sollte bzw. kann. Diese Abstufung ist wichtig! Sie legt fest, wie verbindlich die Anforderung ist. In der Spalte Begründung halten wir fest, warum wir sie festgelegt haben.

Natürlich müssen wir wissen, welchen Stand die Anforderung hat. Im ‚Status quo‘ gilt sie bereits heute. Anforderung mit dem Status ‚Neu‘ sind heute noch nicht freigegeben. So weit alles klar?“

Titel	Anforderung	Begründung	Status
Optimierungsziel Auslieferung Nord	*Die Auslieferung Nord* ***muss*** *die Transporte von den Lagern zu den Kunden bzw. zu anderen Lagern so organisieren, dass möglichst niedrige Transportkosten und wenige Verspätungen anfallen.*	Der Bereich optimiert nur für seine Region.	*Status quo*
Optimierungsziel Lagerhaltung	*Die Lagerhaltung* ***muss*** *die Beförderung der Transportgüter und die Lagerhaltung aus Gesamtsicht so optimieren, dass möglichst wenige Verspätungen bzw. niedrige Transport- und Lagerkosten aus Gesamtsicht anfallen.*	Die Lagerhaltung hat als einziger Bereich die Kunden- bzw. Gesamtsicht und ist daher als einziger in der Lage, die Transporte unternehmensweit zu optimieren.	*Status quo*
Optimierungsverlust zu Lasten der Gesamtoptimierung (bewusster Zielkonflikt)	*Im Rahmen der Gesamtoptimierung* ***kann*** *die Lagerhaltung gezwungen sein, sehr kurzfristig Transporte bei der Auslieferung Nord anfordern, ändern oder wegfallen zu lassen, so dass dadurch bei der Auslieferung Nord zusätzliche Kosten bzw. Verspätungen anfallen können, die bei einem entsprechendem Vorlauf nicht aufgetreten wären.*	Z. B. hätten Leerfahrten oder nicht voll ausgelastete Transport genutzt werden können. Durch kurzfristig veränderte Routen können besonders bereits rollenden Transporte zusätzliche Verspätungen oder längere Wegstrecken entstehen.	***Neu***
Sichtbarer, gemessener Optimierungsverlust (VTK, VV)	*Die Auslieferung Nord* ***muss*** *die durch die kurzfristige Anforderung, Änderung oder den Wegfall von Transporten entstandenen Mehrkosten bzw. Verspätungen messen, damit der entstandene Nachteil durch die neuen KPIs sichtbar wird (vermeidbare Transportkosten (VTK) und vermeidbare Verspätungen (VV)).*	Weil das heute nicht sichtbar ist und hier ein mögliches Potenzial liegt.	***Neu***
Einbindung des gemessenen Optimierungsverlustes in die Gesamtoptimierung	*Die Auslieferung Nord* ***muss*** *der Lagerhaltung die zusätzlichen Kosten bzw. Verspätungen auf Anfrage vor einer neuen Beauftragung liefern, damit sie den möglichen Verlust bewusst im Rahmen der Gesamtoptimierung berücksichtigen kann.*	Heute berücksichtigt die Lagerhaltung zumindest die Mehr- und Minderkosten nicht. So kann es zu Verlagerungen von Kosten und Verspätungen kommen. Wie viel hier eingespart werden kann, muss durch Messungen geschätzt werden (Potenzial!).	***Neu***

Abbildung 9.1: *Vorschlag für neue Anforderungen an Prozesse und Geschäftsregeln zur Anpassung der Gesamtoptimierung*

Nach einem kurzen, bestätigenden Nicken Alfas fährt Stapler fort: „Beginnen wir mit der ersten Anforderung. Wir haben uns die Frage gestellt, was für dich und deinen Chef am wichtigsten, also was das Ziel eurer Abläufe ist. Wir denken, du willst als Prozessverantwortlicher die Transporte so organisieren, dass dabei möglichst wenige Transportkosten und Verspätungen entstehen. Das ist ja schon heute so, oder?"

Alfa nickt. „Das Gleiche gilt für das Optimierungsziel meines Bereichs. Wir optimieren aus Gesamtsicht und zusätzlich die Lager", fährt Stapler fort. „Richtig?"

„Aber das passt doch nicht zu unserem Ziel! Dafür solltet ihr doch eine Lösung schaffen. Beide Ziele können miteinander kollidieren", wendet Alfa kritisch ein.

„Das ist richtig", antwortet Stapler. „Aber das steht nicht in der Anforderung. Hier steht lediglich, dass dies das Ziel der Lagerhaltung ist. Du sprichst das Ergebnis der heutigen Umsetzung an!"

„Das stimmt", erwidert Alfa.

„Jetzt kommt der Punkt, den du gerade angesprochen hast. Die Lagerhaltung kann im Rahmen der Gesamtoptimierung gezwungen sein, kurzfristig Transporte anzufordern, wegfallen zu lassen oder zu ändern, und dadurch zusätzliche Kosten bzw. Verspätungen bei der Auslieferung Nord hervorrufen. Wenn die Lagerhaltung aufgrund kurzfristiger Optimierungen die Gesamtsituation verändert, können bei euch Leerfahrten, zusätzliche Transporte, nicht voll ausgelastete Transporte bzw. längere Strecken entstehen. Fazit – gilt diese Anforderung, kann es also zu einem Optimierungsverlust bei der Auslieferung Nord zulasten der Gesamtoptimierung kommen. Das ist es doch, was du gemeint hast, oder?"

„Aber das wollen wir doch gar nicht!", wendet Alfa ein.

„Nicht so schnell!", stoppt Stapler Alfa. „Du bist schon zwei Schritte zu weit. Bis heute haben wir zwar diese Situation, wussten nur noch nichts davon. Wir denken, es ist erst jetzt allen bewusst, dass dies geschehen kann und dass dies auch im Sinne des Unternehmens ist. Euch stört nur, dass dieser Nachteil nicht sichtbar ist, also nicht gemessen und bei den Vorgaben nicht berücksichtig wird.

Und genau das formulieren wir in den nächsten zwei Anforderungen. Zunächst einmal muss die Auslieferung Nord die Mehrkosten und die vermeidbaren Verspätungen messen, die in diesem Rahmen entstehen. Verglichen mit der heutigen Situation wären diese zwei Kennzahlen schon ein großer Schritt in die richtige Richtung, oder?"

„Im übertragenen Sinne ist das eines der größten Ziele meines Chefs", überlegt Alfa und stimmt Stapler zu. „Dann kann er nämlich auf dieser Basis Ziele formulieren lassen oder dem Vorstand zeigen, dass dieser Verlust nicht in seinem Einflussbereich liegt."

„Mit der Messung haben wir aber noch keine Verbesserung!“, wendet der Prozessverantwortliche ein.

„Wir schlagen zwei Fliegen mit einer Klappe!“, fährt Stapler fort. „Die vermeidbaren Verspätungen und Mehrkosten werden heute bei der Lagerhaltung nicht berücksichtigt. Wir müssen sie in die Entscheidung bei der Gesamtoptimierung einbinden. Nur wenn sich der Schaden im Sinne des Gesamten rechnet, sollte er in Kauf genommen werden. Die Lagerhaltung muss also eine Güterabwägung machen. Wird der Nachteil in Form beider Kennzahlen sehr groß, muss sich die Lagerhaltung und damit nicht die Auslieferung Nord rechtfertigen. Das ist der Preis für die Steuerung der Gesamtoptimierung!“

Alfa überlegt einen Moment. Mit einem Lächeln sagt er: „Das gefällt mir. Und wie ich sehe, habt ihr die Alternative in diesem Punkt auch aufgenommen. Ansonsten müssten alle Regionalbereiche aufgelöst werden und die Lagerhaltung alles zusammen optimieren bzw. disponieren. Das ist aber nicht machbar.“

„Die Verbesserungen werden sichtbar“, ergänzt er nach kurzem Grübeln. „Es wäre natürlich schön, den Nutzen beziffern zu können. Aber das kann sicherlich keiner von uns seriös abschätzen. Wir brauchen erst einmal die Grundlage dafür. Und die bekommen wir durch die Messung.“

„Mir gefällt, wie ihr die Anforderungen strukturiert habt“, lobt er die kurze Liste und die Arbeit der Gruppe. „Ihr habt die einzelnen Schritte in Häppchen zerlegt. So können Leute wie ich den Weg zur Lösung besser nachvollziehen und strukturiert Schritt für Schritt abhaken. So wird deutlich, was gilt und was nicht. Wir haben gerade viel zielorientierter diskutiert. Allerdings habe ich mich erst einmal daran gewöhnen müssen, geduldig zu sein und nicht gleich drei Schritte auf einmal machen zu wollen.“

Alfa nimmt das zweite Dokument in die Hand und fragt: „Und wofür benötige ich die Entscheidungsvorlage?“ Als er sie durchblättert, können die Beteiligten nach einem kurzen Augenblick sein „Aha!“ erkennen. „Das ist ja das Gleiche in Grün! Nur habt ihr hier statt einer Tabelle alles hintereinander in Fließtext geschrieben. Dadurch wird das Ganze managementtauglich und kann formell abgesegnet werden. Sehr schön!“

Zufrieden schaut er in die erwartungsvollen Gesichter der Analystenrunde. „Dieses Ergebnis ist wirklich ein großer Schritt nach vorne“, lobt er die Arbeit der Gruppe. „Auch wenn es nur ein paar Zeilen sind. Diese Umsetzung würde vieles zum Besseren verändern. Und gerade weil es nur ein paar Zeilen sind, sollten die Chancen gut sein, unsere Chefs zu begeistern. Die werden wir brauchen. Ich habe zwar die Prozessverantwortung. Ziele und Kennzahlen muss aber auch ich mit meinem Chef abstimmen. Aber da bin ich optimistisch! Er wollte sie ja selbst von mir. Und jetzt wissen wir, wie wir dahin kommen können.“

Alfa schaut auf seine Uhr. Es ist schon später Nachmittag. Ein guter Zeitpunkt, um Feierabend zu machen. „Habt ihr noch Lust oder Zeit, auf das Ergebnis kurz anzustoßen? Ich würde euch gerne einen ausgeben."

*

Stapler und Herbie verlassen kurz Alfas Büro, um ihre Jacken und Taschen zu holen. Das ist für Alfa eine willkommene Gelegenheit, List zu fragen, wie sie es geschafft hat, vor allem Stapler so zu verwandeln.

„Eigentlich habe ich dazu gar nicht viel beitragen", erklärt ihm List. „Ich habe lediglich darauf geachtet, dass wir nicht die Systeme wieder ins Spiel gebracht haben. Dadurch sind für Gabi viele Dinge weggefallen, die sie vorher offensichtlich nicht verstanden hat. Scheinbar hat sie sich von den technischen Umsetzungsdetails sehr abhängig gefühlt, die sie nicht beherrscht. Und die vielen Konflikte haben sie vermutlich eingeschüchtert. Sie scheint eine harmonische und eine sachliche Umgebung zu benötigen. In jedem Fall hat ihr die Verkleinerung der Gruppe sehr geholfen. Auf der anderen Seite hat ihr die neue Rolle einen Schub gegeben. Sie sieht, wofür sie gebraucht wird, und blüht in dieser Rolle richtig auf.

Andererseits muss sie nun unterschreiben. Das fordert sie! Am Anfang war sie noch ziemlich unsicher. Aber das hat sich mit der Zeit geändert. Und jetzt zeigt sie immer mehr ihre Qualitäten. Sie kann unheimlich gut strukturieren und analytisch denken. Sicherlich kann sie in der richtigen Umgebung auch gut als Business Analystin arbeiten."

„Aber auch Herbie kommt die neue Situation entgegen", erweitert List Alfas Frage. „Beide passen richtig gut zusammen. Er ist zwar nicht so strukturiert wie Gabi. Aber Herbie weiß vermutlich mehr über die betrieblichen Verfahren als jeder andere Mitarbeiter in diesem Unternehmen. Als Systemverantwortlicher hat er sich allerdings immer gefragt, was er im Fachbereich zu suchen hat. Trotz seines Wissens besaß er keine Funktion, etwas Betriebliches verbessern zu können. Und auf der anderen Seite fühlte er sich durch die IT hin und her geschubst. Jetzt ist er gefragt, kann Verantwortung übernehmen und hat das Gefühl, dass sein Wissen geschätzt wird. Er wäre ein ausgezeichneter Kandidat für die Rolle als Prozessverantwortlicher, falls du irgendwann deine Verantwortung delegieren möchtest. Und mit der entsprechenden Rückendeckung werdet ihr euch noch wundern, wie durchsetzungsfähig er sein kann.

Aber wie ich es bereits gesagt habe: Viel musste ich nicht tun. Es sind eure Maßnahmen in der Summe, die zu den Veränderungen der beiden geführt haben. Jetzt müsst ihr darauf achten, dass wir dieses zarte Pflänzchen nicht wieder zertreten!"

In diesem Moment kommen Stapler und Herbie gut gelaunt um die Ecke. Nach der gelungenen Präsentation kann ihnen das auch niemand verdenken. Wer hätte diese Ergebnisse nach den kriselnden Analysen und gescheiterten Besprechungen erwartet?

Mit Anforderungen und klarer Verantwortung Ruhe ins Spiel bringen und Ziele erreichen

In diesem Abschnitt erkennen wir möglicherweise nicht auf den ersten Blick die Parallelen zwischen Jürgen Soars Fußballern und den Essenern Spediteuren. In beiden Geschichten sehen wir jedoch, wie schnell sich die Situation verbessern kann, wenn sich Kleinigkeiten verändern. Ich will die Details aus dem zweiten Teil nicht wiederholen. Hier haben wir die Ursachen bereits ausführlich betrachtet. An diesem Punkt der Geschichte werden in jedem Fall die ersten Auswirkungen sichtbar!

Dabei hat Jürgen Soar eigentlich nicht viel verändert. Im übertragenen Sinne hat er den Spielern in der Kabinenpredigt noch einmal die Aufgaben vor Augen gehalten, die Zusammenhänge erklärt und die Spieler „auf ihre Positionen zurückgepfiffen". Er hat Riebler noch einmal den Rücken gestärkt. Allerdings hat er das Spielsystem durch die Arbeitsanweisungen an die Verteidiger und den Spielmacher an einer entscheidenden Stelle verändert. Den Ball „querpassen" zu lassen, bis die Spieler auf ihren Positionen anspielbar sind, und erst dann schnell und direkt zu spielen, ist keine große, aber eine sehr wirksame Veränderung. Sie hat große Auswirkungen auf das Spiel. Weniger Ballverluste und eine organisierte Abwehr bringen Ruhe und Sicherheit in die Köpfe und in das Spiel seiner Mannschaft. Mit dieser Sicherheit gelingen den Schwarz-Gelben auch wieder Spielzüge. Aus dem ruppigen Haufen ist wieder ein Team geworden. Das hat seine Spielzüge wieder in den Griff bekommen und stellt den Gegner vor ernsthafte Probleme. Plötzlich ist das Spiel wieder offen!

In kleinen, verträglichen Schritten zum Ziel

Auch wenn Alfa und Kollegen erst am Anfang ihrer Arbeit stehen, können wir insbesondere bei Stapler und an den Ergebnissen die ersten positiven Auswirkungen beobachten. Anna List hat es auf den Punkt gebracht. Das neue Umfeld, die gewonnene Sicherheit und die klaren Aufgaben motivieren die Beteiligten. Die Konfliktbeseitigung und die Fokussierung auf die betrieblichen Ziele lassen das Team ähnlich wie bei den Lüdenscheidern wieder funktionieren.

Auch hier ist die Lösung keine revolutionäre Erfindung. Alfa und Kollegen haben ein nachvollziehbares Optimierungspotenzial entdeckt, dass grundlegende Probleme zwischen beiden Bereichen lösen kann. Das hätte kein System lösen können. Es kann es später lediglich unterstützen. Aber das ist – wie bereits gezeigt – erst der zweite Schritt. Die Lösung ist List & Kollegen erst dann gelungen, als das Management um Grossmann Schritt für Schritt die Störfaktoren beseitigt und ein Umfeld geschafft hat, in dem sich die Lösung langsam entwickeln konnte.

Positiv denken und Gemeinsamkeiten finden

An dem Gespräch haben wir sehen können, wie die strukturierte Erfassung von Anforderungen und Zielen zur Lösungsfindung beitragen kann. Anstatt lange Dokumente zu schreiben, lohnt es sich häufig, Verhandlungspunkte einzeln und Schritt für Schritt aufzulisten. Dann können die Analysten als „Unterhändler" mit den beteiligten Partnern einzeln das „abhaken", worauf sich alle Seiten einigen können. Die Suche von Gemeinsamkeiten schafft eine positive Atmosphäre. Die schriftliche Fixierung unterschiedlicher Standpunkte schafft bei den Kontrahenten Sicherheit, dass ihre Ziele und Interessen nicht vergessen werden. Die bereits abgehakten Anforderungen schaffen einen konkreten und nachzuvollziehenden Sachstand. Damit entsteht ein gemeinsam abgestimmtes und erarbeitetes Gesamtbild. Wenn die Beteiligten jetzt über schwierige Punkte verhandeln, können sie sachlicher und strukturierter diskutieren. Sie müssen nicht alles auf einmal entscheiden, sondern können schrittweise zur Lösung finden. Einen kleinen Punkt zu entscheiden bedeutet im Kopf häufig auch, über eine kleinere Hürde zu springen. Sollten die Verhandlungen stocken, ist der Sachstand jederzeit gesichert. Die Diskussion kann problemlos an späterer Stelle fortgesetzt werden. Manchmal bewirkt eine Auszeit hier Wunder.

Sie sehen also, wie viel ein Analyst mit einem Diplomaten gemeinsam hat. Verträge sind eigentlich nichts anderes als eine Sammlung von Anforderungen an die Vertragspartner, auf die sie sich verbindlich geeinigt haben. Deshalb müssen ein guter und seriöser Vertrag und die getroffenen Vereinbarungen präzise und für alle Vertragsbeteiligten verständlich beschrieben sein. Ansonsten entstehen Konflikte und Interpretationsspielraum. Am Ende treffen sie sich möglicherweise vor Gericht wieder. Hier klärt dann der Richter in der Verhandlung, wie eine Anforderung an einen Vertragspartner zu verstehen ist und ob er sie eingehalten hat. Im Unternehmen sind das die sogenannten Eskalationen. Liegen die Vereinbarungen schriftlich als vereinbarte Anforderungen vor, fällt es den Verantwortlichen leichter, den Streit zu versachlichen und den Konflikt aufzulösen.

An den zunehmenden juristischen Streitereien (z. B. vor unserem Verfassungsgericht) sehen wir übrigens unter anderem, dass unsere derzeitige Gesetzgebung kein besonders gutes Bild abgibt. Machen Sie sich einmal die Mühe und lesen einen Abschnitt aus dem Steuerrecht. Und dann werfen Sie bitte einmal einen Blick ins Grundgesetz. Ich habe vor den Verfassern des Grundgesetzes mächtig Respekt. Ein Gesetz in so wichtigen Punkten zwischen so vielen Interessengruppen so präzise und verständlich zu formulieren ist eine wahre Meisterleistung. Ob das die Politiker heute auch noch könnten? Dazu passt dann wieder das Zitat von Strauß über die Zehn Gebote im Vergleich zu der 25.911 Worten umfassenden Importverordnung der EU für Karamellbonbons.

Gut strukturierte und formulierte Anforderungen sind die halbe Miete

Um die Anforderungen möglichst einfach zu halten und gut zu formulieren, sollten Sie sie so kurz wir möglich halten. Ein Satz genügt meistens. Ansonsten ist es naheliegend, daraus eine zweite Anforderung zu formulieren. Damit klar ist, wer oder was etwas von wem bzw. was fordert, sollten Sie die Anforderung immer aktiv formulieren. Dazu können Sie mit „muss", „darf", „sollte" und „kann" klar bestimmen, wie verbindlich die Anforderung ist. Es sollte klar hervorgehen, warum die Anforderung besteht. Ansonsten fehlt im späteren Zusammenhang ein wichtiger Anhaltspunkt. Um etwas umzusetzen, ist es für die Beteiligten immer wichtig zu verstehen, warum Sie die Anforderungen erfüllen müssen bzw. sollten. Der Übersichtlichkeit und Struktur halber sollten Sie diese Angaben (Erstellungszeitpunkt, Priorität, Umsetzungskosten ...) ähnlich wie den Status getrennt voneinander angeben. So können die Beteiligten z. B. erst einmal die Anforderungen formulieren, bevor Sie dann zeilenweise durch die „Zieltermine gehen" und bestimmen, ab wann diese gelten, also realisiert sein sollen.

Mögliche Merkmale einer Anforderung
- ***Titel***
- ***Beschreibung***
- ***Begründung / wofür***
- ***Bewertung der Auswirkungen***
- ***Verbindlichkeit***
- ***Status Vereinbarung***
- ***Ebene*** *(z.B. Geschäftsziel, Geschäftsregel, Geschäftsprozess, Arbeitsanweisung, Systemablauf, Bildschirmdesign, Systembetrieb, ...)*
- ***Erstellt durch ... am ...***
- ***Zustimmung durch ... am ...***
- ***Wird erfüllt am ...***
- ***Erfüllt seit ...***
- ***Betrifft*** *(z.B. Geschäftsziel, Geschäftsregel, Geschäftsprozess, Arbeitsanweisung, Systemablauf, Bildschirmdesign, Systembetrieb, ... ggf. eine bestimmte Version)*
- ***Von dieser Anforderungen abhängige andere Anforderungen***

Abbildung 9.2: *Beispiele für Merkmale, mit denen Sie eine Anforderung strukturieren können*

In der IT-Welt kennen Sie diesen Schritt vielleicht auch unter dem Begriff der „Releaseplanung". Hier werden die Anforderungen zu „Paketen" gebündelt und einzelnen Versionen (engl. „Release") zugeordnet, die zu festgelegten Terminen geliefert bzw. in Betrieb gehen sollen. In der betrieblichen Welt wird hier auch gerne von einem „Maßnahmenpaket“ gesprochen. Dann sind wir wieder mitten im Anforderungsmanagement, das wir ja bereits ebenfalls im zweiten Teil schon ausführlich kennengelernt haben.

Jede Anforderung sollte dazu einen einprägsamen Titel besitzen. Dann können die Beteiligten einfacher über sie diskutieren bzw. mit ihr umgehen.

Die richtige Sicht auf die Anforderungen mit dem richtigen Werkzeug

Es gibt drei Dinge, die Sie beim Umgang mit Anforderungen in der Praxis beachten sollten:

1. Die Anforderungslisten können schnell unübersichtlich werden.
2. Nicht jeder will Listen, sondern Fließtext lesen.
3. Die Beziehungen zwischen den Anforderungen können sehr komplex und umfangreich werden (Anforderungsmanagement).

Alle drei Punkte zeigen, dass es immer wichtig ist, die richtige Sicht auf die Anforderungen zu haben. Ansonsten haben Sie vielleicht so viele Verträge und sind wie z. B. die Sachbearbeiter im Finanzamt mit dem ständig wechselnden Steuerrecht (gelegentlich) überfordert (und können einem wie die Steuerzahler dabei leidtun).

Dabei können Ihnen Werkzeuge helfen, relevante Anforderungen zu filtern, zu finden und zu beherrschen. Insofern ist es damit leichter, Abhängigkeiten, also unter anderem die Anforderungen an die betrieblichen Abläufe, die Geschäftsregeln, die Arbeitsanweisungen, die Masken und Systemabläufe im Griff zu haben.

Anhand der Parallelen zu den Verträgen können Sie sich nun vorstellen, dass Anforderungen die wesentliche Grundlage für die IT-Beauftragung sind („wann wird welche Anforderungen zu welchem Preis geliefert“). Die für eine IT-Unterstützung zusammengestellten Anforderungen an die Software werden auch häufig Lastenheft genannt. Die Beschreibung der Arbeitsanweisungen „für die Maschinen“ findet sich dann im Pflichtenheft wieder (also wie die Anforderungen in Form von Systemabläufen etc. umgesetzt werden). Auch das sind Anforderungen! Als „technische Anforderung“ beschreiben sie, wie ein System etwas umsetzen muss (z. B. Anforderung an einen Systemablauf).

Für Alfa und Kollegen ist es deshalb umso wichtiger, später bei der Beauftragung der IT hier zurückverfolgen zu können, welche der vielen technischen Anforderungen an die Software (technische Ebene) zu welchen der fünf Anforderungen an die betrieblichen Abläufe gehören, die das Analyseteam gerade erarbeitet hat. Ansonsten kann Alfa z. B. nicht erkennen, ob hier eine technische Veränderung z. B. Auswirkungen auf die betriebliche Anforderung hat, den Optimierungsnachteil sichtbar zu machen. Und nur Anforderungen „auf dieser Ebene“ interessieren die Grossmanns und Altgelds dieser Welt wirklich!

Anforderungen in Tabellen und Dokumenten parallel erfassen

Ich habe das Beispiel mit der Entscheidungsvorlage und der Tabelle nicht zufällig gewählt. In vielen Fällen ist es nicht möglich, den Entscheidern Tabellen vorzulegen. Es gibt inzwischen aber Werkzeuge wie RequisitePro, mit denen sie die Anforderungen in Tabellenform und in Dokumentenform parallel erfassen und darstellen können. Wie funktioniert das? Einfach ausgedrückt können Sie z. B. den Text im Dokument verändern. Werkzeuge wie RequisitePro erkennen den Zusammenhang (anhand versteckter Informationen) und gleichen sie mit den Anforderungen in der „Tabelle" ab. Dazu müssen Sie sich allerdings an einige Vorgaben halten. Diese schränken nach einer Eingewöhnung nicht zu sehr ein. Sie helfen Ihnen sogar, Ihren Text knapp zu halten und zu strukturieren! In die andere Richtung können die Werkzeuge, den Text „aus den Tabellen heraus" generieren. Gut ausgebildete Analysten schaffen es, die Anforderungen so gut zu organisieren und zu strukturieren, dass aus den Tabellen gut formulierte Dokumente entstehen.

„Wir schießen so wenig Tore, vielleicht heißen wir deshalb auch die Knappen.“
(Manuel Neuer, Torhüter der Schalker „Knappen“)

Kapitel 10

Der gefühlte Sieg – Ausgleich trotz Fehler im Spielsystem

Während die Lüdenscheider den Anschlusstreffer feiern, sieht Jürgen Soar, wie sein Trainerkollege die zwei Mittelfeldspieler zu sich ruft, die Riebler beim Spielaufbau doppeln. Während der Herner Trainer mit ihnen spricht, deutet er mit seinem Zeigefinger immer wieder auf das Mittelfeld.

Kurz nach dem Wiederanpfiff sieht Soar, was die Erzrivalen in ihrem Spiel verändert haben. Nach dem Gegentreffer achten die beiden äußeren Mittelfeldspieler jetzt auf die Außenbahnen. Geschickt sorgen sie dafür, dass es den beiden Lüdenscheider Verteidigern nicht gelingt, in ihrem Rücken an der Außenlinie davonzulaufen. Damit fehlt Soars Spielmacher eine wichtige Option im Spielaufbau. In der Mitte konzentrieren sich Rieblers Gegner darauf, die Passwege für das direkte Spiel in die Spitze zuzustellen.

Immer wieder versucht sich der Spielgestalter, ein wenig fallen zu lassen. Aber auch darauf haben sich die Herner eingestellt. So sehen die Zuschauer zwei sich gegenseitig neutralisierende Mannschaften. Auf der einen Seite können Soars Jungs die Konter ihrer Reviernachbarn durch die gewonnene Spielkontrolle vermeiden. Auf der anderen Seite gelingt es dem FCL nicht, den entscheidenden zweiten Angriff zu starten.

Langsam läuft den Lüdenscheidern die Zeit davon. Nur noch 20 Minuten zu spielen! Und noch immer liegt der Erzrivale mit einem Tor in Führung. Plötzlich muss der Schiedsrichter das Spiel auf Höhe der Mittellinie nach einem Foul unterbrechen, damit die Betreuer des FCL zum Gefoulten laufen können. Bei dieser Gelegenheit greift sich Soar seinen Mittelfeldregisseur. Er hat gesehen, dass seine Mannschaft so nicht weiterkommt und er ein offensichtliches Problem in seinem Spielsystem beheben muss.

Schnell erklärt er Riebler, wie sich das Herner Spiel auf ihn konzentriert. Er solle den Verteidigern die Anweisung geben, selbst den Pass in die Tiefe zu spielen. Das sollten sie aber erst machen, nachdem sie das Spiel eine Weile kontrolliert hätten und ein vernünftiges Anspiel auf Riebler nicht möglich wäre. Außerdem sollten sich die anderen Offensivkräfte mehr bewegen, um die notwendigen Lücken in die Abwehr des Gegners zu reißen.

Dann schickt Soar seinen wichtigsten Spieler wieder zurück auf das Spielfeld. Noch während Riebler zurück auf seine Position läuft, sieht der Trainer, wie sein Schützling den einzelnen Spielern seine Anweisungen weitergibt und auf die einzelnen Positionen zeigt. Nach dem Freistoß beobachtet Soar angespannt, wie die Schwarz-Gelben seine Anweisungen umsetzen.

Besonders Wüklür und sein Sturmpartner sind jetzt ständig in Bewegung. Ab und zu kreuzen sie ihre Laufwege und wechseln dadurch ihre Positionen. Das sorgt für Unruhe in der Abwehr des Gegners. Beide offensive Mittelfeldspieler verhalten sich ähnlich.

Allerdings verteidigen die Herner die Angriffe der Lüdenscheider hervorragend. Nicht umsonst haben sie die stärkste Abwehr der Liga. Und so tickt die Uhr unaufhaltsam weiter dem Abpfiff entgegen. Inzwischen hat der Linienrichtiger schon zwei Minuten Nachspielzeit angezeigt. Aber Soars Lüdenscheider geben nicht auf und wehren sich vehement gegen die drohende Niederlage. Wer will schon ein weiteres halbes Jahr mit dieser Schmach leben? Und dann werden sie endlich belohnt.

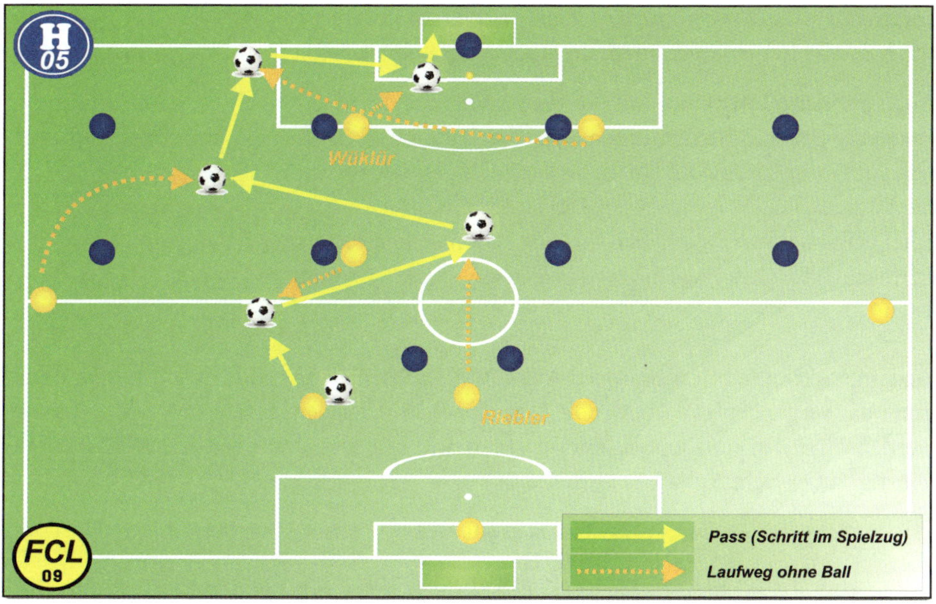

Abbildung 10.1: *Die Räder greifen ineinander, jeder weiß, was er zu tun hat – mit einer kollektiven Mannschaftsleistung und einer Traumkombination zum Ausgleichstreffer*

Als Riebler wieder einmal gut verteidigt wird, passt der Lüdenscheider Verteidiger auf einen Kollegen im offensiven Mittelfeld. Der hatte sich fallen lassen. Sofort muss sich einer der Bewacher Rieblers dem ballführenden Spieler widmen. Diesen Raum nutzt der Spielmacher und sprintet ein paar Meter nach vorne. Sein Mittelfeldkollege stoppt den Ball gar nicht, sondern schiebt ihm den Ball direkt zu. In der Zwischenzeit ist es einem Außenverteidiger gelungen, in den Rücken seines Gegenspielers direkt zwischen die zwei Viererketten des Reviernachbarn zu laufen. Jetzt muss es schnell gehen! Deshalb spielt auch Riebler den Ball ohne anzustoppen direkt zu ihm weiter. Soars rechter Stürmer hat die Situation schnell erkannt. Er kreuzt Wüklür und rennt so dicht an ihm vorbei, dass er seinen Spielmacher leicht rempelt. Dadurch hat sein Bewacher allerdings keine Chance, ihn zu verfolgen. In diesem Tempo gelingt es der Herner Abwehr nicht, dem Angreifer einen neuen Verteidiger zuzuordnen. So kann der Außenverteidiger den Ball mit einem kurzen direkten Pass an die linke Strafraumgrenze zu ihm durchstecken. Im Rücken der Abwehr muss Wüklürs Sturmkollege nur noch den Ball querlegen, sodass Wüklür die Traumkombination frei vor dem Tor stehend mit einem direkten Schuss erfolgreich vollenden kann. Der Ausgleich! Und das so kurz vor Schluss!

Jetzt brechen bei Soar alle Dämme. Euphorisch läuft er auf das Spielfeld und umarmt jeden Spieler, der ihm über den Weg läuft. War es am Ende das Kollektiv, das zum alles entscheidenden Tor geführt hat! Zum ersten Mal im Spiel hat jeder gewusst, was er zu tun hat. Alle Räder haben ineinandergegriffen und zum Tor des Tages geführt.

Auch auf der Südtribüne sind die Fans völlig aus dem Häuschen. In dieser Stimmung gehen die gelbe Karte für Jürgen Soars Verhalten und der Schlusspfiff des Schiedsrichters völlig unter. Obwohl sie unentschieden gespielt haben, ist es der gefühlte Sieg für die Lüdenscheider. Zwar hatten Fans und Funktionäre vor dem Spiel ein ganz anderes Spiel erwartet. Aber sie haben ein fast schon sicher verlorenes Spiel gedreht und eine schmachvolle Niederlage gegen den ärgsten Rivalen verhindern können!

*

Gedankenverloren blickt Manfred Alfa aus dem Fenster seines Büros. Zufrieden denkt er an das vergangene Wochenende. War das ein Spiel gegen die Herner! Seine Träume werden jäh durch ein Klopfen unterbrochen. Aus seiner schwarz-gelben Welt zurückgekehrt, freut er sich, Anna List zu sehen.

„Hallo, Anna. Wie geht es dir? Gibt es etwas Neues?“, bittet er sie herein.

„Wir waren wieder fleißig“, grinst sie ihn an. „Zeit für dich, wieder Entscheidungen zu treffen, Herr Prozessverantwortlicher!“

„Worum geht es?“, fragt er neugierig.

List legt ihm zwei Dokumente auf den Tisch. Die Anforderungsliste zur Anpassung der Prozesse und Geschäftsregeln kennt Alfa schon. Neugierig wirft er einen Blick auf die Tabelle. „Schön – es sind ein paar neue Anforderungen dazugekommen!“, freut er sich. Schnell hat er die Veränderungen verstanden.

„Obwohl die Punkte aus der letzten Besprechung noch nicht abgestimmt sind, haben wir sie erst einmal als gegeben hingenommen“, antwortet List. „Ansonsten hätten wir warten müssen, und das ist ja sicherlich nicht in deinem Sinne.“

„Ich glaube zwar, dass wir die Anforderungen abstimmen können. Aber was machen wir, falls sich an den Vorgaben etwas ändern sollte?“, will Alfa von seiner Analystin wissen.

„Jede neue Anforderung haben wir aus einer der ‚Rahmenanforderungen‘ aus der letzten Besprechung abgeleitet. In einer zusätzlichen Spalte findest du die Nummer der Anforderungen, aus der wir die neue Vorgabe abgeleitet haben. Falls ihr eine der Vorgaben ändern wollt, können wir nachvollziehen, welche abgeleiteten Anforderungen betroffen sind.“

„Gute Arbeit!“, lobt Alfa die Arbeit der Gruppe. „Wenn ich dich richtig verstehe, habt ihr im Prinzip jetzt aus den Vorgaben Schlussfolgerungen gezogen. Aus der Vorgabe, kurzfristig Transporte anfordern, ändern und wegfallen zu lassen, habt ihr die Notwendigkeit einer Beauftragung abgeleitet. Um die beiden Bereichswelten besser trennen zu können, sprecht ihr jetzt von bestellten Transporten und von Stornierungen. Gab es da nicht wieder große Diskussionen mit Herbie?“

„Nein – eigentlich nicht“, überrascht List ihr Gegenüber. „Durch die Vorgaben ist ihm klar, dass beide Welten getrennt werden müssen. Er selbst hat die Einführung einer Bestellung begrüßt. Eure Leute könnten dann besser zwischen der internen Auftragswelt und den Bestellungen der Lagerhaltung von außen trennen.“

„Da hat Herbie wieder einmal recht“, stimmt Alfa seinem Ziehsohn zu. „Mir gefallen eure Ergebnisse. So langsam scheinen wir uns vorwärts zu bewegen. Das wird meinen Chef freuen. Und was ist in deinem anderen Präsent?“

Ohne auf eine Antwort zu warten, nimmt er das andere Dokument in die Hand. „Ein Bestellprozess?“, schaut er List fragend an.

„Na ja“, antwortet die Analystin. „Das ist doch die logische Konsequenz daraus, oder?“

„Da hast du recht“, antwortet Alfa und kann sich noch genau daran erinnern, wie das noch vor ein paar Wochen für einen Wirbel gesorgt hat. Dann schaut er etwas überrascht auf.

„Wo sind denn die ARIS-Prozesse?“, fragt er.

„Für dich ist es vielleicht leicht, in diesen Modellen zu denken. Wir haben aber festgestellt, dass eure Leute Mühe haben, ARIS zu verstehen. Selbst Herbie fällt es sehr schwer, so abstrakt zu denken. Nach den Schulungen können sie dieses Modell zwar lesen. Herbie und seinen Kollegen fällt es aber auf dieser Basis sehr schwer, eigene Vorschläge zu machen, was wir verändern könnten und wo Lücken sind. Am Anfang haben wir uns mehr über die Art der Diagramme unterhalten als über den Inhalt selbst. Dann habe ich beiden ein weißes Papier hingelegt und sie gebeten, den neuen Ablauf selbst zu skizzieren. Sie sind schnell zu einer einfachen Darstellung gekommen, die UML-Sequenzdiagrammen ziemlich ähnelt, falls dir die ein Begriff sind.“

Alfa nickt, während Gabi fortfährt.

„Noch deutlicher wird es, wenn ihr euch mit Fahrern oder anderen Experten aus eurem Betrieb unterhaltet. Herbie wollte von seinen Kollegen wissen, ob die Einführung einer Bestellung machbar ist und worauf sie im Detail achten müssen. Die konnten mit den Darstellungen der Prozesse in ARIS wenig anfangen. Mit Gabis und Herbies Darstellung ist allerdings eine rege Diskussion entstanden.“

„Was schlägst du vor?“, fragt Alfa List etwas ratlos.

„ARIS hat aus meiner Sicht schon einige Vorzüge. Aber ihr müsst euch entscheiden. Entweder qualifiziert ihr eure Leute in ARIS und der dazu notwendigen Denkweise.

Dann genügt es aber nicht, nur wenige Personen auszubilden. Ihr werdet immer wieder auf Experten aus dem Betrieb angewiesen sein. Wir haben erlebt, dass diese nicht immer sagen, falls sie etwas nicht verstehen. Sie wollen sich nicht die Blöße geben. Im Zweifelsfall nicken sie einfach nur und geben ihr wertvolles Wissen nicht preis. Ohne ARIS müsst ihr die Art und Weise anpassen und vereinfachen, wie ihr heute eure betrieblichen Abläufe dokumentiert. Hier gibt es aber auch Risiken. Irgendwann seht ihr den Wald vor Bäumen nicht mehr. Ohne Softwareunterstützung könnt ihr die ganzen Abhängigkeiten nicht beherrschen und die Übersicht behalten. Mit einer eigenen Darstellungsweise fernab der Standards findet ihr aber kein Programm, das euch dabei hilft. Mit jeder Ausnahme und zunehmendem Umfang wird auch eure Darstellungsweise komplizierter. Aber sie würde mit dem Wissen und den Bedürfnissen des Betriebs mitwachsen."

Alfa überlegt einen kurzen Moment. „Das ist ja wie die alte Diskussion im Fußball. Passe ich das Spielsystem an meine Mannschaft an, weil die Mannschaft noch nicht in der Lage ist, danach zu spielen? Oder wechsele ich im schlimmsten Fall Spieler meiner Mannschaft aus, damit ich mit dem Spielsystem spielen kann? Hier müsste ich den halben Betrieb auswechseln! Das geht genauso wenig, wie ein neuer Trainer seine halbe Mannschaft auswechseln könnte."

„Was machen wir dann?", fragt List Alfa. „Wenn du es selbst erleben willst, schlage ich dir vor, den gleichen Ablauf dem Betrieb einmal in ARIS und einmal in einer einfacheren Darstellung vorzulegen. Baue ein paar Lücken und Fehler ein, und sie sollen dir erzählen, was fehlt."

„Ich glaube dir ja, Anna. Dieses Experiment sollten wir trotzdem machen. Am besten in Gegenwart meines Chefs. Der freut sich immer, wenn wir auf die Belange des Betriebs eingehen. Eines ist aber klar. Mit ARIS kommen wir kurzfristig nicht weiter. Ohne einen Standard werden wir langfristig aber scheitern. Wir müssen darauf achten, dass wir langfristig wieder zurück zu ARIS oder einen anderen Standard wechseln können. Für diese Entscheidung müssen wir uns aber Zeit nehmen. ARIS ist also möglicherweise unser langfristiges Spielsystem, also unsere Vision. Kurzfristig müssen wir erst einmal Erfolg haben. Und da müssen wir weitermachen, wo ihr gerade aufgehört habt. Ihr habt also völlig richtig gehandelt. Wenn du das in die Entscheidungsvorlage noch aufnehmen könntest, bin ich zufrieden. Auch wenn das bestimmt noch eine Diskussion nach sich ziehen wird. Aber wie hat es Adi Preißler einmal so schön gesagt. ‚Grau is alle Theorie – entscheidend is auf'm Platz.' Und daran werden wir gemessen. Wenn sich der Betrieb mit den Abläufen auseinandersetzen kann und diese versteht, haben wir also mit euren Ergebnissen kein Problem, sondern einen Schritt nach vorne gemacht. Ohne eine entsprechende Akzeptanz erreichen wir sonst gar nichts – auch wenn wir eine verantwortliche Rolle wie meine geschaffen haben."

„Wir dürfen nicht vergessen, unsere Kollegen mitzunehmen!", erinnert sich Alfa an die Worte, warum sein Chef ihn den Betrieb verändern lassen wollte.

„Kein Problem!", antwortet List. „Sind die anderen Punkte denn auch in deinem Sinne?"

„Ja natürlich!", antwortet Alfa. „Wie ich schon gesagt habe – die Ergebnisse können sich wirklich sehen lassen."

*

Ein paar Tage später sitzt Alfa im Büro seines Bereichsleiters. Gespannt wartet er auf seinen Chef, der schon vor zwei Stunden aus der Sitzung des Leitungskreises hätte zurückkommen müssen. Dessen Verspätung überrascht ihn allerdings nicht. Heute sollten Grotemann und Grossmann über den Projektfortschritt berichten. Als Alfa, Grossmann und Grotemann gemeinsam den Auftritt vorbereitet hatten, hat Alfa die Gelegenheit genutzt, beide auf den neuesten Stand zu bringen. Beide waren froh, Fortschritte und konkrete Ansätze mit in die Besprechung nehmen zu können. Grotemann hatte wegen der Abkehr von der ARIS-Modellierung anfangs noch ein paar Bauchschmerzen. Allerdings hatte er Alfas Argumente wenig entgegenzusetzen, zumal Grotemann von den Ergebnissen wirklich beeindruckt gewesen war. Er hatte das Problem verstanden und war zufrieden, als Alfas Chef ihn gebeten hatte, an dem Experiment mit dem Betrieb teilzunehmen.

In diesem Moment kommt Grossmann zur Tür herein. „Hallo Uli!", begrüßt ihn sein Freund vorsichtig. „Du siehst müde aus. Wie war es?", will er gespannt wissen.

„Anders als wir vermutet haben. Aber das Ergebnis ist für uns nicht schlecht ausgegangen. Komm, schnapp dir deine Klamotten. Ich erzähle dir das Ganze in Ruhe bei einem Bier."

Gesagt – getan. Eine halbe Stunde später sitzen beide in gemütlicherer Atmosphäre bei einem „gepflegten, kühlen Blonden".

„Es hat ein bisschen gedauert, bis die Herren der Schöpfung alles verstanden haben. Natürlich konnten Grotemann und ich ihnen nicht jedes Detail nennen. Aber als ich ihnen dein Beispiel vom Zielkonflikt zwischen beiden Fachbereichen und den Zusammenhang zu den technischen Ausfällen erklären konnte, haben sie es verstanden. Sie haben auch verstanden, dass es weder ein Problem der IT noch ein Problem des Bereiches, sondern ein gemeinsames Problem ist. Allerdings haben sie dann erkannt, dass ihre anderen geplanten Maßnahmen ebenfalls davon betroffen sind. Und da war der Bär am Steppen!

Altgeld bastelt inzwischen an einem Bestellsystem mit einem anderen Bereich. Ich habe Dr. Grotemann fragend angesehen, doch der wusste darüber überhaupt nichts! Das Projekt geht also an der ITK vorbei. Und was Altgeld vorhat, war den Beteiligten sofort klar. Ist das System erst einmal da, müssen alle anderen Bereiche die Software hinnehmen. Daraus entstand ein großer Streit. Durch unsere Erkenntnisse haben sie eins und eins zusammengezählt und verstanden, dass sich dann alle Verfahren nach der Software richten würden. Und es gab noch weitere Beispiele. Unser neuer österreichischer Bereich arbeitet z. B. mit der ITK an einem mobilen System für die Beladung. Durch ein neues Bestellsystem würde es praktisch mit Änderungsanforderungen überflutet werden. Unsere ostdeutschen Kollegen arbeiten an einem Data Warehouse, um ihre Leistung zu messen. Sie wollen feststellen, wie gut ihre Abläufe sind. Neue Prozesse würden ihr Projekt ebenfalls mit Änderungen überfluten. Es passt also nichts zusammen. Schnell wurde allen klar, dass S+Z mit diesem Vorgehen Geld zum Fenster hinauswirft. Anhand der bereits durch die bestehende Software entstandenen Noteinsätze wurde allen Beteiligten bewusst, dass es sogar noch schlimmer kommen könnte. Wenn jeder Bereich weiter seine Software entwickelt, könnte am Ende der funktionierende Betrieb gefährdet sein!"

„Und was ist dann passiert?", fragt Alfa seinen Kollegen ungeduldig.

„Na ja – dann kam unsere große Stunde!", lächelt Grossmann.

„*Unsere* große Stunde?"

„Ich habe erzählt, warum wir gerade was verändern und wie wir die Dinge als Team in den Griff bekommen. Dabei habe ich die Gelegenheit genutzt, die Erkenntnisse als Ergebnis des gemeinsamen, neuen Projektes darzustellen. Es wäre alles anders verlaufen, als es geplant gewesen war. Das Projekt wäre alles andere als eine Enttäuschung für die Auslieferung Nord! Neben den fundamentalen Problemen hätten wir eine konkrete Lösung gefunden, mit der wir den Zielkonflikt mit der Lagerhaltung beseitigen können, der bis dahin tief in der Software beider Bereiche versteckt gewesen war. Sowohl die Lagerhaltung als auch unser Bereich würden davon profitieren."

„Das Team betonen? So kenne ich dich gar nicht?", frotzelt Alfa seinen Chef. „Was haben sie dann gesagt?"

„Sie hatten gedacht, wir wären schon unterwegs, ein System zu bauen. Damit haben sie befürchtet, auch unsere Ergebnisse würden mit den Maßnahmen der anderen Bereiche kollidieren. Dann hatte ich sie da, wo ich sie haben wollte. Ich konnte ihnen mit unseren Dokumenten zeigen, dass wir erst einmal erarbeiten, was unser betriebliches Ziel ist, wie die betrieblichen Abläufe aussehen sollten und so weiter. Wir würden die Zusammenarbeit zwischen den Bereichen klären. Da unsere Abläufe einfach aussahen, haben sie es verstanden und waren beeindruckt. Wir haben unser Experiment mit der Prozessmodellierung also schon durchgeführt! Dann habe ich Grotemann das Feld überlassen, und er hat erklärt, dass die IT auf Basis dieser Vorgaben die technischen Systemabläufe, die Bildschirmeingaben etc. ableiten würde. Am Ende wäre es sein Ziel, an jedem einzelnen Arbeitsschritt im betrieblichen Ablauf und nicht auf Systemebene vorrechnen zu können, warum sich die Automatisierung des Schrittes durch den Softwareeinsatz lohnt."

„Geschickt!", antwortet Alfa. „Da hattest du dann Grotemann die Brücke gebaut."

„Das war ja noch nicht alles!", fährt Grossmann fort. „Ich habe ihnen erklärt, dass sowohl unser Bereich als auch die Lagerhaltung dich und Gabi in neue Rollen eingesetzt hätten."

„Du hast was?", verschluckt sich Alfa, als sein Chef den Satz noch nicht ganz beendet hat.

„Du hast richtig gehört! Das war die beste Gelegenheit, dich offiziell auch außerhalb unseres Bereiches in deiner neuen Rolle zu benennen. Es war die Möglichkeit, Altgeld die Brücke zu bauen und zeitgleich zwischen den Zeilen an unseren Deal zu erinnern."

Alfa staunt. Sprachlos hört er, wie sein Chef den Siegeszug fortfährt.

„Ich habe ihnen erzählt, dass du mein Mann bist, der die Veränderungen kontrolliert, und wie ich meinen Bereich langsam und verträglich umbauen will. Damit habe ich den anderen außerdem deutlich gezeigt, dass ich mich auf mein Spielfeld konzentriere und keine alternativen Pläne verfolge."

Der Qualitätsmanagementbeauftragte (QMB) nach ISO 9001

Eine der wichtigsten Forderungen des ISO-Standards ist die Verankerung der Verantwortung in der Geschäftsleitung für die Abläufe im Unternehmen, in denen das Unternehmen ihre Ziele festlegt, erreicht und sicherstellt.

Dazu muss nach ISO 9001 eine Person bestimmt werden, die zur obersten Leitung des Unternehmens gehört. Qualität ist also Chefsache! Die dazu benannte Person heißt Qualitätsmanagementbeauftragter (kurz QMB).

„Allerdings war damit die Messe noch nicht ganz gelesen!", fährt Grossmann fort. „Unser Häuptling sagte, er sei richtig beeindruckt. Das würde voll und ganz in Lagermanns Planungen passen. Du glaubst gar nicht, wie still es dann auf einmal im Besprechungsraum gewesen ist. Er erzählte uns von seinen Plänen, die Firma ISO zertifizieren zu lassen. Dazu müsste man eigentlich all das machen, was Grotemann, du und ich angestoßen hätten. Dass Betrieb und IT von der Notwendigkeit überzeugt sind, würde ihm den Sinn seiner Maßnahmen zeigen. Nach dem Erfahrungsaustausch mit anderen Vorständen hätte er allerdings mit Problemen anderer Art gerechnet."

„Was ist dann geschehen?", fragt Alfa.

„Mir ist das passiert, was ich mit dir gemacht habe."

„Das verstehe ich nicht", will Alfa wissen.

„Du kennst ja die ISO-Zertifizierung. Realistisch gesehen funktioniert die Einführung nur von „oben nach unten". Deshalb steige ich in die oberste Leitung auf und werde zukünftig der Qualitätsmanagementbeauftragte von S+Z. Neben meiner Bereichsleitung werde ich dafür zuständig sein, dass wir das, was wir jetzt in unserem Bereich einführen, im ganzen Unternehmen tun."

„Wie willst du das denn alles schaffen?", fragt Alfa.

„Langsam – das ist die Vision. Lagermann hat eines verstanden! Die Veränderungen brauchen Zeit, wenn sie wirklich nachhaltig sein sollen. Wir reden von ein paar Jahren. Eine genaue Planung soll noch erfolgen. Zunächst einmal ist beschlossen worden, dass unser Bereich sich als Erstes wandelt. Als Pilotversuch sozusagen. Erst danach soll die Einführung der notwendigen Strukturen für die ISO-Zertifizierung erfolgen."

Alfa ist sprachlos. „Und was ist mit unserem IT-Projekt?", will er wissen.

„Das ist erst einmal wie alle anderen Projekte auf Eis gelegt worden. Es ist ja nicht so, dass der Betrieb ohne die Projekte nicht weiterlaufen würde. Zunächst müssen wir erst einmal die Hausaufgaben machen und die Vorgaben erarbeiten. Sind diese vorhanden, wird neu projektiert. Dann werden die IT-Projekte aber auf die technische Umsetzung reduziert. Es hätte sich gezeigt, dass sie das falsche Umfeld für betriebliche Veränderungen sind. Unsere Vorgaben wären also die Ausgangsbasis für eine Beauftragung."

„Und was macht Grotemann?"

„Er unterstützt uns, falls wir ihn brauchen, und er bereitet die notwendigen Veränderungen vor, damit er das leisten kann, was er versprochen hat, sobald wir die ersten Anforderungen beauftragen wollen. Dadurch gewinnen wir einen gewissen Vorlauf.

Alle Maßnahmen in den anderen Bereichen werden erst einmal auf ein Minimum reduziert. Nur das, was wirklich notwendig ist, darf realisiert werden und muss vom Lenkungskreis genehmigt werden.

Für unseren ‚Feldversuch' habe ich von Lagermann erst einmal freie Hand, also auch die Verantwortung bekommen. Allerdings soll ich ihm und dem Lenkungskreis in regelmäßigen Abständen berichten. Dann solle ich hier vorschlagen, was wir davon bereits in den anderen Bereichen einführen können."

„Das klingt ja alles ziemlich gut, aber trotzdem frage ich mich noch immer, wie du das alles schaffen willst?", fragt Alfa seinen Freund.

„Na ja, du bist mein Stellvertreter. Da wirst du mich im Bereich demnächst etwas mehr vertreten müssen."

Dann bestellt Grossmann „zwei Willis". „Die haben wir uns wohl verdient. Manni – es kommen spannende Zeiten auf uns zu! Wer hätte das noch vor ein paar Wochen gedacht, als ich bzw. wir mit dem Rücken zur Wand standen! Was würdet ihr im Fußball sagen? Schluss ist erst, wenn der Schiedsrichter abpfeift!"

Was ist die richtige Projektierung?

Was für ein Herzschlagfinale! Die Beteiligten haben sich den gefühlten Sieg hart erkämpft. Für S+Z beginnt allerdings erst jetzt der Wandel. Bevor wir allerdings einen Rückblick auf „beide Spiele" werfen, wenden wir uns noch einmal der Projektierung zu.

- Worauf sollten wir bei der Projektierung achten, damit wir nicht ähnliche Probleme erleben wie S+Z?
- Wobei können uns Standards wie PRINCE2 oder das noch weiter verbreitete Rahmenwerk des Projektmanagementinstituts (PMI) helfen?

Projekt-Portfolio-Management – das richtige Umfeld bzw. die richtigen Rahmenbedingungen schaffen

Wir haben gesehen, dass es vor allem wichtig ist, die richtigen Rahmenbedingungen zu schaffen. Das ist ja auch das, worauf PRINCE2 mit dem C und dem E („Controlled Environment") sehr viel Wert legt. Ein Projekt ist eine Veränderung mit einem klaren Ziel, Start und Ende. Richtiges Umfeld für ein Projekt bedeutet, das richtige Ziel in den Projektmittelpunkt zu stellen.

Projekt-Portfolio-Management – mit der richtigen Zusammenstellung Veränderungen im Griff haben

Unter diesem Begriff versteht die Managementwelt die richtige Zusammenstellung von Projekten, also was projektiert wird (die richtige Projektierung).

Bezogen auf unsere Erfahrungen bedeutet das, dass in einem IT-Projekt auch nur ein System verändert werden soll. Die Veränderung von Geschäftsprozessen sollte ein Unternehmen davon trennen. Ansonsten erlebt es möglicherweise das Gleiche wie unsere Spediteure. Das heißt nicht, dass die Veränderungen von Geschäftsprozessen nicht auch projektiert werden können oder sollten. Auch hier lauern Risiken, die das Unternehmen durch eine gute Planung und Steuerung im Griff haben muss.

Wenn IT-Projekte „zu weit in die Geschäftsprozesse hineinwachsen"

Neben den Erkenntnissen aus den vorangegangenen Kapiteln haben wir auch gesehen, was passieren kann, wenn Geschäftsprozesse in IT-Projekten verändert werden. Wenn die Systemerstellung im Fokus ist, kann es sein, dass in mehreren IT-Projekten der gleiche Geschäftsprozess verändert wird. In der „technischen Wolke" fällt das möglicherweise nicht auf, weil die Veränderungen versteckt sind. Abhängigkeiten werden nicht sichtbar. Typische Ergebnisse sind Systemeinführungen mit Störungen im Betrieb, wie sie Alfa erlebt hat. Ständig wechselnde Anforderungen an die einzelnen Projekte sind charakteristisch. Schließlich versucht jeder, auf den anderen zu reagieren. Das kann zu einem Schneeballsystem führen, in dem die Projekte immer instabiler werden, bis das Kartenhaus zusammenfällt und die Projekte im Gesamten scheitern. Und das, obwohl alle Beteiligten möglicherweise bis zur Grenze des gesundheitlich Zumutbaren arbeiten.

Wenn sich die „Arbeit nicht auszahlt" und jeder in diesem Umfeld „dem anderen unbewusst ein Bein stellt", sind frustrierte Kollegen und Konflikte noch eine harmlose Form der Auswirkungen. Nicht selten brechen Mitarbeiter unter der Last und dem Frust mit Herzinfarkten und Burn-out-Syndromen zusammen, weil sich der positive Stress („yes, we can") hier in einen sehr negativen Druck und eine aussichtslose Situation verwandelt. Die Situation fühlt sich dann wie im Abstiegskampf an. Nichts gelingt. Jeder kleinste Fehler führt zu einem Gegentor.

Zu viel Verwaltungsaufwand bei der Projektierung?

„So viele Verwalter und Häuptlinge! Viel zu viele Formulare statt die Probleme zu beseitigen!" Aussagen wie diese oder die von Marcel Hacker zu Beginn der Geschichte haben Sie sicherlich schon häufiger gehört. In diesem Fall steht möglicherweise das Spielsystem, also die Projektmanagementmethode, möglicherweise zu sehr im Vordergrund. Es kann sein, dass nur wenige bzw. kleine Veränderungen mit einem großen „Werkzeugkoffer erschlagen werden sollen".

Gutes Projektmanagement muss nicht aufwendig sein. Deshalb betonen Ansätze wie z. B. der Rational Unified Process (RUP), dass die Projektmanagementmethode zur Mannschaft und deren Bedürfnisse passen muss. Nur wenn die Arbeitsweise in „Fleisch und Blut" übergegangen ist und die Menschen verstehen, warum sie etwas tun, werden sie genügend motiviert sein, sie nutzbringend umzusetzen. Natürlich stellen manche Persönlichkeiten wie Marcel Hacker Neues infrage. Häufig kann sich die Führungsetage eines Unternehmens bei einer Einführung „eines neuen Spielsystems" viele überflüssige Diskussionen durch ein kompromissloses Bekenntnis ersparen. Aber wie bei Kindern ist es ein Spiel zwischen Autorität und Verständnis.

Am ARIS-Beispiel sehen wir, dass eine „wirkliche" Verinnerlichung und eine Veränderung der Arbeitsweise ein langer Prozess sind. „Menschen ändern sich nicht so schnell!", ist auch hier eine Weisheit, über die wir nicht stolpern brauchen. „Sie brauchen Zeit dazu!"

CMMI Reifegrad 3 – auf einheitliche Weise verändern

Dabei kann es sehr nützlich sein, wenn ein Unternehmen nach einer einheitlichen Vorgehensweise organisiert. Wenn jeder weiß, wie Anforderungen organisiert werden, welche Rollen es gibt, wie mit Risiken umgegangen wird, spart sich das Unternehmen nicht nur unnötige Diskussionen, Zeit und Konflikte. Die unternehmensweit gewonnenen Erkenntnisse können helfen, das ganze Unternehmen zu verbessern.

Genau das ist das Ziel der dritten Reifegradstufe von CMMI, das wir ja bereits kennengelernt haben. CMMI legt allerdings Wert darauf, dass z. B. der standardisierte Planungsprozess auf die Bedürfnisse des jeweiligen Umfelds im Bereich angepasst wird. Und genau hier müssen wir darauf aufpassen, dass wir die Kreativität und Motivation der Menschen nicht zu sehr einschränken. Ansonsten sinken die Produktivität der Menschen und die Qualität der Arbeitsergebnisse trotz möglicherweise perfekt festgelegter Prozesse. Es ist also wie die Waage, die wir bereits im zweiten Teil kennengelernt haben.

Die beste Vorgehensweise ist also die, über die nicht diskutiert wird. Das ist so wie bei einem guten Schiedsrichter. Pfeift er zu lasch, entwickelt sich das Spiel in eine willkürliche Richtung. Die Fans und Verantwortlichen diskutieren über die Leitung des Spiels, obwohl der Mann oder die Frau mit der Pfeife dem Spiel „freieren Lauf" geben wollte. Der „Meister der Regeln" kann aber mit zu kleinlicher Regelauslegung das Spiel „zerpfeifen". Gut gepfiffen spüren die Spieler die Autorität, finden sich in den Regeln zurecht, und das Spiel läuft bzw. steht im Vordergrund.

Mit Standards individuelle Abläufe schaffen

Standards zu setzen, kann also sinnvoll sein. Jetzt fragen Sie sich vielleicht: Widerspricht er sich da nicht selbst? Nein! Solange das Unternehmen nicht blind den Standards oder Werkzeugen folgt, macht es alles richtig. Einen Standard in einem Unternehmen zu setzen, heißt außerdem nicht, auf Individualität zu verzichten! Es heißt nur, einheitlich vorzugehen. Wenn eine eigene Durchführungsweise für die Projektdurchführung aus Sicht des Unternehmens am meisten Sinn macht, kann es vernünftig sein, dieser unternehmensweit zu folgen. Es kann allerdings verheerend sein, wenn ein Projekt z. B. nach PRINCE2, das nächste nach dem Wasserfallmodell usw. durchgeführt wird. So muss ein Mitarbeiter jedes Mal viel lernen, wenn er das Projekt wechselt, bevor er nützlich werden kann.

Außerdem bedeutet die standardisierte Weise bei der Durchführung von Projekten ebenfalls nicht, dass das Ergebnis – z. B. der Dispositionsprozess – individuell sein kann. Das muss es auch, ansonsten gibt es Wettbewerber, die ähnlich gut sind, und die will das Unternehmen schließlich „bezwingen"!

Mitarbeiter mit Zertifizierungen motivieren

Wir haben bereits Reifegrade für Prozesse und das Unternehmen kennengelernt. Unternehmen können sich für ISO 9001 zertifizieren lassen. Die Orientierung an Projektmanagementstandards kann aber auch ganz andere Vorteile haben. Dem Unternehmen fällt die Überprüfung der Fähigkeit der Mitarbeiter leichter. Zu modernen Projektmanagementmethoden wie PMI und GPM/IPMA (vgl. 10.1.4) oder PRINCE2 gehören verschiedene Zertifizierungsmöglichkeiten.

Mit den Zertifizierungsmöglichkeiten weist der Mitarbeiter ein gewisses Grundwissen über die Arbeitsweise nach. Insofern kann ein Unternehmen messen, wie gut seine Qualifikation auf diesem Gebiet ist. Die Zertifizierung sagt allerdings nichts über den Menschen, die soziale Kompetenz, über die Fähigkeit, das Wissen anzuwenden, und das betriebliche Wissen aus. Sie ist also nur ein Faktor, der viel zu häufig überbewertet wird.

Eine Zertifizierung ist allerdings eine hervorragende Möglichkeit, Mitarbeiter zu motivieren. Das Unternehmen investiert in die Menschen. Deren Wert steigt für das Unternehmen. Der Mitarbeiter fühlt damit, dass er für das Unternehmen wichtig ist und mit ihm plant. Außerdem steigt der eigene Marktwert. Statt in einem anderen Projekt kann er sich jetzt besser bei anderen Unternehmen bewerben. Je mehr der Mitarbeiter aber dieses Vertrauen spürt, bindet das Unternehmen ihn aber auch an sich, sodass er es gar nicht verlassen will. Das Verhältnis ist also nicht einseitig!

PMI

Bereits 1969 hatten einige amerikanische Projektmanager den Wunsch nach einer einheitlichen Vorgehensweise. Dazu gründeten sie den heute größten Projektmanagementverband, das „Project Management Institute" (kurz PMI). Mit über 300.000 zertifizierten Mitgliedern (Stand 2008) ist PMI der weltweit größte Verband. Allerdings stammen etwa drei Viertel der Mitglieder aus Nordamerika. Besonders der über zwei Millionen Mal herausgegebene Projektmanagementstandard, das sogenannte „Project Management Body of Knowledge" (kurz PMBOK), erfreut sich neben den Zertifizierungen auch in Europa immer größerer Beliebtheit.

Im Gegensatz zu PRINCE2 ist PMI wesentlich allgemeiner gehalten. PMI versteht sich als allgemeingültiger Standard für das Management von Projekten jeglicher Art. Er gilt also auch für Projekte, die nichts mit IT zu tun haben.

Deshalb sind z. B. auch die Rollen wesentlich allgemeiner definiert. Die zentrale Verantwortung hat der Projektmanager („Project Manager"). Er gehört zu einem Projektbüro („Project Management Office/PMO") oder wird von diesem unterstützt, wenn das Unternehmen das Projektmanagement in einem Bereich organisatorisch gebündelt hat. Finanziert wird das Projekt von den sogenannten Sponsoren, die wir nicht mit den Kunden oder den Benutzern („Customer/User") verwechseln dürfen. User sind hier allerdings die Nutzer der Ergebnisse des Projektes. Das kann, muss aber keine Software sein.

Die Ergebnisse produzieren die Mitglieder des Projektteams (Project Team Member). Für sie ist der Projektmanager während des Projekts direkt verantwortlich. Zum Projektmanagementteam gehören die Personen, die direkt an Projektmanagementaufgaben beteiligt sind.

Unter der „ausführenden Organisation" versteht PMI Unternehmen, Bereiche, Organisationseinheiten, die im Allgemeinen an der Projektarbeit beteiligt sind. Sie müssen aber nicht unbedingt zur Projektorganisation gehören.

Abschließend berücksichtigt der PMI-Standard beeinflussende Personen („Influencer"), die „von außen" positiv oder negativ Einfluss auf das Projekt nehmen können.

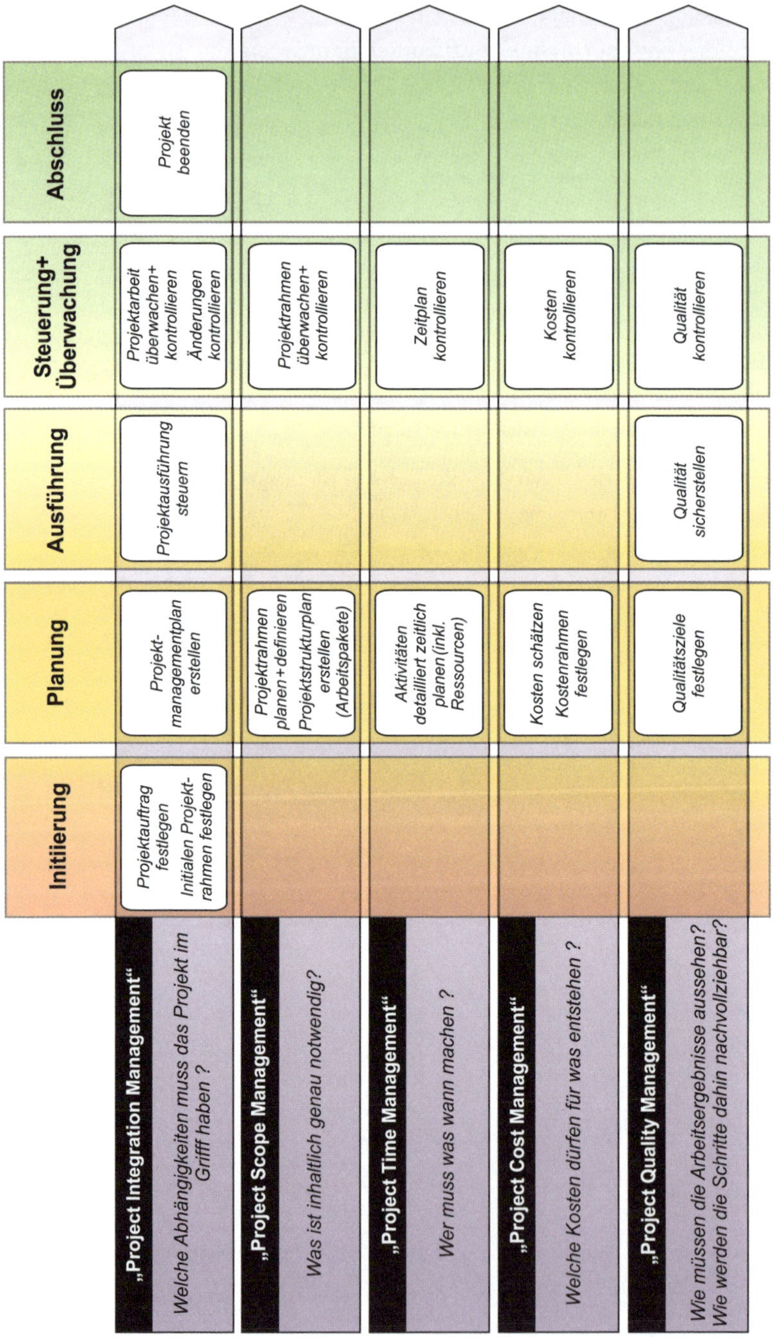

Abbildung 10.2: *Hier sehen Sie, an was Sie in welcher Projektphase denken sollten, …*

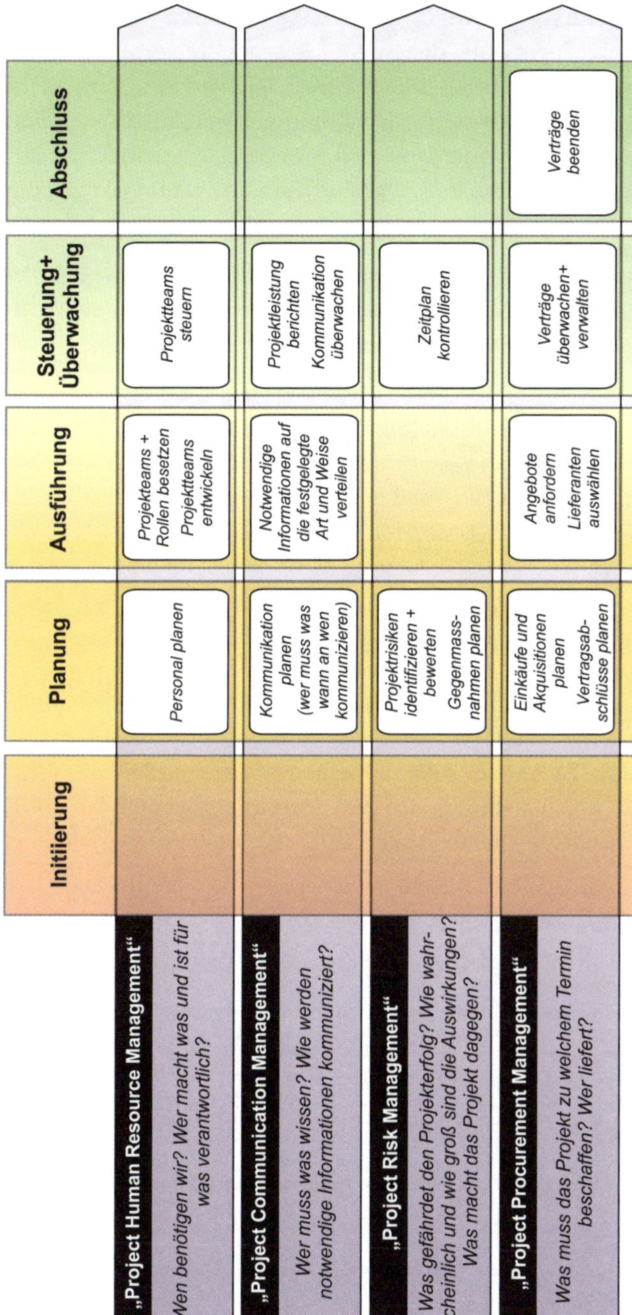

Abbildung 10.3: *… damit Sie Ihr Projekt erfolgreich nach dem PMBOK führen.*

Durch seine Herkunft werden Ihnen im Umgang mit dem Standard sehr viele englischsprachige oder „eingedeutschte, denglische“ Begriffe begegnen. Wenn Sie nicht unbedingt „englisch denken“ oder zu einem global agierenden Unternehmen bzw. einem Unternehmen mit einer entsprechenden Kultur gehören, wird Ihnen der Umgang mit dem Projektmanagementstandard möglicherweise schwerfallen. Ein Beispiel hierfür sind die sogenannten „Stakeholder“. Das sind die an einem Projekt beteiligten Personen oder Organisationseinheiten.

Wie viele Rahmenwerke legt PMI als Standard fest, was Sie in einem gut geführten Projekt machen sollten. Das „Wie“ überlässt der Standard Ihnen. Er sagt z. B. nicht, ob Sie Informationen per E-Mail, Telefon oder Besprechungen verteilen.

Dazu unterscheidet PMI sogenannte Wissensgebiete („Knowledge Areas“). Ich finde den Begriff etwas irreführend und komme mit der Vorstellung von Aufgabengebieten besser zurecht. Hier geht es z. B. um das Termin-, das Kosten- oder das Personalmanagement in einem Projekt. In Abhängigkeit der einzelnen Phasen legt der Standard fest, was Sie welchem Aufgabengebiet in einem „nach dem PMBOK“ geführten Projekt machen müssen. Bitte werfen Sie dazu einen Blick auf Abbildung 10.2 und Abbildung 10.3. Die einzelnen Phasen nennt das PMBOK „Process Groups“, weil sich hinter jedem „weißen Kästchen“ ein Prozess bzw. Teilprozess verbirgt.

Kommen wir zurück zu unserer Frage – wobei kann der PMBOK-Standard einem Unternehmen wie S+Z helfen?

Ähnlich wie PRINCE2 kann er Alfa und seinen Kollegen helfen, die Veränderungen an den betrieblichen Abläufen erfolgreich durchzuführen. Der Standard fordert das Unternehmen z. B. auf, entsprechende Rollen zu besetzen, Risiken zu identifizieren und zu bewerten usw.

Der Standard hilft also den Alfas dieser Welt, Projekte abzuwickeln. Was projektiert und in welchem Umfeld gearbeitet werden soll, sagt uns das PMBOK nicht, also nicht,

- welche Anforderungen in welchen Projekten umgesetzt werden sollten („der Projektschnitt“ bzw. das „Projekt-Portfolio-Management“),
- ob Geschäftsprozesse und IT-System innerhalb eines Projektes oder auf mehrere Projekte verteilt werden sollten,
- wie z. B. Geschäftsprozessverantwortliche in das Projekt integriert werden, damit die Ergebnisse später „verwendet“ und für die tägliche Arbeit akzeptiert werden,
- welche „menschliche“ Umgebung für die Beteiligten geschaffen werden muss, damit Sie optimal arbeiten können.

Mit dem Verweis auf die Standish Group Studie sind das allerdings die bereits angesprochenen 80 Prozent aller Gründe der in der Studie untersuchten, gescheiterten Projekte.

Selbst ein nach dem PMBOK geführtes Projekt hätte also die meisten Probleme von Manfred Alfa und Kollegen nicht verhindern können.

Trotzdem ist ein Standard wie dieser sehr nützlich. Interpretieren wir die Studie anders, können wir auch zu dem Ergebnis können, dass wir und unsere Kollegen das grundlegende Projektmanagementhandwerk beherrschen. Sonst wäre der Anteil an den gescheiterten Projekten größer, die aufgrund fehlenden methodischen Wissens fehlgeschlagen sind.

PRINCE2

Den De-facto-Standard für Projektmanagement in Großbritannien haben wir ja bereits ausführlich kennengelernt. Deshalb betrachten wir diese Vorgehensweise hier nicht mehr.

GPM (IPMA)

Einen ebenfalls globalen Anspruch für ein einheitliches Projektmanagementmodell stellt die „International Project Management Association" (IPMA). 1979 formal etabliert, ist sie so etwas wie die „europäische Gegenbewegung" und hat ihren Sitz in der Schweiz. In Deutschland vertritt die „Deutsche Gesellschaft für Projektmanagement e.V." die Interessen des IPMA. Insofern hat dieses „GPM-Modell" nichts mit dem gleichnamigen Geschäftsprozessmanagementmodell zu tun, dass wir in der Halbzeitpause kennengelernt haben. Das Projektmanagementmodell ist wie das PMBOK ähnlich allgemeingültig, also nicht speziell auf IT-Projekte zugeschnittenAgiles Projektmanagement

Agiles Projektmanagement

Auch der etwas anderen Art und Weise „zu verändern" haben wir uns bereits gewidmet und gehen daher an dieser Stelle nicht mehr darauf ein.

Projektmanagement alleine führt nicht zum gewünschten Erfolg

Auf die menschliche Seite sind wir bereits eingegangen. Unsere Geschichte hat allerdings noch einen weiteren Aspekt gezeigt, warum ein gutes Projektmanagement alleine nicht den gewünschten Erfolg bringen kann.

Mit dem notwendigen Umfeld müssen auch die notwendigen Strukturen im Unternehmen vorhanden sein. Wir haben gesehen, wozu ein nicht vorhandenes Geschäftsprozessmanagement führen kann. Es gibt noch weitere Aspekte, auf die wir hier nicht eingegangen sind. Beispielsweise muss die IT die Vorgaben des Fachbereichs erfolgreich realisieren. Sie muss später die Systeme erfolgreich betreiben. Alleine dahinter steckt Stoff für zahlreiche Fortsetzungen der Geschichte von Manfred Alfa. Und all das muss zusammenpassen, um weltbester Spediteur oder Weltpokalsieger im Fußball zu werden!

Teil 5: Spielanalyse

Kapitel 11

Was wir vom Fußball lernen können

„Das Spiel" ist abgepfiffen. Jürgen Soar hat mit seiner Mannschaft einen gefühlten Sieg erreicht. Am Ende ist sein Spiel ganz anders verlaufen, als es er, die Fans und die Vereinsführung erwartet haben. Letztendlich ist die „Theorie grau und entscheiden is auf´m Platz" (Adi Preißler), und die „Wahrheit liegt auf dem Platz" (Otto Rehagel).

Ähnlich ist es auch unseren Spediteuren Manfred Alfa, Ulrich Grossmann und Dr. Grotemann ergangen. Selbst Grossmann hätte nicht gedacht, dass das IT-Projekt scheitert und trotzdem erfolgreich ist.

Zeit also, noch einmal auf das Spiel zurückzublicken. Was haben wir gesehen? Welche Schlüsse können wir daraus ziehen?

Nach dem Spiel ist vor dem Spiel (Sepp Herberger)

Bei beiden Mannschaften haben die Veränderungen erst begonnen. Die Spielzüge müssen sich erst einmal etablieren. Jürgen Soars Team ist sicherlich schon „reifer" als Grossmanns und Alfas Spedition. Aber kann Soar die zweite Halbzeit wiederholen? Was passiert, wenn sich Schlüsselspieler wie Bet Riebler oder andere Spieler verletzen? Funktionieren die Spielzüge dann auch? Was passiert, wenn der Gegner die Mannschaft vor neue Probleme stellt? Ist dann das Zusammenspiel robuster als in der ersten Halbzeit?

„Nach dem Spiel ist“ also „vor dem Spiel“. So hat es einmal Sepp Herberger gesagt. Grossmann und Alfa werden in ihren neuen Rollen vermutlich noch „viele Spiele gewinnen“ müssen, bevor der Traum vom perfekten Spielsystem, also der idealen Mischung aus zufriedenen Kunden, finanziellem Erfolg, motivierten Mitarbeitern und bestmöglicher Qualität wahr werden kann. Am Ende zählen nur die Anzahl der Siege und der Tabellenplatz. Wir haben mit den Reifegradmodellen aber auch kennengelernt, mit welchen Kennzahlen die Alfas und Grossmanns dieser Welt die Reife, also den Fortschritt des Wandels messen können.

Geschäftsprozesse als Spielfeld im Unternehmen

Die Spielzüge des Unternehmens bzw. die betrieblichen Abläufe sind also das Spielfeld, auf dem sich IT und der Betrieb bewegen. Allerdings stehen sich beide Seiten oft als Gegner gegenüber oder gegenseitig im Weg, statt ein Team zu bilden. Erst wenn die Anforderungen an die einzelnen Mitspieler klar sind, greifen die Rädchen ineinander, und aus den Geschäftsprozessen werden Traumkombinationen.

Zusammen mit dem Chef der ITK haben Grossmann und Alfa aber auch schon einiges erreicht. Überhaupt erst einmal zu erkennen, wo das Problem liegt, ist für viele Unternehmen ein Meilenstein. Deshalb ist der Vergleich zum Alkoholiker gar nicht so abwegig. Er muss erst einmal feststellen, dass er krank ist, bevor „die Therapie beginnen kann“. Rollen, Aufgaben und Verantwortlichkeiten zu klären und einzuführen, ist häufig ein langwieriges Vorhaben, an dem viele Mannschaften scheitern.

Das 82-Millionen-Bundestrainer-Syndrom vermeiden

Oft suchen die Angestellten wie „82 Millionen Bundestrainer“ in großen Besprechungsrunden nach Lösungen. Konflikte können entstehen, weil nicht klar ist, wer der Trainer bzw. wer für was genau verantwortlich ist. Ein anderes Indiz ist, wenn jeder Mitarbeiter unter einer Flut von E-Mails zusammenbricht. Dann beginnt jeder mit jedem zu kommunizieren, weil niemand weiß, wer wann was wissen muss. „Lieber alle anschreiben anstatt einen zu vergessen“. Jetzt beginnen Mitarbeiter, Informationen zu übersehen, was wiederum zu Missverständnissen und Streit führen kann. Je nach Persönlichkeit sind sie nicht in der Lage zu filtern. Dann sind diese Kollegen schlichtweg überfordert und brechen unter dieser Last zusammen. Und sie können nicht einmal etwas dafür, weil diese Fähigkeit zum großen Teil eine Charaktereigenschaft ist.

Angstgegner IT

Die Hauptursache vieler Probleme zwischen Fachbereich bzw. Betrieb und IT liegt im unterschiedlichen Blickwinkel auf die Automatisierung der betrieblichen Abläufe. Wir haben gesehen, was passiert, wenn „die Laufwege unklar" sind. Berti Vogts hat es einmal mit „Wir haben ein Abstimmungsproblem – das müssen wir automatisieren" auf den Punkt gebracht. Allerdings haben wir hier nicht nur ein Abstimmungsproblem.

Am Beispiel des Masterauftrags und der IT-Entwicklungen innerhalb von S+Z habe ich Ihnen hoffentlich einen Eindruck vermitteln können, welche Missverständnisse, Konflikte und Fehlentwicklungen entstehen können, wenn Systemabläufe und die betrieblichen Geschäftsprozesse miteinander verschwimmen.

In einem IT-Projekt wird immer das System im Vordergrund stehen. Selbst wenn die Beteiligten hier Geschäftsprozesse analysieren, haben wir gesehen, dass sie das System als Ziel im Hinterkopf haben. So entsteht der von Anna List genannte „fachlich technische Wirrwarr". Der Fachbereich versucht, sich in die Technik hineinzudenken, während der Entwickler zum Fachbereichsmitarbeiter wird. Schließlich soll er sich ja auf den Kunden zu bewegen. Mit viel Elan rennen beide aneinander vorbei.

Auf den Fußball übertragen hilft der Verteidiger dann im Sturm aus, und der Stürmer holt sich dann den Ball im eigenen Strafraum. Im Gesamtablauf fehlen die Mitspieler dann allerdings an der richtigen Stelle, und das Spielsystem wird instabil. Die Abläufe funktionieren nicht wie gewollt, und das gesamte Team gerät unter Druck. Wenn sich dann noch ein „durchsetzungsfähiger" Analyst als Spielgestalter versteht und dem Betrieb sagt, wie die Abläufe besser zu laufen haben, ist das Chaos perfekt.

Die „Schrankwaren-Falle" vermeiden

Im äußersten Fall bestimmen das System und damit die IT die betrieblichen Abläufe. „Wir sind kein Softwareentwicklungsunternehmen!", „wir müssen uns danach richten, was die Software kann" oder „wir setzen auf Standards bzw. Standardsoftware", das sind typische Aussagen. Das hören wir vor allem dann, wenn die IT Software einkauft statt sie zu entwickeln bzw. entwickeln zu lassen.

Am Beispiel von Aygün Süner haben wir gesehen, was passiert, wenn ein Spieler auf dem Platz steht, nach dem sich alles richten muss. Schlimm wird es vor allem dann, wenn die Mitspieler ganz andere Spielzüge erwarten. Genau das geschieht, wenn ein Unternehmen „Standardsoftware einfach einkauft" und sich daran alles anpassen muss. Das kann große Auswirkungen haben, wenn es um die Kernprozesse des Unternehmens geht. Hier muss der Verein individuell ausgerichtet sein. Er will ja schließlich besser als die Konkurrenz sein. Nachmachen ist da der schlechte Ansatz.

Letztendlich bleibt einem Trainer wie Jürgen Soar dann keine andere Wahl, als Spieler wie Süner auszuwechseln. Stellen Sie sich vor, er hätte das nicht machen können. So ähnlich fühlt sich der Betrieb, wenn ein Stück Schrankware die Position eines Mitspielers in ihren betrieblichen Abläufen einnimmt.

Insofern ist es also vor der Auswahl der Standardsoftware wichtig, genau zu wissen, wie die betrieblichen Abläufe, also die Spielzüge, aussehen, damit der automatisierte Kollege optimal in die Spielzüge des Betriebs passt.

Vom Angstgegner zum Mannschaftsteil mit klaren Laufwegen

Manchmal benötigt eine S+Z Logistics oder ein FC Lüdenscheid nur „einen Elektriker, der hinkommt und nur einen Wackelkontakt beheben muss, weil eigentlich alles vorhanden ist. Er fügt die richtigen Stecker zusammen, und plötzlich ist alles wieder unter Höchstspannung“. So hat es Christoph Daum einmal formuliert.

In unserem Fall waren das Bet Riebler oder Anna List in Kombination mit Manfred Alfa. Letztere hat List, Grossmann und Grotemann geholfen zu erkennen, wo „der Betrieb“ endet und wo die Automatisierung der betrieblichen Spielzüge beginnt. Das ist für die Beteiligten ein Meilenstein gewesen. Jetzt reden sie nicht mehr „direkt über das System“, sondern Alfa und Kollegen erarbeiten erst einmal, welche Arbeitsschritte automatisiert werden und wie diese ohne Systemunterstützung aussehen sollen.

Gemeinsam haben sie wie Jürgen Klopp und sein BVB nach einer Niederlage „den Schmerz und das Drecksgefühl genutzt, sich zu verbessern“. Durch die gemeinsamen Erfahrungen und die geklärten Laufwege sind die ITK und die Auslieferung Nord aufeinander zugegangen. Grotemanns ITK ist jetzt nicht mehr der Angstgegner, sondern ein wichtiger Mannschaftsteil im Team der Betriebler. Sie haben damit klären können, wofür die IT verantwortlich und zuständig ist und wofür nicht.

Mit klaren Anforderungen zum perfekten Spielsystem (Geschäftsprozessmanagement)

Wir haben gesehen, was alles zu einem perfekten Spielsystem gehört. Es geht nicht nur um die betrieblichen Abläufe bzw. Geschäftsprozesse als Spielzüge. Es sind auch nicht nur die Systemabläufe, sondern der Verein muss auch die Spiel- bzw. Geschäftsregeln, Arbeitsanweisungen und das „Aussehen und die Bedienung der Software“ im Griff haben.

Um das alles im Griff zu haben, muss das Unternehmen die Abhängigkeiten im Griff haben. Verändert es etwas an den betrieblichen Spielzügen, wirkt sich das auf die Automatismen, also die Systemabläufe aus. Eine neue Regel hat ebenfalls Auswirkungen auf die Geschäftsprozesse und das wiederum auf die Arbeitsanweisung einzelner Personen.

Jürgen Soar hatte in seiner Kabinenpredigt diese Abhängigkeiten im Griff. Im Unternehmen ist das wesentlich schwerer. Deshalb ist es umso wichtiger, die Anforderungen zwischen den einzelnen Elementen zu kennen. Dann können die Verantwortlichen z. B. nachvollziehen, welche Anforderung eine Geschäftsregel an den Geschäftsprozess stellt. „Traceability", also Nachvollziehbarkeit, heißt das im „Neudeutschen".

Wie im Fußball ist es im Unternehmen umso wichtiger, den Erfolg zu messen. Wie hoch ist die Fehlpassquote bzw. wie viel Transportgüter sind zur falschen Adresse oder zu spät geliefert worden? Gerne würden Trainer und Vereinsführung einfach vorgeben können, wie hoch die Fehlpassquote im nächsten Spiel sein sollte.

Vorgeben und messen ist das eine – die Umsetzung das andere. Erst wenn der Trainer die Spielzüge im Griff hat, kann er überlegen, welche Anforderungen er wie verändert, um die Vorgaben zu erfüllen. Dazu muss er wissen, welche Veränderungen sich in diesen Verflechtungen wie auswirken werden. Hat er das, beherrscht er das „Geschäftsprozessmanagement" in seiner Mannschaft. Dazu muss er auch kontrollieren, dass ihm die Automatisierung, also die IT, „keinen Strich durch die Rechnung" macht.

Das SOA-Kordoba vermeiden

Mit dem Hype um serviceorientierte Architekturen sind gleichzeitig viele gute Ideen in den Vordergrund gerückt, die mit SOA eigentlich gar nichts zu tun haben. Den Kunden besser verstehen und unterstützen zu wollen ist eigentlich eine Selbstverständlichkeit. Sich an ihm auszurichten (neudeutsch „Business-IT-Alignment") ebenfalls!

Mit SOA sollte das Wirklichkeit werden. In einigen Fällen haben die Meister der Bits und Bytes das Gegenteil erreicht. Die sogenannten Dienste sind als Bestandteile noch kleiner als Systeme und die Abhängigkeiten dadurch noch schwieriger zu beherrschen. Wenn diese Details jetzt noch nach „außen" dringen, kann das schnell zu einem Eigentor wie das von Berti Vogts gegen Österreich bei der WM 1978 führen, bei dem nicht nur der österreichische Moderator Edi Finger „narrisch wird". Schnell werden die großen Ankündigungen, wie die von Grotemann als IT-Leiter, zur Schmach und die IT damit schnell zum Angstgegner der nächsten Jahre. Dazu passt dann das Zitat von Reinhard Rauball: „Einen Bundesliga-Verein aufzubauen, dauert sehr lange. Ihn zu ruinieren geht von heute auf morgen."

Geld schießt doch Tore à wie viel Spielsystem benötigt eine Mannschaft?

Am Beispiel von S+Z und Soars FCL haben wir aber eines erkennen können. Es handelt sich letztendlich immer noch um die Zusammenarbeit von Menschen! Wir können die Abläufe, Richtlinien noch so optimieren und detailliert ausfeilen.

Ohne gute Spieler kann ein Zweitligaklub niemals in die Champions League aufsteigen. Oder frei nach Otto Rehagel – „Ein schlechter Spieler bleibt schlecht, da hilft keine

Tablette.“ Das beweist auch die Statistik, dass die Mannschaften mit den besten Spielern in den letzten zehn Jahren auch sportlich am erfolgreichsten gewesen sind. Im Endeffekt „schießt Geld doch Tore“. Das Spielsystem muss natürlich gut funktionieren. Aber gerade die „gewissenhafte IT“ neigt dazu, sich zu sehr auf die „Vorgehensweise“ zu konzentrieren. Aus einer einfachen, guten Idee schafft sie manchmal „Verfahrensmonster“, um an jedes Detail zu denken. Manchmal wäre es besser, an der richtigen Stelle auf die Menschen zu vertrauen bzw. deren Fähigkeiten zu verbessern. Die „agile Gemeinschaft“ hat das erkannt und will z. B. mit „ihrem agilen Manifest“ dagegen wirken, indem sie Menschen über die Prozesse stellt. Insofern sind Entwicklungen wie „virtuelle Teams“ und globale Organisationen mit Vorsicht zu genießen, in denen sich die Menschen nicht mehr treffen bzw. gegenübersitzen. Hier steht das System im Gegensatz zum Zwischenmenschlichen im Vordergrund.

Die Diskussionen um das richtige Spielsystem kennen wir auch aus dem Fußball. Gespräche wie die von Müller und Richter zu Beginn des Buches sind besonders dann typisch, wenn ein Verein Probleme hat. Spielt der Verein mit der richtigen Taktik? Welches Spielsystem ist das beste? Otto Rehagel hat uns mit seinen Griechen gezeigt, dass man auch mit einer antiquierten Spielweise und entsprechendem Einsatz Europameister werden kann. Es muss also alles zusammenpassen!

Das Spielsystem muss zur Mannschaft passen – die Bedeutung der Transferpolitik

Dass ein Spielsystem zu einer Mannschaft passt, merken wir vor allem daran, wenn die Beteiligten nicht darüber sprechen. Ein neues Spielsystem ist eine neue Arbeitsweise für die Mitspieler. Die Mitspieler „einfach in ein neues Spielsystem“ zu pressen, funktioniert nicht. Daran sind schon viele Trainer gescheitert. Auf der anderen Seite wundern wir uns immer wieder, warum ein neuer Trainer bei einem Verein schnellen Erfolg haben kann. Er geht auf die Mitspieler ein, passt zur Not das „System“ an die Menschen an und motiviert die Spieler so, dass aus Einzelkämpfern wieder ein Team wird.

Dem war sich John Toshak als Trainer von Real Madrid bewusst, als er sagte: „Am Montag nehme ich mir vor, zur nächsten Partie zehn Spieler auszuwechseln. Am Dienstag sind es sieben oder acht, am Donnerstag noch vier Spieler. Wenn es dann Samstag wird, stelle ich fest, dass ich doch wieder dieselben elf Scheißkerle einsetzen muss wie in der Vorwoche.“

Im Umkehrschluss bedeutet das natürlich, wie wichtig die Zusammenstellung der Mannschaft für die Zukunft eines Vereins ist. Will der Verein seine Spielweise verändern oder verbessern, muss er die passenden Spieler dafür haben. Entweder arbeitet er mit den Spielern und qualifiziert sie entsprechend, damit sie zur langfristigen Vision passen. Dazu müssen sie allerdings fähig sein. Ansonsten können die Auswirkungen für Mitspieler und Verein verheerend sein.

Oder der Verein muss entsprechend „neues Personal" engagieren, das zur langfristigen Vision passt. Insofern sind die Transferpolitik und damit die Personalentwicklung eines Unternehmens eine der wichtigsten Aufgaben, um den Traum vom perfekten Spielsystem wahr werden zu lassen.

Aus diesem Grund diskutieren Fußballvereine immer wieder, ob Trainer neue Spieler aussuchen sollten oder ob Vereine dafür besser Sportdirektoren einsetzen. Kommt ein neuer Trainer, will er vielleicht ein neues Spielsystem einführen. Dann werden zurückliegende teure „Spielertransfers" möglicherweise zu Fehleinkäufen. Das ist übrigens auch ein Grund, warum Vereine mit Trainern erfolgreich sind, die seit Langem im Amt sind. Darum lohnt es sich auch manchmal, eine „Durststrecke" mit ihm zu überstehen.

Das richtige Umfeld für die Mannschaft schaffen

Am Beispiel von Herbie und Gabi Stapler haben wir beobachten können, wie unterschiedlich Menschen in einem Umfeld auftreten können. Wer in einer Umgebung als stur gilt, kann in einem anderen Rahmen als durchsetzungsfähig geschätzt werden. Ein Unternehmen sollte eine Rolle also nur mit einer Person besetzen, die zur vorhandenen Umgebung passt. Wenn es beispielsweise einen Mitarbeiter zu einem Business Analysten „macht", weil er über hervorragendes Wissen verfügt, überfordern das Unternehmen ihn vermutlich, falls er Informationen nicht filtern oder strukturieren kann. Kann der Kandidat das, wird er in einer konfliktreichen Analyseumgebung möglicherweise wie Gabi Stapler scheitern, wenn er leicht zu verunsichern ist. In einer ruhigeren, sachlicheren Atmosphäre blüht er dagegen auf und liefert Ergebnisse, zu denen andere Persönlichkeiten nicht in der Lage sind.

Dazu haben wir auch die Parallelen aus dem Fußball betrachtet. Persönlichkeiten wie Felix Magath zeigen, dass es vor allem darauf ankommt, das richtige Umfeld zu wählen oder zu schaffen. Er schafft es z. B. wie nur wenige andere, das Spielsystem seiner Mannschaft an ihre Möglichkeiten anzupassen. Er weiß, dass er mit Schalke keinen „Hurra-Fußball" spielen kann. Übertrieben gesagt weiß er, dass er mit Schalke – wie einer seiner Vorgänger Huub Stevens – die „Null stehen lassen" sollte. Und zur Not trifft seine Mannschaft per Standardsituation, die man hervorragend trainieren kann. Wenn dann die Mannschaft an sich glaubt, jeder Einzelne bis in die Haarspitzen motiviert und topfit ist, können plötzlich sogar bei den Königsblauen Wunder wahr werden.

Das Spiel auf Linie gebracht

Zum richtigen Umfeld gehört natürlich auch die Verankerung der Veränderungen in die tägliche Arbeit. Im „Managementjargon" heißt das, die Projekte in die Linie einzubetten. Auch damit haben wir uns eingängig beschäftigt. Der Projektleiter trägt im Spiel also nicht die alleinige Verantwortung. Inhaltlich muss z. B. der Geschäftsprozessverantwortliche den Änderungen in „seinem Prozess" zustimmen, damit die Veränderungen seinen Vorstellungen und vorgegebenen Zielen im betrieblichen Ablauf entsprechen.

Mut zu Fehlern – zielorientierte Dokumentation statt das gesprochene Wort

Auf Menschen zu setzen, bedeutet nicht auf Dokumentation zu verzichten. Der häufigste Grund für widerwillige Dokumentation ist die „Nachdokumentation“. In diesem Fall nützt sie keinem Beteiligten. Ist sie Arbeitsgrundlage, sieht das anders auch. Das ist ein Grund, warum Geschäftsprozesse ungern in IT-Projekten bis ins letzte Detail aufgeschrieben werden. Die Dokumentation ist häufig schon veraltet, bevor das Projekt zu Ende ist. Der Betrieb verändert sich weiter, die Prozesse werden nur zur Systementwicklung erstellt und vom Betrieb so wahrgenommen. Aus diesem Grund schickt der Betrieb nicht die Geschäftsprozessverantwortlichen, sondern die IT- oder Systemverantwortlichen zur Abnahme der Dokumente mit der IT. Damit verankert das Unternehmen die Ergebnisse nicht im betrieblichen Alltag.

Werden die Prozesse mit den Verantwortlichen so aufgeschrieben, wie sie es für ihre tägliche Arbeit benötigen, ist die Akzeptanz größer. Eine weitere Barriere ist der verbindliche (schriftliche) Charakter. Was eigentlich positiv ist, hemmt die Verantwortlichen. Jetzt müssen sie für Entscheidungen Verantwortung übernehmen. Es ist angenehmer, „in der Entscheidung etwas offener“ zu bleiben. Das gesprochene Wort ist viel unverbindlicher. Wohin „das gesprochene Wort“ führen kann, haben wir im Verhältnis zwischen Grotemann und Grossmann gesehen. Zahlreiche Konflikte, Missverständnisse und Fehlentwicklungen können auch hier die Folge sein.

Jeder (also auch die Führung) ist Mensch und macht daher auch Fehler. Deshalb muss ein Verein unbedingt dafür sorgen, eine positive Atmosphäre zu schaffen, in der jeder Fehler vermeiden sollte, aber machen darf. Auf der anderen Seite ist eine schriftliche Entscheidung besonders dann etwas wert, wenn die Verhandlungen hart und schriftlich fixiert sind. Dann ist es für die Beteiligten sehr schwer gewesen, die Lösung zu finden. Mündliche Vereinbarungen hätten hier sicherlich zu Konflikten bzw. Problemen geführt.

Der Weg zur optimalen Entscheidung ist häufig ein Lern- bzw. Verbesserungsprozess. Es kommt also darauf an, die Veränderungen im Griff zu haben! Das verstehen wir unter Anforderungsmanagement.

Veränderungen brauchen Zeit und persönliche Kommunikation!

Wenn ein Verein sein Spielsystem also verändern möchte, muss sich die Führung darüber bewusst sein, dass sie die Menschen verändern muss. Das erfordert Zeit. Außerdem ist die Kommunikation sehr, sehr wichtig. Nicht jeder Mitspieler ist glücklich über

Veränderungen. Es ist einfacher, die Leute für Veränderungen zu begeistern, wenn die Vereinsführung ihnen die persönlichen Chancen zeigt und die Ängste nimmt.

Erst wenn die persönlichen Ziele mit den Unternehmenszielen zusammenpassen, ist eine Veränderung möglich. Gelingt das dem Unternehmen nicht, ist es für beide Seiten besser, sich zu trennen. Diese Beispiele erleben wir auch immer wieder, wenn ein Spieler einen Verein verlassen oder der Klub ihn verkaufen will.

Mit deutschen Tugenden Meister werden

Worauf kommt es also an, wenn „Vereine" wie S+Z die Geschäftsprozesse und deren Automatisierung in den Griff bekommen wollen? Worauf muss die IT als Teil der Mannschaft achten?

Teamgeist und passendes Spielsystem

Die Mannschaft muss das spielen können, was ihren Fähigkeiten entspricht. Die deutschen Fußballer werden niemals Ballkünstler wie die Brasilianer oder die Holländer sein. Aber Durchsetzungskraft, Disziplin und die Konzentration auf das Wesentliche zeichnen die deutschen Kicker bei großen Turnieren aus. „Wir" können uns hervorragend organisieren, sodass aus elf Spielern eine verschworene Gemeinschaft wird. Das Team ist dann stärker als die Summe der Fähigkeiten eines jeden Einzelnen.

Schließlich „sind wir Deutschen eine Turniermannschaft". Deshalb ist der Teamgeist bei einem Turnier für eine deutsche Nationalmannschaft ähnlich wie für andere Teams umso wichtiger. Dazu muss die Umgebung für jeden Einzelnen und die Zusammenstellung des Teams optimal sein. Daher lassen die Bundestrainer vermeintlich individuell stärkere Spieler „zu Hause" und nehmen lieber Spieler zu einem Turnier mit, die besser zum Kollektiv passen. Ähnlich wie Felix Magath wissen sie, dass motivierte Spieler Berge versetzen können. Am Beispiel von Manfred Alfa und Herbie haben wir gesehen, was motivierte Spieler alles bewegen können.

Für ein Unternehmen wie S+Z bedeutet das, gemeinsam umzudenken. Es geht darum, die Zusammenarbeit miteinander zu organisieren. Der Betrieb muss die Voraussetzungen schaffen und wissen, was er automatisieren will. Dazu legt er die betrieblichen Abläufe fest. Die IT sollte daher den Betrieb dabei unterstützen, nicht sofort an „das System zu denken". Sie muss in dem Kulturwandel darauf achten, „nicht selbst zum Kunden" zu werden und dem Betrieb sagen zu wollen, wie „seine Spielzüge auszusehen haben". Erst nach der Abstimmung, was wie automatisiert werden soll, kann sie als Teil der Mannschaft die Verantwortung für das Angeforderte übernehmen (Entwicklung und Systembetrieb). Das ist ihre Kernaufgabe.

Abbildung 11.1: Mit deutschen Tugenden Weltklasse werden und die Kunden begeistern!

Effektivität & attraktives Spiel

Der Schalker Torwart Manuel Neuer hat einmal nach einem Spiel mit einem Journalisten gescherzt: „Wir schießen so wenig Tore! Vielleicht heißen wir deshalb auch die Knappen." „Die Null muss stehen!" im Hinterkopf, weiß er (frei nach Sepp Herberger), dass „der gewonnen hat, der (min.) ein Tor mehr geschossen hat". Da reicht auch ein 1:0.

Erinnern Sie sich heute noch daran, dass die Weltmeister von 1990 im Halbfinale auch keinen Traumfußball mehr gespielt haben und nach einer guten Partie gegen Argentinien nur durch einen Elfmeter gewonnen haben? 1974 waren unsere Nachbarn aus Holland die „beste" Mannschaft. Allerdings sind wir am Ende Weltmeister geworden. In einem anderen Zusammenhang meinte Eric Meijer in der Bundesliga dazu: „Es ist nichts scheißer als Platz zwei."

Von Gary Lineker stammte dazu der legendäre Spruch: „Fußball ist ein Spiel, bei dem 22 Mann einem Ball hinterherlaufen, und am Ende gewinnt immer Deutschland."

Das Unternehmen muss also keine „Hurra-Spielzüge“ abliefern. Wenn das Ergebnis stimmt und die Fans sehen, dass die Mannschaft alles gibt, empfinden Fans und Kunden das Spiel als attraktiv. Das erklärt, warum Jürgen Kohler noch heute so beliebt ist. Es war bestimmt nicht sein Zauberfußball, der ihm seinen Spitznamen „Fußballgott“ beschert hat.

Wie bei Grotemann gesehen, sind die betrieblichen Spielzüge die Chance nachzuweisen, für welche automatisierten Schritte der Betrieb die IT benötigt und sein Geld ausgibt. Wenn der Betrieb einzelne Arbeitsschritte ohne Systemunterstützung nicht erledigen kann oder ihm deutlich wird, dass er dafür viele Mitarbeiter einstellen müsste, überlegt er sich, ob er das Budget kürzt. Die IT kann zeigen, wie attraktiv und effektiv die Systemunterstützung ist. Sie kann also ihren Mehrwert verdeutlichen.

Um gemeinsam umdenken und aufeinander zugehen zu können, müssen die Schlüsselspieler der IT allerdings den Wandel unterstützen und ihre Systembrille absetzen können. Schließlich will die IT attraktiver Dienstleister sein. Dazu muss sie die Sprache des Kunden sprechen können. Die (systemfreien) Geschäftsprozesse sind die Basis dafür.

Starke Vereinsführung

Kein Wandel ohne eine überzeugte und klar steuernde Vereinsführung. Was passiert, wenn nur eine Seite den Wandel vorlebt, haben wir am Beispiel von Grossmann zu Beginn gesehen. Stellen Sie sich nur vor, die oberste Leitung bzw. der Lenkungskreis von S+Z hätte etwas ganz anderes unterstützt.

Ein Wandel wie bei S+Z kann zwar „von unten beginnen“, aber ab einem gewissen Zeitpunkt müssen die Veränderungen „von oben“ kontrolliert und Verantwortungen geklärt werden. Sonst herrscht schnell Chaos.

Vertritt die Vereinsführung keine klare Richtung, werden Mitarbeiter unsicher, weil sie um ihre Zukunft bangen. Außerdem verliert die Führung schnell an Respekt und Autorität. Wenn die Führung nicht schnell oder nur halbherzig klarmacht, was wann verändert wird, und kompromisslos dazu Stellung bezieht, herrscht schnell ein unklarer Rahmen, in dem die Mitspieler agieren sollen. Wohin unklare Zuständigkeiten und ein unklarer Rahmen führen können, haben wir an den Konflikten zwischen IT und Betrieb gesehen.

Willensstärke, Kampfkraft und Mut

Es gehören sehr viel Willensstärke und Mut dazu, Veränderungen anzustoßen, wie ich sie in diesem Buch beschrieben habe. Da sich Menschen verändern müssen, verlaufen diese Veränderungen meist nicht reibungslos. Andererseits lebt ein neues Spielsystem erst dann richtig, wenn es die Mitspieler verinnerlicht haben. In vielen Fällen muss sich ein Unternehmen verändern, weil es Probleme hat. Wie an den Masteraufträgen gesehen, kann es auch sein, dass dabei alte Probleme aufgedeckt werden.

Das erfordert ein mutiges Auftreten der Vereinsführung. Sie muss die Veränderungen vorleben. In einem Lernprozess wird auch sie einige Fehler machen. Die Führung die Veränderungen sollte sie kontrollieren und schnell, direkt bzw. offen damit umgehen können. Manchmal werden wie bei unseren Spediteuren oder unseren Lüdenscheidern die Spiele anders verlaufen und die Ergebnisse überraschen.

Willens- und Nervenstärke bzw. die Kampfkraft sind die deutschen Tugenden, vor denen andere Nationen Angst haben. Wie oft haben wir Spiele in der letzten Sekunde gedreht. Ronald Koeman hat einmal gesagt, „dass die deutschen Spieler erst dann aufhören zu kämpfen, wenn sie im Bus sitzen". Den Bochumern hat Christoph Daum einmal nachgesagt, dass er demjenigen einen ausgeben würde, „wer in Bochum von Strafraum zu Strafraum geht und sich dabei nicht den Knöchel bricht".

Diesen Willen und diese Willenstärke muss die Führung der Mannschaft vorleben, damit sie daran glaubt. Das macht z. B. Felix Magaths Mannschaften so stark. Wie bereits beschrieben, ist er sich dafür nicht zu schade gewesen, aus dem Stand einen Marathon zu laufen. Wer Marathon läuft, weiß wie hart (und unvernünftig) die 42,195 km ohne Training sind.

Fitnesstest und Fitnesskontrolle

Uns Deutschen wird nachgesagt, dass wir nichts dem Zufall überlassen und „immer einen Masterplan haben". Um bis zum Schluss kämpfen zu können, muss das Team topfit sein. In vielen Turnieren haben wir technisch bessere Gegner bezwungen, weil wir fitter gewesen sind. Wir sind dafür bekannt, für unsere Ziele hart arbeiten bzw. trainieren zu können.

In diesem Zusammenhang hat Jan-Aage Fjörtoft einmal gesagt: „Ob Felix Magath die Titanic gerettet hätte, weiß ich nicht – aber die Überlebenden wären topfit gewesen."

Heute überlassen die Vereine und die Nationalmannschaft nichts mehr dem Zufall. Mit Tests kontrollieren sie jederzeit den Zustand der Spieler. Mit modernen Videosystemen analysieren sie außerdem die Spielweise und kontrollieren damit Spielzüge und das Zusammenspiel. Sie kontrollieren damit also den „Reifegrad der Mannschaft und der Spielzüge". Auch ein Unternehmen sollte diese „Fitnesskontrolle" durchführen. Modelle dafür haben wir „in der Halbzeitpause" bereits kennengelernt.

Improvisationstalent

Eine der am wenigsten genannten deutschen Tugenden ist unser Improvisationstalent. Manchmal nennt man das auch „Ingenieurskunst". Sollten Sie das Spielsystem an die

Mannschaft anpassen müssen, werden Sie möglicherweise ähnlich wie Jürgen Soar und Manfred Alfa gezwungen sein zu improvisieren. Sie müssen den Mut dazu haben, auch einmal „die Standardwelt" zu verlassen, wenn es Sinn macht. Wichtig ist, dass Sie sich dabei über die Konsequenzen bewusst sind und hinterher wissen, warum Sie abgewichen sind. Passen Mannschaft und Spielsystem optimal zusammen, werden Sie den Rückenwind bald spüren. Die Konkurrenz wird dann vor Ihnen denselben Respekt haben wie andere Länder vor der „deutschen Nationalmannschaft".

Dann haben Sie die Chancen, wie unsere legendären 54er-, 74er- und 90er-Kicker Weltmeister in Ihrer Branche zu werden.

Anhang

Lesenswertes

Aus der Welt der Qualitätsmanager (betriebliche Welt)

DIN EN ISO 9000, Qualitätsmanagementsysteme, Grundlagen und Fachbegriffe (ISO 9000:2005), Deutsches Institut für Normung e.V., Beuth Verlag

DIN EN ISO 9001, Qualitätsmanagementsysteme, Anforderungen (ISO 9001:2008), Deutsches Institut für Normung e.V., Beuth Verlag

DIN EN ISO 9004, Qualitätsmanagementsysteme, Leitfaden zur Leistungsverbesserung, Anforderungen (ISO 9004:2000), Deutsches Institut für Normung e.V., Beuth Verlag

PQM – Prozessorientiertes Qualitätsmanagement: Leitfaden zur Umsetzung der ISO 9001:2000, Leitfaden zur Umsetzung der neuen ISO 9001, 4. Auflage, Karl W. Wagner, Roman Käfer, Hanser Verlag, ISBN 978-3446413412

Professionelles Qualitätsmanagement in Dienstleistungsunternehmen – Mit TQM und Zertifizierung auf dem Weg zum kundenorientierten Unternehmen, 2. Auflage, Albert Thienel, Beuth Verlag, ISBN 978-3410137856

DIN EN 9000:2000 für Dienstleistungsunternehmen, 2. Auflage, E. Pfitzinger, Beuth Verlag, ISBN 978-3410149866

Aus der Welt der Qualitätsmanager (IT)

Capability Maturity Model Integration, Eine Einführung in CMMI als ein Werkzeug zur Prozessverbesserung, Version 2.3, Malte Foegen, Claudia Raak, Marion Tandler

Capability Maturity Model Integration, Richtlinien für Prozess-Integration und Produkt-Verbesserung, 2. Auflage, Mary Beth Chrissis, Mike Konrad, Syndy Shrum, Addison Wesley, ISBN 978-3827327840

Agile Vorgehensweisen

Manifesto for agile Software Development, 2001, Kent Beck, Mike Beedle, Arie van Bennekum, Alistair Cockburn, Ward Cunningham, Martin Fowler, James Grenning, Jim Highsmith, Andrew Hunt, Ron Jeffries, Jon Kern, Brian Marick, Robert C. Martin,

Steve Mellor, Ken Schwaber, Jeff Sutherland, Dave Thomas, http://www.agilemanifesto.org

Principles behind the agile Manifesto, 2001, Kent Beck, Mike Beedle, Arie van Bennekum, Alistair Cockburn, Ward Cunningham, Martin Fowler, James Grenning, Jim Highsmith, Andrew Hunt, Ron Jeffries, Jon Kern, Brian Marick, Robert C. Martin, Steve Mellor, Ken Schwaber, Jeff Sutherland, Dave Thomas, http://www.agilemanifesto.org

Software entwickeln mit eXtreme Programming. Erfahrungen aus der Praxis, Martin Lippert, Stefan Roock, Henning Wolf, dpunkt Verlag, ISBN 978-3898641074

Agile Software Development with Scrum, Mike Beedle, Ken Schwaber, Prentice Hall, ISBN 978-0130676344

Management, Analyse und Modellierung von Geschäftsprozessen

Geschäftsprozessmanagement in der Praxis. Kunden zufrieden stellen, Produktivität steigern, Wert erhöhen, 6. Auflage, Hermann J. Schmelzer, Wolfgang Sesselmann, Hanser Verlag, ISBN 978-3446410022

Geschäftsprozesse optimieren, Der Praxisleitfaden für erfolgreiche Reorganisation, 2. Auflage, Eva Best, Martin Weth, Gabler Verlag, ISBN 978-3409223812

Vom Geschäftsprozess zum Workflow. Ein Leitfaden für die Praxis, Jakob Freund, Klaus Götzer, Hanser Verlag, ISBN 978-3446414822

BPMN 2.0 – Business Process Model and Notation: Einführung in den Standard für die Geschäftsprozessmodellierung, 2. Auflage, Thomas Allweyer, Books on Demand Verlag, ISBN 978-3839121344

Integrierte Prozessmodellierung mit ARIS, 1. Auflage, Frank Lehmann, dpunkt Verlag, ISBN 978-3898644976

ARIS – Modellierungsmethoden – Metamodelle – Anwendungen, 4. Auflage, A.-W. Scheer, ISBN 978-540416013

UML 2.0 projektorientiert – Geschäftsprozessmodellierung, IT-System-Spezifikation und Systemintegration mit der UML, 3. Auflage, Patrick Grässle, Henriette Baumann, Philippe Baumann, Galileo Computing, ISBN 3898425479

DIN 66001, Informationsverarbeitung; Sinnbilder und ihre Anwendung, Ausgabe 1983-12, Beuth Verlag, http://www.beuth.de/langanzeige/DIN+66001/de/1080044.html&limitationtype=&searchaccesskey=MAIN

Datenflussdiagramme, Bedeutung von Flussdiagrammen auf der Basis der DIN 66001, 06.03.2010, http://www.cabeweb.de/html/din66001.htm

Analyse und Management von Anforderungen

Writing Effective Use Cases, Alistair Cockburn, Addison Wesley, ISBN 978-0201702255

Systematisches Requirements Management – Anforderungen ermitteln, spezifizieren und verfolgen, 1. Auflage, Christof Ebert, dpunkt Verlag, ISBN 978-3898643368

UML 2.0 projektorientiert – Geschäftsprozessmodellierung, IT-System-Spezifikation und Systemintegration mit der UML, Patrick Grässle, Henriette Baumann, Philippe Baumann, Galileo Press, ISBN 978-3898425476

IT-Architekturen

Enterprise SOA, Service-Oriented Architecture, Best Practices, Dirk Krafzig, Karl Banke, Dirk Slama, Prentice Hall International, ISBN 978-0131465756

Service-Oriented Architecture, Concepts Technology, and Design, Thomas Erl, Prentice Hall, ISBN 0-131858580

IT-Unternehmensarchitektur: Von der Geschäftsstrategie zur optimalen IT-Unterstützung, Wolfgang Keller, dpunkt Verlag, ISBN 978-3898644198

Komponentenbasierte Softwareentwicklung mit MDA, UML 2 und XML, 2. Auflage, Andreas Andresen, Hanser Verlag, ISBN 978-3446229150

Model Driven Architecture, Applying MDA to Enterprise Computing, David S. Frankel, John Wiley & Sons Verlag, ISBN 0-471319201

Der SOA-Leitfaden auf SOA-Know-how.de, Herstellerübergreifender Leitfaden namhaften Hersteller aus dem BITKOM Verband (Dachverband der deutsche IT-Industrie), http://www.soa-know-how.de/index.php?id=45

Betriebswirtschaftliches/IT-Controlling

Balanced Scorecard, Strategien erfolgreich umsetzen, Robert Kaplan, David P. Norton, Übersetzung durch Peter Horvath, Beatrix Kuhn-Würfel, Claudia Vogelhuber, dpunkt Verlag, ISBN 978-3791012032

Schnelleinstieg Kennzahlen. Schritt für Schritt zu den wichtigsten Kennzahlen, Manfred Weber, Haufe Verlag, ISBN 978-3448071870

Kennzahlen in der IT: Werkzeuge für Controlling und Management, 3. Auflage, Martin Kütz, dpunkt Verlag, ISBN 978-3898645799

Der IT Business Case: Kosten erfassen und analysieren – Nutzen erkennen und quantifizieren – Wirtschaftlichkeit nachweisen und realisieren, Ralph Brugger, Springer, ISBN 978-3540938576

Vorn aufbauen, hinten einreißen, Der Spiegel, Ausgabe 21/1986 oder spiegel.de, http://www.spiegel.de/spiegel/print/d-13518349.html

Persönlichkeitsmodelle & Personalmanagement

Das neue 1x1 der Persönlichkeit, 21. Auflage, Friedbert Gay, Lothar J. Seiwert, Gräfe & Unzer Verlag, ISBN 978-3774261617

Das persolog Persönlichkeits-Profil: Persönliche Stärke ist kein Zufall. Mit Fragebogen zur Selbstauswertung, Friedberd Gay, 38. Auflage, GABAL-Verlag, 38. Auflage, Friedbert Gay, GABAL-Verlag, ISBN 978-3897493520

Persönlichkeitsmodelle und Persönlichkeitstests: 15 Persönlichkeitsmodelle für Personalauswahl, Persönlichkeitsentwicklung, Training und Coaching, Walter Simon, GABAL-Verlag, ISBN 978-3897496361

Management und Sourcing externer IT-Spezialisten in Deutschland, 2009, Strategien, Herausforderungen, Erfolgsfaktoren, Studie, Berlecon Research im Auftrag des Hays AG

SAP Geschäftsbericht, Auf Erfolg angelegt, 2004, SAP, http://www.sap.com/germany/about/investor/pdf/GB2004_D.pdf

Beratung & Führung

Secrets of Consulting: A Guide to Getting and Giving Advice Successfully, Gerald Weinberg, Dorset House Verlag, ISBN 978-0932633019

Gut aufgestellt: Fußballstrategien für Manager, Reinhard K. Sprenger, Campus Verlag, ISBN 978-3593386287

Fußball

Die Fußball-Matrix: Auf der Suche nach dem perfekten Spiel, Christoph Biermann, Kiepenheuer & Witsch Verlag, ISBN 978-3462041446

Man braucht Macht – Der Fußballtrainer und Sportmanager Felix Magath über Führen in Zeiten der Krise, Michael Machatschke, Manager Magazin, Ausgabe 08/09

„Quälix war gestern" – Porträt Felix Magath, Matthias Bossaller, Zeit Online, 04. April 2009, http://www.zeit.de/online/2009/15/magath-wolfsburg-bayern

Magath wird Trainer, Manager und Vorstand auf Schalke, Markus Hesselmann, 06.05.2009, Tagesspiegel.de, http://www.tagesspiegel.de/sport/Fussball-VfL-Wolfsburg-Schalke-04-Felix-Magath;art133,2790764

Ein cooler Typ, Andreas Ernst, 26.07.2008, Der Westen, http://www.derwesten.de/sport/sportgeschichte/Ein-cooler-Typ-id1245076.html

Ich habe meinen Weg gesucht und gefunden, Interview mit Felix Magath, 16.07.2009, RevierSport Online, http://www.reviersport.de/articles-88912.html

Felix 04: Magath hat jetzt alle Macht auf Schalke, P. Wenzel, K. Hofmann, H Nied-derer, C. Kitsch, U. Vielberg, M. Makus, 06.05.2009, http://www.bild.de/BILD/sport/fussball/bundesliga/vereine/schalke/2009/05/07/felix-magath/ist-der-neue-koenig-von-schalke.html

„Ich bin der Letzte dieser Art" – Interview mit Uli Hoeneß, Giovanni die Lorenzo, Moritz Müller-Wirth, Die Zeit, Ausgabe 47 (12. November 2009)

Jürgen Klopp: Der Fußball-Pendler und die WM, Uwe Martin, 25.06.2006, FAZ.net, http://www.faz.net/s/Rub47986C2FBFBD461B8A2C1EC681AD639D/Doc~E7596FE0915E24DC99569D4E67FEEFC2F~ATpl~Ecommon~Scontent.html

Top-Earning Soccer Stars, Christina Settimi, 04.08.2009, Forbes, http://www.forbes.com/2009/04/08/highest-paid-soccer-players-business-sportsmoney-soccer-values-09-players.html

Soccer Team Valuations, 04.08.2009, Forbes, file:///c:/Dokumente%20und%20Einstellungen/Alexander/Desktop/buch/quellen+recherche/fussball/soccer-values-09_Soccer-Team-Forbes-04-08-2009.html

Geschichte UEFA Champions League, UEFA, http://www.uefa.com/uefachampionsleague/ history/

Wieso Klinsmann gescheitert ist, Sebastian Krass, 27.04.2009, Zeit Online, http://www.zeit.de/online/2009/18/klinsmann-aus

Wie Deutschland Spanien schlagen kann, Christian Gödecke, 27.06.2008, Spiegel Online, http://www.spiegel.de/sport/fussball/0,1518,druck-562559,00.html

Die Macht der Schattenmanager, Felix Seidel, Johannes Raif, 28.03.2009, Bild Online, http://www.bild.de/BILD/sport/fussball/bundesliga/vereine/bayern/2009/03/28/spielerberater/die-macht-der-heimlichen-manager.html

Die Schatten der Stars, Wigbert Löer, Mathias Schneider, 28.02.2008, stern.de, http://www.stern.de/sport/fussball/spielerberater-die-schatten-der-stars-612647.html

Bundesliga – Match Statistik, Borussia Dortmund – FC Schalke 04, 9. Spieltag, Saison 2008, bundesliga.de, http://www.bundesliga.de/de/statistik/vergleich/index.php?&competition=22&main_team=157&oppos=167

Maxime von Huub Stevens: Die Null muss stehen, 04.08.1998, Welt-Online, http://www.welt.de/print-welt/article596162/Maxime_von_Huub_Stevens_Die_Null_muss_stehen.html

Die Null muss stehen, Michael Reis, 17.05.2007, bundesliga.de, http://www.bundesliga.de/de/liga/news/2006/index.php?f=61749.php

Der Tod der Revolution, Stefan Moser, spox.com, 29.05.2009, http://www.spox.com/de/sport/fussball/dfbpokal/0905/Artikel/finale-leverkusen-bremen-bruno-labbadia-trainer-revolution-gescheitert-jurgen-klinsmann-ralf-rangnick.html

Super-Knipser im Calli-TÜV, Barrios gegen Kiessling, Joachim Schuth, 18.03.2010, Bild Online, http://www.bild.de/BILD/sport/fussball/bundesliga/vereine/dortmund/2010/03/19/lucas-barrios-gegen-stefan-kiessling/super-knipser-im-reiner-calli-calmund-tuev.html

Der FC Bayern des Louis van Gaal, Taktik-Analyse zum FC Bayern, Daniel Börlein, 15.10.2009, spox.com, http://www.spox.com/de/sport/fussball/bundesliga/0910/Artikel/fc-bayern-muenchen-taktikanalyse-juve-so-funktioniert-fc-bayern-louis-van-gaal-robben-ribery.html

Der Fussballweissheit letzter Sch(l)uss, www.fussballerzitate.de

Fussball Zitate – Lustige Fussballer-Sprüche, Versprecher und Kommentare, http://www.fussball-foren.net/fussball-zitate-sprueche.html

Projektmanagement

Managing Successful Projects With Prince 2, 2005 Edition, Office of Government Commerce Great Britain, Stationery Office Books Verlag, ISBN 978-0113309467

Projektmanagement mit PRINCE2 – Teil 1: Erfahrungsbericht über die Einführung bei der Fraport AG, Oliver Buhr, Projektmagazin, www.projektmagazin.de, Ausgabe 16/2002

Projektmanagement mit PRINCE2 – Teil 2: Anwendung in einem IT-Projekt, Oliver Buhr, Projektmagazin, www.projektmagazin.de, Ausgabe 18/2002

Das PRINCE2 Taschenbuch, Methode zur Führung erfolgreicher Projekte, B.H. Hedemann, W. Heidema, Ten Hage & Stam Uitgevers, ISBN 9044001493

A Guide to the Project Management Body of Knowledge (PMBOK Guide), Fourth Edition, Project Management Institute, ISBN 978-1933890517

Kompetenzbasiertes Projektmanagement (PM3): Handbuch für die Projektarbeit, Qualifizierung und Zertifizierung auf Basis der IPMA Competence Baseline Version 3.0, Michael Gessler, GPM Deutsche Gesellschaft für Projektmanagement, SPM Swiss Project Management Association, ISBN 978-3924841409

MEIN HAUS, MEIN AUTO, MEINE PROJEKTMANAGEMENT-ZERTIFIKATE, Bernd Österreich, Prof. Dr. Michael Gessler, Oliver F. Lehmann, OBJEKTspektrum, 03/2009, Sigs-Datacom Verlag

IT-Projekte in Deutschland sind meist erfolgreich, Andreas Schaffry, CIO.de, IDG Business Verlag, http://www.cio.de/831320

CHAOS Summary for 2009, Standish Group Report, 2008, Boston, Massachusetts, April 23, 2009, http://www1.standishgroup.com/newsroom/chaos_2009.php

Abbildungen, Lizenzen & Genehmigungen

Folgende Abbildungen enthalten lizenzierte Bilder von iStockphoto:

0.1, 1.4, 7.13, 7.14 – Foto „Goal", ©Stockphoto.com/Michael Krinke

0.1, 5.7 – Foto „Warehouse", ©iStockphoto.com/Steve Cole

0.1, 7.13, 7.14 – Foto „Check List...", ©iStockphoto.com/johnnyscriv

1.4, 7.13, 7.14 – Foto „Money Bank Note Currency Dollar", ©iStockphoto.com/Tom Young

1.4, 2.2 – Foto „confident asian businesswoman with a business team behind", ©iStockphoto.com/Andresr

1.4, 4.2, 4.3, 4.4, 5.1, 5.2, 5.5, 6.1, 6.2, 7.2, 7.3, 7.15, 7.24, 8.1 – Foto „Unloading the Truck", ©iStockphoto.com/Sharon Meredith

2.2, 5.6, 7.9, 7.10, 7.11, 7.12, 7.13, 7.14 – Foto „soccer players", ©iStockphoto.com/Nikada

4.4, 5.8 – Foto „Colleagues", ©iStockphoto.com/Helle Bro Clemmensen

5.6 – Foto „Organizational structure. Pyramid model.", ©iStockphoto.com/cogal

5.7, 7.14 – Foto „software engineer drawing a UML class diagram", ©iStockphoto.com/nullplus

5.10 – Foto „Young beautiful businesswoman", ©iStockphoto.com/Iryna Kurhan

5.10 – Foto „Law is supreme", ©iStockphoto.com/Baris Simsek

5.10 – Foto „3d Rendered Envelope", ©iStockphoto.com/Pedro Tavares

6.1 – Foto „Data server", ©iStockphoto.com/Baris Simsek

6.3 – Foto „work together", ©iStockphoto.com/ Алексей Богатырёв

6.4 – Foto „Team Communication", ©iStockphoto.com/Alex Slobodkin

6.1 – Foto 00396 aus der lizensfreien Corel Draw Sammlung (©iStockphoto.com)

7.4, 10.1 – Foto „soccer ball over white", ©iStockphoto.com/Andresr

7.13, 7.14 – Foto „Whistle", ©iStockphoto.com/Owen Price

7.13, 7.14 – Foto „Red Card", ©iStockphoto.com/technotr

7.13, 7.14 – Foto „Gavel and paragraph", ©iStockphoto.com/ewg3D

7.14 – Foto „Business and Businessman", ©iStockphoto.com/Alex Slobodkin

7.14 – Foto „Businessman", ©iStockphoto.com/ Steve Cole

8.2 – Foto „Man reaching something", ©iStockphoto.com/Olaru Radian-Alexandru

11.2 – Foto „Riesige deutsche Flagge in einem Fußballstadion", ©iStockphoto.com/ Andreas Weber

Folgende Abbildungen enthalten lizenzierte Fotos von bildmaschine.de (mediaskill OHG):

1.1 – Foto „Jürgen Klopp (l.) und Johannes B. Kerner (r.) beim Kommentieren der EM 08 in Bregenz", ©bildmaschine.de (mediaskill OHG)

1.2 – Foto „Felix Magath", ©bildmaschine.de (mediaskill OHG)

Die Abbildungen 3.2, 3.3, 3.4, 6.7, 6.8 wurden von der Firma persolog® erstellt und zusammen mit dem Inhalt der Abschnitte über die persolog®-Verfahren mit der freundlichen Genehmigung und Unterstützung freigegeben (©persolog 2010).

Die Abbildungen 8.4, 8.5, 8.6, 8.7, 8.8, 8.9 und die Beschreibung bzw. Anwendung des GPM-Reifegradmodells wurden mit freundlicher Unterstützung vom Hanser Verlag freigegeben. Sie beziehen sich auf das Buch **Geschäftsprozessmanagement in der Praxis. Kunden zufrieden stellen, Produktivität steigern, Wert erhöhen**, 6. Auflage, Hermann J. Schmelzer, Wolfgang Sesselmann, Hanser Verlag, ISBN 978-3446410022.

Stichwortverzeichnis

E

F

G

H

I

J

K

L

M

O

P

Q

R

S

U

V

Z

informit.de
Home
Deutsche Bücher
Englische Bücher
eBooks
Videotraining
Service
Newsletter
Kontakt
Computer
Zertifizierungen
Studium & Wirtschaft
Sachbuch
Ratgeber
Video-Training & Software
Weitere Themen
Industrie+Behöden
Partnerprogramm
Seite empfehlen
Hallo und Herzlich Willkommen bei informit.de
Aus unserem Computerlexikon
Unsere aktuellen Empfehlungen für Sie
Download des Tages
English Book des Tag